Die Fischproduktion in Kreislaufanlagen

Dr. Peter Steinbach

Die Fischproduktion in Kreislaufanlagen

Erfahrungen und Empfehlungen

AquaTech
Publications

Impressum

Cover: Kreislaufanlage
Photo: Andreas von Bresinsky
Layout: Martin Hochleithner

AquaTech Publications
Unterbrunnweg 3
6370 Kitzbühel/Austria

http://www.aqua-tech.eu
http://www.aquaculture-com.net
http://members.a1.net/aquatech

Printed in Germany by:
Books on Demand GmbH
ISBN 978-3-902855-29-9

Vorwort

Im täglichen Sprachgebrauch werden Anlagen, die der Mast, Aufzucht oder Haltung von Fischen dienen, und in denen das Anlagenwasser zur erneuten Benutzung aufbereitet wird, als Kreislaufanlagen bezeichnet. Abhängig vom Grad der täglichen Zugabe von Frisch- oder Austauschwasser spricht man von offenen, teilgeschlossenen oder geschlossenen Kreisläufen. Je weniger Wasser als Austausch- oder Frischwasser zugeführt wird, desto aufwendiger muss die interne Wasseraufbereitung gestaltet werden. Heute übliche Kreisläufe arbeiten recht erfolgreich mit täglichen Wasser Austauschraten von 8-15 % des Gesamtvolumens. Mit abnehmender Austauschrate des Wassers werden immer weiter gehende Aufbereitungen nötig. Es ist wohl möglich nur das Spritz- und Verdunstungswasser, die zuwachsende Bakterienmasse, unverdautes Futter sowie mit der täglichen Fütterung zugeführte Mineralstoffe als mehr oder weniger trockenen Schlamm zu entfernen. Der technische, energetische, finanzielle und logistische Aufwand ist aber immens und damit, zumindest unter heutigen Bedingungen, nicht wirtschaftlich. Im Auge behalten werden muss immer, das dieses Austauschwasser, je nach örtlichen Gegebenheiten, mehr oder weniger aufwändig behandelt oder aufbereitet werden muss, bevor es die Anlage verlässt und in einen Vorfluter abgegeben werden darf. Vorflut ist die Möglichkeit des Wassers mit natürlichem Gefälle oder durch künstliche Hebung abzufließen (natürliche und künstliche Vorflut). Als Vorfluter werden die der Vorflut dienenden Gewässer wie etwa Bäche, Flüsse oder Seen bezeichnet. Wird die Intensivhaltung bis zur mehr oder weniger engen Kreislaufführung des Anlagenwassers betrieben, müssen nicht „nur" die Fische, sondern auch die Bakterien (Mikroorganismen) in der Wasseraufbereitung bei Laune gehalten werden. Es gilt ein recht labiles Gleichgewicht beider Gruppen an Lebewesen – die sehr konträre Vorstellungen davon haben, was angenehm, erstrebenswert und gut für sie ist – zu schaffen und vor allem auf Dauer aufrecht zu halten.

Um beurteilen zu können ob bei den Fischen und der Wasseraufbereitung alles in Ordnung ist, empfiehlt es sich, die wichtigsten Parameter zu messen und die Ergebnisse der Messungen zu dokumentieren, um langsame Veränderungen zum Besseren (selten) oder Schlechteren (deutlich häufiger) zu erkennen und entsprechend zu handeln. Auch Teich-, Becken-, oder Rinnenanlagen müssen je nach Besatzdichte und täglicher Futtermenge dass die Anlage nach Nutzung für die Fischhaltung verlassende Wasser zumindest mechanisch, zunehmend aber auch biologisch aufbereiten. Die in solchen Fällen zu behandelnden Wassermengen können bis zu mehreren Tausend Kubikmeter pro Stunde betragen.

Derzeit gibt es in Deutschland kein an die besonderen Anforderungen zum Betreiben von Kreislaufanlagen angepasstes Berufsbild und damit keine ausreichend spezialisierte Ausbildung, die das für ein sicheres und erfolgreiches Betreiben dieser Anlagen nötige Wissen vermittelt.

Eine Reihe von Berufen kann wertvolle Informationen zum Verständnis der Gesetzmäßigkeiten liefern, andere wiederum vermitteln Fähigkeiten, die zum erfolgreichen Betrieb einer Anlage unabdingbar sind. Fischwirte, Landwirte, Fischereibiologen, Agraringenieure, Abwasserfachleute, Aquarianer und vor allem Fischereiingenieure, aber auch in den letzten Jahren ausgebildete Fischwirte bringen gute Voraussetzungen mit, sich schnell und erfolgreich in die Gesamtmaterie einzuarbeiten.

Die vorliegende Zusammenfassung versucht, die in jedem Fall erforderliche Einarbeitung zu erleichtern und soweit wie möglich zu beschleunigen. Kenndaten zur Beurteilung der Leistungsfähigkeit von Kreislaufanlagen verschiedener Bauarten werden, wo immer sie mir angebracht erschienen angegeben. Grundsätzliche Fehler die bei der Planung und Auslegung derartiger Anlagen gemacht wurden, sollten sich daher leichter erkennen und beim Bau weitgehend vermeiden lassen. Auch soll biologisches, chemisches und abwassertechnisches Grundwissen vermittelt werden. Eine praktische Anleitung zum Umgang mit Fischen und Kreislaufanlagen soll helfen, Risiken zu mindern und die Erträge zu sichern. Störungen oder Schwierigkeiten, die nach zum Teil leidvoller eigener Erfahrung auftreten können, werden aufgezeigt und Möglichkeiten oder Wege zur Lösung oder Vermeidung dieser Probleme werden angeboten. Soweit möglich, wird auf komplizierte Formeln zur Darstellung von Zusammenhängen verzichtet. Stattdessen werden Faustzahlen und Erfahrungswerte genannt, die sich in der Praxis bewährt haben. Das Ziel der vorliegenden Ausarbeitung soll eine Anleitung aus der Praxis für die Praxis sein. Natürlich können nicht alle möglicherweise auftretenden Schwierigkeiten aufgelistet werden; dazu sind die zum Einsatz kommenden Anlagen, Becken und Ansprüche der unterschiedlichen Fischarten zu verschieden. In der Regel können aber die im Folgenden vermittelten Erfahrungen zum Erkennen auftretender Probleme und ihrer Lösung verhelfen oder im besten Fall sogar ihr Auftreten verhindern. Der Versuch Erfahrungen zu vermitteln scheitert allerdings, wenn die vorliegende Ausarbeitung nicht gelesen wird. Die an einige Kapitel angehängte Liste empfohlener Literatur gibt interessierten Lesern die Möglichkeit, sich in die betreffenden Fachgebiete weiter einzulesen oder einzuarbeiten.

Die vorliegende Ausarbeitung basiert auf langjährigen Erfahrungen des Autors und seiner Freunde und Bekannten mit der Auslegung, Planung, Montage und Inbetriebnahme sowie dem dauerhaften Betrieb von Kreislaufanlagen. Im Verlauf dieser „Lehrjahre“ haben wir eine Menge toter Fische gesehen, welche durch eigene Fehler oder die anderer ums Leben kamen. Erkenntnisse die im langjährigen Betrieb von Anlagen unterschiedlicher Bauarten mit den verschiedensten Fischarten gewonnen werden konnten wurden eingearbeitet. Vor allem nicht oder nicht gut funktionierende Anlagen verschiedener Betreiber sind/waren geeignet den eigenen Erfahrungsschatz zu erweitern und zu lernen welche Fehler man besser von Vorneherein vermeiden kann und auch sollte.

Bei jedem Neubau einer Anlage gelingt es auch so noch genügend neue eigene Fehler zu machen. Sachzwänge werden immer wieder gern als Grund für das Eingehen von Kompromissen genannt. Die angeführten Gründe sind allerdings nicht immer nachvollziehbar oder wirklich zwingend. Auch tauchen im Laufe der Bautätigkeit nicht selten Unwägbarkeiten auf, die Kosten, Kopfschmerzen, Ärger und schlaflose Nächte bereiten. Kompromisse die auf Kosten der Auslegung und Sicherheit einer Anlage eingegangen werden, rächen sich später bitter. Beim Lesen des vorliegenden Buches kann es sein, dass einige Passagen und Bemerkungen beim flüchtigen darüber schauen nicht so ganz ernst klingen. Sie sind aber durchaus ernst gemeint.

Dr. Peter Steinbach (Foto: A. Koehler)

Danksagung

Ohne eine Reihe von Personen wäre diese Veröffentlichung nur sehr viel später oder nie, in jedem Fall aber nicht in der vorliegenden Form zustande gekommen. Mein Dank gilt daher besonders:

Peter Bahrs der seit vielen Jahren in der Kreislaufhaltung von unterschiedlichen Fischarten tätig ist, hat als nimmermüder Lektor mehrfach sehr viel Zeit investiert auf zu arge Fehler hinzuweisen, viele Texte leichter verständlich oder überhaupt lesbar zu machen und mich an seinen umfassenden Erfahrungen in der Kreislauftechnik und der Aufzucht von unterschiedlichen Fischarten teilhaben zu lassen. Sollten noch irgendwelche Fehler zu finden sein, liegt das nicht an ihm, sondern an mir, weil ich die vorhandenen Korrekturen einfach nicht übernommen habe. Weiterhin hat er mir die Erstellung von umfangreichem Bildmaterial ermöglicht.

Uwe Reuter arbeitet seit vielen Jahren erfolgreich in der Zucht, Vermehrung, intensiven und extensiven Haltung von Salmoniden und in den letzten Jahren auch Stören verschiedener Altersklassen. Ihm schulde ich Dank für immerwährende Bereitschaft in oft die halbe Nacht dauernden Gesprächen Fragen zu beantworten und kritisch mein Geschreibsel zu hinterfragen. Seine Anregungen und Tipps haben mir häufig weitergeholfen obwohl sie mir manchmal Kopfschmerzen bereiteten. Vor allem wenn sich herausstellte, dass mal wieder eine Änderung nötig war weil der Text falsch, unverständlich oder zu abgehoben war.

Peter Groß und *Ralf Gensler*. Wenn immer mir danach ist mal rauszukommen und mit vernünftigen Menschen zu reden, ist ein Besuch bei Peter Groß die erste Wahl. Er ist großzügig, liebenswert und hilft wenn immer es in seiner Macht steht. Für Fragen zur Störhaltung, Aufzucht, Vermehrung und Vorbereitung zu verschiedenen Jahreszeiten ist Ralf Gensler immer zu haben, sogar zu deren umfassenden Beantwortung. Diesen beiden sowie dem nimmer müden Horst Gensler habe ich darüber hinaus für viele unvergessliche Jagderlebnisse zu danken.

Georg Stähler. Er hat mich seit meiner Jugend immer wieder begleitet, mal näher mal weiter voneinander entfernt. Im Betrieb seines Vaters Theo Stähler bin ich mit Kreislaufanlagen in Kontakt gekommen, deren Faszination mich seit dieser Zeit niemals wieder verlassen hat. Viele Gespräche zur Haltung, Aufzucht, Fütterung, und Abfischung von Groß- und Kleinteichen fanden in Georg Stählers Haus statt, mit viel gutem Essen – Danke Mechtild – und der einen oder anderen Flasche Wein.

Mesfin Belay, danke ich für die vielen Jahre seiner Freundschaft, die gute Zusammenarbeit und Hilfe bei was für Problemen auch immer – ein Anruf genügt – sowie die Überlassung von Bildmaterial. Es ist schön Freunde zu haben.

Frau *Doktor Bräuer* vom Sächsischen Fischgesundheitsdienst und Herrn *Doktor Meinelt* danke ich für die Überlassung von aussagekräftigem Bildmaterial zu Fischkrankheiten.

Esther Fritschi, *Steffi Steinbach* und *Uwe Hübenthal* danke ich für ihre immerwährende Bereitschaft zur Hilfe bei meinen Kämpfen mit dem nicht immer so wie ich wollenden oder auch könnenden PC. Darüber hinaus hat Esther Fritschi viel zur Bebilderung des Buches beigetragen, sei es durch eigene Fotografien oder durch Hinweise auf Dinge die fotografiert werden sollten oder unbedingt müssten damit der trockene Text anschaulicher wird.

Nicht zuletzt danke ich *Martin Hochleithner* für die Bereitschaft sich meines Manuskriptes anzunehmen, es zu ordnen, überflüssigen Ballast zu entfernen, zur Ergänzung eigene Texte wo nötig einzufügen und Bildmaterial zur Verfügung zu stellen.

Inhaltsangabe

1. EINLEITUNG UND PROBLEMSTELLUNG

Kreislaufanlagen dienen dem Zweck, Fische möglichst gesund, in möglichst kurzer Zeit, unter möglichst wirtschaftlichen Bedingungen zur Marktreife zu bringen. Die Vermarktung kann als Brut, Setzling, Speisefisch und/oder Besatzfisch erfolgen; entweder zum Besatz natürlicher Gewässer, zur weiteren Aufzucht in Teichen, Netzgehegen oder anderen Anlagen, oder als Speisefisch mit oder ohne weitere Verarbeitung für den Konsum. Auch die Aufzucht bis zur Geschlechtsreife der Tiere um diese zu vermehren oder Kaviar zu gewinnen ist gängig.

Zierfische werden in dieser Ausarbeitung wie “normale“ Fische betrachtet. Deren speziellen Probleme, Anforderungen, Ziele und Artenvielfalt sind zu unterschiedlich und würden den Umfang dieser Abhandlung sprengen. Gleichwohl treffen alle allgemeinen Regeln für Fische, Wasserführung, Wasserchemie, Futter, Verdauung, Krankheiten, Besatzdichten und Abwasserbehandlung auch auf Zierfische und deren Haltung zu.

Das erfolgreiche Betreiben einer Kreislaufanlage erfordert Kenntnisse über:

- die aufzuziehenden Fischarten,
- die besonderen Ansprüche der Reinigungsbakterien,
- die Ansprüche der Tiere an die Umwelt,
- die Zusammensetzung des Futters,
- die Gesetzmäßigkeiten der Belüftung,
- die Regeln der Wasserführung,
- der Abwasseraufbereitung und
- der eingesetzten Technik.

Um eine Kreislaufanlage auf Dauer erfolgreich zu betreiben, müssen zwei völlig verschiedene biologische Systeme (Fischhaltung und Abwasseraufbereitung) mit ihren sehr unterschiedlichen – zum Teil sogar entgegengesetzten Ansprüchen an die Konzentration von Wasserinhaltsstoffen – ständig aufeinander abgestimmt und in Funktion gehalten werden. So ist die Leistung einer biologischen Wasseraufbereitung bei einer Konzentration von 5-10 mg/l Ammonium (NH_4^+) im Anlagenwasser erheblich höher als z. B. bei 0,2-0,5 mg/l NH_4^+ wie sie üblicherweise in Kreislaufanlagen auftreten. Fische hingegen fühlen sich ärgerlicherweise mit Werten unterhalb 0,2-0,5 mg NH_4^+/l deutlich wohler als bei solchen über 1 mg NH_4^+/l. Werte von 5-10 mg NH_4^+/l im Beckenwasser sind für die Bakterien prima, führen hingegen bei Fischen je nach Spezies, Futtermenge, Futterzusammensetzung, Temperatur und pH-Wert zu schweren Schäden oder sogar zum Tode.

Um beurteilen zu können ob die Anlage „rund„ läuft ist es von entscheidender Bedeutung die wichtigsten Wasserparameter regelmäßig zu messen und die Ergebnisse dieser Messungen zu dokumentieren. Eine Übertragung der gemessenen Werte und der täglich verabreichten Futtermenge in Diagramme, statt nur in Zahlenreihen, erleichtert vielen Menschen das Erkennen von Tendenzen und kann helfen, Fehlentwicklungen frühzeitig zu erkennen und ermöglicht so oft das rechtzeitige Einleiten von geeigneten Gegenmaßnahmen. Intuitiv, nur durch Blicke aufs Wasser und die Fische, können nur sehr wenige den Zustand einer Anlage und der darin befindlichen Fische beurteilen. Fast alle Anfänger und auch ein großer Teil der Fortgeschrittenen sind damit überfordert.

Kennt man einige der wichtigsten Gesetzmäßigkeiten, denen diese unterschiedlichen biologischen Systeme (Fische und Bakterien) unterliegen und unweigerlich folgen, ist es möglich, so zu handeln, dass sowohl Fische als auch Bakterien dauerhaft die in sie gesetzten Erwartungen erfüllen. Nur wenn sich die Lebewesen beider Systeme wohl fühlen, da sie ihren Ansprüchen entsprechend behandelt werden, ist mit Gesundheit und guten Zuwachsraten bei den Fischen zu rechnen, weil stabile Verhältnisse in den Fischbecken und der Wasseraufbereitung herrschen. Ein gewisses Gefühl und Verständnis für biologische und technische Zusammenhänge hilft eine Anlage erfolgreich zu betreiben. Dieses Gefühl und Verständnis kann man nur sehr schwer lernen. Ist es vorhanden kann es verbessert werden. Sind beide nicht vorhanden sollte man die Finger von der ganzen Sache lassen. Meist geht das Projekt schief.

Hohe oder zu hohe Besatzdichten in den Fischbecken führen in der Regel allenfalls kurzfristig zu erhöhten Erträgen, auf lange Sicht aber in permanente, schwer oder gar nicht zu beherrschende Schwierigkeiten. Häufig kränkelnde Tiere, schlecht wachsende Bestände, trübes Wasser, und schleichende Verluste sind fast immer Zeichen für Überladung der Fischbecken oder Überlastung der biologischen Aufbereitung. Knapp ausgelegte Rohrleitungen und Rinnen, sehr sparsam ausgestattete technische Anlagen, Verzicht auf Redundanzen und Vorhaltung von Ersatzteilen, falsch dimensionierte Wasseraufbereitungen und pro Zeiteinheit zu geringe Wasseraustauschraten, ebenso wie sehr im optimistischen Bereich angesiedelte Arbeitszeitberechnungen, zu erwartende Kosten, Produktionsmengen und Verkaufspreise, helfen lediglich Anbietern derartiger Anlagen nicht genügend sachkundige Kunden und Investoren zum Öffnen der Brieftaschen zu bewegen. Jahrelanger Ärger mit dem Anlagenbauer, zunächst persönlich und später vor Gericht ist vorprogrammiert. Die gesteckten Produktionsziele werden nicht erreicht, die so schön gerechneten Businesspläne sind Makulatur. Sind nicht genügend Kapitalreserven zur Nachbesserung vorhanden, ist das Vorhaben gescheitert, es droht die Pleite. Sehr billige Anlagen sind selten gute Anlagen. Häufig sind nicht unerhebliche und teure Nachrüstungen nötig, sofern das gesamte Vorhaben überhaupt mit vertretbarem Aufwand zu retten ist. Mit anderen Worten, man kann auch sehr teuer sparen!

2. ORGANISMEN UND KULTIVIERUNG

2.1. Lebensbedingungen für Wasserorganismen

Wasser besitzt eine sehr hohe Dichte. Diese ist ca. 770-mal höher als die von Luft. Wasser erweist sich daher für die meisten darin lebenden Organismen als sehr tragfähiges Medium. Infolge dessen benötigt ein Wasserbewohner nicht so belastbare und aufwendige innerliche und äußerliche Stützgewebe (z. B. Knochen, Panzer) und Organe wie ein Landbewohner. Für die Fortbewegung ist allerdings wegen der hohen Dichte von Wasser mehr Energie nötig als auf dem Land. Als Folge kommt es vermehrt zur Ausbildung von stromlinienförmigen Körpern, um den Strömungswiderstand so gering wie möglich zu halten. Vermehrte Ausbildung von wohlschmeckendem Muskelfleisch ist ein erfreulicher Nebeneffekt. Vor allem dauerhaft schnell schwimmende Tiere und solche, die in schneller Strömung leben, zeigen diese genetisch fixierten Anpassungen.

Manche im freien Wasser lebende Organismen vergrößern als alternative Strategie ihre Oberfläche durch Ausbildung von Strahlen, Anhängseln und Auswüchsen, um ihre Sinkgeschwindigkeit zu vermindern. Die Verbindung von mehreren einzelnen Zellen zu stern- oder bandförmigen Zellkolonien erhöht ebenfalls die Fallschirmwirkung. Die Energie, die dann noch nötig ist, auf einem bestimmten Niveau im Wasser zu schweben, wird durch diese Vorgehensweise minimiert und steht für andere Zwecke zur Verfügung. Fische die dieser Strategie folgen gehören im Allgemeinen nicht zu den begehrten Speisefischen. So machen z. B. Rotfeuerfische und Tiefseefische sich das Prinzip der Oberflächenvergrößerung zu Nutze. Beim tierischen, wie auch beim pflanzlichen Plankton besitzen Organismen mit Schwebefortsätzen die Fähigkeit zur Eigenbeweglichkeit. Der Schwebezustand kann auch durch Ein- oder Anlagerung von Öltropfen (vor allem bei Plankton und Eiern von im Meer lebenden Fischen) oder die Ausbildung gasgefüllter Hohlkörper (Schwimmblase) erreicht werden. Für pflanzliche Organismen wird durch Vergrößerung der Oberfläche auch die Nährstoffaufnahme aus dem umgebenden, nährstoffarmen Wasser verbessert. Diese Organismen können aktiv ihren Standort verändern, um Bereiche höherer oder niedrigerer Konzentrationen von Nährstoffen, Temperaturen oder Lichtintensitäten aufzusuchen.

2.1.1. Leben im Süßwasser

Derzeit wird die weitaus größte Zahl der Kreislaufanlagen mit Süßwasserfischen oder an Süßwasser adaptierten (gewöhnten) Brackwasserfischen betrieben. Lebewesen im Süßwasser müssen zur Regulierung ihres Salzhaushaltes Mechanismen entwickeln, die verhindern, dass zu viele Salze aus dem Körper abgegeben werden oder von außen Wasser in den Körper eindringt.

Zwei miteinander in Berührung stehende Flüssigkeiten mit unterschiedlichem Salzgehalt sind bestrebt, sich im Salzgehalt auszugleichen. Sind sie durch eine Membrane, die für die Wassermoleküle, aber nicht für die Salzmoleküle durchlässig ist, voneinander getrennt, nimmt die höher konzentrierte Lösung solange Wassermoleküle aus der niedriger konzentrierten Lösung auf, bis beide Lösungen dieselbe Konzentration aufweisen (Osmose). Salzwasserfische müssen wegen der höheren Salzkonzentration des Umgebungswassers deutlich weniger Energie aufwenden, um die Elektrolyt-Konzentration ihrer Körperflüssigkeit aufrecht zu erhalten, als Süßwasserfische.

Süßwasser ist ein salzarmes Medium. Die Körperflüssigkeiten der darin lebenden Organismen besitzen eine viel höhere Elektrolyt-Konzentration (Salz-Ionen) als das umgebende Süßwasser. Sie müssen daher – um überleben zu können – ihren Wasserhaushalt und die Ionenkonzentration in der Körperflüssigkeit aktiv regulieren können. Dies geschieht z. B. durch die selektive Aufnahme von Elektrolyten (z. B. Natrium und Kalium) aus dem Wasser, die Gewinnung von Salzen aus der Nahrung, die Ausscheidung von salzarmem Urin und die Rückgewinnung von Elektrolyten über die Nieren. In völlig salzfreiem Wasser, gemeinhin als destilliertes Wasser bezeichnet, ist Leben aus Mangel an Elektrolyten schwer möglich. Es ist daher für die Fischproduktion ungeeignet.

Die Vorgänge der Elektrolyt-Regulierung werden durch die Zellwände (nur bei Pflanzen) und die Cytoplasmamembran geregelt. Die Cytoplasmamembran ist die osmotische Schranke der Zellen. Sie kontrolliert den aktiven Transport gelöster Stoffe in die Zelle hinein und heraus. Passiv wird der Transport gelöster Stoffe durch Änderungen der Textur (Faserung) gesteuert. Bei Pflanzen dient die Zellwand als Stütze für die Cytoplasmamembran und ist für Salze und einige niedermolekulare Substanzen durchlässig. Bei tierischen Zellen können durch knorpelige oder knochige Stützgewebe scheinbare Wände aufgebaut werden.

2.1.2. Leben im Salzwasser

Der weitaus größte Teil des Wassers auf der Erde – ca. 97 % – besteht aus natürlichem Salzwasser, das sich in zunehmendem Umfang für die Fischproduktion vor allem in Netzgehegen anbietet. An Land liegende Becken- oder Teichanlagen werden unter Ausnutzung des Tidenhubs (Ebbe und Flut) oder mit Hilfe von Pumpen gefördertem Salzwasser versorgt. Zunehmend werden auch Kreislaufanlagen gebaut und erfolgreich betrieben.

Abhängig vom Salzgehalt besitzt Salzwasser eine höhere Dichte, einen höheren osmotischen Wert und einen niedrigeren Gefrierpunkt als Süßwasser. Im Schnitt beträgt der Salzgehalt 35 ‰ mit Schwankungen von 34-37 ‰ in den Ozeanen. In Küstennähe schwankt der Salzgehalt in Abhängigkeit von Verdunstung und Zufuhr von Süßwasser (Flussmündungen, Regenfälle) zwischen 0,1 und 4,6 ‰.

In angelsächsischen Literaturangaben werden Salzgehalte zwischen 1 und 3 ‰ als Brackwasser bezeichnet, in andere Literaturangaben gelten 0,1-1,8 ‰ als Brackwasser. Die Ostsee ist daher, egal welcher Literaturangabe man zu folgen gedenkt, fast ausschließlich ein Brackwassermeer.

Die im Brackwasser vorkommenden Fischarten haben sich an die dort herrschenden Bedingungen angepasst. Salzgehaltsschwankungen werden von Fischen so lange toleriert, wie ihre Kiemen und Nieren in der Lage sind die benötigte Elektrolyt-Konzentration im Körper zu erhalten. Der Fall, dass Fische und das Wasser in dem diese schwimmen isotonisch – von gleicher Ionenkonzentration – sind, ist selten anzutreffen.

Die meisten im Meer vorkommenden Lebewesen können entweder ausschließlich in Süß- oder in Salzwasser leben. Im Brackwasser kommen, da der Salzgehalt in Abhängigkeit von Regen, Süßwasserzuflüssen und Verdunstung häufig stark schwankt, deutlich weniger Arten vor. Sowohl im Salz- wie auch im Süßwasser können nur wenige, spezialisierte Arten leben. Bei den Fischen sind dies vor allem Wanderarten wie z. B. Meeräschen, Wolfsbarsche, Streifenbarsche, Aale, Lachse, Flundern sowie die meisten Störe.

Meerwasser besitzt eine um etwa 20 % geringere Sauerstoffaufnahmekapazität als Süßwasser, da der Salzgehalt die Löslichkeit von Sauerstoff verringert, der pH-Wert ist alkalisch (pH 7,5-8,5) ist, und die Dichte beträgt bei 0 °C und 3,5 %igem Salzgehalt 1,028 g/cm³. Das Blut von Meeresfischen enthält mehr Salz als das von Süßwasserfischen. Außerdem trinken diese Salzwasser um den Wasserverlust durch Osmose auszugleichen. Nicht benötigtes bzw. überschüssiges Salz wird hauptsächlich über die Kiemen an das Umgebungswasser abgegeben.

2.2. Kultivierung von Wasserorganismen

Die Kultivierung von Wasserorganismen wird Aquakultur genannt, im Gegensatz zur Agrikultur, also der Landwirtschaft. Marikultur wäre die Aquakultur im Meerwasser, im Gegensatz zur Limnikultur, also die Aquakultur im Süßwasser. Die Aquakultur umfasst neben der Kultivierung von Fischen, Weichtieren (Muscheln, Schnecken), Krebstieren (Garnelen, Krabben) und anderen niederen Tieren (Seegurken, Seescheiden), auch die Kultivierung von Wasserpflanzen (Algen, Tang), ja sogar Reptilien (Krokodile, Schildkröten) und Amphibien (Frösche, Lurche). Die Kultivierung von Meeressäugern (Wale, Robben) würde auch dazu zählen, wird aber noch nicht praktiziert.

Die Kultivierung von Fischen, also die Fischzucht, lässt sich wiederum in extensive und intensive Produktionsformen einteilen. Extensive Produktionsbedingen findet man eigentlich nur in Teichanlagen oder beim „Sea-Ranching“.

Sea-Ranching (Besatzfischerei) wie es etwa bei Pazifischen Lachsen in Freigewässern erfolgt, stellt genau genommen ein Mittelding dar, da der Besatz zur Fischzucht und der Fang zur Fischerei zählen. In extensiven Anlagen sind die Bestandsdichten gering (unter 1 t/ha) und es wird nicht zugefüttert. In allen anderen Anlagen herrschen intensive Produktionsbedingungen, die Bestandsdichten sind relativ hoch und es wird zugefüttert. Daneben gibt es auch Zwischenstufen wie halb-intensiv. In Teichen werden oft mehrere Arten zusammen produziert (Polykultur), in allen anderen Haltungseinrichtungen wird, mit wenigen Ausnahmen, jeweils nur eine Art produziert (Monokultur).

2.2.1. Teichanlagen

Teichanlagen sind Anlagen die meist naturnahe Haltungseinrichtungen (Teiche oder Lagunen) haben, und bei denen die Wasseraustauschrate nicht mehr als einmal pro Tag erfolgt, oft wird sogar nur die Verdunstung ersetzt. So genannte Himmelsteiche werden nur durch Niederschläge aus ihrem unmittelbaren Einzugsbereich gespeist. Sie haben den höchsten Platz- aber geringsten Wasserverbrauch. Die Investitions- und Betriebskosten hängen von verschiedenen Faktoren ab. Die Wassertemperatur variirt in Abhängigkeit von der geografischen Lage und den klimatischen Bedingungen.

2.2.2. Gehegeanlagen

Gehegeanlagen sind Anlagen die in einem natürlichen Gewässer (See oder Meer) meist schwimmend installiert sind, und bei denen der Wasseraustausch durch die Gehegenetze hindurch erfolgt. Algenbewuchs kann den Wasseraustausch so stark verringern, dass ein häufiges Reingen nötig wird. Sie haben den geringsten Platzverbrauch und die geringsten Investitions- und Betriebskosten. Der Wasserverbrauch und die Wassertemperatur hängen vom Gewässer ab. Bei Beschädigung der Netze besteht die Gefahr des Entweichens der Tiere in die Umgebung. In der Regel sind sie dann für den Betreiber verloren.

2.2.3. Durchlaufanlagen

Durchlaufanlagen sind Anlagen die meist künstliche Haltungseinrichtungen (Kanäle oder Becken) haben, bei denen die Wasseraustauschrate mehrmals pro Tag erfolgt, und in denen das Wasser nur einmal verwendet wird. Sie haben den höchsten Wasserverbrauch. Verschiedene Faktoren haben Einfluß auf den Platzbedarf und die Investitions- und Betriebskosten, wie etwa Geländeform, Erd- oder Betonbecken, nötiger Hochwasserschutz, Ein- und Auslaufbauwerke. Die Wassertemperatur folgt der des Zulaufwassers. Ob eine Aufbereitung (Schwebstoffe) nachgeschaltet werden muss, hängt von Futtermengen und gesetzlichen Auflagen ab.

2.2.4. Kreislaufanlagen

Kreislaufanlagen sind Anlagen in denen das Wasser, nach einer eventuellen Belüftung und Reinigung, wieder in der Anlage verwendet (rezirkuliert) wird. Sie haben die höchsten Investitions- und Betriebskosten. Der Platz- und Wasserverbrauch hängt von Aufbereitungs- und Austauschrate ab, die Wassertemperatur von der gehaltenen Fischart sowie Isolation und Klimatisierung (Heizung/Kühlung). Als Kaltwasseranlagen sind solche mit Temperaturen bis zu 18 °C zu verstehen, darüber gelten sie als Warmwasseranlagen.

2.2.5. Aquarienanlagen

Aquarienanlagen sind von ihrer Funktion her ebenfalls Kreislaufanlagen. Sie dienen selten der kommerziellen Fischproduktion, sondern meist nur der Haltung von Fischen und anderen Wasserlebewesen für Liebhaber-, Forschungs- oder Schauzwecke z. B. in Zoofachgeschäften. Kleinaquarien werden manchmal zum gezielten Anpaaren oder zur Beobachtung der Laichbereitschaft von bestimmten Fischen z. B. Tilapien benutzt. Großaquarien werden häufig in öffentlichen Einrichtungen verwendet, z. B. Zoos, Tiergärten usw. Sie werden deshalb hier nicht extra behandelt. Viele der für gängige Produktionsanlagen beschriebenen und dort ablaufenden Prozesse gelten allerdings auch für Aquarien. Sie unterliegen denselben Gesetzmäßigkeiten der Wasserreinigung, Fischgesundheit und physikalischen Gesetzen (z. B. Gassättigung, Verdunstung oder Temperaturregelung) wie Produktionsanlagen.

2.3. Fischarten für die Aquakultur

Die optimale Fischart für Kreislaufanlagen gibt es leider nicht, denn es hängt alles auch von Anlagengestaltung und Bewirtschaftungsplan sowie Vermarktungskonzept ab. So kann eine Kleinanlage die geringere Mengen an schwierigen oder speziellen Besatz- oder Zierfischen produziert, durchaus wirtschaftlicher sein als eine Großanlage die größere Mengen an einfachen oder billigen Speisefischen produziert. Einen wesentlichen Einfluss auf die Wirtschaftlichkeit haben auch die Verarbeitung und der Verkauf. So erzielt man mit einem Kleinverkauf von verarbeiteten Fischen an Endverbraucher normalerweise höhere Preise und Gewinne, als mit einem Großverkauf von unverarbeiteten Fischen an Händler.

Grundsätzlich kann man in Kreislaufanlagen alle Fischarten der Welt halten, vom kleinsten, dem Zwergbärbling (*Paedocypris progenetica*) bis zum größten dem Walhai (*Rhincodon typus*), sofern deren Bedürfnisse (Beckengestaltung, Wasserqualität, Futteransprüche etc.) entsprechend berücksichtigt werden. Generell eignen sich Fischarten die schon in anderen herkömmlichen Haltungssystemen (Teich-, Gehege-, Durchlaufanlage) produziert werden, auch für Kreislaufanlagen. Da in Kreislaufanlagen wie in jeder anderen kommerziellen

Anlage auch, die Wirtschaftlichkeit zu berücksichtigen ist, sind einige Fischarten, die in hohen Bestandsdichten gehalten werden können, sowie geringe Ansprüche an die Futtermittel und Wasserqualität haben, dafür eher geeignet, wie etwa einige Arten der folgenden Ordnungen.

2.3.1. Störfischartige (Acipenseriformes)

Von der Familie der Rüsselstöre (Acipenseridae) eignen sich vor allem die Gattungen *Acipenser* und *Huso*. Der Sibirische Stör (*Acipenser baerii*), Russische Stör (*Acipenser gueldenstaedtii*), Adriastör (*Acipenser naccarii*), Sterlet (*Acipenser ruthenus*) und Sternhausen (*Acipenser stellatus*) sowie der Europäische Hausen oder Beluga (*Huso huso*) werden hauptsächlich in Europa (Russland, Finnland, Deutschland, Spanien, Frankreich, Italien, Bulgarien) produziert, der Weiße Stör (*Acipenser transmontanus*) vorwiegend in Nordamerika (USA und Kanada, aber auch Italien), und der Amurstör (*Acipenser schrenckii*) sowie der Sibirische Hausen oder Kaluga (*Huso dauricus*) überwiegend in Ostasien (China, Taiwan, Vietnam). Störe werden sowohl in Durchlauf- und Gehegeanlagen als auch in Kreislaufanlagen aufgezogen. Sie haben ein Knorpelskelett und damit grätenloses Fleisch, werden aber vor allem wegen ihres teuren Rogens (Kaviar) geschätzt. Alle Störe benötigen sehr lange Zeit (je nach Spezies ca. 5-20 Jahre) bis zur Geschlechtsreife und damit Kaviarernte. Die männlichen Tiere werden möglichst frühzeitig aussortiert und zur Verarbeitung oder an Angelteiche abgegeben. Die weltweite Aquakulturproduktion dieser Familie betrug im Jahr 2010 etwa 40.000 t.

Von der Familie der Löffelstöre (Polyodontidae) eignet sich die Gattung *Polyodon* nur bedingt. Der Löffelstör (*Polyodon spathula*) wird in Nordamerika (Südstaaten der USA) und Osteuropa (Russland) in geringen Mengen in Teichanlagen produziert. Er ist ein Filtrierer der Zooplankton frisst und eignet sich wegen des Futter- und Platzbedarfs kaum für Kreislaufanlagen.

2.3.2. Labyrinthfischartige (Anabantiformes)

Von der Familie der Kletterfische (Anabantidae) eignet sich vor allem die Gattung *Anabas*. Der Asiatische Kletterfisch (*Anabas testudineus*) wird in Südostasien (Indien, Bangladesch, Thailand, Kambodscha, Indonesien) in Teichanlagen produziert. Die weltweite Aquakulturproduktion dieser Familie betrug im Jahr 2010 rund 9.000 t.

Von der Familie der Schlangenkopffische (Channidae) eignet sich vor allem die Gattung *Channa*. Der Gestreifte Schlangenkopffisch (*Channa striata*) wird in Südostasien (Indien, Bangladesch, Myanmar, Thailand, Kambodscha, Indonesien) und Westafrika (Nigeria, Kamerun) in Teichanlagen produziert. Die weltweite Aquakulturproduktion dieser Familie betrug im Jahr 2010 über 420.000 t.

Von der Familie der Gouramis (Osphronemidae) eignet sich vor allem die Gattung *Osphronemus*. Der Riesengurami (*Osphronemus goramy*) wird in Südostasien (Indonesien, Thailand, Philippinen) als Speisefisch überwiegend in Teichanlagen produziert. Er wäre wegen seiner fakultativen (wahlweisen) Luftatmung ein besonders interessantes Aufzuchtobjekt für Warmwasser-Kreislaufanlagen, ist aber in Europa bisher relativ wenig (bzw. nur als Zierfisch) bekannt. Die weltweite Aquakulturproduktion dieser Familie betrug im Jahr 2010 etwa 60.000 t.

2.3.3. Aalfischartige (Anguilliformes)

Von der Familie der Süßwasseraale (Anguillidae) eignet sich die einzige Gattung *Anguilla*. Der Europäische Aal (*Anguilla anguilla*), Japanische Aal (*Anguilla japonica*) und Amerikanische Aal (*Anguilla rostrata*), werden vor allem in Mittel- und Südeuropa (Niederlande, Dänemark, Deutschland, Spanien, Italien, Griechenland) und Ostasien (China, Taiwan, Korea, Japan) als Speisefische in Teich- und Durchlaufanlagen produziert, aber oft auch in Kreislaufanlagen. Aale haben einen relativ hohen Preis und sind vor allem in Japan gegrillt als „Kabayaki“ begehrt. Aale wachsen relativ langsam und nur die weiblichen Tiere werden schwerer als 200 g (ca. 18 Monate). Oberhalb von 300 g werden deutlich bessere Preise bezahlt. Bei der Produktion von allen Aalen ist man jedoch bis heute von Glasaalfängen aus der Natur abhängig. Die künstliche Vermehrung bis zum Schlupf ist bisher nur im Labormaßstab gelungen, und die Aufzucht bis zum Glasaalstadium sogar nur beim Japanischen Aal in Japan. Die weltweite Aquakulturproduktion dieser Familie betrug im Jahr 2010 etwa 270.000 t.

2.3.4. Makrelenfischartige (Carangiformes)

Von der Familie der Stachelmakrelen (Carangidae) eignet sich vor allem die Gattung *Seriola*. Die Gelbschwanzmakrele (*Seriola lalandi*) und die Bernsteinmakrele (*Seriola dumerili*) werden in Ostasien (China, Taiwan, Japan) und Australien, sowie gelegentlich in Europa (Spanien, Belgien) produziert, meist in Durchlauf- und Gehegeanlagen, aber zunehmend auch in Salzwasser-Kreislaufanlagen. Die weltweite Aquakulturproduktion dieser Familie betrug im Jahr 2010 etwa 240.000 t.

Von der Familie der Offiziersfische (Rachycentridae) eignet sich die einzige Gattung *Rachycentron*. Der Königsfisch oder Cobia (*Rachycentron canadum*) wird in Ostasien (China, Taiwan, Vietnam), Südamerika (Belize, Panama, Kolumbien, Brasilien) und Ostafrika (Réunion, Mauritius) produziert, meist in Durchlauf- und Gehegeanlagen, gelegentlich aber auch in Salzwasser-Teich- und Kreislaufanlagen. Er wächst sehr schnell (im ersten Jahr bis zu 5 kg) und hat schmackhaftes Fleisch. Die weltweite Aquakulturproduktion dieser Familie betrug im Jahr 2010 etwa 40.000 t.

2.3.5. Sonnenbarschartige (Centrarchiformes)

Von der Familie der Sonnenbarsche (Centrarchidae) eignet sich vor allem die Gattung *Micropterus*. Der Forellenbarsch (*Micropterus salmoides*) und der Schwarzbarsch (*Micropterus dolomieu)* sind in Nordamerika (USA) geschätzte Angelfische und werden in Nord- und Südamerika (Mexiko, Brasilien), Asien (China), Afrika (Marokko), sowie Mittel- und Südeuropa (Frankreich, Italien, Österreich) meist in Teichanlagen produziert. Die weltweite Aquakulturproduktion dieser Familie betrug im Jahr 2010 fast 190.000 t.

Von der Familie der Dorschbarsche (Percichthyidae) eignen sich vor allem die Gattungen *Siniperca* und *Lateolabrax*. Der Mandarinbarsch (*Siniperca chuatsi*) und der Japanische Barsch (*Lateolabrax japonicus*) werden in Ostasien (China, Korea) meist in Teich- und Gehegeanlagen produziert. Die weltweite Aquakulturproduktion dieser Familie betrug im Jahr 2010 rund 360.000 t.

Von der Familie der Grunzbarsche (Terapontidae) eignen sich vor allem die Gattungen *Bidyanus* und *Scortum*. Der Silberbarsch (*Bidyanus bidyanus*) und der Jadebarsch (*Scortum barcoo)* werden in Ostasien (Taiwan) und Australien meist in Teich- und Gehegeanlagen produziert. Diese Fische haben, ähnlich wie Lachse, einen sehr hohen Gehalt an Ω-3-Fettsäuren (über 20 mg/g). Die weltweite Aquakulturproduktion dieser Familie betrug im Jahr 2010 nur 320 t.

2.3.6. Buntbarschartige (Cichliformes)

Von der Familie der Tilapien (Cichlidae) eignet sich vor allem die Gattung *Oreochromis*. Der Niltilapia (*Oreochromis niloticus* in älterer Literatur *Sarotherodon niloticus*), der Mozambique Tilapia (*Oreochromis mossmbicus* in älterer Literatur *Sarotherodon mossambicus*) und der Blaue Tilapia (*Oreochromis aureus* in älterer Literatur *Sarotherodon aureus)* sowie deren Hybriden werden weltweit (Afrika, Asien, Amerika) in verschiedensten Anlagen produziert, darunter auch Kreislaufanlagen in Amerika (USA) und Europa (Belgien). Beliebt sind rote Hybriden welche einen besseren Preis erzielen als die „normalfarbigen“. Tilapien können in sehr hohen Besatzdichten (über 200 kg/m^3) gehalten werden, betreiben Brutpflege, können ohne tierisches Protein aufgezogen werden, und haben schmackhaftes Fleisch, was sie zu interessanten Aufzuchtobjekten für Warmwasser-Kreislaufanlagen macht, allerdings haben sie durch die hohe Produktion einen relativ niedrigen Preis. Die weltweite Aquakulturproduktion dieser Familie betrug im Jahr 2010 über 3.500.000 t.

2.3.7. Karpfenfischartige (Cypriniformes)

Von der Familie der Karpfenfische (Cyprinidae) eignen sich vor allem die Gattungen *Cyprinus, Carassius* und *Tinca*. Der Gemeine Karpfen (*Cyprinus carpio*), der Goldfisch (*Carassius aurata*) und die Schleie (*Tinca tinca*) werden in fast ganz Eurasien produziert, meist jedoch in Teichanlagen. Die Farbvarianten von Karpfen (Koi) und Goldfisch (Schleierschwanz) sind als Zierfische sehr geschätzt, vor allem in Japan und China aber in letzter Zeit auch in Europa und Amerika. All diese Fische haben aber Zwischenmuskelgräten (Y-Gräten) die in Europa nicht überall geschätzt sind und daher oft einen geringen Preis, was eine wirtschaftliche Produktion in Kreislaufanlagen in Frage stellt. Eine Alternative ist die Aufzucht von Setzlingen (>300 g) in geschützten Anlagen um der in Teichen bestehenden Gefahr des Gefressenwerdens kleinerer Fische von Kormoranen zu entgehen. Einige asiatische Karpfenarten könnten aber dennoch auch als Speisefische interessante Aufzuchtobjekte für Warmwasser-Kreislaufanlagen in Asien sein (z. B. Gattung *Tor* oder *Catlocarpio*). Die weltweite Aquakulturproduktion dieser Familie betrug im Jahr 2010 etwa 23.000.000 t.

Von der Familie der Dorngrundeln (Cobitidae) eignet sich vor allem die Gattung *Misgurnus*. Die Ostasiatische Schlammpeitzger (*Misgurnus anguillicaudatus*) wird in Ostasien (China, Korea) in Teichanlagen produziert. Der Europäische Schlammpeitzger (*Misgurnus fossilis*) wird in Europa (Deutschland, Österreich, Tschechien) gelegentlich in geringen Mengen als Nebenfisch in Teichanlagen produziert, allerdings nicht als Speise- sondern nur als Zierfisch für Gartenteiche genutzt. Die weltweite Aquakulturproduktion dieser Familie betrug im Jahr 2010 über 200.000 t.

2.3.8. Hechtfischartige (Esociformes)

Von der Familie der Hechtfische (Esocidae) eignet sich die Gattung *Esox* nur bedingt. Der Nordische Hecht (*Esox lucius*) wird in Ost- und Mitteleuropa (Russland, Polen, Deutschland, Österreich, Tschechien, Ungarn, Bulgarien, Rumänien) und Nordafrika (Marokko) produziert, aber fast ausschließlich in Teichanlagen. Er ist ein kannibalischer Raubfisch der Lebendfische frisst und eignet sich wegen des Futterbedarfs kaum für Kreislaufanlagen. Erste Versuche ihn auf Trockenfutter umzustellen sind aber recht erfolgreich verlaufen. Die weltweite Aquakulturproduktion dieser Familie betrug im Jahr 2010 nur 900 t.

2.3.9. Dorschfischartige (Gadiformes)

Von der Familie der Dorschfische (Gadidae) eignen sich vor allem die Gattungen *Gadus* im Salzwasser und *Lota* im Süßwasser. Der Kabeljau oder Dorsch (*Gadus morhua*) wird vor allem in Nordeuropa (Norwegen, Island) produziert, allerdings haben einige Betriebe, wegen des Preisrückgangs durch Wildfangzunahme, die Produktion wieder eingestellt. Die Quappe oder Rutte (*Lota lota*) wird in Mitteleuropa (Deutschland, Tschechien, Österreich) überwiegend in Teich- und Durchlaufanlagen als Besatzfisch produziert. Sie verträgt hohe Besatzdichten und könnte ein interessantes Aufzuchtobjekt für Kaltwasser-Kreislaufanlagen in

Nord- und Mitteleuropa sein, wird allerdings bisher kaum als Speisefisch produziert. Die weltweite Aquakulturproduktion dieser Familie betrug im Jahr 2010 etwa 20.000 t.

2.3.10. Schnapperfischartige (Lutjaniformes)

Von der Familie der Schnapper (Lutjanidae) eignet sich vor allem die Gattung *Lutjanus*. Der Kupferschnapper (*Lutjanus argentimaculatus*) und der Goldene Schnapper (*Lutjanus johnii*) werden hauptsächlich in Südostasien (Taiwan, Philippinen, Kambodscha, Malaysia, Singapur), und der Rote Schnapper (*Lutjanus campechanus)* gelegentlich in Nord- und Mittelamerika (Mexiko, Costa Rica) in Salzwasser-Teich-, Durchlauf- und Gehegeanlagen produziert. Die weltweite Aquakulturproduktion dieser Familie betrug im Jahr 2010 etwa 8.000 t.

2.3.11. Meeräschenartige (Mugiliformes)

Von der Familie der Meeräschen (Mugilidae) eignet sich vor allem die Gattung *Mugil*. Die Graue Meeräsche (*Mugil cephalus*) wird in Südeuropa (Spanien, Italien, Frankreich, Griechenland), Nordafrika (Ägypten, Tunesien), West- und Ostasien (Israel, Saudi Arabien, Irak, Korea, Taiwan) und Nordamerika (Mexiko) in Teichanlagen produziert. In einigen Gegenden ist der gesalzene und getrocknete Rogen eine gut bezahlte Delikatesse. Die weltweite Aquakulturproduktion dieser Familie betrug im Jahr 2010 etwa 140.000 t.

2.3.12. Knochenzünglerartige (Osteoglossiformes)

Von der Familie der Arapaimas (Arapaimidae) eignen sich beide Gattungen *Arapaima* und *Heterotis*. Der Südamerikanische Knochenzüngler (*Arapaima gigas*) wird sein kurzem in Südamerika (Brasilien, Peru) als beliebter Speisefisch vorwiegend in Teichanlagen produziert. Er wächst sehr schnell (im ersten Jahr bis zu 10 kg) und wird sehr groß (bis zu 200 kg). Er ist aber (wie auch alle Störe) im Washingtoner Artenschutzübereinkommen (englisch: Convention on International Trade in Endangered Species of wild fauna and flora = CITES) gelistet. Daher ist für jeden Import/Export eine Genehmigung der zuständigen Behörden erforderlich. Der Westafrikanische Knochenzüngler (*Heterotis niloticus*) wird in Westafrika (Elfenbeinküste, Ghana, Nigeria, Kamerun) in Teich-anlagen produziert. Diese Arten wären wegen ihrer obligatorischen (zwingenden) Luftatmung besonders interessante Aufzuchtobjekte für Warmwasser-Kreislaufanlagen, sind aber in Europa bisher relativ wenig bekannt. Die weltweite Aquakulturproduktion dieser Familie betrug im Jahr 2010 etwa 3.000 t.

Von der Familie der Messerfische (Notopteridae) eignen sich eventuell die Gattungen *Notopterus* und *Papyrocranus*. Der Asiatische Messerfisch (*Notopterus notopterus*) wird in Südostasien (Bangladesch, Thailand) als teurer

Speisefisch geschätzt und in Teichanlagen produziert. Der Afrikanische Messerfisch (*Papyrocranus after*) wird in Westafrika (Nigeria) in Teichanlagen produziert. Die weltweite Aquakulturproduktion dieser Familie betrug im Jahr 2010 etwa 10.000 t.

Von der Familie der Großnielhechte (Gymnarchidae) eignet sich die einzige Gattung *Gymnarchus*. Der Großnilhecht (*Gymnarchus niloticus*) wird in Afrika (Nigeria) in Teichanlagen produziert. Die weltweite Aquakulturproduktion dieser Familie betrug im Jahr 2010 etwa 5.000 t.

2.3.13. Barschfischartige (Perciformes)

Von der Familie der Echten Barsche (Percidae) eignen sich vor allem die Gattungen *Perca* und *Sander*. Der Europäische Flussbarsch (*Perca fluviatilis*) wird in Europa (Irland, Deutschland, Schweiz, Österreich, Italien, Tschechien, Ukraine, Russland), und der Amerikanische Gelbbarsch (*Perca flavescens*) in Nordamerika (USA) in Teich- und Durchlaufanlagen produziert, zunehmend aber auch in Kreislaufanlagen. Flussbarsche sind filetiert vor allem in der Schweiz als „Eglifilet" begehrt. Der Europäische Zander oder Schill (*Sander lucioperca*) wird in Nord- und Mitteleuropa (Dänemark, Niederlande, Deutschland, Österreich, Ungarn, Bulgarien, Rumänien) und Nordafrika (Tunesien), und der Amerikanische Zander oder Walleye (*Sander vitreum*) in Nordamerika (USA) in Teich- und Kreislaufanlagen produziert, vornehmlich als Besatzfisch aber zunehmend auch als Speisefisch. Bei hohen Besatzdichten treten oft Schäden an den vorgewölbten Augen auf, wodurch die Tiere blind werden und keine Nahrung mehr finden. Da sie auf Sicht fressen verhungern sie oder magern zunächst ab. Bei der Haltung der amerikanischen Zander hat sich eine Domestikation über mehrere Generationen sehr positiv auf die Aufzucht und anschließende Mast ausgewirkt, da Trockenfutter deutlich besser aufgenommen wird und die Bedingungen der Beckenhaltung gut toleriert werden. Die weltweite Aquakulturproduktion dieser Familie betrug im Jahr 2010 rund 1.000 t.

Von der Familie der Seebarsche (Moronidae) eignen sich die beiden Gattungen *Morone* im Süßwasser und *Dicentrarchus* im Salzwasser. Der Streifenbarsch (*Morone saxatilis*) und seine Hybriden mit anderen Arten dieser Gattung, wie dem Weißbarsch (*Morone chrysops*), werden in Nordamerika (USA) und Vorderasien (Israel) meist in Teichanlagen produziert, zunehmend aber auch in Mittel- und Südeuropa (Italien, Spanien, Deutschland) in Kreislaufanlagen. Streifenbarsche sehen optisch attraktiv aus und haben sehr schmackhaftes Fleisch. Da für die Aquakultur meist nur Hybridbarsche verwendet werden, hängt man bei der Satzfischversorgung von Lieferanten und Importen ab, oder man muss die zwei Ausgangsarten aufwendig selbst halten und vermehren. Der Wolfsbarsch (*Dicentrarchus labrax*) wird vor allem in Südeuropa und Vorderasien (Spanien, Frankreich, Italien, Kroatien, Griechenland, Zypern, Türkei, Israel), sowie

Nordafrika (Ägypten, Tunesien) in großen Mengen als Speisefisch produziert, meist in Teich- Durchlauf- und Gehegeanlagen, gelegentlich aber auch in Kreislaufanlagen. Die weltweite Aquakulturproduktion dieser Familie betrug im Jahr 2010 über 140.000 t.

Von der Familie der Riesenbarsche (Centropomidae) eignet sich vor allem die Gattung *Lates*. Der Asiatische Seebarsch oder Barramundi (*Lates calcarifer*) wird in Asien (Taiwan, Thailand, Malaysia, Indonesien) sowie in Australien und Nordamerika (USA), vorwiegend in Teich- und Gehegeanlagen aufgezogen, zunehmend aber auch in Kreislaufanlagen. Die Tiere leben im Süß- oder Brackwasser und laichen im Salzwasser. Dabei sind sie bis zur ersten Reife Männchen und danach wechseln zumindest die großen Tiere das Geschlecht und werden Weibchen. Ab etwa 20 mm Größe kann die Brut sowohl an Süßwasser als auch an Trockenfutter gewöhnt werden. Da die Vorwüchser zum Kannibalismus neigen, ist häufiges Sortieren angesagt. Die weitere Aufzucht der schnellwüchsigen Fische erfolgt im Süßwasser. Der Nilbarsch (*Lates niloticus*) wird in Afrika (Nigeria, Uganda, Ägypten) vorwiegend in Teich- und Gehegeanlagen produziert, aber auch in größeren Mengen aus Afrika (Tansania, Uganda, Kenia) als Wildfang exportiert. Die weltweite Aquakulturproduktion dieser Familie betrug im Jahr 2010 fast 80.000 t.

Von der Familie der Sägebarsche (Serranidae) eignen sich vor allem die Gattungen *Epinephelus* und *Plectropomus*. Der Gepunktete Zackenbarsch (*Epinephelus coicoides*), der Gefleckte Zackenbarsch (*Epinephelus tauvina*) und einige Hybriden, sowie der Leopard-Korallenbarsch (*Plectropomus leopardus*) werden in Asien (China, Taiwan, Philippinen, Malaysia, Indonesien, Emirate) überwiegend in Gehegeanlagen produziert, aber gelegentlich auch in Salzwasser-Durchlauf- und Kreislaufanlagen. Die weltweite Aquakulturproduktion dieser Familie betrug im Jahr 2010 etwa 80.000 t.

Von der Familie der Skorpionfische (Scorpaenidae) eignet sich eventuell die Gattung *Sebastes*. Der Schwarze Felsenbarsch (*Sebastes schlegeli*) wird in Ostasien (Korea) in Teichanlagen produziert. Die weltweite Aquakulturproduktion dieser Familie betrug im Jahr 2010 etwa 20.000 t.

Von der Familie der Flossenblätter (Monodactylidae) eignet sich eventuell die Gattung *Schuettea*. Der Östliche Pomfret (*Schuettea scalaripinnis*) wird in Südasien (Indonesien) in Teich- und Gehegeanlagen produziert. Die weltweite Aquakulturproduktion dieser Familie betrug im Jahr 2010 etwa 30.000 t.

Alle Barsche haben besonders schmackhaftes grätenarmes Fleisch was von Konsumenten geschätzt wird und einen guten Preis erzielt, allerdings ist die Aufzucht (vor allem der winzigen Larven) oft etwas schwierig, wobei in aufwendigen Systemen die Nährorganismen herangezogen werden.

Europäischer Aal (*Anguilla anguilla*). Foto: M. Hochleithner

Afrikanischer Buntbarsch (*Oreochromis niloticus*). Foto: M. Hochleithner

Amerikanischer Katzenwels (*Ictalurus punctatus*). Foto: M. Hochleithner

Quappe (*Lota lota*). Foto: M. Hochleithner

Arapaima (*Arapaima gigas*). Foto: M. Hochleithner

Barramundi (*Lates calcarifer*). Foto: M. Hochleithner

2.3.14. Plattfischartige (Pleuronectiformes)

Von der Familie der Schollen (Pleuronectidae) eignet sich vor allem die Gattung *Hippoglossus*. Der Atlantische Heilbutt (*Hippoglossus hippoglossus*) wird überwiegend in Nordeuropa (Norwegen, Großbritannien, Island) produziert, meist in Salzwasser-Durchlauf- und Kreislaufanlagen. Die weltweite Aquakulturproduktion dieser Familie betrug im Jahr 2010 rund 7.000 t.

Von der Familie der Flundern (Paralichthyidae) eignet sich vor allem die Gattung *Paralichthys*. Die Olive Flunder (*Paralichthys olivaceus*) wird überwiegend in Ostasien (China, Korea, Japan) produziert, meist in Teich- und Durchlaufanlagen, seltener in Kreislaufanlagen. Die weltweite Aquakulturproduktion dieser Familie betrug im Jahr 2010 etwa 70.000 t.

Von der Familie der Steinbutte (Scophthalmidae) eignet sich vor allem die Gattung *Scophthalmus*. Der Gemeine Steinbutt (*Scophthalmus maximus*) wird in Westeuropa (Portugal, Spanien, Frankreich), Ostasien (China) und Südamerika (Chile) produziert, meist in Salzwasser-Durchlauf- und Kreislaufanlagen. Er toleriert relativ hohe Besatzdichten (bis zu 4 Lagen) und bevorzugt kühlere Temperaturen (16-18 °C). Die weltweite Aquakulturproduktion dieser Familie betrug im Jahr 2010 etwa 70.000 t.

Von der Familie der Seezungen (Soleidae) eignet sich vor allem die Gattung *Solea*. Die Atlantische Seezunge (*Solea senegalensis*) wird überwiegend in Westeuropa (Portugal, Spanien, Frankreich) produziert, meist in Salzwasser-Durchlauf- und Kreislaufanlagen, seltener in Teichanlagen. Die weltweite Aquakulturproduktion dieser Familie betrug im Jahr 2010 nur 370 t.

2.3.15. Lachsfischartige (Salmoniformes)

Von der Familie der Lachsartigen (Salmonidae) eignen sich vor allem die Gattungen *Oncorhynchus, Salmo* und *Salvelinus*. Die Regenbogenforelle (*Oncorhynchus mykiss* früher *Salmo gairdneri*) wird weltweit (Amerika, Europa, Asien, Afrika) in verschiedensten Anlagen aufgezogen, und der Silberlachs (*Oncorhynchus kisutch*) hauptsächlich in Nordamerika (Kanada), Südamerika (Chile), Ostasien (Japan) und gelegentlich in Europa (Italien). Der Atlantische Lachs (*Salmo salar*) wird hauptsächlich in Nordeuropa (Norwegen, Großbritannien, Island), Nordamerika (USA, Kanada), Südamerika (Chile) und Australien produziert, und die Europäische Forelle (*Salmo trutta*) vor allem in Europa (Russland, Finnland, Großbritannien, Dänemark, Frankreich, Deutschland). Der Bachsaibling (*Salvelinus fontinalis*) wird gelegentlich in Nordamerika (Kanada) und Mitteleuropa (Slowenien, Slowakei, Tschechei, Österreich, Deutschland) produziert, und der Arktische Saibling (*Salvelinus alpinus*) häufig im Norden (Island und Kanada). Alle Salmoniden werden überwiegend in Durchlauf- und

Gehegeanlagen produziert, aber gelegentlich auch in Kreislaufanlagen. Sie sind geschätzte Speisefische, allerdings eignen sie sich nur für Kaltwasser-Kreislaufanlagen. Saiblinge sind zudem auch temperatur- und krankheitsanfällig, daher sollten sie in jedem Fall unterhalb von 16 °C gehalten werden. Die weltweite Aquakulturproduktion dieser Familie betrug im Jahr 2010 etwa 2.400.000 t.

Von der Familie der Renkenartigen (Coregonidae) eignet sich am ehesten die Gattung *Coregonus*. Die Edelmaräne (*Coregonus lavaretus*) und die Peledmaräne (*Coregonus peled*) werden in Nord-, Ost- und Mitteleuropa (Russland, Finnland, Polen, Tschechien, Österreich) gelegentlich in Teich- und Gehegeanlagen produziert, allerding bisher kaum in Kreislaufanlagen. Die weltweite Aquakulturproduktion dieser Familie betrug im Jahr 2010 etwa 5.000 t.

Von der Familie der Äschenartigen (Thymallidae) eignet sich die einzige Gattung *Thymallus* nur bedingt. Die Europäische Äsche (*Thymallus thymallus*) wird ebenfalls in Nord- und Mitteleuropa (Finnland, Deutschland, Österreich, Slowakei) gelegentlich in geringen Mengen produziert, allerdings vorwiegend als Besatzfisch für Naturgewässer. Sie eignet sich eher schlecht für Kreislaufanlagen da sie temperatur- und krankheitsanfällig ist.

2.3.16. Umberfischartige (Sciaeniformes)

Von der Familie der Umberfische (Sciaenidae) eignen sich vor allem die Gattungen *Argyrosomus* und *Sciaenops*. Der Gemeine Umberfisch oder Adlerfisch (*Argyrosomus regius*) wird in Südeuropa (Spanien, Frankreich, Italien, Griechenland), Vorderasien (Türkei, Israel), Nordafrika (Ägypten), und der Rote Umberfisch oder Trommler (*Sciaenops ocellatus*) in Nord- und Mittelamerika (USA, Mexiko, Ecuador, Martinique) und Ostasien (China) meist in Teich-, Durchlauf- und Gehegeanlagen produziert. Die weltweite Aquakulturproduktion dieser Familie betrug im Jahr 2010 etwa 155.000 t.

2.3.17. Thunfischartige (Scombriformes)

Von der Familie der Thunfische (Scombridae) eignet sich vor allem die Gattung *Thunnus*. Der Atlantische Blauflossenthun (*Thunnus thynnus*) wird in Europa (Spanien, Italien, Kroatien, Malta, Griechenland), Kleinasien (Türkei) und Nordafrika (Tunesien) und der Pazifische Blauflossenthun (*Thunnus orientalis*) in Amerika (Mexiko), Asien (Japan) und Australien, hauptsächlich in Salzwasser-Gehegeanlagen produziert. Dabei hängt man derzeit meist noch von wildgefangenen Jungfischen ab, die dann in den Netzgehegen großgezogen werden. Thunfische sind besonders in Japan als „Sashimi“ begehrt und werden in entsprechender Qualität (Fettgehalt) auch gut bezahlt. Die weltweite Aquakulturproduktion dieser Familie betrug im Jahr 2010 rund 10.000 t.

2.3.18. Welsfischartige (Siluriformes)

Von der Familie der Flusswelse (Siluridae) eignet sich vor allem die Gattung *Silurus*. Der Europäische Wels (*Silurus glanis*) ist wohlschmeckend und wird in West-, Mittel- Osteuropa (Frankreich, Deutschland, Polen, Tschechien, Ungarn, Rumänien, Bulgarien) und Nordafrika (Tunesien), und der Amurwels (*Silurus asotus*) vor allem in Ostasien (Korea, China, Taiwan) meist in Teichanlagen produziert, aber gelegentlich auch in Kreislaufanlagen. Die weltweite Aquakulturproduktion dieser Familie betrug im Jahr 2010 etwa 380.000 t.

Von der Familie der Katzenwelse (Ictalurdae) eignen sich vor allem die Gattungen *Ictalurus* und *Ameiurus*. Der Marmorierte Katzenwels (*Ictalurus punctatus*) ist wohlschmeckend und wird vor allem in Nord- und Südamerika (Südstaaten der USA, Mexiko, Kuba, Brasilien) und Asien (China) produziert, überwiegend in Teichanlagen, gelegentlich auch in Kreislaufanlagen wie in Europa (Russland, Bulgarien, Ungarn). Der Schwarze Katzenwels (*Ameiurus melas*) wird ebenfalls in Nordamerika (USA) und Europa (Italien, Ungarn) überwiegend in Teichanlagen produziert. Die weltweite Aquakulturproduktion dieser Familie betrug im Jahr 2010 etwa 445.000 t.

Von der Familie der Luftsackwelse (Clariidae) eignen sich vor allem die Gattung *Clarias* und *Heteropneustes*. Der Afrikanische Labyrinthwels (*Clarias gariepinus*) wird vor allem in Afrika (Nigeria, Ghana) in Teichanlagen produziert, aber auch in Kreislaufanlagen in Europa (Niederlande, Deutschland, Polen, Ungarn, Österreich). Der Asiatische Labyrinthwels (*Clarias batrachus*) wird hauptsächlich in Süd- und Südostasien (Indien, Bangladesch, Thailand, Kambodscha, Indonesien, Philippinen) in Teichanlagen produziert. Der Afrikanische Kiemensackwels (*Heteropneustes longifillis*) wird ebenfalls in Westafrika (Nigeria) in Teichanlagen produziert, zunehmend aber auch in Europa (Niederlande) für die Kreuzung mit dem Afrikanischen Labyrinthwels verwendet. Die Hybriden sollen eine höhere Produktivität und Produktqualität aufweisen und werden als „Claresse“ vermarktet. Der Asiatische Kiemensackwels (*Heteropneustes fossilis*) wird vor allem in Südasien (Bangladesch) produziert. Die weltweite Aquakulturproduktion dieser Familie betrug im Jahr 2010 etwa 670.000 t.

Von der Familie der Haiwelse (Pangasiidae) eignen sich vor allem die Gattungen *Pangasius* und *Pangasianodon*. Der Asiatische Haiwels (*Pangasius pangasius*) wird in Südostasien (Vietnam, Kambodscha, Thailand, Myanmar) in Teich- und Gehegeanlagen produziert. Er hat einen sehr geringen Preis was ihn für die Produktion in Kreislaufanlagen unökonomisch macht. Der Riesen Haiwels (*Pangasianodon gigas*) wird ebenfalls in Südostasien (Thailand) produziert, allerdings in wesentlich geringeren Mengen, sodass er einen besseren Preis hat. Die weltweite Aquakulturproduktion dieser Familie betrug im Jahr 2010 fast 1.500.000 t.

Von der Familie der Antennenwelse (Pimeloididae) eignet sich vor allem die Gattung *Pseudoplatystoma.* Der Gestreifte Spatelwels (*Pseudoplatystoma fasciatum*) und der Gefleckte Spatelwels (*Pseudoplatystoma corruscans*), sowie deren Hybriden sind geschätzte Speisefische und werden seit einigen Jahren in Südamerika (Brasilien, Argentinien) aufgezogen, allerding meist in Teich- und Durchlaufanlagen. Die weltweite Aquakulturproduktion dieser Familie betrug im Jahr 2010 fast 4.000 t.

Von der Familie der Stachelwelse (Bagridae) eignen sich vor allem die Gattungen *Pelteobagrus* und *Hemibagrus*. Der Gelbschwanz Stachelwels (*Pelteobagrus fulvidraco*) wird in Ostasien (China) und der Rotschwanz Stachelwels (*Hemibagrus nemurus*) in Südostasien (Malaysia, Indonesien) in Teichanlagen produziert. Die weltweite Aquakulturproduktion dieser Familie betrug im Jahr 2010 etwa 200.000 t.

Von der Familie der Fiederbartwelse (Mochokidae) eignet sich eventuell die Gattung *Synodontis*. Die Afrikanischen Fiederbartwelse (*Synodontis schall*) und andere werden in Westafrika (Nigeria) in Teichanlagen produziert und sind dort als Speisefische geschätzt. In Europa werden sie jedoch nur gelegentlich als Zierfische genutzt. Die weltweite Aquakulturproduktion dieser Familie betrug im Jahr 2010 fast 3.000 t.

2.3.19. Brassenfischartige (Spariformes)

Von der Familie der Meerbrassen (Sparidae) eignen sich vor allem die Gattungen *Sparus* und *Pagrus*. Die Goldbrasse (*Sparus aurata*) und die Rotbrasse (*Pagrus pagrus*) werden vor allem in Südeuropa (Spanien, Frankreich, Italien, Kroatien, Griechenland), Vorderasien (Türkei, Zypern, Israel) und Nordafrika (Ägypten, Tunesien) produziert, und die Silberbrasse (*Pagrus auratus*) in Ostasien (Korea, China, Taiwan, Japan), überwiegend in Teich- Durchlauf- und Gehegeanlagen, gelegentlich aber auch in Kreislaufanlagen. Die weltweite Aquakulturproduktion dieser Familie betrug im Jahr 2010 etwa 270.000 t.

2.3.20. Andere Fischordnungen

Darüber hinaus gibt es natürlich noch weitere Fischordnungen und -familien die in außereuropäischen Ländern in der Aquakultur produziert werden (*Sibeni & Calderini, 2014*). Als Speisefische sind diese aber in Europa schwierig zu vermarkten, da sie entweder eher kleinwüchsig oder relativ unbekannt sind, und deshalb für Kreislaufanlagen hierzulande kaum in Frage kommen dürfen.

Dies sind vor allem, in Asien: Gobiiformes mit Schläfergrundeln (Eleotridae), Gonorynchiformes mit Milchfischen (Chanidae), Osmeriformes mit Stintfischen (Osmeridae), Süßfischen (Plecoglossidae) und Eisfischen (Salangidae),

Synbranchiformes mit Kiemenschlitzaalen (Synbranchidae), Tetraodontiformes mit Kugelfischen (Tetraodontidae); In Amerika: Characiformes mit Engmaulsalmlern (Anostomidae), Sägesalmler (Serrasalmidae), Echten Salmlern (Characidae), Raubsalmlern (Erythrinidae) und Breitlingssalmlern (Curimatidae), sowie in Afrika mit Geradsalmlern (Citharinidae) und Hechtsalmlern (Hepsetidae). Die weltweite Aquakulturproduktion dieser Familien betrug im Jahr 2010 je 1.000-810.000 t.

Von den insgesamt rund 60 Fischordnungen weltweit die derzeit noch existieren, werden etwa 25 Ordnungen (ca. 40 %) auch in der Aquakultur produziert. Mit der Zeit ist aber zu erwarten, dass noch weitere Fischordnungen und -arten in der Aquakultur produziert werden, einige davon sicher auch in Kreislaufanlagen.

2.4. Produktionsmengen in der Aquakultur

Die weltweite Aquakulturproduktion aller Organismen (Pflanzen und Tiere) betrug im Jahr 2010 etwa 78 Mio. Tonnen. Davon entfielen auf Fische 49 %, Pflanzen 24 %, Weichtiere 18 %, Krebstiere 7 % und der Rest mit jeweils unter 1 % auf andere Tiere (*Sibeni & Calderini, 2014*).

Die weltweite Aquakulturproduktion aller Fische betrug im Jahr 2010 etwa 38 Mio. Tonnen. Davon entfielen auf Asien fast 88 % (alleine auf China 57 %), weitab gefolgt von Europa mit rund 5 %, Amerika mit fast 4 % und Afrika mit über 3 %. Die Fischproduktion erfolgte dabei zu etwa 86 % im Süßwasser, 9 % im Meerwasser und 5 % im Brackwasser.

Von der gesamten Aquakulturproduktion an Fischen entfällt der größte Anteil auf die Ordnungen Cypriniformes (Karpfenfische) mit über 60 %, weitab gefolgt von Cichliformes (Buntbarsche) mit über 9 %, Siluriformes (Welsfische) mit über 8 %, Salmoniformes (Lachsfische) mit über 6 %, und Gonorynchiformes (Sandfische) mit rund 2 %. Auf die restlichen Fischordnungen entfallen jeweils um oder unter 1 % der Fischproduktion.

Der allergrößte Teil der Aquakulturproduktion erfolgte in Teichanlagen, weitab gefolgt von Durchlauf- und Gehegeanlagen, und der geringste Teil in Kreislaufanlagen. Karpfenfische, Buntbarsche, Meeräschen und Milchfische werden dabei schon seit mehr als einem Jahrtausend kultiviert, Labyrinthfische, Aalfische, Welsfische und Lachsfische seit über einem Jahrhundert, die meisten anderen Ordnungen seit einigen Jahrzehnten, und Flossenblätter sowie einige Salmler erst seit wenigen Jahren.

Literatur:
Vogel & Angermann, 1968; Cocker, 1966; Hochleithner, 2006-2015; Rheinheimer, 1975; Schwoerbel, 1980; Sibeni & Calderini, 2014;

3. WASSERCHEMIE

Alle Fischzüchter sowie Anlagenbetreiber sollten die folgenden Symbole, Formeln und Bezeichnungen für Chemikalien/Stoffe kennen. Sie finden immer wieder in der Fachliteratur Verwendung. Zur Darstellung von Zusammenhängen, Vorgängen oder Abläufen im Wasser, Wirkungsweisen verschiedener Verbindungen aufeinander und Zusammensetzungen von Molekülen sind sie unverzichtbar. Dem einen mag die vorliegende Beschreibung der Wasserchemie zu weit gehen, dem anderen nicht weit genug. Ich finde man sollte versuchen sich durch die Theorie durchzubeißen. Das Verstehen späterer Kapitel wird möglicherweise erleichtert. Chemische Symbole und Formeln tauchen in der weiterführenden Literatur ständig auf. Ohne ein gewisses Grundwissen sind die betreffenden Texte schwer bis gar nicht verständlich, werden überlesen und sind damit wertlos.

Im Fischzucht- und Abwasserbereich sind vor allem wichtig:

H O	Wasserstoff Sauerstoff (H + 2 O = H_2O = Wasser)
N	Stickstoff
NH_3	Ammoniak (N + 3 H = NH_3 = Ammoniak)
NH_4 NH_4-N	Ammonium (N + 4 H = NH_4 = Ammonium) Ammonium-Stickstoff
NO_2 NO_2-N	Nitrit (N + 2 O = NO_2 = Nitrit) Nitrit-Stickstoff
NO_3 NO_3-N	Nitrat (N + 3 O = NO_3 = Nitrat) Nitrat-Stickstoff
$CO(NH_2)_2$	Harnstoff
NH_4HCO_3	Ammonium-Bi-Carbonat, Ammoniumhydrogencarbonat oder Hirschhornsalz
$(NH_4)_2CO_3$	Ammonium-Carbonat
S	Schwefel (H_2S = Schwefelwasserstoff)
FeS	Schwefeleisen oder Eisensulfid
C	Kohlenstoff (CO_2 = Kohlendioxid)
CH_4	Methan
Al	Aluminium
Fe	Eisen
Mn	Mangan
P	Phosphor
Cl	Chlor
Na	Natrium (Na + Cl = NaCl = Kochsalz)
Na_2CO_3	Soda (Natriumcarbonat) oder Natriumkarbonat, umgangssprachlich Waschsoda

$NaHCO_3$	Natriumhydrogenkarbonat oder Natriumbicarbonat (handelsüblich auch Speisenatron, Speisesoda oder Backsoda und Backnatron)
NaOH	Natronlauge (Natriumhydroxid)
Ca	Calcium
CaO	Calciumoxid (Branntkalk)
$Ca(OH)_2$	Calciumhydroxid (Löschkalk)
$CaCO_3$	Kohlensaurer Kalk oder Calciumcarbonat
$CaCl_2O$	Chlorkalk (Calciumhypochlorit)
Mg	Magnesium
K	Kalium
BSB_5 oder BSB_2	Gibt die für die biochemische Oxidation von Kohlenstoff benötigte Sauerstoffmenge oder Zehrung in 5 oder 2 Tagen unter definierten Bedingungen an.
CSB	Maß für den chemischen Sauerstoffbedarf
Härtegrade °d	Maß für den Kalkgehalt des Wassers
$KMnO_4$	Kaliumpermanganat
HCl	Salzsäure
H_2SO_4	Schwefelsäure
H_3PO_4	(Ortho) Phosphorsäure
H_2CO_3	Kohlensäure
CH_3-COOH	Essigsäure
HNO_3 HNO_2	Salpetersäure Salpetrige Säure
pH-Wert	Maß für den Säuregrad, dargestellt über die Wasserstoffionen Konzentration als negativer dekadischer Logarithmus.
SBV	Maß für das Säurebindungsvermögen oder Pufferkapazität des Wassers.
p-Wert	Erfasst alle alkalisch reagierenden Inhaltsstoffe des Wassers, die oberhalb des pH-Wertes von 8,3 reagieren; erkennbar an einem Farbumschlag mit Phenolphthalein.
m-Wert	Umfasst den p-Wert und alle Inhaltsstoffe des Wassers, die mit Säure bis zu einem pH-Wert von 4,3 reagieren; es erfolgt ein Farbumschlag mit Methylorange.
Alkalität	Säurebindungsvermögen einer Karbonatlösung; entspricht dem SBV und wird vor allem durch OH^-, CO^{3-} und HCO^{3-} hervorgerufen.
Ionen	Bezeichnung für elektrisch positiv oder negativ geladene Atome oder Moleküle nach Abgabe oder Aufnahme von Elektronen. Positive Ionen = Kationen, negative = Anionen.
Dissoziation	Teilung einer chemischen Verbindung in 2 oder mehr Atome, Moleküle oder Ionen.

Diffusion	Bezeichnet die Passage einzelner Moleküle und Ionen durch Grenzflächen (Membranen) von der höheren Konzentration zur niedrigeren. Sie ist auf einen Konzentrationsausgleich zweier Lösungen oder Gase gerichtet. Die Diffusions-Geschwindigkeit hängt ab von der Temperatur u. den Massen des betreffenden Stoffes.
Absorption	Physikalisch = Aufnahme von Teilchen oder Wellen durch einen absorbierenden Stoff ohne chemische Reaktion. Chemisch = Aufnahme eines Atoms, Ions, oder Moleküls ohne chemische Reaktion in das freie Volumen der absorbierenden Phase.
Adsorption	Anreicherung von Stoffen (Gase oder Flüssigkeiten) an der Oberfläche eines Festkörpers ohne chemische Bindung.
Kolloid	Emulsion oder Suspension von Tröpfchen oder Teilchen mit einer Größe von 0,001-0,1 µ (Mikron) in einer Flüssigkeit.

3.1. Atome und Moleküle

Alle Verbindungen und Stoffe bestehen – außer bei Edelgasen – aus zu Molekülen zusammengeschlossenen Atomen. Elemente sind Atome des gleichen Grundstoffs (Element), Verbindungen sind Atome verschiedener Elemente in einer festen Bindung (Molekül). Wasserstoff (H) und Sauerstoff (O) sind zum Beispiel Atome verschiedener Elemente oder Grundstoffe. Als Verbindung entsteht aus zwei Atomen Wasserstoff und einem Atom Sauerstoff das Molekül Wasser (H_2O). Atome unterschiedlicher Elemente sind verschieden groß und schwer und besitzen unterschiedliche chemische Eigenschaften. Die Formel einer Verbindung wie z. B. H_2O – gibt an, welche Atome in welcher Menge in dem entsprechenden Molekül miteinander verbunden sind. Die Massen chemischer Verbindungen werden häufig in mol angegeben. Ein mol gibt das Molekulargewicht des betreffenden Stoffes (Verbindung) in Gramm an. Es errechnet sich aus den Atomgewichten (siehe Tabelle Periodensystem) der einzelnen Atome, die das Molekül bilden, z. B. Wasser – H_2O.

Wasserstoff hat ein Atomgewicht von 1, Sauerstoff von 16, also:

H_2 = 2 x 1 g = 2 g
O = 16 g
H_2O = 2 g (H_2) + 16 g (O) = 18 g
1 mol Wasser = 18 g

Atome bestehen – außer bei Wasserstoff – aus Protonen, Neutronen und Elektronen. Alle anderen Elemente außer Wasserstoff, besitzen einen Kern, der aus Protonen und Neutronen gebildet wird.

Protonen besitzen eine positive elektrische Ladung. Ihre Masse beträgt etwa 1. Wasserstoff z. B. besitzt nur 1 Proton und 1 Elektron aber kein Neutron. Alle übrigen Elemente besitzen neben mehreren Protonen und Elektronen noch Neutronen.

Neutronen besitzen ebenfalls eine Masse von 1, sind aber elektrisch neutral. Der Atomkern von Helium z. B. besitzt 2 Protonen und 2 Neutronen. Bei jedem neuen Element im Periodensystem nimmt die Zahl der Protonen um 1 zu. Die Zunahme der Neutronen ist unregelmäßig.

Elektronen sind in ihrer Masse ca. 2.000-mal kleiner als Protonen oder Neutronen. Sie besitzen eine negative elektrische Ladung, die der positiven eines Protons entspricht. Elektronen umkreisen in elliptischen Bahnen den Atomkern gebildet aus Protonen und Neutronen. Die elektrische Ladung eines Atoms ist nach außen gleich null, da sich die Ladungen von positiven Protonen und negativen Elektronen eines Elementes aufheben.

Ein Element oder Grundstoff ist ein Stoff, der mit gewöhnlichen Mitteln der Chemie nicht weiter in andere Stoffe zerlegt werden kann. Zum Beispiel sind Sauerstoff (O), Wasserstoff (H), Schwefel (S), Kohlenstoff (C) oder Gold (Au) und Eisen (Fe) Elemente beziehungsweise Grundstoffe. Alle Elemente werden im sogenannten Periodensystem erfasst und nach steigender Kernladung (Anzahl der Protonen im Atomkern) geordnet. Mit jedem neuen Element nimmt die Kernladung, also die Anzahl der Protonen im Atomkern und die ihr gleich große Anzahl den Kern umkreisende Elektronen um eins zu.

Mit der Ordnungszahl ist die Stellung eines Elements im System festgelegt, z. B. Wasserstoff (H) 1, Helium (He) 2, Lithium (Li) 3. Die Ordnungszahl entspricht sowohl der Anzahl der Elektronen wie auch der Protonen; sie wird auch als Kernladungszahl bezeichnet. Das Atomgewicht ergibt sich aus der Summe von Protonen und Neutronen. Die Anzahl der Neutronen ergibt sich aus dem Atomgewicht minus Ordnungszahl.

Gemisch oder Gemenge ist ein Stoff, der aus Verbindungen oder Elementen in veränderlichen Mengenverhältnissen zusammengesetzt ist. Luft ist zum Beispiel ein Gemenge verschiedener Gase; die Zusammensetzung ändert sich ständig.

Eine Verbindung ist ein Stoff, der aus zwei oder mehreren Elementen nach festen Mengenverhältnissen gebildet wird. Sie kann wieder in die Ursprungselemente zerlegt werden. Wasser z. B. wird aus Wasserstoff und Sauerstoff im Verhältnis 2.1 gebildet; durch elektrischen Strom lässt sich diese Verbindung (H_2O) wieder in Wasserstoff (H) und Sauerstoff (O) zerlegen. Dargestellt wird eine Verbindung als Summenformel, wobei mit Hilfe der Symbole der Elemente das Verhältnis der Atome zueinander angegeben wird; wie etwa H_2O = Wasser. Eine andere

Möglichkeit ist die Darstellung des betreffenden Moleküls in einer Strukturformel welche anzeigt wie die Elemente miteinander verbunden sind wie z. B.:

```
H – O – H      oder      O
                        / \
                       H   H
```

Die Strukturformel demonstriert nicht nur wie Wasser zusammengesetzt ist, sondern auch wie die Atome zueinander angeordnet sind. Wasser bildet ein Dipolmolekül, hervorgerufen durch die elektrische Ladung von Sauerstoff (negativ) und Wasserstoff (positiv) welche eine ausgeprägte unsymmetrische Molekülform hervorbringt. Im Gegensatz zum Gemisch ist die Zusammensetzung einer Verbindung in den Mengen und Verhältnissen zueinander konstant. Eine Verbindung besitzt andere Eigenschaften als die in ihr enthaltenen einzelnen Elemente. Zum Beispiel, Wasserstoff (ein Gas) plus Sauerstoff (ein Gas) bilden Wasser (eine Flüssigkeit).

Stoffe können in verschiedenen Aggregatzuständen fest, flüssig, gasförmig, oder Plasma (lässt sich durch Energiezufuhr aus Gas erzeugen z. B. in Lampen) vorliegen, wobei der jeweils herrschende Aggregatzustand durch die Temperatur vorgegeben (beeinflusst) wird, z. B. bei zunehmender Temperatur wird aus Eis (fest) $\rightarrow$ Wasser (flüssig) $\rightarrow$ Wasserdampf (gasförmig). Wasserschwaden welche durch winzige Tröpfchen, die bereits kondensiert sind, sichtbar sind, werden umgangssprachlich als Wasserdampf bezeichnet. In unserem Beispiel wird als Wasserdampf das gasförmige und daher nicht sichtbare Gas bezeichnet. Korrekt wäre die Bezeichnung Wassergas, nur ist diese bereits anderweitig in Gebrauch da sie bereits für ein bei der Kohlevergasung entstehendes Gasgemisch aus Wasserstoff und Kohlenstoffmonoxyd benutzt wird.

Die Moleküle eines festen Stoffes sind in einer bestimmten Lage/Position fixiert, um die herum sie Schwingungen ausführen. Flüssige Stoffe sind dadurch gekennzeichnet, dass die Moleküle aneinander vorbei gleiten können, da sie sich von der bestimmten fixierten Position entfernen können. Es besteht aber noch ein Zusammenhalt. In gasförmigen Stoffen sind die Moleküle völlig getrennt. Sie bewegen sich gradlinig, bis sie mit einem anderen Molekül zusammen stoßen und dadurch die Richtung ändern. Als Folge wird ihre Bewegung zickzackförmig. Steigende Temperatur erhöht die Bewegung aller Moleküle, wodurch die abstoßenden Kräfte größer werden, feste Stoffe gehen dadurch zumeist zuerst in den flüssigen (sie schmelzen) und danach in den gasförmigen Aggregatzustand über.

Sublimation bezeichnet den unmittelbaren Übergang vom festen in den gasförmigen Zustand. Eis z. B. kann bei kalter trockener Luft direkt gasförmig werden. Gefrorene Wäsche trocknet dann, ohne dass eine flüssige Phase auftritt, unter derartigen Bedingungen besser, als in warmer Luft welche bereits Wasserdampf (gasförmiges und daher nicht sichtbares Wasser) enthält.

Feste Stoffe können amorph (formlos, keine Begrenzung durch Ebenen) oder kristallin (von bestimmter Form, Begrenzung durch Ausbildung von Ebenen) auftreten. Amorphe Körper weisen von Natur keine Begrenzungen durch Ebenen auf, und es liegt keine regelmäßige Struktur oder Anordnung der Atome oder Moleküle vor, wie z. B. in den meisten Gläsern. Kristalline Körper weisen Begrenzungen durch Ebenen auf. Die Atome und Moleküle sind in gleichen Abständen zueinander angeordnet und bilden parallele Ebenen, durch welche Raumgitter entstehen, wie etwa bei Salz oder Zucker. Nach dem Symmetriegrad werden 7 Kristallsysteme unterschieden. In der Regel kristallisiert ein Element oder eine Verbindung für sich allein in einer bestimmten Kristallform. Chemisch ähnlich zusammen gesetzte Stoffe können allerdings auch zusammen kristallisieren und Mischkristalle bilden, z. B. verschiedene Alaune (wie Kali-, Eisen-, Chrom-Alaune). Dieser Vorgang wird Isomorphie genannt. Polymorphie ist die Fähigkeit eines Stoffes, in verschiedenen Kristallformen aufzutreten, z. B. tritt Kohlenstoff als Diamant oder als Graphit auf, Kalziumkarbonat ($CaCO_3$) als Kalkspat oder als Aragonit.

Der Unterschied zwischen Dampf und Gas besteht darin, dass Dampf sich noch unterhalb der kritischen Temperatur befindet, bei der flüssig zu gasförmig wird. Die Ansammlung von feinsten Wassertropfen kann, obwohl vorhanden, mit dem menschlichen Auge nicht wahrgenommen werden. Dampf kann durch Erhöhung des Drucks in die flüssige Phase überführt werden. Gas kann durch Druckerhöhung allein nicht in den flüssigen Zustand versetzt werden, es ist zusätzlich eine Temperatur-erniedrigung nötig.

Gase folgen dem Boyle-Mariottschen-Gesetz, dem Gay-Lussacschen-Gesetz und der Avogadroschen-Regel.

Das Boyle-Mariottsche-Gesetz sagt aus: Bei konstanter Temperatur verhalten sich die Drücke einer bestimmten Gasmenge umgekehrt wie die Volumina. Das bedeutet, wenn man eine Gasmenge auf das halbe Volumen komprimiert, wird der Gasdruck doppelt so hoch. Oder erweitert man eine Gasmenge auf das doppelte Volumen, sinkt der Druck auf die Hälfte.

Druck (P) x Volumen (V) = konstant (k)

Das Gay-Lussacsche-Gesetz sagt aus: Wird ein Gas erwärmt, nimmt pro Grad Erwärmung bei konstantem Druck das Volumen um 1/273 des Volumens bei 0 °C zu. Das Volumen vergrößert sich. Bleibt das Volumen bei Erwärmung um ein Grad gleich, steigt der Druck um 1/273 des Druckes bei 0 °C.

Periode	Gruppe I	Gruppe II	Gruppe III	Gruppe IV	Gruppe V	Gruppe VI	Gruppe VII	Gruppe VIII			Gruppe 0
1	1H Wasserstoff 1,00797										2H Helium 4,0026
2	3 Li Lithium 6,939	4 Be Beryllium 9,0122	5 B Bor 10,811	6 C Kohlenstoff 12,01115	7 N Stickstoff 14,0067	8 O Sauerstoff 15,9994	9 F Fluor 18,9984				10 Ne Neon 20,183
3	11 Na Natrium 22,9898	12 Mg Magnesium 24,312	13 Al Aluminium 26,9815	14 Si Silicium 28,086	15 P Phosphor 30,9738	16 S Schwefel 32,064	17 Cl Chlor 35,453				18 Ar Argon 39,948
4	19 K Kalium 39,102	20 Ca Calcium 40,08	21 Sc Scandium 44,956	22 Ti Titan 47,90	23 V Vanadin 50,942	24 Cr Chrom 51,996	25 Mn Mangan 54,9381	26 Fe Eisen 55,847	27 Co Kobalt 58,9332	28 Ni Nickel 58,71	
	29 Cu Kupfer 63,54	30 Zn Zink 65,37	31 Ga Gallium 69,72	32 Ge Germanium 72,59	33 As Arsen 74,9216	34 Se Selen 78,96	35 Br Brom 79,909				36 Kr Krypton 83,80
5	37 Rb Rubidium 85,47	38 Sr Strontium 87,62	39 Y Yttrium 88,905	40 Zr Zirkonium 91,22	41 Nb Niob 92,906	42 Mo Molybdän 95,94	43 Tc Techneticum 97	44 Ru Ruthenium 101,07	45 Rh Rhodium 102,905	46 Pd Palladium 106,4	
	47 Ag Silber 107,870	48 Cd Cadmium 112,40	49 In Indium 114,82	50 Sn Zinn 118,69	51 Sb Antimon 121,75	52 Te Tellur 127,60	53 J Jod 126,9044				54 Xe Xenon 131,30
6	55 Cs Cäsium 132,905	56 Ba Barium 137,34	57 - 71 Lanthaniden	72 Hf Hafnium 178,49	73 Ta Tantal 180,948	74 W Wolfram 183,85	75 Re Rhenium 186,2	76 Os Osmium 190,2	77 Ir Iridium 192,2	78 Pt Platin 195,09	
	79 Au Gold 196,967	80 Hg Quecksilber 200,59	81 Tl Thallium 204,37	82 Pb Blei 207,19	83 Bi Wismut 208,980	84 Po Polonium 210	85 At Astat 210				86 Rn Radon 222
7	87 Fr Francium 223	88 Ra Radium 226,05	89 - 101 Actiniden								

Lanthaniden: Diese Elemente gehören zu den seltenen Erden und nur Promethium ist radioaktiv.

57 La Lanthan 138,91	58 Ce Cer 140,12	59 Pr Praseodym 140,907	60 Nd Neodym 144,24	61 Pm Promethium 145	62 Sm Samarium 150,35	63 Eu Europium 151,96	64 Gd Gadolium 157,25	65 Tb Terbium 158,924	66 Dy Dysprosium 162,50	67 Ho Holmium 164,930	68 Er Erbium 167,26
69 Tm Thulium 168,938	70 Yb Ytterbium 173,04	71 Lu Lutetium 174,97									

Actiniden : Diese Elemente ehören zu den Metallen und sind radioaktiv.

89 Ac Actinium 227	90 Th Thorium 232,038	91 Pa Protactinium 231	92 U Uran 238,03	93 Np Neptumium 237	94 Pu Plutonium 242	95 Am Americium 243	96 Cm Curium 245	97 Bk Berkelium 249	98 Cf Californium 251	99 Es Einsteinium 254	100 Fm Fermium 254
101 Md Mendelevium 256	102 No Nobelium 254	103 Lw Lawrencium 257									

Die Avogadrosche-Regel sagt aus: Gleiche Volumina aller Gase haben bei gleichem Druck und gleicher Temperatur die gleiche Anzahl Moleküle. Die Avogadrosche Zahl gibt an, wie viele Moleküle in einem Mol eines jeden Stoffes enthalten sind. Sie beträgt $6{,}02 \times 10^{23}$.

Ein Mol (Molekulargewicht in Gramm) eines jeden Gases hat bei 0 °C und 1 Atmosphäre (760 mm Druck einer Quecksilbersäule) Druck ein Volumen von 22,4 Litern. Dieses Volumen wird Molvolumen genannt. Die Dichte von Gasen verhält sich zueinander wie ihre Molekulargewichte. Wasserstoff ist das leichteste Gas, da es das geringste Molekulargewicht (2.016) aufweist.

Im Periodensystem werden alle chemischen Elemente in steigender Ordnungszahl (Kernladung) aufgeführt. Entsprechend ihrer chemischen Eigenschaften werden sie in Perioden (daher der Name Periodensystem) sowie Haupt- und Nebengruppen eingeteilt. Das System wurde entwickelt um vorhersagen zu können welche Eigenschaften neu entdeckte Elemente aufweisen werden. In heutiger Zeit dient es zur besseren Übersicht über Zuordnung zu Gruppen und deren Eigenschaften. Die einzelnen Elemente werden darin mit ihrer Ordnungszahl, dem Atomgewicht und einem Symbol gekennzeichnet. Sauerstoff (O) besitzt z. B. ein Atomgewicht von 16 und eine Ordnungszahl von 8. Das Symbol O kommt von Oxygenium gleich Säureerzeuger, da anfänglich angenommen wurde, dass Sauerstoff für die Bildung von Säuren verantwortlich sei.

Die Elemente lassen sich nach den chemischen Verbindungen, die sie bilden können, in 3 Gruppen teilen. Die Edelgase Helium (He), Neon (Ne), Argon (Ar), Krypton (Kr), Xenon (Xe) und Radon (Rn) werden aus dieser Einteilung ausgenommen, weil sie keine chemischen Verbindungen bilden. Sie sind chemisch inaktiv auch inert genannt. Die 3 chemisch aktiven Gruppen werden nach den von ihnen gebildeten chemischen Verbindungen eingeteilt in:

1. Metalle, die Basen bilden,
2. Nichtmetalle, die Säuren bilden und
3. Amphotere Elemente, die sowohl Säuren als auch Basen bilden.

Die Metalle werden unterteilt in Leicht- und Schwermetalle. Die Leichtmetalle (Spezifisches Gewicht unter 5 g/cm³) werden zusätzlich unterteilt in die Alkalimetalle Lithium (Li), Natrium (Na) und Kalium (K) und die Erdalkalimetalle Magnesium (Mg), Kalzium (Ca) und Barium (Ba). Zu den Schwermetallen (Spezifisches Gewicht über 5 g/cm³) gehören: Chrom (Cr) mit 6,92 g/cm³, Eisen (Fe) mit 7,86g/cm³, Quecksilber (Hg) mit 13,55 g/cm³, Gold (Au) mit 19,4 g/cm³, Kupfer (Cu) mit 8,92 g/cm³, Silber (Ag) mit 10,5 g/cm³, Wismut (Bi) mit 9,84 g/cm³, Mangan (Mn) mit 7,20 g/cm³, Blei (Pb) mit 11,34 g/cm³ und Platin (Pt) mit 21,45 g/cm³.

Eine weitere Einteilung/Unterteilung der Metalle erfolgt nach ihrer Fähigkeit, Elektronen abzugeben. Eine elektrochemische Spannungsreihe entsteht, wenn Metalle derart angeordnet werden, dass jeweils das in der Reihe folgende Metall weniger leicht Elektronen abgibt. Die reaktionsfreudigen Metalle am Beginn der Reihe werden unedel, die relativ reaktionsträgen am Ende Edelmetalle genannt, da die Reaktionsfähigkeit ebenfalls von links nach rechts abnimmt. Wasserstoff (H) wird, obwohl ein Nichtmetall, ebenfalls in der Spannungsreihe der Metalle geführt, da es wie diese sein Elektron abgibt und ein positives H^+ Ion bildet.

Die Spannungsreihe der Metalle lautet:

$$K \rightarrow Ca \rightarrow Na \rightarrow Mg \rightarrow Al \rightarrow Mn \rightarrow Zn \rightarrow Cr \rightarrow Fe \rightarrow$$
$$Ni \rightarrow Sn \rightarrow Pb \rightarrow H \rightarrow Cu \rightarrow Ag \rightarrow Hg \rightarrow Pt \rightarrow Au$$

Links stehende, also unedlere Metalle, verdrängen edlere aus dem Ionenzustand, indem sie selbst in den Ionenzustand übergehen. Zum Beispiel Kupfersalz gelöst + Eisenmetall ergibt Eisensalz gelöst + Kupfer:

$$CuSO_4 \text{ (Kupfersulfat)} + Fe = FeSO_4 \text{ (Eisensulfat)} + Cu$$

Zu den wichtigsten Nichtmetallen gehören: Wasserstoff (H), Sauerstoff (O), Bor (B), Stickstoff (N), Phosphor (P), Kohlenstoff (C), Silizium (Si) und Schwefel (S). In der Gruppe der Nichtmetalle finden sich die Halogene (Salzbildner) Fluor (F), Chlor (Cl), Brom (Br) und Jod (J).

.
Die Spannungsreihe der Nichtmetalle lautet:

$$S \rightarrow J \rightarrow Br \rightarrow Cl \rightarrow F$$

Zu den Amphoteren Elementen gehören (obwohl sie metallischen Charakter besitzen): Arsen (As), Antimon (Sb), Blei (Pb), Aluminium (Al), Zinn (Sn) und Zink (Zn). Amphotere Elemente sind Stoffe mit Säuren und Baseneigenschaften.

Die Eigenschaften einiger Elemente sind recht verwirrend, da sie sich chemisch anders verhalten können als physikalisch. Z. B. verhält sich Kohlenstoff chemisch wie ein Nichtmetall, als Graphit aber physikalisch, weil elektrisch leitend, wie ein Metall. Das Wissen über die Spannungsreihe und die Anwendung dieses Wissens ist bedeutsam bei der Verarbeitung, Verschraubung und Verbindung von Werkstücken deren Elemente in der Spannungsreihe voneinander entfernt liegen. Es kommt dann vor allem in Wasser oder unter feuchten Bedingungen, wie sie in Aquakulturanlagen nun einmal herrschen, zum Elektronenfluss und als Folge zur Korrosion des unedleren Elementes. Lochfraß und Kontaktkorrosion können erschreckend schnell auftreten und fortschreiten. Vormals feste Anlagenteile zerbröseln, Abtrennungen werden undicht, Bauteile verlieren ihre

Stabilität und Wasser fließt plötzlich wo es nicht sein sollte und vor allem nicht gebraucht wird. Auch können unter Umständen giftige Salze gebildet werden, die in Lösung gehen und dadurch den Wasserchemismus und das Wohlbefinden von Bakterien und Fischen häufig negativ beeinflussen.

Lochfraß durch Korrosion an Aluminiumträger (links) und Absperrungen (rechts). Fotos: E. Fritschi

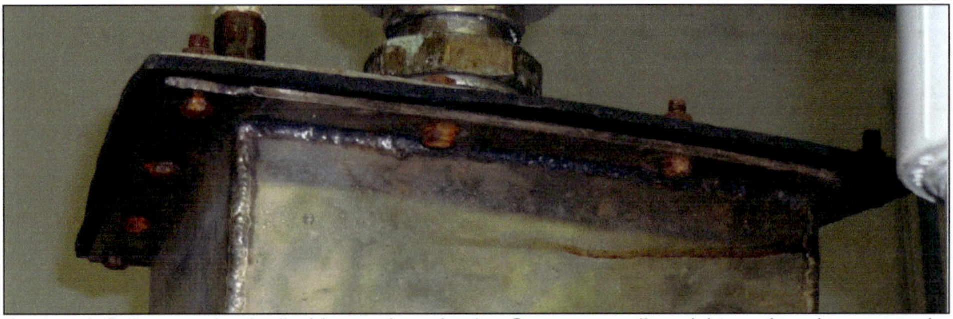

Rost und Grünspan durch die Verwendung in der Spannungsreihe nicht zueinander passender Materialien (Edelstahlkörper, Eisenschrauben, Messingmuttern). Foto: P. Steinbach

3.2. Oxidation und Reduktion

Oxidation und Reduktion werden folgendermaßen definiert:

Oxidation ist:

1. die Zuführung von Sauerstoff:
   $S + O_2 \rightarrow SO_2$
   Schwefel (S) wird zu Sulfit (SO_2) oxidiert.

2. die Wegnahme von Wasserstoff, auch Dehydrierung genannt:
   $2\ HJ \rightarrow J_2$
   Jodwasserstoff wird zu Jod oxidiert.

3. die Erhöhung der elektrochemischen Wertigkeit:
$FeCl_2 \rightarrow FeCl_3$
Eisen(II) Chlorid wird zu Eisen(III) Chlorid oxidiert,
da das 2-wertige Eisen zu 3-wertigem Eisen wurde.

Reduktion ist: der Oxidation entgegengesetzt:

1. die Wegnahme von Sauerstoff:
$SO_2 \rightarrow S$
Hierbei wird Sulfit (SO_2) zu Schwefel (S) reduziert.

2. die Zuführung von Wasserstoff, auch Hydrierung genannt:
$J_2 \rightarrow 2HJ$
In diesem Fall wird Jod zu Jodwasserstoff reduziert.

3. die Erniedrigung der elektrochemischen Wertigkeit:
$FeCl_3 \rightarrow FeCl_2$
Eisen(III) Chlorid wird hierbei zu Eisen(II) Chlorid reduziert,
da 3-wertiges Eisen in 2-wertiges verwandelt wurde.

Bei der Oxidation werden Elektronen abgegeben. Bei der Reduktion werden Elektronen aufgenommen (siehe weiter unten). Normalerweise entsteht bei der Oxidation Wärme, eine derartige Reaktion wird exotherm genannt. Zur Reduktion wird Wärmezufuhr benötigt, diese Reaktion wird endotherm genannt.

Atome sind nach außen hin elektrisch neutral, da sich die Ladungen von Protonen (positiv) und Elektronen (negativ) aufheben. Atome können aber – mit Ausnahme der Edelgase – Elektronen von anderen Elementen aufnehmen oder an diese abgeben und derart in den Ionenzustand übergehen. Dieser Elektronentausch ist Voraus-setzung für alle chemischen Reaktionen. Die Atome von Metallen und Wasser-stoff geben leicht Elektronen ab, wodurch sie in einen positiven Ionenzustand übergehen. Ihre positive Ladung hängt von der Zahl der abgegebenen Elektronen ab, z. B. geben Natrium (Na) ein und Calcium (Ca) zwei Elektronen ab. Elemente, die Elektronen aufnehmen (Nichtmetalle), gehen durch deren Aufnahme in den negativen Ladungszustand über. Die Aufnahme von Elektronen wird Reduktion genannt. Die Abgabe von Elektronen wird Oxidation genannt.

Oxidationsmittel sind Stoffe, die eine Oxidation bewirken können. Sie geben entweder leicht Sauerstoff ab oder nehmen leicht Wasserstoff auf. Besonders wirksame Oxidationsmittel sind Ozon (O_3) und Wasserstoffperoxid Umgangs-sprachlich auch Wasserstoffsuperoxid (H_2O_2). Beide sind instabil und zerfallen unter Abgabe von äußerst reaktionsfähigem atomarem Sauerstoff (O).

Ozon: $O_3 \rightarrow O_2 + O$
Wasserstoffperoxid: $H_2O_2 \rightarrow H_2O + O$

Weitere Oxidationsmittel sind: Chlor, Brom, Jod, konzentrierte Sauerstoffsäuren wie etwa Phosphorsäure (H_3PO_4) oder Schwefelsäure (H_2SO_4) und auch Kaliumpermanganat ($KMnO_4$). Oxidationsmittel sind auf Grund ihrer Eigenschaften (Abspaltung hoch reaktiver Atome) recht wirksame Desinfektions-mittel.

Reduktionsmittel sind Stoffe, die entweder leicht Wasserstoff abgeben oder leicht Sauerstoff aufnehmen. Reduktionsmittel sind vor allem atomarer Wasserstoff, unedle Metalle und Kohlenstoff, die alle leicht Sauerstoff aufnehmen. Ebenso Jodwasserstoff und Schwefelwasserstoff. Beide zerfallen unter Abgabe von atomarem Wasserstoff:

Jodwasserstoff: $HJ \rightarrow J + H$
Schwefelwasserstoff: $H_2S \rightarrow S + 2H$

Weitere Reduktionsmittel sind z. B. alle unedlen Metalle, da sie leicht oxidiert werden können oder leicht unter Abgabe von Elektronen in den Ionenzustand übergehen. Aber auch organische Stoffe wie Eiweiß, Kot, Gülle, Futter und Blut sind Reduktionsmittel. Im Wasser verbrauchen sie den für erfolgreiche Fischhaltung nötigen Sauerstoffgehalt.

Redoxsysteme (Reduktions-Oxidationssysteme) bestehen aus zwei Stoffen, die leicht durch Reduktion und Oxidation – also Aufnahme und Abgabe von Elektronen – ineinander überführt werden können, zum Beispiel:

$$Fe^{2+} \underset{\text{reduzieren}^{+}}{\overset{\text{oxidieren}^{-}}{\rightleftarrows}} Fe^{3+}$$

Die Messung der Redoxspannung eines Wassers ermöglicht seine grundsätzliche Zustandsbeschreibung. Die Messung erfolgt in Volt (V) oder milli Volt (mV) als elektrische Spannung einer Normal-Wasserstoffelektrode gegenüber dem Wasser.

Ist die Spannung negativ, überwiegen die Reduktionsmittel.
Ist die Spannung positiv, überwiegen die Oxidationsmittel.

Erfolgreiche Fischzucht wird ausschließlich im positiven Spannungsbereich betrieben, da im negativen kein freier (in Wasser gelöster) Sauerstoff vorkommen kann.

In Fischzuchtanlagen sollte ein Wert oberhalb von etwa 100 mV bis maximal 350 mV herrschen. Niedrigere Werte deuten auf reduktive Vorgänge hin wie etwa Schlammablagerungen, nicht gefressenes Futter, tote Fische, Fäulnis, Gärung, Wasserverschmutzung, Jauche und Gülleeinleitung oder Sickersaft aus Silagelagerung (Gefahr für die Anlage vor allem bei verschmutztem Austauschwasser). Höhere Redox Werte schaden auf Dauer den Fischen und kommen nur bei Einsatz von nicht oder falsch geregelten Ozonanlage vor. Zuviel Ozon greift Kiemen, Augen und Haut der Fische an und oxidiert diese.

Merke:
Oxidation ist die Abgabe von Elektronen, also die Erhöhung der elektrochemischen Wertigkeit, was sich oft rein äußerlich in der Aufnahme von Sauerstoff oder in der Abgabe von Wasserstoff zeigt.
Reduktion ist die Aufnahme von Elektronen, also die Erniedrigung der elektrochemischen Wertigkeit, was sich rein äußerlich oft in der Abgabe von Sauerstoff oder der Aufnahme von Wasserstoff zeigt.

3.3. Säuren, Basen und Salze

3.3.1. Säuren

Eine Säure ist eine Verbindung, die in wässriger Lösung in H^+ Ionen (Wasserstoffionen) und Säurerest zerfällt oder dissoziiert. Dissoziation ist der Zerfall von Molekülen in elektrisch gegensätzlich geladene Atome, Moleküle oder Ionen. Zum Beispiel HCl dissoziiert in H^+ Ionen und Cl^- Ionen. Eine Säure ist folglich ein Protonendonator (von lat. donare = schenken), da sie Protonen (H^+ Ionen) ins Wasser abgibt.

Im neutralen, gewöhnlichen Zustand besitzen Atome und Moleküle so viele Elektronen wie Protonen. Besitzen sie aber ein oder mehrere Elektronen mehr oder weniger als im Neutralzustand weisen sie eine elektrische Ladung auf und werden als Ionen bezeichnet.

Elektronenmangel = positive Ladung, Elektronenüberschuss = negative Ladung.

Jede Säure besteht aus Wasserstoff und dem sogenannten Säurerest wie z. B. CO_3^{--}, SO_3^{--}, SO_4^{--} oder Cl^-. Durch das abdissoziieren von H^+ Ionen aus einer Säure wird die Reaktion des Wassers sauer, Lackmus (Indikatorflüssigkeit/-papier) färbt sich von blau nach rot, zum Beispiel:

HCl (Salzsäure) $\rightarrow H^+ + Cl^-$ Ionen
oder
H_2SO_4 (Schwefelsäure) $\rightarrow 2\ H^+ + SO_4^{--}$ Ionen

3.3.2. Basen

Eine Base (Lauge) ist eine Verbindung, die in wässriger Lösung Hydroxylionen (OH^-) abdissoziiert. Eine Base ist folglich ein Protonenakzeptor, da sie Protonen (H^+ Ionen) aufnimmt/bindet. Hydroxylionen entstehen wenn Basen mit Wasser reagieren. Sie sind negativ geladen, weil durch die Bindung von einem Wasserstoffatom (im Grundzustand +1) an ein Sauerstoffatom ein Elektron des Sauerstoffs (im Grundzustand -2) frei ist.

> NaOH (Natronlauge) → Na^+ + OH^- = Na^+ Ionen und OH^- Ionen,
> oder
> $Ca(OH)_2$ (Ätzkalk) → Ca^{++} Ionen + 2 OH^- Ionen

Die wässrige Lösung einer Base wird Lauge genannt. Aus Fett und Natronlauge kann Kernseife gewonnen werden, aus Fett und Kalilauge Schmierseife.

Metalle oder Metalloxide bilden mit der OH Gruppe des Wassers Basen. Nichtmetalle und Nichtmetalloxide bilden mit Wasser Säuren. Metalle bilden mit Säuren wiederum Salze wie etwa Kochsalz (NaCl) welches aus Salzsäure (HCl) und Natrium (Na) gebildet wird.

Amphotere Elemente bilden sowohl Säuren als auch Basen. Die für uns wichtigsten amphoteren Elemente sind: Aluminium (Al), Zink (Zn), Zinn (Sn), Blei (Pb), Arsen (As) und Antimon (Sb). Organische amphotere Verbindungen sind: Aminosäuren und das daraus gebildete Protein, sowie Fettsäuren und daraus gebildete Fette.

Sind Säuren, Basen oder Salze in Wasser gelöst, zerfallen sie nicht nur in einzelne Moleküle. Die Moleküle zerfallen zum Teil oder im Ganzen in elektrisch gegensätzlich geladene Ionen. Der Zerfall der Moleküle in Ionen wird elektrolytische Dissoziation genannt. Positiv geladene Ionen nennt man Kationen, da sie wenn elektrischer Strom angelegt wird zur Katode wandern. Negativ geladene Ionen nennt man Anionen, da sie wenn elektrischer Strom angelegt wird zur Anode wandern. Elektrolytische Dissoziation ist der umkehrbare Zerfall von Verbindungen in einem Lösungsmittel wie z.B. Wasser in Anionen und Kationen.

3.3.3. Salze

Salze sind Verbindungen aus der Reaktion einer Säure mit einem Metall. Sie bestehen aus Metallatomen und Säurerest und dissoziieren in wässriger Lösung in Metallion und Säurerestion. Das bereits erwähnte allen bekannte und häufig gebrauchte Kochsalz oder Natriumchlorid (NaCl) dissoziiert folglich in Na^+ (Metallion) und Cl^- (Ion aus dem Säurerest der Salzsäure).

Metallionen und Wasserstoffionen sind stets positiv geladen und damit Kationen. Säurerestionen und Hydroxylionen sind stets negativ geladen und damit Anionen.

Wird in einer wässrigen Lösung an eine Anode (positiv geladen) und eine Kathode (negativ geladen) elektrische Gleichspannung gelegt, wandern die Anionen zur Anode – negativ geht dabei zu positiv – und die Kationen zur Kathode – positiv geht dabei zu negativ. Die Elektrolyse ist hierfür ein Beispiel. Sie kommt bei der Elektrolyse von NaCl in wässriger Lösung zur Erzeugung von Chlor, Wasserstoff und Natronlauge zum Tragen.

Atomgewicht oder Atommasse wird definiert als Zahl, die angibt, wie viele mal schwerer ein Atom des betreffenden Elementes ist als 1/12 Atom des Kohlenstoffs. Kohlenstoff hat damit das Atomgewicht 12, Wasserstoff ist 1 da 12-mal leichter als ein 12tel Atom des Kohlenstoffs. Der Wert ist willkürlich als Standart fetgelegt.

Das Molekulargewicht gibt an, wie viel Mal schwerer ein Molekül des betreffenden Stoffes (besteht mindestens aus 2 Atomen) ist als 1/12 Kohlenstoffatom. Das Molekulargewicht ist damit die Summe der Atomgewichte. Die neuere Bezeichnung ist Molekülmasse oder auch molekulare Masse und bezeichnet die Summe der Atommassen. Bei Salzen spricht man, da diese aus Ionen aufgebaut sind und nicht aus Molekülen von Formelmasse.

Die Wertigkeit oder Valenz eines Elementes gibt an, wie viele Wasserstoffatome oder andere 1-wertige Atome ein Atom des betreffenden Stoffes direkt binden oder in Verbindungen ersetzen kann.

1-wertig sind Natrium und alle anderen Alkalimetalle,
sowie Wasserstoff und Silber;
2-wertig sind Kalzium und alle anderen Erdalkalimetalle;
3-wertig ist Aluminium.

Einige Elemente sind komplizierter (und für Laienunübersichtlicher) da sie mehrere Wertigkeiten aufweisen, wie zum Beispiel:

Schwefel 2, 4, und 6-wertig,
Stickstoff und Phosphor 3 und 5-wertig,
Eisen 2 und 3-wertig,
Chlor und die übrigen Halogene 1, 3, 5 und 7-wertig,
Quecksilber 1 und 2-wertig,
Blei und Zinn 2 und 4-wertig,
Gold 1 und 3-wertig,
Kohlenstoff 4-wertig, außer im Kohlenmonoxid dort ist es 2-wertig,
Kupfer 1 und 2-wertig.

Eine Summenformel gibt mit Hilfe der Symbole der betreffenden Elemente und einer Zahl an, aus wie viel Atomen welcher Elemente ein Molekül des betreffenden Stoffes besteht z. B. Wasser (H_2O). Zwei Atome Wasserstoff sind mit einem Atom Sauerstoff zu einem Molekül Wasser verbunden. Oder Kochsalz (NaCl). Dabei ist ein Atom Natrium (Na) mit einem Atom Chlor (Cl) verbunden.

Die Struktur- oder Konstitutionsformel gibt an, wie die Elemente über die Valenzen (Wertigkeit) miteinander verbunden sind z. B. Wasser: H – O – H. Ein Atom Sauerstoff bindet über seine beiden Valenzen zwei Atome Wasserstoff und bildet dadurch ein Molekül Wasser.

3.4. pH-Wert, Härtegrad, SBV, m- und p-Wert

3.4.1. pH-Werte

Zu hohe oder zu niedrige pH-Werte haben negative Auswirkungen sowohl auf die Fische als auch auf die Bakterien im Klärtrakt. Der pH-Wert beeinflusst Enzymaktivität und Funktion von Organen und Organellen wasserlebender Organismen ebenso, wie bei den Fischen den Übergang (oder Abgabe) von NH_3/NO_2 und CO_2 über die Kiemen ins Blut oder das umgebende Wasser.

Mögliche Auswirkungen des pH Wertes auf Fische und Reinigungsbakterien einer Kreislaufanlage lassen sich wie folgt darstellen:

pH-Wert	Auswirkung auf Fische	Auswirkung auf Bakterien
unter 4,0	Tödlich für alle heimischen Fischarten	Erfolgreicher Betrieb einer Fischzucht nicht möglich
unter 4,5	Gefährlich für Karpfen	w.o.
unter 5,0	Gefährlich für Eier und Jungfische aller heimischen Fischarten, sowie Forellen	pH 4,5 = Aktivität der Organismen reduziert auf 10 % der Leistung
unter 6,0	Erträglich für viele heimischen Fischarten	Nitrifikation reduziert auf 20 %, übrige Organismen auf ca. 50 %
7,0-8,0	Ideal für alle heimischen Fischarten	Optimum für Nitrifikanten pH 7,5-8,5
über 9,0	Gefährlich für Forellen und Barsche	Nitrifikation reduziert auf 50 %, übrige Organismen auf ca. 15 %
über 10,0	Gefährlich für Eier und Jungfische aller heimischer Fischarten, sowie Plötzen	Nitrifikation reduziert auf 0 %, übrige Organismen auf 15 %
über 10,5	Gefährlich für alle anderen heimischen Fischarten	Erfolgreicher Betrieb einer Fischzucht nicht möglich
über 11,0	Tödlich für alle heimischen Fischarten	w.o.

Der pH-Wert ist ein Maß für die Wasserstoffionen-Konzentration einer wässrigen Lösung. Ob eine wässrige Lösung sauer, neutral oder basisch reagiert hängt vom Verhältnis der H^+ zu den OH^- Ionen ab. Überwiegen die H^+ Ionen, ist die Lösung sauer, überwiegen die OH^- Ionen, ist die Lösung alkalisch (basisch), befinden sich beide im Gleichgewicht, ist die Lösung neutral.

Der pH-Wert wird auf die Wasserstoffionen bezogen und als negativer dekadischer Logarithmus der H^+ Ionenkonzentration dargestellt. Die Skala geht von 0-14, wobei pH 0 sehr stark sauer ist, pH 7 dem Neutralpunkt entspricht und pH 14 sehr stark alkalisch ist. In Kreislaufanlagen werden durch Bakterientätigkeit bei der Oxidation von Stickstoffverbindungen – der Nitrifikation – ständig H^+ Ionen freigesetzt, welche den pH-Wert in den sauren Bereich verschieben. Zusätzlich wird durch die Stoffwechseltätigkeit von Fischen und Bakterien CO_2 produziert, welches mit dem Anlagenwasser zu Kohlensäure (H_2CO_3) reagiert und dadurch den pH-Wert weiter absinken lässt. Der Grad der Absenkung des pH-Wertes ist von der Pufferkapazität des Wassers abhängig. Diese entspricht dem Kalkgehalt des betreffenden Wassers. Die Pufferkapazität lässt sich als Säure-Bindungs-Vermögen (SBV) messen. Je höher der Kalkgehalt des Wassers, desto mehr H^+ Ionen kann das Wasser abpuffern. Um schnelle und starke pH-Schwankungen nach unten (unter pH 7) zu vermeiden, sollte das SBV immer größer als 1 sein.

Das SBV wird bestimmt, indem die Menge an 0,1 n Salzsäure gemessen wird, die einen Farbumschlag der mit einer Indikatorlösung (Methylorgane) versehenen Wasserprobe bewirkt. Mit anderen Worten ein gut gepuffertes Wasser kann ohne stärkere pH-Änderung eine bestimmte begrenzte Menge Säure „vertragen“. Schlecht gepufferte Wässer reagieren bei Säurezufuhr sofort mit einer unter Umständen erheblichen pH-Senkung.

Eine 0,1 n (Salz)Säure entspricht der Lösung von 0,1 Gramm der (Salz)Säure in einem Liter destilliertem Wasser. 1 Gramm Äquivalent (GAT) entspricht dem Äquivalentgewicht in Gramm. Das Äquivalentgewicht einer Verbindung ergibt sich, wenn man das Atomgewicht durch die Wertigkeit dividiert und anschließend die Äquivalentgewichte der Elemente addiert.

Bei Salzsäure errechnet sich dieses wie folgt:

> HCl = Atomgewicht von H = 1,008, Wertigkeit = 1;
> 1,008 dividiert durch 1 ergibt das Äquivalentgewicht = 1,008
> Cl Atomgewicht = 35,50; Wertigkeit = 1;
> 35,5 dividiert durch 1 ergibt das Äquivalentgewicht = 35,5
> HCl = 1,008 (H) + 35,5 (Cl) = 36,508;
> 36,508 ist somit das Äquivalentgewicht von Salzsäure.

Um eine 1/10 normale (oder 0,1 normale) Salzsäure herzustellen, werden 3,6508 g konzentrierte Salzsäure in einen Messzylinder gegeben und auf 1 l Volumen mit destilliertem Wasser aufgefüllt.

Achtung:
Der Messzylinder sollte vor dem Zugeben der Salzsäure bereits eine ausreichende Menge Wasser enthalten (mindestens 100 ml) um ein Spritzen der Säure bei der Zugabe zu verhindern. Sonst finden sich an der Kleidung wo die Spritzer gelandet sind, zunächst hübsch anzusehende sehr variable Muster aus hellen Flecken, später nach jedem Waschen zunehmend größer werdende Löcher. Beim Nichttragen von lästigen Handschuhen und störenden Schutzbrillen entstehen auf der Haut unangenehme Verätzungen, an den Augen Schäden bis zur Blindheit.

3.4.2. Härtegrade

Häufig wird der Kalkgehalt eines Wassers auch in Karbonathärte oder deutschen Härtegraden angegeben.

1 Grad deutscher Härte (1°d, alte Schreibweise 1°dH) entspricht:

10,00 mg/l Calciumoxid (CaO) oder
8,00 mg/l Calciumcarbonat ($CaCO_3$) oder
7,14 mg/l Calcium (Ca).

Zur Umrechnung in SBV wird die Karbonathärte durch 2,8 dividiert. Das SBV multipliziert mit 2,8 ergibt dann logischerweise die Karbonathärte (°d).

Es gibt, um das Ganze etwas komplizierter und nicht zu langweilig zu machen, auch von der deutschen Berechnung abweichende englische, russische und französische Härtegrade sowie eine eigene Methode der Amerikaner die Wasserhärte anzugeben. So entsprechen einem deutschen Härtegrad = 1,25 englische Härtegrade = 1,78 französische Härtegrade = 7,188 russischen Härtegrade und = 17,8 amerikanischen Härtegrade (H°).

Die Gesamthärte (GH) eines Wassers entspricht der Summe aller Ionen des Calciums, Magnesiums, Strontiums, Berylliums, Radiums und Bariums; wobei Strontium, Beryllium, Radium und Barium in der Regel so selten vorkommen, dass sie ohne Bedeutung sind. Diese Elemente gehören zu den Erdalkalimetallen, der zweiten Hauptgruppe der Metalle.

Karbonathärte (KH) wird fast ausschließlich durch die Summe der Salze der Kohlensäure mit den Erdalkalimetallen gebildet. Es entstehen dann Calciumhydrogencarbonat $Ca(HCO_3)_2$ und/oder Magnesiumhydrogencarbonat

$Mg(HCO_3)_2$. Mit den Alkalimetallen wird vor allem Natron oder Natriumhydrogencarbonat ($NaHCO_3$) gebildet. Nichtkarbonathärte (NKH) wird durch die Summe der Salze der Erdalkalimetalle mit anderen Säuren wie z. B. Schwefelsäure (H_2SO_4) und Calcium gebildet, wobei Calciumsulfat ($CaSO_4$) oder Gips entsteht.Karbonathärte oder auch temporäre Härte wird durch Kochen verringert. Dabei fällt Kesselstein (vor allem Calcium und Magnesiumcarbonat) aus. Er lagert sich an Oberflächen ab; z. B. im Wasserkocher, in der Waschmaschine oder an sonstigen Heizstäben. Nichtkarbonathärte bleibt auch beim Kochen erhalten = Permanente Härte.

Normalerweise ist die Karbonathärte (KH) kleiner als die Gesamthärte (GH). Wasser kann allerdings Natriumbicarbonat (Na_2HCO_3), auch als Natron oder Soda bekannt, enthalten. Da die Titration mit Salzsäure alle Bikarbonate erfasst, unabhängig davon ob Natrium oder die Härtebildner Calcium und Magnesium im Wasser vorhanden sind, kann das Ergebnis der Bestimmung der Karbonathärte höher sein als die Gesamthärte (GH). In diesem Fall wird die Nichtkarbonathärte (NKH) gleich Null gesetzt und die Karbonathärte (KH) gleich der Gesamthärte gesetzt. Im Fall ihres Vorkommens sind Lithium (Li), Natrium (Na) und Kalium (K) als Alkalimetalle für die Nichtkarbonathärte verantwortlich.

Im Bedarfsfall ist in Kreislaufanlagen und auch Wasserzuläufen mit saurem oder sehr weichem Wasser, vor allem aber nach durch Regen oder Schneeschmelze saurem pH-Wert in den Zuläufen von Fischzuchten die Zugabe von Branntkalk (CaO), Löschkalk **(**$Ca(OH)_2$**)**, Natronlauge (NaOH), Natriumhydrogenkarbonat ($NaHCO_3$) oder Soda (Na_2CO_3) mit Hilfe geeigneter Dosiereinrichtungen zum Beckenzulaufwasser geeignet, das Säurebindungsvermögen sowie den pH-Wert des Wassers zu erhöhen. $NaHCO_3$ kommt als Mineral Nahcolith natürlich in Amerika und Europa vor. Zugabe von Magnesiumcarbonat ist theoretisch ebenfalls möglich; dabei entsprechen 18 mg $CaCO_3$ (1°d) = 15 mg $MgCO_3$.

Magnesium gehört zu den für eine ausgewogene Ernährung wichtigen Mineralstoffen. Normalerweise ist es in den handelsüblichen Kalkprodukten zur Steuerung des pH-Wertes in ausreichender Menge enthalten. Wie sich die Zugabe von reinem Magnesiumcarbonat auf Dauer auf Fische und Bakterien auswirkt, ist nicht bekannt. In der Regel dürfte $MgCO_3$ auch sehr schwierig zu bekommen sein, da es natürlicherweise nicht in reiner Form vorkommt.

Achtung:
Beim Umgang mit Natronlauge und Branntkalk ist wegen deren Ätzwirkung besondere Vorsicht geboten. Ungelöschter Branntkalk entwickelt erhebliche Wärme, wenn er beim Ablöschen mit Wasser in Berührung kommt. Bei Einsatz oder Handhabung dieser Stoffe immer geeignete Schutzkleidung (Handschuhe, Schutzbrille, Overall, Stiefel mit Hose über den Stiefeln) tragen. Nicht in die Branntkalk Staubwolke laufen und diesen Staub möglichst auch nicht einatmen.

Die Ätzwirkung setzt ein, sobald der Branntkalk mit Feuchtigkeit in Berührung kommt wie z. B. Schweiß und feuchter Schleimhaut in Mund und Nase. Durch diese Stoffe verursachte Verletzungen/Verätzungen heilen schlecht und sind nach eigenen Erfahrungen lange unangenehm schmerzhaft. Die Sicherheitshinweise auf den technischen Datenblättern sind unbedingt immer zu beachten und vor allem zu befolgen!

3.4.3. m- und p-Werte

Der m-Wert wird bestimmt durch die (tropfenweise) Zugabe von 0,1 n Salzsäure (1/10 normale HCl) zu 100 ml Probenwasser, das vorher durch Zugabe von Cooper-Indikator stahlblau gefärbt wurde, bis zu einem pH-Wert von 4,3. Der Farbumschlag erfolgt von Stahlblau zu Sonnengelb. Früher wurde mit Methylorange (Farbindikator) gearbeitet, das ebenfalls bei pH 4,3 einen Farbumschlag zeigte, daher m-Wert.

Der p-Wert wird bestimmt durch Zugabe von 0,1 n HCl zu 100 ml Probenwasser das einen Ausgangs pH-Wert von oberhalb 8,2 hat bis zum Farbumschlag von Phenolphthalein (Farbindikator) bei pH 8,2. Der Farbumschlag erfolgt von rosa zu farblos (die Farbe Rosa verschwindet). Bei einer Wasserprobe die einen niedrigeren Ausgangs pH-Wert als 8,2 aufweist erfolgt die Titration unter Einsatz von 0,1 n Natronlauge (NaOH). Der Farbumschlag erfolgt von farblos nach rosa. In der Wasseranalytik wird ein positiver oder negativer p-Wert für die Bestimmung des Gehaltes an Kohlensäure oder Karbonat angewendet. Diese Angabe hängt davon ab, ob in der Ausgangsprobe höhere oder niedrigere pH-Werte als 8,2 vorlagen. Der negative p-Wert zeigt den Gehalt an freier Kohlensäure der positive den Gehalt an Carbonaten.

m-Wert und p-Wert sind ältere Begriffe und wurden benutzt, um im Wasser gelöstes CO_2 (nicht gebundene oder freie Kohlensäure), das Hydrogencarbonation und das Carbonation sowie deren Summe zu errechnen. Man findet sie daher noch in älteren Literaturangaben. p- und m- Wert wurden ersetzt durch die Säure- und Basenkapazität. Es gibt eine Säurekapazität bis zum pH-Wert von 8,2 und eine solche bis zum pH-Wert von 4,3. Ebenso gibt es eine Basenkapazität bis zum pH-Wert von 8,2 und eine solche bis zum pH-Wert von 4,3. Säure- und Basenkapazität lassen sich nur elektrometrisch für alle Wässer erfassen. Indikatoren sind zur Erfassung der Säure- oder Basenkapazität nur brauchbar bei Wasser, das ausschließlich Kohlensäure und deren Anionen enthält, und zumindest in der Fischzucht selten bis gar nicht vorkommt.

Die von Fischen als optimale oder noch zu ertragende Gehalte an Wasserinhaltsstoffen sind in folgender Tabelle zu finden (nach *Schreckenbach, 2002*):

Parameter	Einheit	Kritisch -	Eingeschränkt	Optimal Bereich	Eingeschränkt	Kritisch +
Lachs- und Barschartige						
Sauerstoff O_2	mg/l	ab 4,0	6,0-6,9	7,0-30	31-35	bis 40
pH-Wert		ab 5,0	5,5-6,4	6,5-8,0	8,1-8,8	bis 9
Kohlendioxid CO_2	mg/l	ab 0,5	1-4	5-8	9-12	bis 20 (3)
Stickstoff N_2	%	-	-	<100	100-103	bis 105
Ammoniak NH_3	mg/l	-	-	<0,01	0,01-0,07	bis 0,1 (1)
Salpetrige Säure HNO_2	mg/l	-	-	<0,0002	0,0002-0,0005	bis 0,002 (2)
Nitrit NO_2	mg/l	-	-	<1	1-2	bis 3 (2)
Nitrat NO_3	mg/l	-	-	<200	200-300	bis 400
Karpfen-, Stör-, Aal- und Welsartige						
Sauerstoff O_2	mg/l	ab 3,0 K,W	4,0-4,9	5,0-30	31-35	bis 40
pH-Wert		ab 5,5	6,0-6,9	7,0-8,3	8,4-10	bis 10,5
Kohlendioxid CO_2	mg/l	ab 0,5	1-6	7-18	19-20	bis 25 (3)
Stickstoff N_2	%	-	-	<100	100-103	bis 105
Ammoniak NH_3	mg/l	-	-	<0,02	0,02-0,1	bis 0,2 (1)
Salpetrige Säure HNO_2	mg/l	-	-	<0,0004	0,0004-0,001	bis 0,004 (2)
Nitrit NO_2	mg/l	-	-	<1	1-3	bis 5 (2)
Nitrat NO_3	mg/l	-	-	<200	200-300	bis 800 S,A

1 = Abhängig vom Proteingehalt und Energie/Protein Verhältnis des Futters. 2 = Bei Cl^-/NO_2-N Verhältnis >8 (2) bis >17 (1) werden auch höhere NO_2 Gehalte ertragen. 3 = Bei hohen SBV und O_2 Konzentrationen werden auch höhere CO_2 Gehalte toleriert. K = Karpfen bis 2 mg/l O_2. W = Afrik. Welse bis 1 mg/l O_2 bei ausreichend O_2 in der Atemluft. S, A = Störe und Aale nur bis 400 mg/l NO_3.

3.5. Sauerstoff

Im Wasser gelöster Sauerstoff (O_2) dient sowohl den Fischen als auch den aeroben Mikroorganismen zur Atmung. Nur wenn genügend Sauerstoff im Wasser gelöst ist, können die Mikroorganismen das Wasser reinigen und die Fische leben und vor allem auch wachsen. Nitrat abbauende Bakterien – sogenannte Denitrifikanten – gewinnen den von ihnen zur Atmung benötigten Sauerstoff, indem sie den im Nitrat (NO_3) gebundenen Sauerstoff nutzen. Der dann übrig bleibende Stickstoff (N_2) perlt dann als Gas aus dem Wasser aus, der frei gewordene Sauerstoff (O_2) wird von den Bakterien veratmet.

Jede Fischart benötigt zum Überleben und Wachsen unterschiedlich hohe Sauerstoffkonzentrationen im Umgebungswasser. Arten, die natürlicherweise in schnell fließenden kalten Gewässern vorkommen, wie z. B. Lachse, Forellen oder Saiblinge, benötigen mehr Sauerstoff in höheren Konzentrationen im Wasser gelöst als Fische, die an langsam fließende Flüsse oder warme Seen angepasst sind, wie z. B. Karpfen, Welse oder Aale. An fast sauerstofffreie Gewässer (tropische Reisfelder und andere Gewässer mit stark zehrender organischen Belastung) angepasste Fische, wie der Afrikanische Wels (*Clarias gariepinus*), sind sogar in der Lage den von ihnen benötigten Sauerstoff der Umgebungsluft mit Hilfe von Kiemenanhängen oder Anhängen des Darmes zu entnehmen.

Wie und woher der Sauerstoff von den Fischen auch gewonnen wird, der momentane Bedarf ist abhängig von der Temperatur, der Wasserqualität, der Schwimmgeschwindigkeit, der aufgenommenen Futtermenge sowie der Futterzusammensetzung oder Nährstoffkonzentration, sowie deren Verdaulichkeit. Zum Beispiel benötigen Karpfen um zu überleben bei 16 °C Wassertemperatur eine Mindestkonzentration von 1,1-2,5 mg O_2/l, bei 20 °C aber bereits 3 mg/l. Akuter Sauerstoffmangel herrscht bei Karpfen unterhalb von 2 mg O_2/l und bei Forellen bereits bei Unterschreiten von 4 mg/l. Der Tod von Forellen tritt unterhalb von 1,5 mg O_2/l ein und bei Karpfen „erst“ unterhalb von 0,5 mg/l.

Unter den Bedingungen von intensiver Aufzucht sowie in Kreislaufanlagen ist für gefütterte und wachsende Fische als unterster zu vertretender Wert 60 % Sauerstoffsättigung anzusehen. Mindestens 80 % Sauerstoffsättigung sollten als Durchschnittswert gelten. Eine Sauerstoffübersättigung von bis zu 350 % im Einlaufbereich des Fischbeckens wird von den meisten Fischarten gut vertragen. Störe weichen Bereichen mit über 150 % Sättigung aus, wenn sie die Möglichkeit dazu bekommen. Nach *Schreckenbach* (2002) haben 650-700 % Sättigung nach Tagen meist tödliche Wirkung, wobei 35 mg/l im Wasser gelöster Sauerstoff im Fisch durch Ausfällung von Calcium- und Magnesiumsalzen zu Schäden an den Nieren (Nephrokalzinose) führen kann. Leichte Übersättigung mit Sauerstoff ermöglicht den Fischen eine wenig energieaufwändige Atmung. Futterverwertung und Zuwachs sind dann im optimalen Bereich, auch überhöhte CO_2 Gehalte im Wasser werden von den Tieren deutlich besser ertragen.

Je geringer die Sättigung des Wassers mit Sauerstoff ist, desto energieaufwendiger oder schwieriger wird es für die Fische den benötigten Sauerstoff aus dem Wasser aufzunehmen. 60 % Sättigung werden für die meisten in der Aquakultur gehaltenen Fische als untere Grenze für ein „normales“ Wachsen angesehen. Bei Werten darunter reduzieren sich die Futteraufnahme und die Verdaulichkeit des aufgenommenen Futters. Der Futterquotient (FQ) verschlechtert sich. Wenn möglich sucht der Fisch Bereiche mit höheren Sauerstoffgehalten auf. Sammeln sich viele Tiere nahe dem Zulauf der Fischbecken, wo naturgemäß der höchste Gehalt zu erwarteten ist, besteht höchste Alarmbereitschaft. Entweder reicht die Sauerstoffversorgung nicht aus, oder die Fische haben Probleme mit den Kiemen und können nicht ausreichend atmen. In jedem Fall muss sofort reagiert werden, um das Problem schnellstmöglich ohne Schäden am Fischbestand zu lösen.

Die überragende Bedeutung des Sauerstoffs und die Schwierigkeiten mit seiner ausreichenden Bereitstellung für Lebewesen im Wasser werden deutlich, wenn man sich folgende Tatsachen vor Augen hält:

Süßwasser enthält bei 20 °C rund 9 mg O_2/l
Luft in Meereshöhe dagegen 250 mg O_2/l

Bei einer Temperaturerhöhung von 10 °C auf 30 °C verringert sich der Sauerstoffgehalt der Luft um 7 %, der von Wasser aber um 33 %.

Fischblut kann nur etwa halb so viel Sauerstoff aufnehmen wie Blut von Säugetieren. Fische müssen daher mit viel weniger Sauerstoff in ihrer Umgebung zurechtkommen als Landlebewesen.

Bei niedrigen Sauerstoffgehalten im Wasser erhöhen Fische zunächst die Atemfrequenz und damit die an den Kiemen vorbei streichende Wassermenge, gleichzeitig erhöht sich die Anzahl der Herzschläge auf den 3-5 fachen Wert, um trotz der niedrigeren Konzentration im Blut den Sauerstoffbedarf des Körpers decken zu können. Als Folge erhöht sich der Energieaufwand, den der Fisch nun zu seiner ausreichenden Sauerstoffversorgung aufwenden muss erheblich. Selbst im Ruhestoffwechsel benötigen viele Fischarten bereits bis zu 50 % der von ihnen aufgewendeten Energie nur um zu atmen. Allein zum aktiven Atmen verbrauchen viele Fische bereits rund 35 % des aufgenommenen Sauerstoffs. Bei Sauerstoffmangel ist die mögliche Zunahme des Fisches geringer, da vermehrt Energie für die Sauerstoffversorgung benötigt wird und damit für Stoffwechsel und Gewichtszunahme nicht mehr zur Verfügung steht. Als Folge von nicht optimalen Sauerstoffwerten verschlechtert sich die Futterverwertung.

Die Krankheitsanfälligkeit steigt ebenso wie die Kosten pro Kilogramm Zuwachs, der Ertrag sinkt. In einem gewissen Umfang können sich Fische, wie zum Beispiel Regenbogenforellen in Kreislaufanlagen, über längere Zeit an einen permanent niedrigen Sauerstoffgehalt gewöhnen und auch recht gut wachsen. Umgekehrt können Fische, die über lange Zeit in mit Sauerstoff übersättigtem Wasser gelebt haben, nicht mit eigentlich recht komfortablen 70 % Sättigung klarkommen (z. B. als Folge einer Havarie, Störung oder Zusammenbruch der Sauerstoffversorgung), da sie ihre Kiemenoberfläche an die hohen Werte angepasst haben und nicht mehr genügend Oberfläche vorhanden ist um mit den „geringen" Sauerstoffwerten klarzukommen.

Die Sättigungswerte von Sauerstoff im Süßwasser bei verschiedenen Temperaturen lassen sich aus der folgenden Tabelle ablesen:

C°	0,0	0,1	0,2	0,3	0,4	0,5	0,6	0,7	0,8	0,9
					O_2 mg/l					
11	10,67	10,65	10,62	10,60	10,57	10,55	10,53	10,50	10,48	10,45
12	10,43	10,40	10,38	10,36	10,34	10,31	10,29	10,27	10,24	10,22
13	10,20	10,17	10,15	10,13	10,11	10,09	10,06	10,04	10,02	10,00
14	9,98	9,95	9,93	9,91	9,89	9,87	9,85	9,83	9,81	9,78
15	9,76	9,74	9,72	9,70	9,68	9,66	9,64	9,62	9,60	9,58
16	9,56	9,54	9,52	9,50	9,48	9,46	9,45	9,43	9,41	9,39
17	9,37	9,35	9,33	9,31	9,30	9,28	9,26	9,24	9,22	9,20
18	9,18	9,17	9,15	9,13	9,12	9,10	9,08	9,06	9,04	9,03
19	9,01	8,99	8,98	8,96	8,94	8,93	8,91	8,89	8,88	8,86
20	8,84	8,83	8,81	8,79	8,78	8,76	8,75	8,73	8,71	8,70
21	8,68	8,67	8,65	8,64	8,62	8,61	8,59	8,58	8,56	8,55
22	8,53	8,52	8,50	8,49	8,47	8,46	8,44	8,43	8,41	8,40
23	8,38	8,37	8,36	8,34	8,33	8,32	8,30	8,29	8,27	8,26
24	8,25	8,23	8,22	8,21	8,19	8,18	8,17	8,15	8,14	8,13
25	8,11	8,10	8,09	8,07	8,06	8,05	8,04	8,02	8,01	8,00
26	7,99	7,97	7,96	7,95	7,94	7,92	7,91	7,90	7,89	7,88
27	7,86	7,85	7,84	7,83	7,82	7,81	7,79	7,78	7,77	7,76
28	7,75	7,74	7,72	7,71	7,70	7,69	7,68	7,67	7,66	7,65
29	7,64	7,62	7,61	7,60	7,59	7,58	7,57	7,56	7,55	7,54
30	7,53	7,52	7,51	7,50	7,48	7,47	7,46	7,45	7,44	7,43

Die prozentuale Sättigung errechnet sich nach folgender Formel:

$$\frac{100 \times \text{tatsächlicher Wert}}{\text{Sättigungswert (Tabelle)}} = \text{prozentuale Sättigung}$$

Bei 13,9 °C beträgt der mögliche Sauerstoffgehalt bei Sättigung laut Tabelle 10 mg/l. Sind im Wasser aber nur 8 mg/l gelöst, errechnet sich die prozentuale Sättigung wie folgt:

(100 x 8 mg/l) : 10 mg/l = 80

Im vorliegenden Beispiel beträgt die Sättigung 80 %.

Die Menge an im Wasser lösbarem Sauerstoff – wie bei allen anderen im Wasser löslichen Gasen auch – ist abhängig von Temperatur, Druck und Salzgehalt.

Die Geschwindigkeit, mit der Sauerstoff in nicht mit Sauerstoff gesättigtes Wasser eingetragen werden kann, ist abhängig von der Turbulenz, diese wiederum von der Energiezufuhr. Folglich ist Energie nötig, um Wasser schnell und effektiv mit Sauerstoff anzureichern. Außerdem ist die Geschwindigkeit, mit der Sauerstoff in Wasser gelöst werden kann, abhängig von der momentanen prozentualen Sättigung und damit dem Konzentrationsunterschied bis zur Sättigung. Um Wasser mit 10 % Sauerstoffsättigung auf 30 % Sättigung zu bringen ist zum Beispiel deutlich weniger Energie und Zeit nötig, als für die Erhöhung von 80 % auf 100 % Sättigung. Es ist energetisch aufwändig Fische mit Hilfe von Belüftung (Luft) nahe dem Sättigungspunkt mit Sauerstoff zu versorgen. Eine Übersättigung mit Sauerstoff ist mit Luft, die neben Sauerstoff eben auch Stickstoff, Edelgase und Kohlendioxid enthält, nur durch Druckerhöhung (z. B. Tiefenbelüftung) zu erreichen. Dabei besteht in Abhängigkeit von Einblastiefe und barometrischen Druck die Gefahr einer Gesamtgasübersättigung. Zu den Kosten für den Bau der Tiefenbelüftung kommen dann noch die Schäden an den Fischen hinzu, als da sind verschlechterte Futterverwertung, langsamer Zuwachs, erhöhte Krankheitsanfälligkeit und wenn es ganz schlecht läuft auch noch immer wieder auftretende schleichende Verluste. Je nach Größe der bei der Belüftung erzeugten Luftblasen, der Sauerstoffsättigung bei Beginn der Belüftung und der Einblastiefe der Luft liegt die Ausnutzung des eingeblasenen Luft Sauerstoffs bei 1-10 %. Durch Belüftung schön sprudelndes Wasser bedeutet also nicht unbedingt viel Sauerstoffeintrag (siehe auch Unterkapitel 3.5. Sauerstoff). Bei Fisch-Besatzdichten oberhalb von 30 kg/m³ wird aus energetischen Gründen daher häufig technischer Sauerstoff eingesetzt.

Stickstoff ist Bestandteil der Luft (ca. 78 %) ebenso wie Sauerstoff (ca. 21 %), Edelgase (ca. 1 %) und Kohlendioxid (ca. 0,03 %). Die Löslichkeit aller Gase in Wasser ist stark abhängig vom Partialdruck, also dem prozentualen Anteil der Gase an der Atmosphäre. Ein höherer prozentualer Anteil eines Gases ermöglicht folglich eine höhere gelöste Gasmenge (z. B. Sauerstoff) im Wasser.

Bei einem Luftdruck von 760 Torr (1 Torr entspricht 1 mm Quecksilbersäule mm Hg) und 20 °C lösen sich in Wasser folgende Mengen der Gase:

Gas	Reine Gasatmosphäre	Normale Luftatmosphäre
O_2 (Sauerstoff)	43,3 mg/l	8,90 mg/l
N_2 (Stickstoff)	18,6 mg/l	14,20 mg/l
CO_2 (Kohlendioxid)	1690,0 mg/l	0,51 mg/l

Wird Wasser in einer Sauerstoffgasatmosphäre mit reinem Sauerstoff begast, lässt sich der Sauerstoffgehalt des Wassers bei „normalem" Luftdruck, also ohne Druckerhöhung und 20 °C wegen des geänderten Partialdrucks auf 43 mg/l erhöhen. Wird Wasser in einer Luftatmosphäre mit reinem Sauerstoff begast, ohne die Gasatmosphäre außerhalb des Wassers zu verändern, stellt sich „nur" der dem Partialdruck entsprechende Sättigungswert von knapp 9 mg/l bei 20 °C ein.

Weitere Einflussgrößen für die Löslichkeit von Gasen in Wasser sind neben der Temperatur, der Standort der Anlage oder des Gewässers über dem Meeresspiegel. Je höher die Anlage gelegen ist, umso geringer ist die sich lösende Sauerstoffmenge, da die Luft weniger Sauerstoff enthält, sie ist „dünner". Weiterhin der barometrische Druck (je höher der Luftdruck desto höher der mögliche Sauerstoffwerte). Ebenso der Salzgehalt des Wassers, denn je mehr Salz im Wasser gelöst ist, wie bereits vorher erwähnt, umso weniger Sauerstoff kann sich im Wasser lösen.

Merke:
Höhere Temperatur führt dazu, dass weniger Sauerstoff im Wasser gelöst werden kann; mehr Salz gelöst führt ebenfalls zu weniger im Wasser gelösten Sauerstoff; höherer Druck ermöglicht mehr Sauerstoff im Wasser zu lösen.

3.6. Stickstoff

Außer durch Belüftung gelangt Stickstoff (N) vor allem als Produkt der Proteinverdauung von Fischen in Form von Ammoniak (ca. 90 %) oder Harnstoff (ca. 10 %) ins Anlagenwasser. Bakterien liefern daraus als Ergebnis des weiteren Abbaus Nitrit und Nitrat. Nicht verdautes Eiweiß in Kot und in nicht aufgenommenem Futter (z. B. falsche Pelletgröße, Staub, Abrieb, falsche Fütterungstechnik), sowie nicht aus den Becken oder dem System entfernte tote Fische, abgestorbene Mikroorganismen, Schleim und Schuppen sind weitere Stickstoffquellen. Wegen der Giftwirkung von Ammonium/ Ammoniak müssen diese permanent so schnell als möglich aus den Fischbecken entfernt und der Beckeninhalt durch sauberes oder aufbereitetes Wasser ersetzt werden.

Im Zuge der Wasseraufbereitung einer Anlage sollten partikuläre (nicht gelöste) Bestandteile so früh wie möglich aus dem Wasser gefiltert werden, um die nachfolgende biologische Reinigung zu entlasten. Aus dem Wasser entfernte Partikel müssen dann nicht mehr von Mikroorganismen soweit als möglich in ihre

Bestandteile zerlegt werden um sie zu verdauen und damit unschädlich zu machen. Sie können, so sie denn rechtzeitig entfernt wurden, keine Ablagerungen bilden, faulen und Rohre sowie Filter verstopfen.

Die biologische Reinigung oxidiert das sehr fischgiftige Ammoniak/Ammonium (NH_3/NH_4) über Nitrit (NO_2) zu dem relativ ungiftigen Endprodukt Nitrat (NO_3). Im Zuge der Nitrifikation (NH_3/NH_4 $\rightarrow$ NO_3) erfolgt durch Freisetzen von H^+ (Wasserstoff) Ionen eine pH-Absenkung. Denitrifikation setzt OH^- Ionen frei und vermindert dadurch den Bedarf an zur Verdünnung oder Ausschwemmung erforderlichem Austauschwasser und zur pH-Regulierung nötigem Kalk. Werden bestimmte Werte (die absolute noch ertragene Höhe ist abhängig von der Fischart) von im Anlagenwasser gelöstem Nitrat überschritten, muss aber auch Nitrat durch Wasserwechsel, Verdünnung oder durch Denitrifikation auf für die betreffende Fischart tolerierbare Werte verringert werden. Bei der Verdünnung wird zum Ausschwemmen unbelastetes Austauschwasser benötigt, das auf die Anlagentemperatur aufgeheizt oder – in Sonderfällen – gekühlt werden muss. Bei der Denitrifizierung – der biologischen Entfernung von Nitrat – wird von Bakterien im Nitrat (NO_3) gebundener Sauerstoff (O_2) veratmet, so dass als Endprodukt gasförmiger Stickstoff (N_2) entsteht, der aus dem Wasser entweicht. Gleichzeitig steigt der pH-Wert durch Freisetzen von OH^- Ionen. Die vorher durch die Nitrifikation erfolgte pH-Wert Senkung wird fast vollständig ausgeglichen.

Der Energiegewinn, den die Bakterien aus der Veratmung von im Nitrat gebundenem Sauerstoff erzielen können, ist geringer, als wenn sie im Wasser gelösten Sauerstoff direkt veratmen. Solange Sauerstoff in Wasser gelöst vorhanden ist, wird dieser daher zuerst aufgebraucht. Der im Nitrat gebundene Sauerstoff ist „zweite Wahl". Gefahren die durch Gesamtgasübersättigung vor allem aber Stickstoffübersättigung für den Fischbestand entstehen können sind im Unterkapitel 3.19. Gassättigung beschrieben.

Eiweiß aus Kot, Schleim, Urin, nicht gefressenem Futter, toten Fischen, abgestorbenen Bakterien und anderen Mikroorganismen wird von Bakterien in Aminosäuren zerlegt. Diese werden durch weitere bakterielle Tätigkeit im Baustoffwechsel zu neuer Bakterienmasse aufgebaut oder im Energiestoffwechsel abgebaut. Die dabei entstehen Endprodukte sind Energie, Ammoniak, Wasser und Kohlendioxid.

Von Fischen wird das bei der Verdauung von Eiweiß entstehende Ammoniak vorwiegend über die Kiemen ausgeschieden. Im Klärtrakt wird durch Nitrifikanten (Bakteriengruppe) Ammonium zu Nitrit und Nitrit zu Nitrat oxidiert. Nitrit und Ammoniak sind – wie weiter oben bereits bemerkt – sehr fischgiftig und dürfen daher nur in geringen Mengen im Fischbecken Wasser vorhanden sein.

Nitrifikanten – zwei Ammonium und Nitrit oxidierende Bakteriengruppen, die in älterer Literatur meistens den Bakteriengattungen *Nitrobacter* (oxidieren Ammonium zu Nitrit) und *Nitrosomonas* (oxidieren Nitrit zu Nitrat) zugeordnet werden – arbeiten nur, wenn sie genügend im Wasser gelösten Sauerstoff für die Oxidation zur Verfügung haben. Nach neuerer Literatur gibt es aber eine ganze Reihe weiterer Bakteriengruppen, welche in der Lage sind zu nitrifizieren.

Für die Oxidation von 1 mg Ammonium-Stickstoff (NH_4-N nicht NH_4) zu Nitrat werden ca. 4,6 mg Sauerstoff (O_2) benötigt. Außerdem muss der pH-Wert im Wasser der Anlage im Auge behalten werden, da durch die bei der Nitrifikation freigesetzten Wasserstoffionen der pH-Wert so stark absinken kann, dass Schäden an den Fischen und den Bakterien auftreten können. Durch geeignete Maßnahmen (z. B. Kalkzugabe siehe dort) ist der pH-Wert zu steuern (heben).

Nach *Helmer & Sekoulov* (1977) zerstört die Oxidation von 1 mg NH_4-N an Alkalität etwa 7,1 mg $CaCO_3$ oder etwas anders ausgedrückt 0,88°d Härte. Ohne Denitrifikation sind zur Stabilisierung des pH in der Anlage je nach örtlichen Gegebenheiten (Wasserhärte des Zulaufs, Menge an Austauschwasser, diffuse ungeregelte Denitrifikation) etwa 15-25 % des Gewichtes der täglichen Futtermenge an Bicarbonat erforderlich.

> Nitrifikation senkt den pH-Wert durch Freisetzen von H Ionen,
> Denitrifikation hebt den pH-Wert durch Freisetzen von OH Ionen.

Ammoniak/Ammonium (NH_3/NH_4), Nitrit (NO_2) und Nitrat (NO_3) werden in mg/l gemessen und angegeben. In einigen Veröffentlichungen ist es üblich, den ermittelten Wert auf den Stickstoffanteil der jeweiligen Verbindung zu beziehen. Bei ungenauem lesen kann das zu einigen Verständnisschwierigkeiten über die tatsächliche Belastung welcher die Fische ausgesetzt waren führen. Es heißt dann z. B. 3 mg/l NO_2-N (lies/sprich Nitrit-Stickstoff). Diese Schreibweise wird häufig von Behörden gewählt und daher auch Anlagenbetreibern für die behördlichen Meldungen vorgeschrieben, wenn es um die Bilanzierung von Frachten (z. B. Abwassereinleitung in Vorfluter) geht. Sie lässt sich leichter in Gesamt-Stickstoff umrechnen, der wichtig ist für die Bestimmung der Fracht an Stickstoff, die einem Gewässer zugemutet werden kann oder darf.

1 mg/l NH_4-N (lies/sprich Ammonium-Stickstoff) entspricht 1.288 mg/l NH_4^+
1 mg/l NO_2-N (lies/sprich Nitrit-Stickstoff) entspricht 3.28 mg/l NO_2^-
1 mg/l NO_3-N (lies/sprich Nitrat-Stickstoff) entspricht 4.427 mg/l NO_3^-

3.6.1. Ammoniak

In Abhängigkeit vom pH-Wert und der Temperatur befinden sich in einer wässrigen Lösung Ammoniak (NH_3) und Ammonium (NH_4) in einem bestimmten

Verhältnis zueinander. Ammoniak ist deutlich fischgiftiger als Ammonium, daher sollte der Ammoniumanteil im Wasser möglichst hoch sein zuungunsten von Ammoniak. Man sollte daher darauf achten, die Anlagen am unteren optimalen Bereich der Nitrifikanten zu betreiben (siehe auch Punkt 3.4.1. pH-Werte).

In der unten stehenden Tabelle wird angegeben, wie viel Prozent des Ammoniums (NH_4) als Ammoniak (NH_3) bei einer bestimmten Temperatur und einem bestimmten pH-Wert in einer wässrigen Lösung vorliegen.

Temp.	10 °C	15 °C	20 °C	24 °C	26 °C	28 °C
pH 6,8	0,12 %	0,17 %	0,25 %	0,33 %	0,37 %	0,42 %
pH 7,0	0,19 %	0,27 %	0,40 %	0,52 %	0,59 %	0,67 %
pH 7,2	0,29 %	0,43 %	0,63 %	0,83 %	0,97 %	1,13 %
pH 7,5	0,59 %	0,85 %	1,24 %	1,63 %	1,87 %	2,13 %

3 mg Ammonium im Wasser der Fische bei 20 °C und einem pH Wert von pH 7 dissoziieren zu rund 0,4 % zu Ammoniak entsprechend 0,012 mg/l NH_3. Bei einem pH-Wert von pH 7,5 und 20 °C lägen von dem im Beispiel angenommenen Ammoniumwert (3 mg/l) bereits 0,037 mg/l als Ammoniak vor und wäre damit für die meisten Fischarten schädlich.

Speisefische von Karpfen, Störe, Aale, und Welse lassen sich erfolgreich mästen, sofern der Ammoniakgehalt (NH_3) nicht über 0,02 mg/l NH_3 liegt, kurzzeitig auch bis 0,05 mg/l. Salmoniden und Barschartige sollten nicht mehr als 0,01 mg/l NH_3 und sehr junge Brut nicht mehr als 0,006 mg/l NH_3 ausgesetzt werden, kurzzeitig tolerierbar auch bis 0,02 NH_3 (Lachs-/Barschartige) beziehungsweise 0,01 mg/l NH_3 (Brut). Kurzzeitig bedeutet dabei nicht zu häufig, wenige Stunden am Tag, allerdings nicht jeden Tag, sondern nur an einzelnen Tagen der Woche.

Einen pH-Wert von 7 und eine Temperatur von 20 °C vorausgesetzt entsprechen 0,02 mg/l NH_3 einem NH_4 Wert von 5 mg/l. In einer vernünftig dimensionierten und betriebenen Anlage (angepasster Besatz, dazu passende Futtermenge und Futterregime, sowie Verhinderung von Schlammablagerungen) wird dieser Wert nur als Folge von Störungen oder Ausfällen der Technik erreicht.

Erhöhte Ammoniakwerte führen zu chronischer Kiemenschwellung und als Folge der hierdurch verringerten Austauschflächen zur schlechteren Ausnutzung des gelösten Sauerstoffs. Um den Fisch weiterhin ausreichend mit Sauerstoff zu versorgen, muss der Anteil an im Umgebungswasser gelöstem Sauerstoff erhöht werden. Weitere Folgen einer chronischen Kiemenschwellung sind schlechte Futterverwertung, eine Störung des Energiestoffwechsels mit der Folge einer erhöhten Krankheitsanfälligkeit oder bei ausreichender Dauer und Höhe der Tod der Tiere. Energetisch ausreichend versorgte Fische ertragen schadlos höhere NH_3 Werte als solche die bereits unter Energiemangel leiden.

Natriumionen sollen nach einigen Literaturangaben die Giftwirkung von Ammoniak abmildern können. In einem derartigen Fall scheiden Fische Ammonium (NH_4) über das Kiemenepithel aus. Dies geschieht im Austausch für Natriumionen (Na^+) aus dem Umgebungswasser. Da Ammoniak sich physikalisch wie ein in Wasser gelöstes Gas verhält, wirken sich auch Druck und Salzgehalt auf das Dissoziationsgleichgewicht aus.

Merke:
Je niedriger der pH-Wert ist, desto geringer ist die Giftwirkung von Ammonium/ Ammoniak.

3.6.2. Nitrit

Nitritvergiftungen führen durch Anlagerung von NO_2^- an die roten Blutkörperchen zu einer Braunfärbung des Blutes. Dabei entsteht aus dem Blutfarbstoff Hämoglobin Methämoglobin. Die roten Blutkörperchen sind dann nicht mehr in der Lage, weiterhin Sauerstoff anzulagern und zu transportieren; der Fisch stirbt – obwohl genügend Sauerstoff im Wasser vorhanden ist – an Sauerstoffmangel. Weitere Anzeichen sind eine Schwellung sowie Braun- beziehungsweise Violettfärbung der Kiemen. Ähnlich wie bei erhöhten NH_3 Werten ist eine Verringerung der Energiereserven zu beobachten. Ein Gehalt von mehr als 10 % Methämoglobin im Blut deutet auf eine NO_2/HNO_2 Vergiftung hin. Methämoglobin kann enzymatisch wieder zu Hämoglobin umgewandelt werden, was allerdings einige Zeit dauert. Ähnlich wie zwischen Ammonium (NH_4) und Ammoniak (NH_3) besteht zwischen Nitrit (NO_2) und Salpetriger Säure (HNO_2) ein pH und Temperatur abhängiges Gleichgewicht.

Grenzwerte für Karpfen betragen etwa 0,4 µg/l HNO_2, für Störe 0,3 µg/l und für Forellen 0,2 µg/l. Nitrit ist weniger giftig als salpetrige Säure, daher gilt anders als bei Ammonium: Je niedriger (saurer) der pH, desto höher ist der Anteil an salpetriger Säure (HNO_2) und damit die Gefahr für die Fische.

Bei einer Wassertemperatur von 20 °C liegen folgende Prozentanteile des Nitrits als salpetrige Säure vor:

Bei pH 6,0 und 20 °C → 0,248 %
Bei pH 6,5 und 20 °C → 0,077 %
Bei pH 7,0 und 20 °C → 0,024 %

1 Mikrogramm (µg) entspricht 0,01 Milligramm (mg). 1 mg NO_2 entspricht bei pH-Wert 7 einem Wert von 0,0240 µg HNO_2, bei pH-Wert 7,5 „nur" noch 0,0077 µg HNO_2.

Das Chlorid-Ion aus NaCl (Kochsalz) oder $CaCl_2$ (Calciumchlorid) ist ähnlich groß wie das NO_2 Ion. Es ist in der Lage die Giftwirkung von Nitrit weitgehend aufzuheben, indem es ersatzweise ein eigentlich nicht vorhandenes Konzentrationsgefälle des im Blut gelösten Nitrit-Ions gegenüber dem wässrigen Außenmedium erzeugt. Etwa 50 mg Chlorid heben die Wirkung von 1 mg NO_2-N (Nitrit-Stickstoff) auf, 100 mg Chlorid somit 2 mg NO_2-N usw. 1 mg/l NO_2-N entspricht 3,28 mg NO_2 (siehe Unterkapitel 3.6. Stickstoff). Die Salzgehaltstoleranz der betreffenden Fischart sollte man bei der Zugabe der angegebenen Salze aber immer im Auge behalten. Auch ist dringend zu empfehlen immer schleunigst die Ursache des Nitritanstiegs zu suchen, zu finden und vor allem auch schnellstens zu beseitigen.

Nach neueren Erkenntnissen ist, wie bereits weiter oben bemerkt, eine ganze Reihe von Bakteriengruppen in der Lage zu nitrifizieren. Nach älterer Literatur wird Ammonium von der Bakteriengruppe *Nitrosomonas* zu Nitrit oxidiert, Nitrit durch *Nitrobacter* zu Nitrat. Beide Bakteriengruppen wachsen recht langsam, ebenso auch die übrigen Bakteriengruppen die in der Lage sind zu nitrifizieren. Die Generationszeit, also die Zeit, die diese Bakterien benötigen, sich zu verdoppeln/teilen, ist deutlich länger (5-12 Stunden) als bei den Kohlenstoff abbauenden heterotroph genannten Bakterien mit 20-30 Minuten.

Vor allem im Meerwasser gibt es eine Reihe anderer Bakteriengruppen als *Nitrosomonas* und *Nitrobacter* die an dem Prozess der Nitrifizierung beteiligt sind. Auch diese wachsen langsam und sind ähnlich zu behandeln wie die vorgenannten. Das Temperaturoptimum der Nitrifikanten liegt bei etwa 24-27 °C (*Rümmler, 2011*), das pH-Optimum zwischen pH 7,5-8,2, wobei zwischen 7,0-8,6 pH noch 90 % der optimalen Leistung möglich sind (*Helmer & Sekoulov, 1977*).

Wird eine Anlage neu angefahren, nach Störung neu belastet oder durch Umsetzen/Einsetzen von Fischen höher belastet, tritt in Abhängigkeit von dieser Belastung zunächst vermehrt Ammonium im Wasser auf. Ammonium bleibt dann so lange mit erhöhten Werten nachweisbar, wie die Bakterien (*Nitrosomonas* oder andere) benötigen, um sich an die erhöhte Ammoniummenge anzupassen, also sich zu vermehren und zu wachsen. Mit Hilfe der höheren Bakterienzahl nimmt Ammonium im Wasser ab, da es zu Nitrit oxidiert wurde. Das gebildete Nitrit ist als Peak messbar. Beim Anfahren einer Anlage folgt einem Ammonium-Peak immer ein Nitrit-Peak. Das gebildete Nitrit wird der nächsten Bakteriengruppe (*Nitrobacter* und anderen) angeboten. In Folge des angestiegenen Nitritgehalts wachsen/vermehren sich die zuständigen Bakterien und bilden Nitrat. Dieser Vorgang kann recht lange dauern, da das Wachstum von *Nitrobakter* nur halb so schnell ist wie das von *Nitrosomonas*.

Die Anlage und die Reinigungsbakterien sind an die neue, höhere Belastung angepasst, sobald das zugegebene Ammonium ohne Störung und Nitrit-Peaks in Nitrat umgewandelt (oxidiert) wird. In einer optimal funktionierenden, da ausreichend lange angefahrenen Anlage, wird aus dem von den Fischen gelieferten Ammonium/Ammoniak stetig Nitrat gebildet, ohne das erhöhte Werte an Ammonium und/oder Nitrit im Wasser nachweisbar sind. Geringe und vor allem nicht abrupte Belastungsänderungen ertragen die Bakterien ohne merkliche Konzentrationsänderungen von NH_4^+ und/oder NO_2^- im Wasser der Anlage. Sie sind an den Tagesgang der Ammonium/Ammoniak Ausscheidung des Fischbestandes gewöhnt, kennen also geringfügig ansteigende Belastungen und können diese, da sie darauf trainiert sind, problemlos verarbeiten. Stärkere Schwankungen (z. B. Bestands- oder Futteränderungen von 30 % und mehr, innerhalb von 1-2 Tagen), führen zu den beschriebenen Anpassungsreaktionen.

Neu erbaute Anlagen benötigen deutlich länger, um eine funktionierende Bakterienpopulation aufzubauen als Anlagen, die bereits in Betrieb sind oder waren. In Neuanlagen sind keine Dauerstadien der benötigten Bakterien vorhanden und die Oberflächen des Biologieträgermaterials können durch den Herstellungsprozess und das verwendete Ausgangsmaterial sehr glatt und teilweise wasserabweisend sein. Sie sind damit zunächst nicht oder nur schwierig durch Bakterien besiedelbar. Vor allem preiswertes (billiges) Recyclingmaterial kann je nach vorheriger Nutzung mit bakteriziden Zusätzen behandelt sein, welche dann auch später in dem aus ihnen geformtem Bioträgermaterial ihre Wirkung entfalten. Derartiges Material ist möglichst nicht einzusetzen. Lagerung des Bioträgermaterials in der Sonne sowie Übersprühen desselben mit Wasser z. B. mit einem Rasensprenger über einen Zeitraum von mehreren Wochen, parallel zum Bau der Anlage, kann die zur Inbetriebnahme der Biologie nötige Zeit erheblich verkürzen. Durch die Lagerung in der Sonne (UV-Strahlung) und den Wasserfluss wird die Oberfläche des Materials aufgebrochen. Die dadurch entstehende Rauigkeit ermöglicht ein Ausgasen unerwünschter Inhaltsstoffe und damit ein leichteres Ansiedeln und Festsetzen der Bakterien.

3.6.3. Nitrat

Nitrat (NO_3) als Endprodukt der Nitrifikation ist deutlich weniger schädlich für Fische als Ammonium/Ammoniak oder Nitrit. Genaue Grenzwerte sind bisher nicht verfügbar. Hohe Nitratgehalte stellen aber nach bisherigen Erkenntnissen einen nicht unerheblichen Stressor für Fische dar, wobei es je nach Art erhebliche Unterschiede gibt. Steigende Nitratgehalte in Fischbecken können verantwortlich sein für nachlassende Futteraufnahme, Geschwüre der Haut, Lethargie (Herumhängen) und schleichende mit der Zeit steigende Verluste. Je nach Wasserchemismus treten derartige Erscheinungen bei Barschen und Stören oberhalb von 150 bis 250 mg NO_3/l auf, bei Aalen, Karpfen, Barramundi und Welsen erst bei Werten oberhalb von 500 mg/l NO_3.

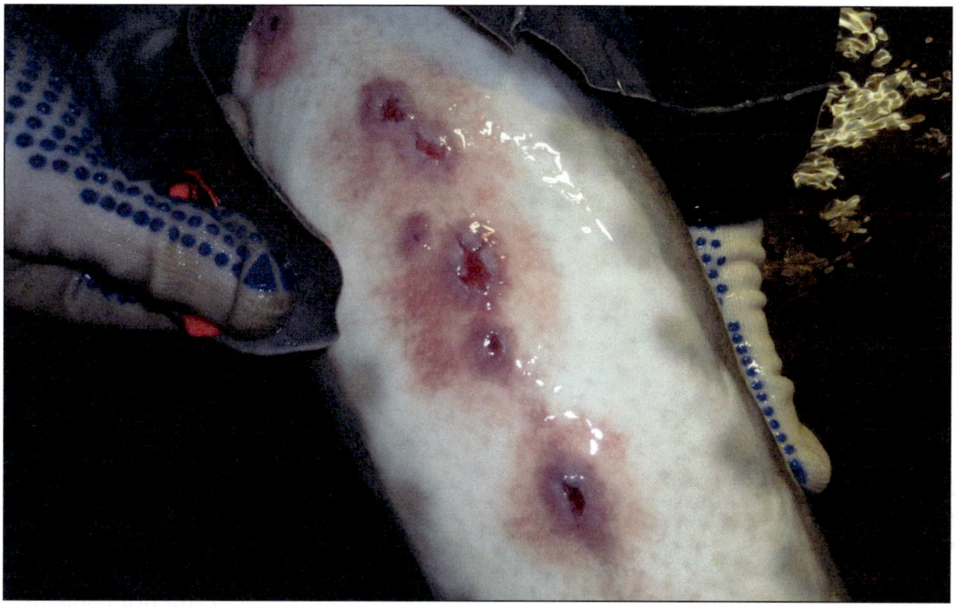

Hautschäden bei einem Stör, die bei hohen Nitratwerten auftreten können. Foto: P. Steinbach

3.7. Schwefel

Schwefel (S) ist außer im Austauschwasser (als Sulfat) vor allem in verschiedenen Aminosäuren (Cystin, Methionin) enthalten (Aminosäuren = Bausteine von Eiweiß). Ist im Anlagenwasser kein gelöster Sauerstoff vorhanden, kann aus schwefelhaltigen Verbindungen durch die Tätigkeit von darauf spezialisierten Bakterien Schwefelwasserstoff (H_2S) entstehen.

Schwefelwasserstoff ist ein auch für Menschen sehr giftiges, nach faulen Eiern riechendes Gas. Es wird vor allem gebildet, wenn im Wasser Ablagerungen von organischer Masse wie Kot, Futterresten, toten Fischen und abgestorbenen Bakterien zu finden sind. Außer am Geruch lässt sich das Vorkommen von Schwefelwasserstoff an der Bildung von Eisensulfid (FeS) erkennen. Es bildet in Zonen ohne Sauerstoff einen schwarzen Niederschlag. H_2S wirkt darüber hinaus stark zersetzend auf Eisenteile und Beton im Wasser.

3.8. Kohlenstoff

Kohlenstoff (C) ist in Form von CO_2, HCO_3 (Kohlensäure H_2CO_3 dissoziiert in H^+ und HCO_3^-) oder CO_3 in fast allen Wässern enthalten. CO_2 ist in der Regel das/ein Endprodukt der Atmung und Verdauung der Fische, wie auch der nitrifizierenden und anderen Bakterien und Mikroorganismen, der Oxidation oder dem aeroben Abbau von organischen Wasserinhaltsstoffen.

Organisch gebundener Kohlenstoff wird als TOC (Total Organic Carbon), gemessen; der organisch gebundene, gelöste als DOC (Dissolved Organic Carbon), der flüchtige, organisch gebundene als VOC (Volatile Organic Carbon), der ungelöste (partikuläre) organisch gebundene als POC (Particulate Organic Carbon), der gesamte anorganisch gebundene als TIC (Total Inorganic Carbon), und die Summe als TC (Total Carbon), gesamt Kohlenstoff.

Kohlenstoff (C) ist neben Wasserstoff (H) und Sauerstoff (O) Bestandteil von Kohlenhydraten. Die empirische Formel lautet $Cn(H_2O)n$. Kohlenhydrate wirken in biologischen Systemen als Energielieferanten sowie als Gerüst- oder Stützmoleküle. Sie werden je nach ihrem Aufbau (Länge und Form der Kohlenstoff Kette) in verschiedene Gruppen geordnet.

Einfachzucker = Monosaccharide sind dadurch gekennzeichnet, dass sie sehr leicht in Wasser löslich sind, gut kristallisieren und süß schmecken. Glukose oder Traubenzucker gehört in diese Gruppe. Monosaccharide weisen eine Kette aus mindestens 3 C Atomen, einer Carbonylgruppe (doppelt gebundenes O Atom) und einer Hydroxylgruppe (OH) auf. Die Summen Formel ist $C_6H_{12}O_6$.

Mehrfachzucker oder zusammengesetzte Kohlenhydrate = Di- und Oligosaccharide bestehen aus 2 (Di) bis 6 (Oligo) Einfachzuckermolekülen. Milchzucker (Laktose), Malzzucker (Maltose) sowie Rohrzucker/Rübenzucker (Saccharose) gehören in diese Gruppe. Saccharose schmeckt bekanntermaßen ebenfalls süß. Die Summen Formel von Saccharose lautet $C_{12}H_{22}O_{11}$.

Vielfachzucker = Polysaccharide bestehen aus Hunderten bis Tausenden Ketten Monosacchariden (Einfachzuckern). Auch die allgemein bekannte Stärke mit der Formel $(C_6H_{10}O_5)_n$ gehört zu den Polysacchariden. Polysaccharide schmecken nicht mehr süß. Wird allerdings Stärke z. B. in Form von Brot oder Brötchen länger im Munde behalten und gekaut, wird durch Enzyme im Speichel die Polysaccharid Kette zu Einfachzuckern verkürzt und der Nahrungsbrei im Mund schmeckt süß. Die in den Polysacchariden aus Monosacchariden gebildeten Ketten können lang und spiralförmig, gerade (Inulin oder Alantstärke), verzweigt (Amylopektin) oder gerade gebündelt (Cellulose) sein. Cellulose als Bestandteil von pflanzlichen Zellwänden und Chitin aus dem z. B. Krebstiere ihr Außenskelett (Krabbenschalen und -panzer) bilden gehören in die Gruppe der Polysaccharide.

Glykogen – die tierische Stärke – besteht aus 5.000-25.000 Glukosemolekülen (Glukose = Traubenzucker).

Im Lebensmittelrecht wird nur Saccharose als Zucker bezeichnet. Zugabe von Glukose, Fructose, Maltose oder Laktose muss nicht als Zucker deklariert werden. Derartige Derivate des Zuckers gelten rechtlich trotz erheblicher Zuckermengen als zuckerfrei.

Lignin, das als Gerüstsubstanz im Holz vorkommt, ist kein Kohlenhydrat und anders als diese praktisch unverdaulich, selbst 80 %ige Schwefelsäure löst es nicht auf. Nur Pilze können es aufschließen und in den natürlichen Kreislauf zurückführen. Pilze sind deshalb als Symbionten im Verdauungstrack von Holzfressern (z. B. Termiten) unverzichtbar.

Kohlenstoff ist ebenfalls Bestandteil von Eiweiß (z. B. Casein = Milcheiweiß) und Fetten (z. B. Fischöl, Pflanzenöl, Schmalz, Talg und Butter).

Proteine oder Eiweiße sind aus verschiedenen Aminosäuren zusammengesetzte, langkettige organische Verbindungen. Die Eigenschaften der unterschiedlichen Aminosäuren bestimmen die Qualität des Eiweißes. Protein besteht in der Regel zu ungefähr 52 % aus Kohlenstoff (C), zu 23 % aus Sauerstoff (O), zu 16 % aus Stickstoff (N), zu 7 % aus Wasserstoff (H), zu 2 % aus Schwefel (S) und zu 0,6 % aus Phosphor (P).

Fette und Öle sind in Wasser unlösliche gemischte organische Verbindungen die nur in organischen Lösungsmitteln (z. B. Äther, Aceton, Benzol) löslich sind. Sie sind leichter als Wasser und bilden beim Kochen in Alkalilaugen Seifen. Fette und Öle stellen aufgrund ihres hohen Energiegehaltes wichtige Reservestoffe dar. Sie bestehen ausschließlich aus Kohlenstoff (C), Wasserstoff (H) und Sauerstoff (O). In der Regel werden sie durch Verbindungen eines Alkohols (Glycerin = einfacher dreiwertiger Alkohol) mit drei verschiedenen, selten auch gleichen Fettsäuren, gebildet. Nach Art der Bindung des Kohlenstoffatoms (C) in der Kette der Fettsäuren unterscheidet man nach gesättigten und ungesättigten Fettsäuren. Bei gesättigten Fettsäuren sind alle C-Atome untereinander mit Einzelbindungen verknüpft. Freie Bindungen sind mit Wasserstoff (H) abgesättigt. Ungesättigte Fettsäuren besitzen eine oder mehrere Doppelbindungen der Kohlenstoffatome.

Eine einfache gesättigte Fettsäure ist die Buttersäure $C_4H_8O_2$; oder als Strukturformel dargestellt: $CH_3 - CH_2 - CH_2 - COOH$
Sie ist eine einfache gesättigte Fettsäure.

Eine einfache Doppelbindung (einfach ungesättigt) findet man bei der Ölsäure $C_{17}H_{33}COOH$, oder als Strukturformel dargestellt mit der Position der Doppelbindung: $CH_3 - (CH_2)_4 - CH = CH - (CH_2)_7 - COOH$
Sie ist eine einfach ungesättigte Fettsäure.

Zwei Doppelbindungen finden sich bei der Linolsäure $C_{17}H_{31}COOH$, oder als Strukturformel: $CH_3 - (CH_2)_4 - CH = CH_2 - CH = CH - (CH_2)_7 - COOH$
Sie ist eine doppelt oder 2-fach ungesättigte Fettsäure.

Drei Doppelbindungen finden sich bei der Linolensäure $C_{17}H_{29}COOH$, Struktur: $CH_3 - CH_2 - CH = CH - CH_2 - CH = CH - CH_2 - CH = CH - (CH_2)_7 - COOH$
Sie ist eine dreifach ungesättigte Fettsäure.

Im Fall von zwei oder mehr Doppelbindungen spricht man von mehrfach ungesättigten Fettsäuren. In englischer Literatur findet sich hierfür der Ausdruck HUFA = Highly Unsaturated Fatty Acids. Da durch Doppelbindungen der Schmelzpunkt von Fetten erniedrigt wird, sind Fette mit einem höheren Anteil ungesättigter Fettsäuren in der Regel bei Zimmertemperatur flüssig, es sind praktisch Öle.

Die Anzahl von Doppelbindungen lässt sich mit der Jodzahl bestimmen, wobei Jod an die Doppelbindungen angelagert wird. Je mehr Jod dem Fett angelagert werden kann, desto höher die Anzahl der Doppelbindungen. Die Kettenlänge wird über die Verseifungszahl angegeben. Sie wird durch den Verbrauch von Kalilauge gemessen die zur Verseifung von 1 g des entsprechenden Fetts nötig ist. Sie ist Ausdruck des mittleren Molekulargeweichtes der jeweiligen Fettsäure. Je mehr Lauge benötigt wird, desto höher ist die Anzahl der Moleküle und damit umso kürzer die Kettenlänge. Eine niedrige Verseifungszahl bedeutet ein langes Fettsäuremolekül (gesättigt) und damit ein festes Fett.

Fettsäuren werden mit Hilfe von zwei Zahlen gekennzeichnet, die durch einen Doppelpunkt getrennt sind. Die erste Zahl gibt die Anzahl der C-Atome an und die zweite die Zahl der Doppelbindungen. Ist die zweite Zahl eine Null, ist die Fettsäure gesättigt. Die ω-Zahl (Omega-Zahl) gibt die Position der Doppelbindung in der Molekülkette an und dient als weitere Charakterisierung einer Fettsäure. Statt ω wird in der Literatur häufig auch ein kleines n angegeben um die Position der Doppelbindung zu kennzeichnen. Bei einer ω-3-Fettsäure befindet sich die erste Doppelbindung beim dritten C-Atom. Zum Beispiel Linolensäure 18:3ω3.

Neben den beschriebenen Neutralfetten gibt es noch fettähnliche Stoffe, die Lipoide. Zu ihnen zählen Wachse und Stearine sowie Phosphatide. Bei den Phosphatiden ist eine der drei Fettsäuren durch Phosphorsäure ersetzt. Diese Verbindungen sind für den Energietransfer beim Stoffwechsel von großer Bedeutung; z. B. Lecithine gehören zu den Phosphatiden.

Bei der Verdauung und dem Abbau von Eiweiß, Kohlenhydraten und Fett entstehen außer Energie vor allem Wasser (H_2O) und Kohlendioxid (CO_2), die für den weiteren Stoffwechsel der Fische nicht benötigt und daher ins umgebende

Wasser abgegeben werden. In Wasser gelöstes CO_2 ist nur in bestimmten begrenzten Mengen für Fische tolerierbar (siehe Unterkapitel 3.18. Kohlendioxid). Für autotrophe Bakterien in der biologischen Wasseraufbereitung ist CO_2 allerdings eine wichtige Kohlenstoffquelle. Autotroph sind Organismen, die in der Lage sind, sich ausschließlich von anorganischen Stoffen/ Verbindungen zu ernähren und daraus organische Substanz aufzubauen. Hierzu zählen neben den bereits erwähnte Bakterien auch chlorophyllhaltige Pflanzen, die organische Masse aus Sonnenlicht, Wasser, Kohlendioxid und Mineralien aus dem Boden aufbauen (siehe auch Punkt 11.3.2.1. Grundlagen des biologischen Abbaus).

3.9. BSB

Der Biologische Sauerstoff Bedarf, kurz BSB (im Englischen BOD = Biological Oxygen Demand) ist die Menge an gelöstem Sauerstoff, die zum völligen oxydativem biologischen Abbau organischer Stoffe, nicht aber Ammonium oder Nitrit, in einem Liter Wasser bei 20 °C benötigt wird. Der Abbau wird auf einen definierten Zeitraum bezogen, zumeist 2, 5 oder 20 Tage. Die Maßangabe erfolgt in mg/l oder in g/m^3. Die beigefügte tief gesetzte Zahl 2, 5 oder 20 gibt die Anzahl der Tage an, die der Messung zugrunde gelegt wurde. Der BSB_5 gibt folglich die Sauerstoffmenge an, die von den kohlenstoffabbauenden (heterotrophe) Bakterien in der Probe im Verlauf von 5 Tagen verbraucht wurde.

Bei Messungen von Wasserproben in der Anfahrphase neuer Anlagen ist darauf zu achten, dass das Probewasser bei der Messung alle anorganischen essentiellen Nährstoffe welche die Bakterien benötigen enthalten. Fehlen diese müssen sie vor der Messung dem Probenwasser beigegeben werden, da sonst das Ergebnis einen zu niedrigen Wert anzeigt.

Der bei der Nitrifikation verbrauchte Sauerstoff darf im BSB nicht erfasst werden. Um während der Laufzeit der Untersuchung Sauerstoffzehrung durch Nitrifikationsvorgänge auszuschließen, werden einer zu bestimmenden Probe Nitrifikationshemmer zugegeben.

Der BSB wird zur Beurteilung der organischen Verschmutzung eines Wassers und des Anteils an leicht abbaubaren organischen Substanzen benötigt. Wasser mit hohen BSB Werten erschwert den Aufbau einer funktionierenden Nitrifikation, da Nitrifikanten wegen ihrer langen Generationszeit nicht mit den heterotrophen Bakterien die zum BSB Abbau befähigt sind, auf Grund deren kurzer Generationszeit konkurrieren können. Erfolgreiche Nitrifikation setzt niedrige BSB Werte voraus. Die zur Denitrifikation befähigten Bakterien hingegen benötigen höhere BSB Werte um erfolgreich agieren zu können.

3.10. CSB und PV

Im Anlagenwasser finden sich eine Reihe von organischen Schmutzstoffen, die sich mit der BSB Messung nicht erfassen lassen, da sie biologisch nicht oder nur sehr schwer, beziehungsweise langsam, abgebaut (oxidiert) werden können. Diese wurden früher mit dem Kaliumpermanganat-Verbrauch (PV) bestimmt. Die Wasserprobe wird dabei mit Kaliumpermanganat ($KMnO_4$) in saurem Milieu gekocht. Das dabei verbrauchte $KMnO_4$ wird als Maß für den Gehalt an Schmutzstoffen genommen.

Da diese Methode nicht alle oxidierbaren Stoffe erfasst, wird heute meistens der Chemische Sauerstoff Bedarf, kurz CSB gemessen. Die zu bestimmende Wasserprobe wird dabei mit Kalium-di-chromat ($K_2Cr_2O_7$) in schwefelsaurer Lösung bei +148 °C behandelt/gekocht. Aus dem Chromat-Verbrauch (der Abnahme der Ausgangsmenge) wird der Sauerstoffverbrauch errechnet und der ermittelte Wert wird als mg/l CSB angegeben.

Das Verhältnis von CSB zu BSB gibt Auskunft über die biologische Abbaubarkeit eines Wasserinhaltstoffes. Ist das Verhältnis größer als 5:1, ist das Wasser in der Regel biologisch nicht, nicht mehr oder zumindest nicht mit vertretbarem Aufwand (Zeit mehrere Wochen oder Monate) zu reinigen, da die Wasserinhaltsstoffe nur von äußerst langsam wachsenden, hoch spezialisierten Mikroorganismen oder gar nicht angegriffen werden können.

Die Anreicherung mit biologisch schwer abbaubaren Stoffen kann in Kreislauf-anlagen auch an der Wasserfärbung erkannt werden. Ein großer Teil dieser Inhaltsstoffe besteht aus Huminsäuren oder Huminstoffen die dem Wasser eine braune, nicht filtrierbare Färbung geben. Huminsäuren und Huminstoffe haben in Wasser, in dem Fische gehalten werden, den Vorteil die Schleimhaut der Fische zu schützen, bakteriostatisch, antiparasitisch und antiviral zu wirken und darüber hinaus mit etwa vorhandenen Schwermetallen Verbindungen (Chelate) einzugehen, die deren Giftwirkung aufheben. Allerdings wird auch deren Verfügbarkeit für den Fisch als Mikro- oder Makroelement (Mengen und Spurenelemente) vermindert. Auch die Giftwirkung von Ammoniak und Nitrit wird vermindert und die Auswirkung von Stress wird reduziert.

3.11. Phosphor

Phosphor (P) ist Bestandteil von Phosphatiden und Proteinen. Er wird in den lebenden Zellen der Organismen in Form von ATP (Adenosintriphosphat) als Energiespeicher und zur Energieübertragung im Zellstoffwechsel benötigt. Beim Anfahren neuer Anlagen ist häufig eine Zugabe von Phosphor nötig, um genügend ATP (Energie) für die Versorgung wachsender und sich stark vermehrender Zellen (Bakterien und andere Mikroorganismen) zur Verfügung zu haben. Ohne Phosphor kann sich keine Mikroorganismenflora bilden.

Phosphor als ein wichtiger Pflanzennährstoff kann bei Einleitung in offene Gewässer ein starkes Algenwachstum (Planktonblüte) verursachen. Der Phosphorgehalt des die Anlage verlassenden Wassers wird daher von den Genehmigungsbehörden besonders streng reglementiert und überwacht. Phosphor wird sehr schnell von Algen und Wasserpflanzen aus dem Wasserkörper aufgenommen. In Folge davon ist er das Element, das bei Mangel ein Pflanzenwachstum (Algenblüte) sehr stark begrenzt und bei reichlichem Vorhandensein sehr stark fördert. Im Süßwasser ist er der limitierende Faktor für Algenwachstum.

Moderne Futtermittel enthalten etwa 1-2 % Phosphor. Im Futter ist vor allem Fischmehl ein „Lieferant" von Phosphor. Pflanzlich gebunden als Phytat ist Phosphor für magenlose Fische (z. B. Karpfen) fast unverdaulich, für Fische mit Magen (z. B. Forellen) zumindest teilweise verwertbar.

Phosphor und Eisen gehen – solange Sauerstoff im Wasser gelöst ist – eine wasserunlösliche Verbindung ein und fallen aus, so dass eine Sedimentation und damit Anreicherung im Bodenschlamm erfolgt. Diese Eigenschaft, unter bestimmten Bedingungen unlösliche Verbindungen einzugehen, wird genutzt, um Phosphor gezielt aus dem Wasser zu entfernen.

$$Fe^{3+} + PO_4^{3-} \rightarrow FePO_4 \downarrow$$

In Kreislaufanlagen kann sich Phosphor bis zu Mengen von über 20 mg/l Wasser anreichern, da über Fütterung ständig Phosphor zugeführt wird, der nur zum Teil in Fisch- und Bakterienmasse gebunden wird. Der Rest muss entweder partikulär über Siebe und Filter (maximal etwa 60 % des P im Futter ist partikulär und damit filtrierbar) oder durch Austauschwasser entfernt werden. Eine weitere Möglichkeit besteht darin, gelösten und partikulären Phosphor zu fällen. Hierzu werden Aluminium- oder Eisensalze mit einem Teil (Bypass) des Kreislaufwassers in einem separaten Misch- und Reaktionsbehälter vermengt. Der dabei entstehende Schlamm kann dann abgezogen, für Düngezwecke verwendet oder deponiert werden. Mit einer solchen Methode lassen sich häufig Phosphorwerte von unter 3-5 mg/l im Kreislaufwasser erreichen, so dass es deutlich leichter wird, ein derartiges Wasser nach erneuter P Fällung auf Werte unter 1 mg/l als Überschuss- oder Austauschwasser in einen Vorfluter abzugeben.

In offenen Gewässern in und an Pflanzen (Algen, Wasserpflanzen, Blätter) oder mineralische Wasserbestandteile gebunden, gelangt Phosphor ständig in das Sediment und wird dort festgelegt. Solange aerobe Verhältnisse (im Wasser ist gelöster Sauerstoff vorhanden) herrschen, wird dem Wasser gelöster Phosphor entzogen und im Gewässerboden festgelegt. Der Vorgang wird als Phosphatfalle bezeichnet. Sinkt der Sauerstoffgehalt am Gewässerboden (Sediment, Schlamm) allerdings unter 10 % Sättigung, wird P freigesetzt; bei weniger als 0,5 mg/l O_2 erfolgt sogar eine fast explosionsartige Rücklösung. Das betreffende Gewässer eutrophiert, weil wieder ausreichend P als Algen-/ Pflanzennahrung zur Verfügung steht. Dieser Vorgang der Freisetzung von Phosphor aus dem Sediment wird „internal loading" genannt, im Gegensatz zur Zufuhr von außerhalb durch Zuflüsse und Abwässer aus Industrie, Haushalt und Landwirtschaft (external loading).

Bisher sind keine Grenzwerte bekannt, ab deren Erreichen mit Schäden an dem Fischbestand zu rechnen ist. Phosphor ist wohl überwiegend als ein Pflanzennährstoff zu charakterisieren, der zu erheblichen Algenblüten und Eutrophierung im Gewässer führt, die Fischhaltung in Kreislaufanlagen in weiten Bereichen aber nicht direkt beeinträchtigt.

3.12. Chlor

Chlor (Cl) ist ein häufig verwendetes Desinfektionsmittel. Es ist ein stark riechendes, giftiges, die Atmungsorgane reizendes Gas; konzentriert ist es gelb gefärbt. Es dient der Entkeimung von (Trink)Wasser und der Oxidation (Zerstörung) von unerwünschten Wasserinhaltsstoffen. Sehr häufig wird es in Schwimmbädern zur Desinfektion eingesetzt. Die meisten von uns kennen den typischen "Schwimmbadgeruch" verbunden mit roten durch Chlor gereizten Augen nach dem Baden.

Als reines Gas ist Chlor schwierig handhabbar. Da Chlor äußerst reaktionsfreudig ist, geht es sehr leicht Verbindungen ein, welche zum Teil auch in der Fischzucht als Desinfektionsmittel benutzt werden. So sind „Chloramin-T" ($C_7H_7ClNNa\ O_2S$) als Bademittel zur Entschleimung von Kiemen und gegen Parasiten auf Fischen, sowie Chlorkalk ($CaCl_2O$) zur Bekämpfung von Kiemennekrose bei Karpfen bekannt, ebenso wie Kochsalz (NaCl) als Bademittel gegen Parasiten, zur Vermeidung/Bekämpfung einer drohenden Nitritvergiftung und zur Vitalisierung von Fischen nach Transport, Sortierung oder Umsetzung. In Salzsäure (HCl) an Wasserstoff gebunden senkt Chlor den pH-Wert und reinigt verkalkte Bereiche.

Sehr viele Wasserwerke setzen Chlor ein, um Trinkwasserleitungen keimfrei zu halten. Vor Verwendung von Trinkwasser aus derartigen Leitungen in der Fischhaltung, muss dieses in jedem Fall chlorfrei gemacht werden. Menschen vertragen deutlich mehr Chlor im Wasser, ohne sichtbaren Schaden zu nehmen, als Fische. Freies Chlor ist sehr fischgiftig und darf nur in für Fischzucht erlaubten Konzentrationen und für die vorgesehenen Zwecke verwendet werden (siehe auch Kapitel 7. Fischkrankheiten).

In mit Fischen besetzten Becken sollte der Gehalt an freiem Chlor 0,01 mg/l nicht übersteigen. Durch Chlor werden zuerst vor allem die Kiemen der Fische angegriffen. Deren Gewebe wird zerstört, und die Giftwirkung geht anschließend auf den gesamten Körper über. In kaltem Wasser hält sich Chlor recht lange. Durch Passage über Aktivkohle oder längere Belüftung lässt sich Chlor aus dem Wasser entfernen oder austreiben. Sofern zur Hand kann die Zugabe von Natriumthiosulfat zum Wasser elementares Chlor zu Cl^- reduzieren. Die Dosierung beträgt 1 g Natriumthiosulfat auf 10 l Wasser.

Achtung:
Bei Arbeiten mit Chlor ist auf die Sicherheitsbestimmungen zu achten, da Chlorgas auch für Menschen sehr giftig ist. Die Hinweise der Datenblätter der zum Einsatz kommenden Chlorverbindungen sind immer genau einzuhalten!

3.13. Eisen und Mangan

Eisen (Fe) und Mangan (Mn) können in Grundwasser und Quellen – sehr häufig vor allem in Norddeutschland – vorkommen. Eisen ist unter den dortigen Bedingungen in zweiwertiger Form vorhanden. Die Sauerstoff-sättigung beträgt oft weniger als 50 %, unter Umständen findet sich auch ein hoher Gehalt an CO_2 und der pH-Wert liegt unter 7,5. Sobald derartiges Wasser belüftet wird, gast CO_2 aus, und die Sauerstoffsättigung sowie der pH Wert des Wassers erhöhen sich.

Bei Belüftung reagiert das Eisen mit dem eingetragenen Sauerstoff; es entsteht dreiwertiges Eisenhydroxid Fe (OH_3), das als brauner Niederschlag ausfällt, welcher ausgefiltert werden kann. Gelangt Eisenhydroxid auf die Kiemen von Fischen oder auf Fischeier, wird deren Sauerstoffaufnahme behindert. Außerdem kommt es zu Reizungen und Verätzen der Gewebeoberfläche. Bei pH-Werten oberhalb von 6 gelten 0,05 mg des zweiwertigen Eisens als maximal zulässiger Wert im Zulaufwasser von Fischbecken.

Mangan (Mn) tritt gewöhnlich in zweiwertiger Form zusammen mit Eisen, aber in geringerer Konzentration auf. Es lässt sich grundsätzlich wie Eisen durch Belüftung und anschließender Filterung aus dem Wasser entfernen. Eine wirksame Manganentfernung gelingt nur bei einem niedrigen Eisengehalt von unter 0,2 mg/l. Vor Entmanganung muss daher bei gleichzeitigem Vorhandensein von Eisen zunächst immer enteisent werden. Erfolgt die Entmanganung autokatalytisch sind ein eigearbeiteter Filtersand mit Braunsteinbelag (Manganoxid) und ein pH von über 7,5 nötig. Wird Mangan mikrobiell also mit Hilfe von Bakterien entfernt ist ein pH von oberhalb pH 6,5 nötig.

Braunstein enthält viel ausgefälltes Mangan und wirkt dadurch reaktionsbeschleunigend. Bereits ausgefälltes Mangan fördert eine weitere Ausfällung. Die Reaktion ist autokatalytisch, oder sich selbst fördernd. Manganfilter benötigen in der Regel eine längere Zeit (2 Monate) zur Aktivierung. Die Ausfällung und Filterung ist bis zur vollen Aktivierung unbefriedigend. Die Verwendung von geringen Mengen Filtermaterial aus bereits gut arbeitenden Filtern zum Animpfen des eigenen neuen Filters, sowie Zugabe von Kaliumpermanganat ($KMnO_4$) können die Einarbeitungszeit der Filter erheblich verkürzen. Manganwerte von weniger als 0,02 mg/l gelten als akzeptabel in Wasserzuläufen.

3.14. Kupfer und Zink

Kupfer (Cu) und Zink (Zn) sind zwei Metalle, die als Rohrleitung oder Rohrleitungsbeschichtung recht häufig Verwendung finden. Sie gehören zu den Elementen, die Fische und auch Mikroorganismen zum Leben und Wachsen benötigen. Es sind Spurenelemente. Wird ihre Konzentration im Wasser zu hoch, wirken beide giftig für Fische, Mikroorganismen und Algen. Algenblüten und bestimmte Bakterien (*Flexibacter*) lassen sich mit Kupfer gut bekämpfen. Die Dosierung des Kupfers muss allerdings genau sein, da die wirksame Konzentration und die Schädigung oder der Tod der Fische nicht sehr weit voneinander entfernt sind (siehe auch Unterkapitel 7.5. Behandlung mit Therapeutika).

Im Allgemeinen werden Zinkwerte von 0,1 mg/l und Kupferwerte von 0,08 mg/l als obere Grenzwerte im Zulaufwasser angesehen. Treten Kupfer und Zink gemeinsam im Wasser auf, sind diese Grenzwerte zu erniedrigen, da sich die Giftwirkung dieser beiden Schwermetalle potenziert, Kupfer und Zink sollten dann zusammen einen Wert von 0,02 mg/l nicht überschreiten. Huminsäuren können durch Bildung von Verbindungen (Chelaten) mit Kupfer und Zink deren Giftwirkung erheblich reduzieren. Austauschwasser, vor allem aber die tägliche Fütterung sind Quellen von Kupfer und Zink, da sie dem Futter als Spurenelemente zugegeben werden. Inwieweit Fische in der Lage sind, ihren Bedarf an Kupfer und Zink aus dem Wasser zu decken ist bisher nicht geklärt.

Verzinkte Gefäße, Zulaufleitungen, Siebe und Fittings die Kupfer, Zink, Bronze oder Messing enthalten sollten in Kreislaufanlagen grundsätzlich vermieden werden, ebenso wie in die Becken tropfendes Kondenswasser einer verzinkten Stahlkonstruktion, die konstruktionsbedingt zum Bau der Halle eingesetzt wurde. In Durchlaufanlagen mit ausreichendem Wasserwechseln sind Messing (Kupfer Zink Legierung) oder Bronze (Kupfer Zinn Legierung) Armaturen durchaus brauchbare Alternativen. Zink- oder Kupferleitungen sind weniger zu empfehlen vor allem wenn sie nicht permanent betrieben werden und sich Zink oder Kupfer im zeitweise in den Leitungen stehenden Wasser anreichern können.

Hohe Gehalte an Schwermetallen können die Verwertung von Überschussschlamm aus der Fischproduktion als landwirtschaftlichen Dünger ausschließen oder doch erheblich einschränken.

3.15. Calcium

Calcium (Ca), eingedeutscht auch Kalzium, ist Hauptbestandteil von Kalk ($CaCO_3$). In der Fischzucht wird häufig mit Branntkalk (CaO) oder wegen der ungefährlicheren Handhabung gelöschtem Branntkalk $(CaOH)_2$ gearbeitet, seltener mit gemahlenem Kalkstein ($CaCO_3$). Branntkalk kann aufgrund seiner Wärmeentwicklung bei Berührung/ Vermischung mit Wasser und der pH-Anhebung weit in den alkalischen Bereich zur Desinfektion verwendet werden, aber auch zur pH-Steuerung von Kreisläufen.

Achtung:
Bei Einsatz von ungelöschtem Branntkalk immer Schutzkleidung tragen, wie: Schutzbrille, Handschuhe, Stiefel, sowie Kleidung die Arme und Beine bedeckt. Von etwaigen Verätzungen der Haut hat man, da schlecht heilend „länger was".

Ein gut brauchbares Produkt zur pH-Stabilisierung ist Weißkalkhydrat. Aber auch der Umgang mit gelöschtem Branntkalk oder Weißkalkhydrat ist nicht völlig ohne Gefahr. Auch er wirkt ätzend und desinfizierend, allerdings weniger als Branntkalk bei dem die nicht unerhebliche Hitzeentwicklung beim Kontakt mit Wasser hinzukommt. Wegen der desinfizierenden Wirkung wurde und wird Kalkbrühe oder Kalkmilch zum desinfizieren abgelassener Teiche, zum weißeln von Ställen und zum Schutz von Baumrinde gegen Pilze eingesetzt.

Da Kalzium mit in Wasser gelösten oder suspendierten Stoffen unter Bildung von Flocken reagiert, kann es neben der Fähigkeit der pH-Anhebung benutzt werden, diese Stoffe durch Flockung mit anschließender Sedimentation oder Fällung aus dem Wasser zu entfernen. Urgesteine (z. B. Basalt) und Buntsandstein enthalten keinen Kalk. Grundwasser aus derartigen Gegenden ist in der Regel weich und schlecht gepuffert und benötigt eine zusätzliche Kalkung, um in Kreislaufanlagen verwendet werden zu können.

Das unten abgebildete Gerät kann benutzt werden, wenn der tägliche Bedarf an Kalk zur pH-Stabilisierung bekannt ist. Dem Behälter wird ständig eine geringe Wassermenge zugeführt, welche nach Aufnahme von Kalk in den betreffenden Kreislauf geleitet wird. Der Behälter ist zweigeteilt. Der täglich benötigte Kalk wird in die Zufuhröffnung eingefüllt (die Zufuhröffnung ist zur besseren Darstellung des Übergangs von einem Teil des Behälters zu andern offen, sonst außer zu Befüllen und Rühren im Betrieb geschlossen) und wird im Laufe des Tages von Zeit zu Zeit mit dem hölzernen „Handrührer" kurz aufgerührt, da sich eine Klumpenbildung nicht immer sicher vermeiden lässt. Im zweiten Abteil des Behälters hält ein Rührwerk die Kalksuspension in Schwebe. Das durch Rühren in Schwebe gehaltene Kalkwasser wird in den zugehörigen Kreislauf abgeleitet.

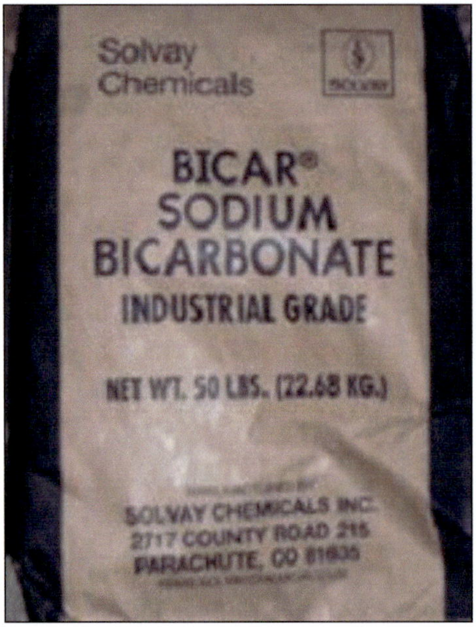

Natriumbicarbonat (links) und Weißkalkhydrat (rechts) zur pH-Regulierung. Fotos: E. Fritschi

Ein einfaches zur Aufkalkung geeignetes Gerät. Foto: E. Fritschi

3.16. Metalle

Metalle selbst sind kaum giftig für Wasserorganismen. Die Giftwirkung ihrer gelösten Salze aber reicht von wenig giftig bis zu hochgiftig oder tödlich. Sehr stark giftig sind vor allem Verbindungen von Quecksilber (Hg), Silber (Ag), Cadmium (Cd), Nickel (Ni), Kobalt (Co) und Chrom (Cr). Niedrige Sauerstoffwerte erhöhen die Giftwirkung. Durch hohe Wasserhärte wird die Giftwirkung gesenkt, da viele Metallionen als Karbonate oder Hydroxide gebunden werden, was deren Giftwirkung reduziert oder sogar weitgehend aufhebt.

Durch Metallionen vergiftete Fische zeigen zunächst Unruhe, erhöhte Atemfrequenz und Schleimabsonderung. Diese Anzeichen gehen in verminderte Reizempfindlichkeit, Ermattung, Seitenlage und Absinken der Atemfrequenz über, sie enden schließlich mit dem Tod durch Ersticken und Kohlensäureansammlung im Körper.

3.17. Temperatur

Fische mit Ausnahme von Thunfischen sind nicht in der Lage, aktiv ihre Körpertemperatur zu regeln. Die Körpertemperatur der übrigen Fische entspricht nahezu der Temperatur des Wassers in dem sie leben. Die im Körper durch den Stoffwechsel entstehende Wärme wird an das Wasser abgegeben. Fische werden daher auch als wechselwarme oder poikilotherme Tiere bezeichnet.

Die Temperatur des Wassers ist ein wichtiger Faktor für das Wohlbefinden von Fischen. Sie wirkt sowohl direkt auf die Aktivität (Herzschlag, Atmung, Verdauung, Krankheitsabwehr, Vermehrung, Embryonalentwicklung), als auch indirekt z. B. über den Sauerstoffgehalt des Wassers, da je nach Wassertemperatur unterschiedliche O_2-Mengen im Wasser gelöst werden können. Der Stoffwechsel sowie die Vermehrung von Bakterien/Mikroorganismen sind ebenfalls temperaturabhängig.

Je nach Fischart (Spezies) ist der optimale Temperaturbereich sehr unterschiedlich. Die Temperatur, bei welcher Fische bevorzugt leben, wird sogar häufig zu deren Klassifizierung herangezogen. Man spricht dann von Kaltwasserfischen, Warmwasserfischen, Eisfischen oder tropischen Fischen. Zum Beispiel werden Karpfen, Welse und Aale zu den Warmwasserfischen gezählt und Lachse, Forellen und Saiblinge zu den Kaltwasserfischen und Tilapia zu den tropischen Fischen.

Folgende Begriffe kennzeichnen die Wirkung der Temperatur auf Fische:

Vorzugstemperatur = Temperaturbereich, in dem sich der Fisch unter Normalbedingungen aufhält.

Unruhetemperatur	=	Der Fisch stellt die Nahrungsaufnahme ein und zeigt Unruhe, wie z. B. bei Stress.
Ausweichtemperatur	=	Der Fisch weicht dieser Temperatur aktiv aus, sofern er die Wahl hat.
Letaltemperatur	=	Temperatur, bei welcher der Fisch stirbt.
LD 50	=	50 % sterben in einem festgelegten Zeitraum, z. B. 48 h oder 96 h.
LD 100	=	100 % sterben in der vorgegebenen Zeit.

Fische wachsen am besten, wenn bei auch sonst optimalen Umweltbedingungen die Vorzugstemperatur im Wasser herrscht. Zum Laichen werden häufig Temperaturbereiche aufgesucht, die nicht der außerhalb der Laichzeit üblichen Vorzugstemperatur entsprechen. Die Erreger von Krankheiten besitzen ebenfalls Vorzugstemperaturen. Werden diese über- oder unterschritten, kommt es entweder bei den Fischen nicht zum Krankheitsausbruch oder die Verluste sind deutlich geringer, da die Erreger bei für sie nicht optimalen Temperaturen die Krankheitsabwehr der Fische nicht überwinden können. Die Reaktion von Fischen auf Krankheitserreger durch Antikörperbildung ist außer bei Eis- und Kaltwasserfischen erst bei Temperaturen oberhalb von 15 °C optimal. In der Beziehung Fisch ↔ Temperatur ist auf folgende Erscheinungen/Gegebenheiten zu achten: Bei steigender Temperatur löst sich im Wasser weniger Sauerstoff. Da sich der Stoffwechsel beschleunigt steigt aber der Sauerstoffbedarf der Fische und Wasserorganismen (siehe auch Unterkapitel 3.5. Sauerstoff).

Die Vorzugstemperatur der Fische wechselt mit Alter und Entwicklung ebenso wie die Fähigkeit, Temperaturwechsel zu ertragen. Nach *Reichenbach-Klinke* (1976) z. B. beträgt die Vorzugstemperatur von Karpfen für die Entwicklung von Eiern 12,5-30 °C, für Brut 17-32 °C und für die Eiablage 17-18 °C.

Die Letaltemperatur beträgt je nach Fischart und vorgeschalteter Adaptations- oder Gewöhnungstemperatur für karpfenartige Fische 29-42 °C, für forellenartige Fische hingegen nur 22-26 °C. Sind Fische an höhere Temperaturen adaptiert – über Wochen und Monate langsam gewöhnt – sterben sie erst bei viel höheren Temperaturen als nicht oder an tiefe Temperaturen adaptierte Tiere. Bei niedrigen Temperaturen sterben wärmeadaptierte Fische bereits, wenn nicht adaptierte Fische noch völlig munter sind. An 2,2 °C gewöhnte Goldfische sterben bei 28 °C; an hohe Temperaturen gewöhnte (36,5 °C) aber erst bei 42 °C. Bei Senkung der Temperaturen sterben die wärmeadaptierten (36,5 °C) Tiere bereits bei 15 °C, die an 2,2 °C gewöhnten aber erst bei 0 °C (*Reichenbach-Klincke, 1976*).

Steigen Kohlendioxid und Verschmutzung (Schwebstoffe, NH_4, NO_2, NO_3) und sinkt der Sauerstoffgehalt des Wassers, sinkt die Temperaturtoleranz von Fischen. Alle nicht optimalen Wasserqualitäten sowie jeder Stress erhöhen die

Anfälligkeit der Fische gegen weitere negative Veränderungen anderer Parameter. Temperaturwerte außerhalb des Optimal Wertes – aber noch außerhalb des Letalwertes – können einen Fisch töten, wenn diese Temperaturen Parasiten und Infektionen begünstigen. Der Fisch befindet sich außerhalb seines Optimums und kann auf die Außeneinflüsse (Infektion) nicht schnell genug reagieren; er stirbt, weil seine Feinde (Krankheitserreger) optimal wachsen.

Temperaturerhöhungen beschleunigen die biologischen Prozesse der Wasserreinigung und des Fischbestandes und erhöhen damit deren Sauerstoffverbrauch, während gleichzeitig die im Wasser lösbare Sauerstoffmenge abnimmt. Die Temperatur beeinflusst alle physiologischen Vorgänge im Fisch wie etwa: Aktivität, Nahrungsaufnahme, Futterverwertung, Wachstum, Vermehrung, Stressreaktion. Sollen Fische in wärmere oder kältere Gewässer umgesetzt werden, müssen die Tiere rechtzeitig an die zu erwartenden Gegebenheiten angepasst werden. Dabei scheinen Temperaturunterschiede von weniger als 2-3 °C unproblematisch zu sein und erfordern keine besondere Anpassungszeit.

Alle Fischarten sind unterschiedlich empfindlich. Wenn über die zu adaptierenden Fische keine eigenen Erfahrungen vorliegen, sollte man bei Temperaturerniedrigung in jedem Fall zur Sicherheit nach folgender Faustformel rechnen:

Temperaturdifferenz in °C x 2,5 = Anpassungszeit in Tagen

Beträgt der Unterschied nicht mehr als 4-6 °C, werden Transport- und Anlagen- oder Gewässerwasser langsam miteinander vermischt; nach 0,5-1,0 Stunden können die Fische in der Regel umgesetzt werden. Temperaturanpassungen um 10 °C und mehr nach unten erfordern eine mehrwöchige Adaptationsphase.

Vor allem störartige Fische ertragen Temperaturerhöhungen um bis zu 8 °C in wenigen Stunden von 14-15 °C auf etwa 22 °C ohne erkennbare Nachteile, sofern im Fisch genügend Energiereserven (Fett) vorhanden sind. Die Fütterung sollte aber in derartigen Fällen nur langsam und über mehrere Tage an die erhöhte Stoffwechselaktivität angepasst werden, da die Fische sonst zu viel fressen, ohne dass ihr Verdauungssystem (Enzyme und deren Aktivität) an die erhöhte Futtermenge angepasst ist. Beginnt die Temperaturerhöhung allerdings unterhalb von ca. 10 °C ist Vorsicht geboten. Die Fische reagieren dann einige Tage nach der Temperaturerhöhung mit vermehrter Schleimabsonderung, die durch Verstopfung oder Abdeckung der Kiemenlamellen zum Tode eines großen Teils der Tiere führen kann. In solchen Fällen haben sich rechtzeitig, direkt nach Auftreten der Symptome durchgeführte Chloramin-T Bäder bewährt.

Temperaturanpassungen, vor allem nach unten, dürfen nur mit „leeren“ Fischen, die nichts im Verdauungskanal haben, durchgeführt werden, da die Verdauung unter Umständen völlig aufhört, zumindest aber erheblich verlangsamt wird.

Nahrungsbrei im Verdauungstrakt kann unter diesen Umständen gären und die Fische töten, oder aber den Darm so mit Gas zu füllen, dass die Fische das Gleichgewicht verlieren und nur noch mit dem Bauch nach oben umherschwimmen. Wird das Gas abgeleitet, kann sich ein solcher Fisch unter Umständen wieder völlig erholen.

Bei zu schnell abgekühlten oder nach unten temperierten Fischen kommt es in der Regel zu Hautschäden (Ablösung großer Teile), Darmschädigungen (Entzündung und Ablösung der Schleimhaut), Blutdruckerhöhung oder Erniedrigung (mit Schwindel, Taumeln, ungerichtetem Schwimmen bis zum Tod der Tiere) und Kältestarre mit Lähmung des Atemzentrums; dabei kann es innerhalb von wenigen Stunden zum Verenden der Tiere kommen. Bei den zuerst genannten Fällen (Hautschäden, Darmschädigung) treten die Verluste erst nach ein bis zwei Wochen auf. Befinden sich die Fische „nur" in einer Kältestarre können sie sich unter Umständen nach einiger Zeit in sauberem gut mit Sauerstoff versorgtem Wasser erholen. Die Wahrscheinlichkeit ist allerdings gering.

Vom Kalten ins Warme gesetzte Tiere benötigen sehr viel Energie, um den Stoffwechsel auf die veränderten Bedingungen einzustellen. Fische die keine Energiereserven in Form von Depotfett besitzen, gehen an einem Energiemangel Syndrom ein, sobald der Fettgehalt im Körper unter 1 % sinkt. Die unter diesen Bedingungen kurzfristig vom Fisch für den erhöhten Stoffwechsel benötigte Energie ist so hoch, dass sie leider nicht über Fütterung zugeführt werden kann.

3.18. Kohlendioxid

In den meisten Wässern ist Kohlensäure in vier verschiedenen Formen präsent. Diese werden in zwei Gruppen eingeteilt: Freie Kohlensäure und gebundene Kohlensäure. Zur freien Kohlensäure werden Kohlendioxid (CO_2) und Kohlensäure (H_2CO_3) gezählt. Freie Kohlensäure ist eine schwache Säure. Als Reaktionsprodukt entstehen als gebundene Kohlensäure Hydrogencarbonat Ionen (HCO_3^-) und Carbonat Ionen (CO_3^{2-}). Die vier Erscheinungsformen liegen in einem berechenbaren Verhältnis zueinander vor. Die Konzentrationen von Calcium und Kohlensäure sind entsprechend dem Kalk-Kohlensäure-Gleichgewicht voneinander abhängig. Die zugehörige Säure ist an das Hydrogencarbonat gebunden. Die überschüssige darüber hinaus gehende freie Kohlensäure ist kalkaggressiv und damit schädlich für Bauteile aus Beton.

CO_2/HCO_3 Konzentrationen oberhalb von 12 mg/l für Forellen und 20 mg/l für Karpfen können physiologische Schäden hervorrufen. Hohe Sauerstoffwerte, hohe Wasserhärte und gute Energiereserven helfen auch bei den 2-3-fachen Werten Schäden zu vermeiden. Langzeitschäden äußern sich in schlechter Futterverwertung, nachlassendem Wachstum und Nierenschäden. Bei einem SBV oberhalb von 2 mmol/l (11,2 °H) treten Schädigungen durch CO_2 erst oberhalb von 20 mg/l (Forellen) und 25 mg/l (Karpfen) auf. Eine akute Schädigung der Tiere ist an Atemnot, Unruhe und Umhertaumeln erkennbar.

CO_2 kann dort wo andere Betäubungsmittel, wie etwa Nelkenöl und Benzokain nicht erlaubt sind, auch zum Betäuben von Fischen vor einer Behandlung (z. B. Biopsie) eingesetzt werden, was allerdings nur für sehr mutige Fortgeschrittenen zu empfehlen ist, da die geringste Unachtsamkeit erhebliche Probleme verursachen kann. Tote Fische bedürfen in der Regel keiner Biopsie mehr.

CO_2 freies Wasser unterhalb von 1 mg/l kann ebenfalls zu Schäden führen, da in einem derartigen Fall der Übergang von Sauerstoff an den Kiemen ins Blut behindert wird, auch die Abgabe von Ammoniak ins Wasser wird erschwert. Fischbrut ist besonders betroffen da diese nicht nur über die Kiemen, sondern über die gesamte Körperoberfläche atmet.

CO_2 entsteht im Verlauf der Verdauung als von den Fischen nicht mehr verwert- oder nutzbares Produkt. Pro Kilogramm von den Fischen zur Atmung aufgenommenem Sauerstoff wird die 1,4 fache Menge an Kohlendioxid abgegeben (*Rümmler et al., 2011).* Wird nicht ausreichend entgast, können daraus für den Bestand gefährliche Konzentrationen an CO_2 entstehen, zumal sich auch die Biologie (Bakterien/Mikroorganismen) an der CO_2 Produktion beteiligt.

3.19. Gassättigung

Die Lösung von Gasen in einer Flüssigkeit wird Absorption des Gases genannt. Die sich lösende Gasmenge ist bei unterschiedlichen Gasen unterschiedlich hoch und hängt ab vom Partialdruck des betreffenden Gases, der Temperatur der Flüssigkeit (im Fall der Fischzucht der Temperatur des Wassers), dem Salzgehalt des Wassers, dem barometrischen Druck und der individuellen Löslichkeit des betreffenden Gases (siehe auch Unterkapitel 3.5. Sauerstoff).

In der Umgebungsluft befinden sich etwa 78 % Stickstoff (N_2), 21 % Sauerstoff (O_2), 1 % Argon (Ar), und 0,03 % Kohlendioxid (CO_2). Sauerstoff ist etwa doppelt so gut in Wasser löslich wie Stickstoff. Obwohl das Verhältnis von Stickstoff zu Sauerstoff in der Luft etwa 4:1 beträgt, herrscht im Wasser ein Verhältnis von 2:1. Bei 15 °C lösen sich im Wasser etwa 16 mg/l N_2, 10 mg/l O_2, und je 0,6 mg/l Ar und CO_2. Argon ist ein Edelgas und biologisch für den Fisch- und Mikroorganismenbestand ohne Bedeutung.

Befinden sich die Gasmengen, die der individuellen Löslichkeit, der Temperatur und dem Partialdruck entsprechen, gelöst in einer Flüssigkeit (z. B. Wasser), ist diese Flüssigkeit mit dm jeweiligen Gasen gesättigt. Befindet sich in dieser Flüssigkeit (z. B. Wasser aber auch Blut) mehr Gas(e) gelöst als der individuellen Löslichkeit, der Temperatur und dem Partialdruck entsprechen, ist sie übersättigt.

Ist Wasser mit Gasen übersättigt (siehe Unterkapitel 3.5. Sauerstoff und 3.6. Stickstoff), kann es in Abhängigkeit vom Grad der Übersättigung zu Schäden an den Fischen kommen. Besonders eine Übersättigung mit Stickstoff führt sehr schnell zu Schäden.

Die Sättigung von Gasen in Wasser ist vor allem von Druck und Temperatur abhängig. Steigt die Temperatur, oder sinkt der Druck oder sinkt der Druck bei steigender Temperatur in einem mit dem betreffenden Gas gesättigten Wasser, ist dieses Wasser dann mit dem entsprechenden Gas übersättigt. Es befindet sich mehr gelöstes Gas im Wasser als nach physikalischen Gesetzmäßigkeiten gelöst sein kann. Die überschüssige Gasmenge trachtet aus der Lösung in den gasförmigen Zustand überzugehen und als Gasblase auszuperlen. Turbulenzen im übersättigten Wasser fördern die Bildung von Gasblasen und damit den Ausgleich bis zur Sättigung. Unbewegtes oder nicht turbulentes Wasser kann eine Gasübersättigung über eine gewisse Zeit aufrechterhalten, ohne dass Gasblasen sichtbar werden. Die Bildung von Sauerstoff durch Assimilationstätigkeit von Algen und Pflanzenbewuchs in Teichen verursacht tagsüber nicht selten Sauerstoffsättigungen von 200 %

Der Grad der Übersättigung ist von dem Grad der Änderung von Temperatur und/ oder Druck (Wassertiefe) abhängig. Da das Blut der Fische nur die Gasmenge in Lösung halten kann, die dem herrschenden Umgebungsdruck entspricht, kommt es bei plötzlichem Druckabfall oder Temperaturerhöhung zur Bildung von Gasblasen im Blut der Tiere. Der Vorgang ist vergleichbar der Dekompressions- oder Caissonkrankheit bei Tauchern, die zu schnell aufgetaucht sind. Die sich bildenden Gasblasen sind dann durch Blutgefäße (Adern), Gewebe und Membranen im Fisch gefangen und können ihn nicht schnell verlassen, sie bleiben so lange im Fisch, bis durch Diffusion über Haut und Kiemen der Überschuss an Gas an das Wasser abgegeben ist. Je nach Grad der Gasübersättigung treten – teilweise auch von außen sichtbar – unter der Schleimhaut, im Auge, im Kiemengewebe oder im Körperinneren in den Organen Gasblasen auf, die zu Gewebezerreißungen und/oder Embolien führen. Die damit einhergehenden Schäden äußern sich durch erhöhte Krankheitsanfälligkeit, Kiemenschäden oder Tod der Fische. Wird die Ursache der Gasübersättigung beseitigt, können die Fische innerhalb weniger Stunden bis Tage wieder völlig gesund werden.

Besondere Aufmerksamkeit ist bei Fischtransporten geboten, die nachts oder morgens beginnen und den Tag über hohen Temperaturen durch Sonneneinstrahlung ausgesetzt sind. Sogenannte Verbrennungen der Haut und Kiemen, die nicht auf zu viel Sauerstoff zurückzuführen sind, werden verursacht durch schnelle Temperaturerhöhung in geschlossenen Transportbehältern. Isolierte Behälter und Transport in der Nacht können derartige Schäden verhindern oder zumindest mildern.

Die Gassättigung durch Stickstoff, z. B. durch Denitrifikation oder Tiefenbelüftung (mehr als 3-5 m tiefer Lufteintrag) hervorgerufen, sollte je nach Fischart 104-105 % nicht übersteigen. Für die Brut aller Fischarten sollten 102-103 % nicht überschritten werden. Kleine Fische sind anfälliger als große. 101-103 % Gesamtgassättigung kann bei Forelleneiern zu verfrühtem Schlupf und später zu Augenschädigungen führen (*Schreckenbach, 2002*). Speisefische können häufig bis etwa 110 % Gesamtgassättigung, nicht aber Stickstoffsättigung gefahrlos gehalten werden. Blutungen in der Haut und Hautrötungen, ohne dass Infektionen nachweisbar sind, können erste Anzeichen für Gasübersättigung sein.

Sauerstoffübersättigungen werden deutlich besser ertragen als Stickstoffübersättigungen; so erträgt etwa Brut bis 250 % Sauerstoff, große Setzlinge und Speisefische bis 350 % O_2. Nach *Schreckenbach* (2002) gelten 35 mg/l O_2 als oberer Grenzwert. Tritt allerdings eine Gesamtgasübersättigung auf – also Übersättigung mit Stickstoff, Kohlendioxid und Sauerstoff – führt dies wesentlich eher zu Schäden.

Wird die Wassertemperatur eines mit Gas gesättigten Wassers um 5 °C erhöht, steigt die Sättigung von 100 % auf 112-113 %. Bei einem Wasser welches bereits zu 105 % gesättigt ist, treten nach einer derartigen Temperaturerhöhung bereits Schäden am Fischbestand auf.

Ist ein Wasser an der Oberfläche zu 110 % mit Gas gesättigt, beträgt die Sättigung in einem Meter Tiefe, durch den Druck des einen Meters Wassersäule, wegen der mit dem gestiegenen Druck einhergehenden höheren Sättigungsmenge nur 100 %. Ausreichende Wassertiefe ermöglicht es den Fischen, Bereichen mit zu hoher Übersättigung aktiv auszuweichen. Wird Wasser mit normaler Umgebungsluft tief – unter Umständen schon wie in einem, dem tiefen Belüftungsbecken nachgeschalteten, flachen Fischbecken (0,2-0,4 m) bei Einblastiefen von mehr als 2 m – belüftet, kann es je nach Fischart, Methode des Gaseintrags, Gasblasengröße und Beckentiefe, manchmal sogar sehr schnell, zu Schäden durch Gasübersättigung (Stickstoff) kommen.

Die Oberfläche und damit die Möglichkeit eines Gases sich in Wasser zu lösen ist sehr stark abhängig von der Blasengröße und im Wasser herrschenden Turbulenzen. Rechnet man den Inhalt von einem Liter Luft auf verschiedene Blasengrößen um, ist es leicht zu verstehen, warum durch Belüftungssysteme möglichst kleine Blasen erzeugt werden sollten, um einen effektiven Sauerstoffeintrag zu erreichen. Bei einem Blasendurchmesser von 0,1 mm stehen etwa 60 m² Grenzflächen pro Liter Gas zum Gasaustausch zur Verfügung, bei einem Durchmesser von 1 mm noch 6 m² und bei 5 mm Durchmesser nur noch 1,2 m². Kleine Blasen steigen wegen des geringeren Auftriebs langsamer auf als große. Neben der deutlich größeren Oberfläche steht für den Sauerstoff folglich auch mehr Zeit zur Verfügung, um im Wasser gelöst zu werden. Neben der Größe der

Pore oder Lochung in Ausströmern ist der erreichbare Blasendurchmesser abhängig vom Verhalten der Ausströmeroberfläche gegenüber dem Wasser. Hydrophile (wasserliebende) Oberflächen der Belüftungseinrichtungen ermöglichen bei gleichem Porendurchmesser die Bildung deutlich kleinere Blasen als hydrophobe (wasserabweisende) Oberflächen. Turbulenzen fördern den Gasübertritt ins Wasser. Steigt eine Gasblase ohne Turbulenzen im Wasser auf, löst sich an den Grenzschichten das Gas im Wasser bis zum Erreichen der Sättigung der Wassergrenzschicht. Derart wird nur ein geringer Teil des Gases gelöst. Herrschen im Wasser aber Turbulenzen, welche die mit Gas gesättigten Grenzschichten immer wieder von der Gasblase entfernen, so dass neue ungesättigte Grenzschichten mit der Blase in Berührung kommen, kann sich in der verfügbaren Zeit des Blasenaufstiegs sehr viel mehr Gas im Wasser lösen. Die Effektivität des Gaseintrags wird erheblich gesteigert.

Merke:
Nach einer Temperaturerhöhung muss entgast werden, bevor das Wasser in die Fischbecken gelangt. Diese simple Tatsache wird immer wieder mal bei der Positionierung von Heizeinrichtungen in Wasserkreisläufen außeracht gelassen.

3.20. Osmose

Osmose ist die selbstständige Diffusion (Übergang) von Flüssigkeiten z. B. Wasser durch eine semipermeable (halbdurchlässig) Membran (z. B. ein nicht glasiertes Tongefäß), die nur die kleinen Moleküle (Wasser), nicht aber die größeren Moleküle eines gelösten Stoffes (z. B. Kochsalz), hindurch lässt. Der Vorgang der Wanderung der kleinen Moleküle aus der geringer konzentrierten Lösung in die höher konzentrierte Lösung dauert so lange, bis ein Konzentrationsausgleich beider Lösungen stattgefunden hat. Beide Flüssigkeiten besitzen dann dieselbe Konzentration.

Eine Membran, die einen völligen Durchtritt aller Moleküle von beiden Seiten zulässt, ist eine permeable (durchlässige) Membran. Eine semipermeable Membran lässt nur einseitig Moleküle hindurch, z. B. von rechts nach links. Die Permeabilität gibt Auskunft über die Durchlässigkeit einer Membran. Die Permselektivität gibt Auskunft, ob und welche Moleküle zurückgehalten werden. Bei der Umkehrosmose wird auf der einen Seite der Membran Druck auf die Lösung ausgeübt (5-100 bar). Als Folge werden annähernd reines Wasser und gelöste Gase durch die semipermeable Membran auf die gegenüberliegende Seite gedrückt. Dadurch entsteht auf der Druckseite eine druckabhängig konzentrierte Lösung. Den Teil der Flüssigkeit auf der Seite die weniger Ionen enthält, als vor dem Osmosevorgang, nennt man Permeat (= mit Ionen verarmt). Den Teil der Flüssigkeit, der auf der anderen Seite mehr Ionen als vor dem Osmosevorgang enthält, nennt man Konzentrat (= mit Ionen angereichert). Der Grad der Konzentration wird durch den aufgewendeten Druck bestimmt.

Die Umkehrosmose wird in großem Maßstab angewendet, um aus Meerwasser (Salzwasser) Trinkwasser herzustellen. Wasser aus derartigen Anlagen, welches häufig noch mit Chlor versetzt wurde um ein wieder Verkeimen in den Rohrleitungen zu verhindern, ist „tot“ oder mit anderen Worten wenig als Austauschwasser für Fischzuchtanlagen geeignet.

Eine Lösung (echte Lösung) wird die feinste (molekulare) Verteilung eines Stoffes in einer Flüssigkeit genannt. Diese Flüssigkeit ist das Lösungsmittel. Löst man Zucker oder Kochsalz in Wasser, bewegen sich die einzelnen gelösten Moleküle frei im Wasser, als wären sie ein Gas. Eine echte Lösung ist klar und durchsichtig, die gelösten Teilchen (Moleküle) des Stoffes lassen sich auch nicht mit Hilfe eines Mikroskops sehen. Die gelösten Teilchen in einer echten Lösung sind kleiner als 1 Millimikron (<1 mμ).

In wässrigen Lösungen zerfallen die Moleküle von Säuren, Basen und Salzen in Ionen = elektrisch entgegengesetzt geladene Teile. Diese Ionen sind für die Leitung von elektrischem Strom in wässrigen Lösungen verantwortlich. Das Betäuben und Töten von Fischen mit Strom geht schneller wenn dem Wasser ein wenig Salz beigegeben wird, wodurch sich die Ionenzahl erhöht und damit die elektrische Leitfähigkeit des Wassers. Es ist auch ein Irrtum zu denken, man täte den Fischen einen Gefallen (oder man töte sie schonungsvoller) wenn man sie einzeln oder zu zweit in den für größere Mengen vorgesehenen elektrischen Fischbetäubungsbehälter steckt. Tatsächlich wird der Strom am effizientesten fließen wenn der Behälter mehr Fische enthält. Ein Überfüllen schadet aber auch wieder, da dies unnötig zu erhöhtem Stress führt.

Die Löslichkeit der meisten festen Stoffe (z. B. Zucker, Salz) in einem Lösungsmittel (z. B. Wasser) steigt bei Temperaturerhöhung. Bei Temperatursenkung bilden sich – wegen der sinkenden Löslichkeit – Kristalle aus dem Überschuss des gelösten Stoffes (z. B. Kandis-Zucker). Auch Salze können Kristalle bilden, sie werden sichtbar oder „fallen aus“, wie man sagt. Die Löslichkeit von Gasen und verdampfbaren Flüssigkeiten in einem Lösungsmittel nimmt hingegen mit steigender Temperatur ab.

Der osmotische Druck einer Lösung ist der Druck, den der gelöste Stoff infolge seines gasähnlichen Zustands (frei im Lösungsmittel verteilt, als wäre der Stoff ein Gas) ausüben würde, wenn er auf demselben Raum verteilt wäre, wie in der Flüssigkeit gelöst, allerdings ohne die Flüssigkeit. Der osmotische Druck einer Lösung ist ausschließlich abhängig von der molaren oder molekularen Konzentration (Anzahl der Mole eines gelösten Stoffes in 1 l Lösung) des gelösten Stoffes; das bedeutet, er ist abhängig von der Anzahl der Moleküle in 1 Liter. Er ist unabhängig von der Art des Lösungsmittels sowie der Größe und Beschaffenheit der Moleküle. Der osmotische Druck einer wässrigen Lösung von Säuren, Basen oder Salzen ist größer als durch die molare Konzentration vorgegeben, da Säuren, Basen und Salze in Ionen zerfallen, wodurch sich die Zahl der im Wasser frei beweglichen Teilchen erhöht. Kochsalz (NaCl) z. B. besitzt doppelt so viel frei bewegliche Teilchen (Na^+ und Cl^- Ionen) wie Moleküle (NaCl).

Eine Lösung wird isotonisch genannt, wenn sie gegenüber einer andern Flüssigkeit denselben osmotischen Druck besitzt wie diese; hypertonisch wird sie genannt, wenn ihr Druck größer als der der andern Flüssigkeit ist, hypotonisch, wenn er dieser gegenüber kleiner ist. Im Sprachgebrauch ist eine isotonische Kochsalzlösung eine Lösung mit demselben osmotischen Druck wie menschliches Blut. Umgangssprachlich wird sie auch als physiologische Kochsalzlösung bezeichnet.

Von einem Kolloid beziehungsweise einer kolloidalen Lösung spricht man, wenn die Lösung zwar noch durchsichtig ist, aber einen opalisierenden bläulichen Schimmer zeigt. Kolloidal gelöste Teilchen besitzen eine Größe von etwa einem bis einhundert Millimikron (1-100 mµ). Sie bestehen bei Elementen wie z. B. Schwefel aus einer großen Anzahl Atomen, bei Verbindungen wie z. B. Oxyden aus einer großen Anzahl Molekülen. Bei Eiweiß und Stärke bildet bereits ein einzelnes Molekül wegen seiner Größe ein Kolloidteilchen. An Kolloiden wird das Licht gestreut, so dass der typische Schimmer entsteht. Physikalisch spricht man von einer Dispersion. Mit einem gewöhnlichen Lichtmikroskop können derartige Teilchen nicht gesehen werden. Sogenannte Ultrafilter, wie etwa Membranen aus Pergament, Zellophan oder Schweinsblase, sind in der Lage, echte Lösungen von kolloidalen Lösungen zu trennen, da sie die relativ großen Kolloidpartikel filtern können. Eine derartige Trennung von echter Lösung und kolloidaler Lösung wird Dialyse genannt. Der Begriff Dialyse ist wohl den meisten bekannt, da sie zur Blutwäsche von nierenkranken Personen eingesetzt wird.

Literatur:
Baur, 1980; Baur & Rapp, 2003; Berber et al., 1967; Cuny, 1963; Drews, 1988; Hückstedt, 1982; Hörstgen-Schwark & Puckhaber, 1996:; Hütter, 1994; Klee, 1990; Mutschmann & Stimmelmayr, 1995; Reichenbach-Klinke, 1970 + 1976: Rümmler et al., 2011; Sckell,1965 + 1968; Schreckenbach, 2002; Schwoerbel, 1980; Stenkhoff, 1967; Tucker, 1985;

4. FISCHANATOMIE

4.1. Verdauungstrakt

Mund- und Rachenraum der Fische werden als Kopfdarm bezeichnet, gefolgt von Speiseröhre und Magen, die als Vorderdarm gelten; daran anschließend der Dünn- oder Mitteldarm. Bei manchen Fischen gehen vom Anfang des Mitteldarms Blindsäcken – auch Pylorusanhänge genannt – ab, die der Oberflächenvergrößerung und damit der Verbesserung der Verdaulichkeit des Nahrungsbreis dienen. Das hintere Ende des Darmes wird durch den Enddarm gebildet; er endet mit dem After. Der After mündet vor der Harn- und Geschlechtsöffnung nach außen.

Karpfenartige Fische besitzen keinen Magen, sondern nur eine Darmerweiterung. Forellen, Welse, Störe Barsche und Aale besitzen Mägen. Der Ausgang des Magens wird durch einen Schließmuskel – den Pförtner – verschlossen. Die Bauchspeicheldrüse und der Gallengang münden in den Anfangsteil des Dünndarms. Die Darmlänge beim Karpfen beträgt das 2,5-3,0 fache der Körperlänge, die von Forellen das 0,8-1,2 fache. Friedfische oder Fische, die auch pflanzliche Nahrung aufnehmen, besitzen, um den pflanzlichen Anteil der Nahrung besser verdauen zu können, einen längeren Darm als Raubfische, wie z. B. Hechte. Der Enddarm von Stören weist eine spiralige Innenfalte auf, die den Weg des Nahrungsbreis durch den Darm und damit die Verweilzeit im Darm verlängert.

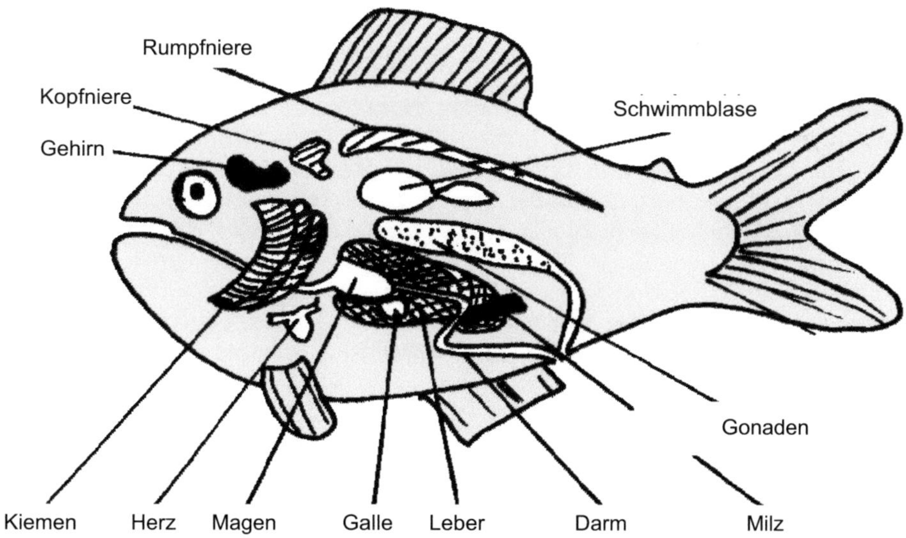

Lage der inneren Organe. Gezeichnet nach: Amlacher

Fische sind in der Regel nicht in der Lage, ihre Nahrung zu zerkauen. Sie schlucken sie ganz. Nur Karpfen können mit den Schlundzähnen die Nahrung quetschen. Große Pellets werden dabei zerbrochen. Feinteile werden dann nicht vollständig über die Speiseröhre hinunter geschluckt, sondern teilweise über die Kiemendeckelöffnungen an das Wasser abgegeben. Dieses wird trübe und die Fische sind bald kaum noch sichtbar. In der Regel verschlechtern sich wichtige Wasserparameter und Schäden durch mechanische Reizung der Kiemen, Sauerstoffmangel und steigende Ammoniumwerte sind ebenso die Folge wie schlechter werdende Futterverwertung.

4.2. Niere

Nieren sind Ausscheidungsorgane die flüssige Stoffwechselprodukte und Ionen in Form von Harn bilden und ausscheiden. Sie regulieren den Wasser- und Salzhaushalt der Fische und dienen neben den Kiemen der Ausscheidung von Stickstoffverbindungen (Harnstoff, Ammoniak, Kreatin, Kreatinin und Harnsäure).

Bei den meisten Fischen befindet sich die Niere oberhalb der Schwimmblase direkt an der Wirbelsäule. Sie gliedert sich in Kopfniere, Rumpfniere und Schwanzniere. Der vordere Teil, die Kopfniere ist das wichtigste Organ der Blutbildung, da rotes Knochenmark, das z. B. bei Warmblütern Blutzellen bildet, bei Fischen völlig fehlt. Die Rumpfniere mündet mit den Harnleitern in die Harnblase. Der Harn gelangt hinter dem After über die Harnröhre nach außen. Die täglich produzierte Harnmenge beträgt bei Süßwasser-Knochenfischen etwa beachtliche 20 %, bei Säugetieren nur 1,5 % des Körpergewichts.

4.3. Milz

Die Milz befindet sich als langgestrecktes, dunkelrotes bis schwarzrotes Organ mit normalerweise scharf abgegrenzten Rändern in der Nähe von Magen und Darm. In ihr werden rote und weiße Blutkörperchen (Erythrozyten und Leukozyten) gespeichert, aufgelöst und recycelt (neu aufgebaut), sobald sie altern und ihre Funktionen nicht mehr ausreichend erfüllen können. Lymphozyten und Granulozyten werden in ihr neu gebildet. Diese dienen im Kreislauf zur Abwehr von Krankheitserregern und zur Unterstützung des Immunsystems. Bei Knochenfischen fungiert die Milz als Blutreiniger und Filter da in ihr Phagocyten (Freßzellen) fremde Substanzen aus dem Blut aufnehmen und dadurch beseitigen.

4.4. Leber

Die Leber mit Gallenblase und die Bauchspeicheldrüse werden als Darmanhangdrüsen bezeichnet. Die Leber ist bei den verschiedenen Fischarten in unterschiedlicher Form (kompakt, einlappig, mehrlappig, in Abschnitten zwischen den Darmschlingen) ausgebildet.

Eine gesunde Leber ist je nach Fischart fast rosarot (Barsche) bis rotbraun (Karpfen, Lachse, Störe) gefärbt. Gallenstau kann sie gelbgrün verfärben, Fetteinlagerung gelb bis fast weiß.

Falsches Futter und falsche Fütterung (tgl. gegebene und von den Fischen aufgenommene Menge und/oder Zusammensetzung) ist die häufigste Ursache für abnorme Lebern. Moderne Futtermittel sind sehr energiereich, so dass sehr leicht zu viel Futter gegeben wird nach dem Motto: Die fressen gerade so schön, dann wachsen sie auch schneller und es kann doch sicherlich nicht schaden ein oder zwei Schaufeln mehr zu geben.

In der Leber werden die Gallenflüssigkeit und eine Reihe von Enzymen gebildet. Weiteres werden aus Eiweiß Aminosäuren aufgebaut und Kohlenhydrate in Fett umgewandelt. Außerdem dient sie der Speicherung von Protein, Fett, Glykogen und Vitaminen. Die Leber ist Bildungsort des Harnstoffs. Sie baut auch aus Blutfarbstoff, der aus dem Abbau alter Blutkörperchen in der Milz stammt, Gallenfarbstoff auf.

Über das Pfortader System ist die Leber direkt an den Darm gekoppelt. Der Nährstofftransport vom Darm zur Leber kann mit Hilfe dieses Systems für einfache Verbindungen (Aminosäuren, einfache Zucker) ohne vorherige Abbauvorgänge und unter Umgehung des normalen Blutsystems auf direktem Weg erfolgen.

4.4.1. Gallenblase

Die Gallenblase enthält die in der Leber gebildete grüngelbe Gallenflüssigkeit und mündet über den Gallengang in den Vorderteil des Mitteldarms. Dort bewirkt die Gallenflüssigkeit eine Emulsion (Zerlegung in feinste Tröpfchen) vorhandener Fetttropfen. Deren Oberfläche wird durch die Emulsion enorm vergrößert, und Verdauungsenzyme können wegen der deutlich höheren Angriffsfläche effektiver und schneller wirken.

4.4.2. Bauchspeicheldrüse

Die Bauchspeicheldrüse (Pankreas) ist meist mit bloßem Auge nicht zu erkennen, da sie verstreut im Leber-Darm-Bereich liegt. Sie weist eine innere und eine äußere Sekretion auf.

Im Teil mit der äußeren Sekretion werden Verdauungsenzyme (Verdauung von Eiweiß, Fett und Kohlenhydraten) gebildet und über den Pankreasgang in den

Darm abgegeben. Der Teil mit der inneren Sekretion stellt eine Hormondrüse dar, die ihre Produkte direkt ins Blut abgibt z. B. Insulin, um den Blutzuckerspiegel zu senken oder Glukagon als Gegenspieler zur Erhöhung des Blutzuckerspiegels bzw. zum Glykogen Abbau.

4.5. Schwimmblase

Die Schwimmblase ist ein langgestreckter, gasgefüllter, häutiger Hohlraum, der durch Ab- oder Einschnürungen geteilt sein kann und vor allem als hydrostatisches Organ dient. Störe, Hechte und Forellen besitzen eine ungeteilte (einkammrige) Schwimmblase, Karpfen eine geteilte (zweikammrige).

Die Brut aller Fische besitzt zunächst einen Verbindungsgang zwischen Darm und Schwimmblase, der bei Barschen und Dorschen sowie einigen anderen Arten aber nur in der frühen Jugend ausgebildet ist. Er wird später reduziert. Einige Fischarten besitzen lebenslang eine Verbindung der Schwimmblase zum Darm oder direkt nach außen, über die ein Gasausgleich erfolgen kann, um den Fisch schnell an den in verschiedenen Wassertiefen herrschenden Druck anzupassen (Lachse, Welse, Aale). Sie werden als *physostom* bezeichnet. Fische ohne diesen Gang müssen über spezielle Drüsen (Roter Körper oder Wundernetz und Oval) aus dem Blut gewonnenes Gas in die Schwimmblase abgeben oder es von dort aufnehmen und über den Blutkreislauf ableiten. Man bezeichnet diese Gruppe als *physoklist*. Der Druckausgleich ist bei solchen Spezies nur sehr langsam möglich. Ein Wechsel der Wassertiefe ist ihnen nur in begrenztem Umfang möglich. Der rote Körper (oder Wundernetz), bestehend aus Gasdrüse und Blutgefäßnetz. Er gibt Gas in die Schwimmblase ab. Das Oval nimmt bei Bedarf Gas aus der Schwimmblase auf und gibt es in den Blutkreislauf weiter. Aus dem Blut kann es dann über die Kiemen ins Wasser abgegeben werden. Diese Form der Anpassung an unterschiedliche Gasmengen in der Schwimmblase dauert natürlich sehr viel länger, als eine direkte Abgabe oder Aufnahme von Gas über einen Verbindungsgang nach außen.

Die Schwimmblase steuert das Gleichgewicht des Fisches, ermöglicht ihm also, ohne zusätzlichen Energieaufwand im Wasserkörper zu schweben. Fischarten ohne Schwimmblase gehören – weil ihnen die Fähigkeit zum Schweben fehlt – meist zu den Bodenbewohnern.

Dem in warmem und häufig sauerstoffarmem Wasser lebenden zur Ordnung der Knochenzüngler zählende Arapaima (*Arapaima gigas*) einem interessanten Aquakulturkandidaten, dient die Schwimmblase als zusätzliches Atmungsorgan (s.u.). Ihm ist es daher möglich über die Kiemen im Wasser gelösten Sauerstoff zu atmen und zusätzlich bei Bedarf mit Hilfe der umfunktionierten Schwimmblase auch atmosphärischen Sauerstoff. Andere Fischarten nutzen sie auch als

Resonanzboden zur Lauterzeugung z. B. einige Welse, Piranhas und Drückerfische.

Gelingt es der Brut physoklister (Schwimmblase ohne permanente Verbindung nach außen) Fische (z. B. Barsche und Quappen) nicht, die Schwimmblase in den ersten Tagen des Lebens an der Wasseroberfläche mit Luft zu füllen, bleibt die Schwimmblase lebenslang verkümmert. Öl, Fett- oder Schleimfilme an/auf der Wasseroberfläche können die unbedingt nötige erste Füllung der Schwimmblase mit Luft verhindern. Derartige Tiere können später nur unter Energieaufwand den Beckenboden verlassen, da ihnen ein freies Schweben im Wasserkörper nicht möglich ist. In Anlagen sind derartige Tiere überlebensfähig, in der Natur fallen sie sehr schnell andern Fischen oder Raubinsekten zum Opfer.

Werden Fische sehr rau gehandhabt, wie etwa aus großer Höhe ins Wasser geworfen, können Schäden an der Schwimmblase auftreten (Platzen, Reißen) so dass der Fisch nicht mehr richtig im Wasser schweben kann. Für alle Höhenänderungen muss von ihm dann Energie aufgewendet werden die dem Zuwachs verloren geht. Bei Fischen die sehr schnell aus großer Tiefe geangelt oder durch Netze heraufgeholt werden, kann sich die Schwimmblase durch den fehlenden Gegendruck des weniger tiefen Wassers derart ausdehnen, dass sie den Fischen aus dem Maul quillt. Solche Tiere sind selbstverständlich nicht mehr lebensfähig.

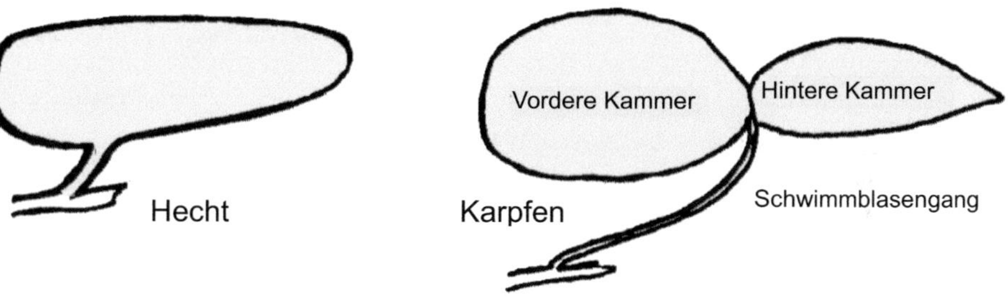

Ein- (links) und zweikammrige (rechts) Schwimmblase. Gezeichnet nach: Zeiske & Plomann

4.6. Atmungsorgane

Das wichtigste Atmungsorgan der Fische sind die Kiemen. Sie befinden sich zu beiden Seiten des Kopfes im hinteren Mundabschnitt. Entwicklungsgeschichtlich sind sie aus dem Vorderdarm hervorgegangen.

Die Kiemen werden von Kiemenbögen getragen. Die ersten beiden Bögen sind dann später im Laufe der Entwicklungsgeschichte zu Kauorganen umgebildet worden. Die folgenden – je nach Fischart 4-7 Bögen – tragen die Kiemenblättchen oder -lamellen.

Die gesamte Oberfläche der Kiemenplättchen ergibt z. B. beim Hecht 52 m² Atmungsfläche. Ein einzelner Kiemenbogen besitzt auf seinem inneren Bogen – der äußere ist durch die Kiemenplättchen besetzt – dornartige Gebilde, die wie ein Filtersystem (Kiemenreuse) wirken. Sie schützen die feinen Kiemenplättchen vor groben Verschmutzungen. Plankton fressende Fische nutzen die Kiemenreusen zum Fang und zur Zurückhalten von Nahrungsorganismen.

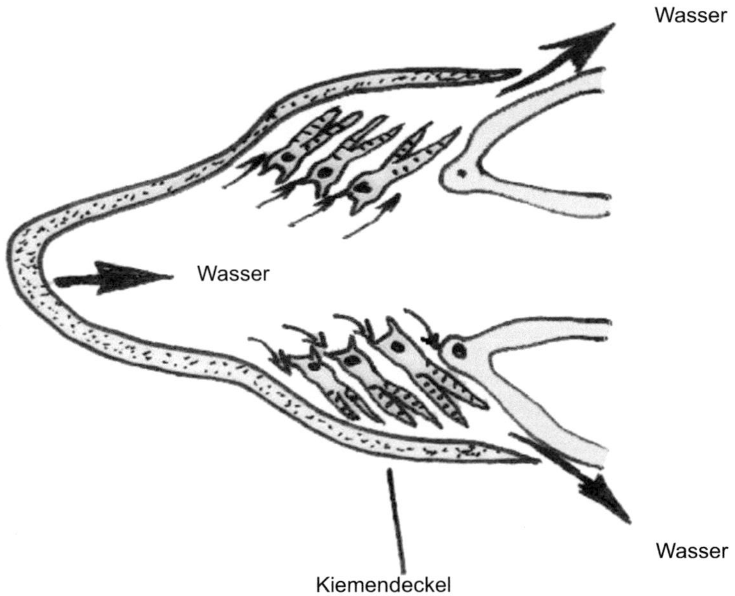

Wasserfluss durch Maul und Kiemen Gezeichnet nach: Zeiske & Plomann

Zum Atmen wird Wasser vom Fisch mit dem Maul aufgenommen und an den Kiemen vorbei über die Kiemendeckel oder Kiemenspalten wieder abgegeben. In ihrer Funktion lassen sich die Kiemen der Fische mit den Lungen der Landbewohner vergleichen, wobei die Fische Sauerstoff aus dem durch die Kiemen streichenden Wasser aufnehmen, die Landbewohner aus der eingeatmeten Luft. Land-bewohner benötigen in den Lungenbläschen Feuchtigkeit, um den Übergang von Sauerstoff ins Blut zu ermöglichen. Stellt man sich die Lunge eines Land-bewohners als Handschuh vor, mit der feuchten, den Sauerstoff aufnehmenden Fläche an der Handinnenseite, kann man sich die Kiemen von Fischen als nach außen umgestülpten Handschuh vorstellen. Die Innenseite ist außen und kann gelösten Sauerstoff aus dem Wasser entnehmen. Gut zu sehen ist dies bei den Larven von Fröschen und Kröten (Kaulquappen), sowie Salamandern und Molchen, bei denen die Kiemen in der frühen Phase des Lebens im Wasser noch als büschelartige Ausstülpungen rechts und links vom Kopf zu sehen sind. Für das Leben an Land sind solche Kiemen ungeeignet und verkümmern. Die Lunge als eingestülptes Organ übernimmt die Funktion. Außen stehende Kiemen sind sehr verletzungsgefährdet. Knorpelfische haben die Kiemen entwicklungsgeschichtlich nach innen verlegt und lassen nur noch Hautspalten für den Wasserstrom frei wie z. B. Haie und Rochen. Knochenfische schützen ihre Kiemen durch Abdeckung mit einem knöchernen Kiemendeckel.

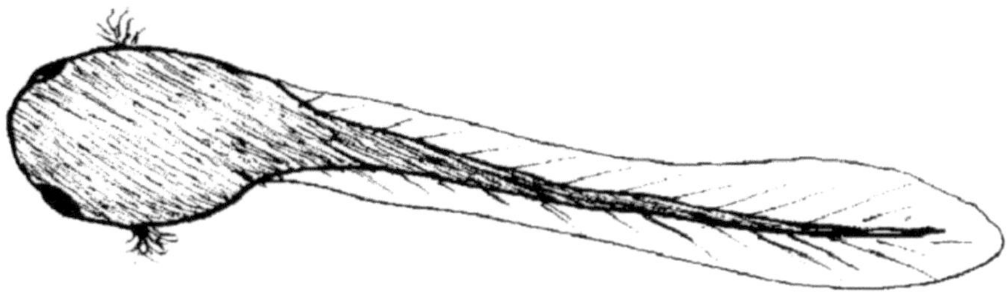

Kaulquappe mit außen liegenden Büschelkiemen.

Den knöchernen Kiemenbögen der Fischkiemen sind den Lungenbläschen der Landbewohner funktionsgleiche Kiemenplättchen aufgesetzt, die von einem weit verzweigten Netz feinster Blutgefäße durchzogen sind. Durch die Wände der Blutgefäße wird dem Wasser Sauerstoff entzogen und ins Blut aufgenommen. Kohlendioxid sowie Ammoniak aus dem Stoffwechsel werden durch Diffusion über die Grenzflächen der Zellmembran aus dem Blut an das Wasser abgegeben. Dies geschieht allerdings nur solange ohne Probleme, wie die Konzentrationen von Kohlendioxid und Ammoniak im umgebenden Wasser niedriger als im Fischblut sind. Es muss ein Konzentrationsgefälle vom Blut des Fisches zum Wasser vorhanden sein. Ist dieses nicht vorhanden, kommt es nach einer kurzen Zeit zunächst zu Kiemenschäden (z. B. Schwellungen, Verschleimen und später Nekrosen) und anschließend zur Selbstvergiftung des Tieres mit Ammoniak und/oder Kohlendioxid (Acidose oder Übersäuerung des Blutes durch eine toxische Ansammlung von Protonen). Da bei sehr hohen Sauerstoffgehalten im Umgebungswasser die Kiemenventilation verringert wird, kann es, da weniger Kohlendioxid abgegeben wird, zu einer transpiratorischen Acidose kommen.

Neben den Kiemen besitzen einige Fischarten weitere Organe, mit denen sie Sauerstoff aus dem Wasser oder aber auch aus der Luft aufnehmen können oder sogar müssen. Dazu gehört das Labyrinthorgan der danach benannten Labyrinthfische, die mit den Riesenguramis (*Osphronemus goramy*) auch interessante Aquakulturkandidaten zu ihren Familienmitgliedern zählen. Wird dem Südamerikanischen Arapaima (*Arapaima gigas*), dem größten beschuppten Süßwasserfisch der zurzeit auf der Erde existiert, bei niedrigen Sauerstoffgehalten im Wasser oder bei erhöhter Aktivität (Fressen, Stress, Schwimmen) der Zugang zur Wasseroberfläche verwehrt, erstickt er, da er dann keine Luft (über die umfunktionierte Schwimmblase) atmen kann um den zusätzlichen Bedarf zu decken. Er ist nicht in der Lage nur über die Kiemen ausreichend Sauerstoff direkt aus dem Wasser aufzunehmen.

4.7. Herz

Das nur aus einer Vorkammer und einer Hauptkammer bestehende Herz liegt vor der Leibeshöhle unterhalb der Kiemen. Es pumpt stets venöses Blut zu den Kiemenbögen. In Abhängigkeit von der Temperatur beträgt der Herzschlag im Normalfall 18-30 Schläge pro Minute. Karpfen in der Winterruhe weisen einen Herzschlag von 1-2 Schlägen/Minute auf. Aale, Lachse und auch andere Fischarten besitzen zusätzlich ein Lymphherz, das an der Schwanzwurzel liegt und Lymphe in 1-3 Gefäße (Venen) längs des Rückenmarks zum Herzen pumpt.

4.8. Blut, Kreislauf

Fische besitzen im Vergleich zu anderen Wirbeltieren sehr wenig Blut. Aber in beiden Fällen – sowohl beim Fisch als auch bei anderen Wirbeltieren – sind Funktionen und Aufbau vergleichbar. Blut besteht aus Blutserum und Blutzellen. Das Serum ist flüssig und enthält in gelöster Form die Eiweißstoffe Albumin, Globulin und Fibrinogen.

Fibrinogen verschließt nach Umwandlung in Fibrin Wunden und dichtet das Gewebe nach außen ab. Globuline dienen der Abwehr von Infektionen, indem sie fremdes Eiweiß (z. B. Bakterien) unschädlich machen; sie transportieren Metallionen, Hormone und Enzyme, z. B. Transferin zur Bindung von Eisen. Albumine dienen der Eiweißreserve, dem Wassertransport durch Membranen und dem Fettsäuretransport. Außerdem finden sich im Serum Zucker, Gallenfarbstoff und Cholesterin sowie Salze und Spurenelemente. Im Serum schwimmen die Blutzellen (Erythrozyten, Leukozyten und Thrombozyten).

Rote Blutkörperchen oder Erythrozyten sind Träger des roten Farbstoffs, des Hämoglobins. Sie nehmen Sauerstoff auf (in den Kiemen) und transportieren ihn im Blutstrom zu sauerstoffarmen Geweben wo sie ihn wieder abgeben. Rote Blutkörperchen werden zum größten Teil in der Kopfniere und in geringerem Umfang in den Gefäßwänden und dem roten Milzteil produziert. Weiße Blutkörperchen oder Leukozyten dienen der Abwehr von Fremdstoffen und Bakterien. Ihre Zahl erhöht sich bei Entzündungen im Körper und beträgt unter Normalbedingungen 1 % der roten Blutkörperchen. Gebildet werden sie vor allem in den Geschlechtsorganen, der Leber, der Darmwand und der Milz. Man findet sie hauptsächlich in den Lymphgefäßen.

Blutplättchen oder Thrombozyten sind die kleinsten Blutelemente und bewirken die Blutgerinnung. Sie entstehen in der Kopfniere. Der Abbau nutzloser oder verbrauchter Blutzellen und ihre Resorption (Aufnahme in den Stoffwechsel) erfolgt vor allem im Milzkreislauf.

Das Blutgefäßsystem von Fischen ist stets geschlossen. Das Herz pumpt venöses (sauerstoffarmes) Blut zu den Kiemen, von dort gelangt es wieder mit Sauerstoff angereichert in alle wichtigen Organe. Die Venen befördern das Blut zurück zum Herzen, und der Kreislauf beginnt von vorn.

Die Kaudalvene (Schwanzvene) gabelt sich im Nieren-Pfortader-Kreislauf. Das Venenblut des Darms fließt durch den Leber-Pfortader-Kreislauf. In einem Pfortader-Kreislauf erhält eine Vene ihr Blut aus einem Kapillarnetz – nicht aus einer Arterie oder anderen Vene – und gibt es wieder in ein Kapillarnetz ab; ein derartiger Kreislauf ist also nur indirekt mit dem „normalen“ Kreislauf verbunden. Die Pfortader führt im Darm erschlossene Nährstoffe direkt zur Leber.

Das Blut vieler Fische ist giftig, wenn es in die menschliche Blutbahn oder auf Schleimhäute (Auge) gerät. Aale und Muränen besitzen sehr giftiges Blut. Das von Wels, Barsch und Brachsen wirkt weniger stark giftig. Erhitzen wie Kochen, Braten und Räuchern zerstören die Giftstoffe (Toxine).

Aalblut wurde im Mittelalter gegen Alkoholismus verabreicht. Die Dosierung wurde als richtig angesehen, sobald der Betroffene eine bleiche Gesichtsfarbe annahm, schnarchend zu atmen begann und Schaum vor seinem Mund stand. Auch gegen Hühneraugen soll heißes Aalblut gewirkt haben. Heute gibt es wesentlich bessere und ungefährlicher dosierbare Methoden.

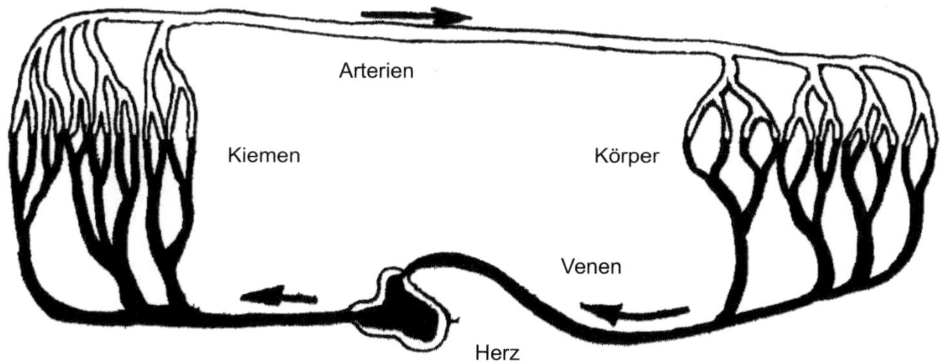

Blutkreislauf. Gezeichnet nach: Zeiske & Plomann

4.9. Haut, Schuppen

Die Haut von Fischen besteht aus zwei Schichten, der Oberhaut (Epidermis) und der innen gelegen Unterhaut oder Lederhaut (Cutis, Corium). Sie besteht vorwiegend aus Bindegewebe und einhält – falls vorhanden – die Schuppen. In der Oberhaut befinden sich Schleimzellen oder Becherzellen sowie Körner- und Kolbenzellen.

Bei Karpfenartigen können die Kolbenzellen Schreck- oder Warnstoffe bilden und an das Wasser abgeben, wodurch Artgenossen vor Gefahr gewarnt und zur Flucht veranlasst werden. Bei Haien z. B. bildet die Epidermis Hartsubstanzen wie den Zahnschmelz als oberste Schicht von Placoidschuppen, die ähnlich wie die Zähne aufgebaut sind, bei anderen Fischen kann sie Laichwarzen oder Laichausschlag bilden. In der Epidermis befinden sich bei einigen Fischarten Giftdrüsen, deren Gift dem der Viper ähnelt, z. B. Petermännchen, Stechrochen, Dornhai und Steinfisch.

In der Cutis (der Lederhaut) befinden sich Bindegewebe, Blutgefäße, Muskeln, Schuppen und Farbzellen. Die Schuppen werden hauptsächlich von der Lederhaut gebildet. Sie liegen zwischen zwei Schuppentaschen, wobei der herausragende Schuppenrand glatt (Rundschuppe) oder gezähnt (Kammschuppe) ausgebildet sein kann.

Viele Fische besitzen keine Schuppen, z. B. Welse und Stichlinge, sie können aber auch groß sein wie beim Arapaima, klein wie bei der Schleie, oder extrem klein wie beim Aal wo sie kaum noch gesehen werden können. Sie werden dort erst im 3ten Süßwasserjahr gebildet. An die Stelle von Schuppen können Knochenplatten treten wie z. B. bei Stören und Panzerwelsen.

Die Cutis bestimmt je nach Lage und Ausdehnung der in ihr gelegenen Farbzellen die Färbung des Fisches. Nach der Art des Farbstoffs werden 4 Typen Farbzellen unterschieden: 1. Schwarzzellen, 2. Rotzellen, 3. Gelbzellen und 4. Glanzzellen. Die Zusammenwirkung verschiedener Farbzellen ergibt eine Mischfarbe z. B. Schwarz und Rot ergeben Braun. Durch Zusammenziehen oder Ausbreiten einer Farbzelle wird die dazugehörige Farbe flächig sichtbar oder auf einen Punkt zusammengedrückt.

Je nach Untergrund passt sich ein Fisch mit seiner Zeichnung und seiner Färbung über die Einstellung seiner Farbzellen aktiv an die Umwelt (den Untergrund) an. Auch Erregung, Angst und Stress lassen sich an einer Farbänderung erkennen. Ängstliche oder unter Stress stehende Fische „verblassen“. Erblindete Fische sind sehr dunkel da sie ihre Umgebung als Schwarz wahrnehmen und sich ihr anpassen.

Aufbau der Haut. Gezeichnet nach: Zeiske & Plomann

4.10. Wirbelsäule, Gräten

Die Wirbelsäule wird aus den Hals-, Brust-, Lenden- und Schwanzwirbeln gebildet. Alle Wirbel sind durch Bindegewebe miteinander verbunden. Bandscheiben (Zwischenwirbelscheiben) wie z. B. bei Säugetieren, zur Abpufferung des Gewichtes bei der Fortbewegung an Land, sind im tragenden Element Wasser nicht vorhanden, da unnötig. Die Zahl der Wirbel variiert selbst innerhalb einer Art, z. B. Forellen 50-65 und Aalen 100-119 Wirbel. Nach oben schließen sich die beiden oberen Rippenbögen zum Dornfortsatz zusammen und bilden dabei den Rückenmarkskanal. Nach unten werden entweder die Rippen, die den Brust- und Bauchraum umschließen, gebildet, oder sie verschmelzen im hinteren Bereich des Fisches zu den Caudalwirbeln. Durch die Verschmelzung wird ein Hohlraum geschaffen, der zur Aufnahme der Aorta dient, ähnlich wie der Hohlraum für das Rückenmark, der durch die Dornfortsätze gebildet wird.

Die Rippen enden frei in den Muskeln, ohne einen wie bei Warmblütern üblichen Brustkorb zu bilden. Freie Gräten oder Fleischgräten entstehen durch Verknöcherung des Bindegewebes. Sie können bis an die Wirbel reichen oder völlig ohne Verbindung zwischen den Muskeln gelagert sein. Von der Form her sind sie unverzweigt oder verzweigt wie etwa die beim Essen ausgesprochen störenden Y-Gräten des Karpfens. Störartige Fische weisen nicht wie die übrigen Knochenfische eine gegliederte Wirbelsäule auf. Sie besitzen an ihrer Stelle eine ungegliederte Wirbelsaite, eine sogenannte Chorda dorsalis. Aus dieser wachsen knorpelige wirbelartige Gebilde, welche die Funktion der Wirbelbögen bei echten Knochenfischen übernehmen. Über der Chorda dorsalis, der Rückensaite, liegt das Rückenmark, über diesem in einem Kanal ein sehnenartiges gelbliches Längsband. Störe sind auf Grund der knorpligen Struktur ihrer Wirbelsaite empfindlich gegen bei der Handhabung häufig zu beobachtendes stärkeres

Durchbiegen. Auch der größte Teil der Schädelknochen bleibt zeitlebens knorpelig. Dank der vorgenannten Besonderheiten sind störartige Fische weitestgehend grätenfrei. Nur einige knorplige Gebilde im Bereich der Flossen können beim Verzehr stören. Ähnlich wie beim Essen von Fischstäbchen sind keine speziellen anatomischen Vorkenntnisse nötig.

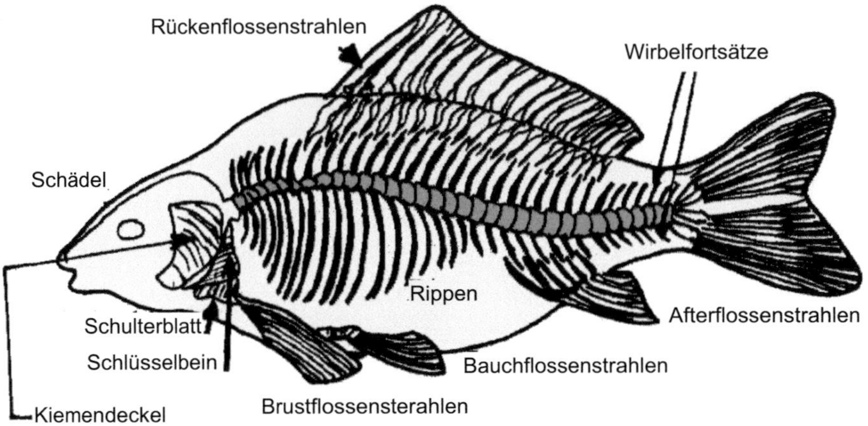

Knochenskelett. Gezeichnet nach: Zeiske & Plomann

4.11. Kopf

Das Kopfskelett der Fische wird unterteilt in Gehirn- und Gesichtsschädel. Zum Gehirnschädel zählen die Nasenkapsel, die Augengrubenregion, die Ohrenregion und die Hinterhauptregion, welche die Verbindung mit den Wirbeln herstellt. Der Gesichtsschädel besteht aus dem Oberkiefer, dem Unterkiefer, dem Zungenbeinbogen und den Kiemenbögen.

Karpfenartige Fische besitzen auf dem fünften Kiemenbogen Schlundzähne. Die übrigen Fische können Zähne besitzen auf dem bzw. im Oberkiefer (Maxillare), dem Zwischenkiefer (Praemaxillare), dem Gaumenbein (Palatium), dem Pflugscharbein (Vomer) oder dem Unterkiefer (Dentale). Zähne gehören wie auch die Fischschuppen zum Hautskelett.

Der Bau der Zähne entspricht dem der Wirbeltiere, bei Knochenfischen allerdings meistens ohne Zahnschmelz. Zähne können je nach Fischart unterschiedlich fest mit den Knochen verbunden sein, aber auch beweglich oder halbbeweglich auf den Knochen aufsitzen. Sie werden nach Abnutzung zeitlebens bei fast allen Fischarten erneuert. Je nach Ausführung/Bau werden die Zähne unterteilt in Feilen-zähne (viele kleine), Bürstenzähne (lang und dünn), Borstenzähne (lang und kräftig), Kardätschen Zähne (kräftig und nach hinten gebogen), Mosaikzähne und Pflasterzähne.

Die Lage und Form des Maules kann je nach Art der Fische wechseln. Man unterscheidet nach unterständiger, oberständiger und endständiger Anordnung des Mauls. Fische mit unterständigem Maul (Oberkiefer länger als der Unterkiefer) nehmen ihre Nahrung vor allem vom Gewässergrund auf wie z. B. Störe die bis auf den Hausen ein nach unten stülpbares Maul besitzen. Fische mit oberständigem Maul (Unterkiefer länger als der Oberkiefer) fassen ihre Nahrung vor allem in oberen Wasserschichten (z. B. Hecht). Fische mit endständigem Maul (Ober- und Unterkiefer etwa gleich lang) sind im Freiwasser zu Hause (z. B. Forelle, Zander). Eine Ausnahme bilden Fische mit Rüsselmaul (z. B. Karpfen), die sowohl im Freiwasser als auch am Boden ihre Nahrung finden können.

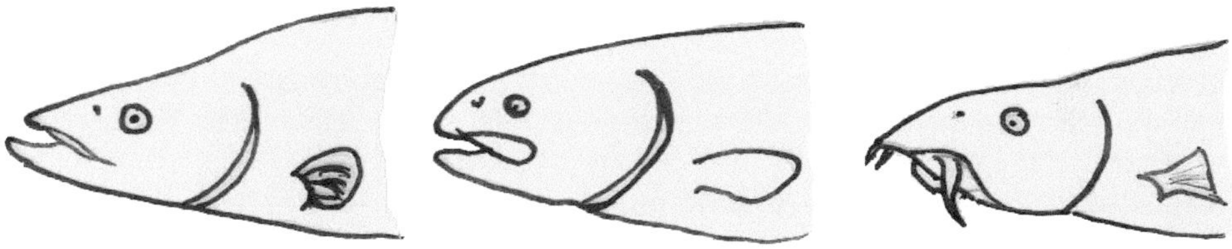

Maulformen (oberständig – endständig – unterständig). Gezeichnet nach: Zeiske & Plomann

4.12. Schultergürtel, Flossen

Der Schultergürtel ist über die Posttemporale (Verbindung von Schultergürtel und Schädeldach) mit dem Schädel verbunden. Die Brustflosse ist über Schulterblatt (Scapula), Rabenschnabelbein (Coracoid) und Schlüsselbein (Cleithrum) an die Posttemporale gebunden. Beckenknochen (Basipterygium) stellen z. B. beim Barsch die Verbindung zur Bauchflosse her.

Flossen sind aus Hautfalten entstanden. Sie sind mit Flossenstrahlen in der Muskulatur verankert. Die Flossenstrahlen werden unterschieden nach Weichstrahlen, Weichstrahlen mit verwachsenen Ästen und Hartstrahlen. Paarige Flossen stehen im Gegensatz zu den unpaarigen in mehr oder weniger enger Verbindung mit dem Skelett. Brust- und Bauchflossen sind – wenn vorhanden – paarig angeordnet.

Die Bauchflosse kann nahe der Kehle, noch vor der Brustflosse, liegen. Kehlständige Bauchflossen sind typisch für Dorschverwandte (Quappe, Dorsch). Liegen sie relativ weit vorn, aber doch hinter den Brustflossen, kennzeichnet ein brustständiges Bauchflossenpaar Barschverwandte (Barsch, Zander). Liegen die

Bauchflossen tatsächlich im Bauchbereich, haben wir einen „Normalfisch" wie z. B. Lachsverwandte, Karpfenverwandte, Welsverwandte etc. Die Flossenstrahlen sind an die Beckenknochen angeschlossen. Von allen Flossenformen fehlen Bauchflossen am häufigsten. Sie können auch in umgewandelter Form auftreten wie etwa als Saugscheibe bei Grundeln, Schildfischen und Seehasen, wie bei Fadenfischen mit Geschmacksknospen versehen, oder als Tastorgane bei Knurrhähnen.

Rückenflossen sind nie paarig, aber in ihrer Anzahl recht verschieden. Karpfenverwandte haben immer eine, Barschverwandte immer zwei, Dorschverwandte bis zu drei Rückenflossen hintereinander. Die Rückenflossen können derartig miteinander verwachsen sei, dass man von einem Flossensaum spricht, so weisen Aale einen geschlossenen Flossensaum über den gesamten Rücken auf. Der Flossenstrahl wird von einem Flossenträger gehalten, der frei in der Muskulatur endet und ein Aufrichten und Anlegen der Rückenflossen ermöglicht.

Afterflossen sind ebenfalls unpaarig angeordnet. Der Bau entspricht weitgehend dem der Rückenflossen. Die Afterflosse befindet sich an der unteren Körperseite zwischen After und Schwanzflosse. Sie ist unterschiedlich lang ausgebildet. Der Europäische Wels besitzt z. B. eine lange, fransenähnliche Flosse, der Barsch eine kurze, abgegrenzte.

Schwanzflossen sind unpaarig. Sie umfassen das hintere Ende der Wirbelsäule. Die Form kann gerade, gebogen, sichelförmig, gegabelt, einfach oder doppelt geschweift, mit gleichlangem Ober- und Unterteil (isozerk, homozerk) oder am oberen Teil weit ausgezogen (heterozerk) sein wie es für Haie und Störe kennzeichnend ist.

Die unterschiedlichen Anordnungen und Ausbildungen der verschiedenen Flossen und Flossenstrahlen sind ein kennzeichnendes Merkmal für die Zuordnung. Innerhalb der Familien helfen Flossenformeln, die einzelnen Arten zu unterscheiden. Eine Flossenformel wird erstellt, indem die Anzahl der Flossenstrahlen der einzelnen Flossen bestimmt wird. Dabei unterscheidet man nach Hart- und Weichstrahl und trennt diese in der Formel durch einen Schrägstrich. Ein Stachelstrahl ist dabei ein Hartstrahl, ein Gliederstrahl (einfach oder gefiedert) ein Weichstrahl. Die Formel für den Flussbarsch lautet:

R1 (Rückenflosse 1) 10-16/0;
R2 (Rückenflosse 2) 1-3/13-15;
S (Schwanzflosse) 0/17;
Br (Brustflosse) 0/14;
A (Afterflosse) 2-3/8-10.

Die Afterflosse besteht demnach aus 2-3 Hartstrahlen und 8-10 Weichstrahlen.

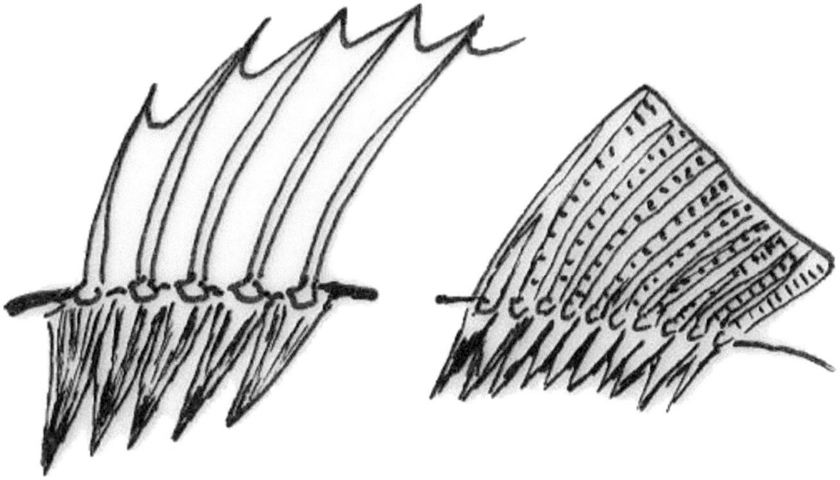

Flossenträger mit Hartstrahlen (links) u. Weichstrahlen (rechts). Gezeichnet nach: Zeiske & Plomann

4.13. Muskulatur

Die Rumpfmuskulatur ist stets quergestreift und besteht aus Muskelsegmenten (Myomeren), die sich symmetrisch angeordnet rechts und links der Wirbelsäule befinden. Die einzelnen Segmente (Myomeren) werden durch dünnhäutige Septen (Myosepten) voneinander getrennt. Dadurch lassen sich bei gegarten Fischen die Muskelsegmente leicht voneinander trennen. Die Muskulatur (Fleisch) von Fischen ist in der Regel weiß, da sie wenig durchblutet ist. Sehr schnell schwimmende Arten besitzen durch Muskelhaemoglobin rötlich oder dunkel gefärbtes Fleisch, z. B. Thunfische.

Im Fett der Muskulatur angelagerte Farbstoffe aus dem Futter (Carotin) können eine orange bis gelbliche Färbung erzeugen, welche vor allem bei lachsartigen Fischen erwünscht ist. Weniger beliebt sind die häufig zu beobachtenden gelben Fetteinlagerungen im Muskelgewebe des Russische Störs (*A. gueldenstaedtii*). Alle Flossen besitzen Muskeln, welche diese bewegen und je nach Schwimmverhalten unterschiedlich ausgeprägt sind. Die Körperform ist an die Art der Fortbewegung, den Lebensraum und die Art des Beutefangens angepasst. In schneller Strömung lebende Arten besitzen meist einen torpedoförmigen Körper. Fische aus stehenden oder träge fließenden Gewässern besitzen dagegen hochrückige oder vertikal abgeflachte Körper. Fische, die ihre Beute blitzschnell aus dem Hinterhalt angreifen, sind, obwohl in stehenden Gewässern lebend, pfeilförmig (Hechte) oder keilförmig (Welse) gebaut. Den Boden bewohnende Fische sind häufig platt, wie etwa Steinbutt, Scholle, Seezunge oder Flunder.

4.14. Sinnesorgane

Der Gesichtssinn ist in der Aquakultur vor allem für Tagjäger wie Salmoniden von großer Bedeutung. Forellen lassen sich leicht auf bestimmte Farben prägen, die Futter verheißen. Vor allem in Anlagen mit vielen Besuchern kann es von Vorteil sein, wenn die Tiere nur bei bestimmten Farben (z. B. farbige Weste oder auch Futtereimer) oder bei bestimmten Signalen (Lampe) mit Futter rechnen und nicht bei jedem Besucher in Aufregung geraten und auf Futter hoffend hektisch durchs Wasser schießen.

Der Gehörsinn in Verbindung mit den mit Hilfe der Seitenlinien gewonnenen Eindrücken spielt vor allem für Welse eine Rolle, da sie in der Dunkelheit jagen. Einige Fischarten lassen sich sogar an Geräusche gewöhnen und kommen z. B. beim Läuten einer Glocke oder dem Brummen eines Futterautomaten recht schnell zum Futterplatz.

Geruchs- und Geschmacksinn sind für viele Fische von sehr großer Bedeutung. Vor allem Aale sind ausgesprochen Feinschmecker. Ihnen nicht zusagendes Futter wird verweigert. Lieber verhungern die Tiere, als dass sie derartiges ihnen nicht zusagendes Futter fressen. Am Anfang der Aalhaltung war das zeitweise ein großes Problem. Ganze Futterchargen musste zurückgegeben werde, weil die Aales im wahrsten Sinne des Wortes zum „Verrecken“ nicht gefressen haben. Das Aale sich mit Hilfe faulender ins Wasser gelegter Pferdeköpfe fangen lassen ist ein nicht auszurottendes Märchen. Mit ganz frischen Köpfen mag es funktionieren. Steinbutt, Karpfen und Welse spucken Futter, das ihnen von der Konsistenz und vom Geschmack nicht zusagt wieder aus. Forellen fressen, wenn sie ihnen in passender Körnung angeboten werden auch Kieselsteine. Es soll Fischzüchter gegeben haben die derart das Verkaufsgewicht der lebend abgegeben Tiere auf für sie preiswerte Weise erhöht haben.

Tageslichtintensität und -länge haben einen deutlichen Einfluss auf Fische. Zum einen beeinflussen sie das Fressverhalten, zum anderen steuern sie bei vielen Arten die Geschlechtsreife und die Gonadenentwicklung. Die Beleuchtung in den Anlagen (in Hallen ohne natürliches Tageslicht besonders wichtig) sollte in jedem Fall an die gehaltene Fischart angepasst werden. Barsche wachsen bei 16 h Licht und 8 h Dunkelheit sehr gut. Störe hingegen sind mit 10-12 h Licht und 12-14 h Dunkelheit zufrieden und werden ganzjährig reif, da die durch Licht und Temperatur gesteuerte saisonale Eientwicklung aufgehoben ist. Die Tiere befinden sich entwicklungstechnisch in einem permanenten Spätsommer mit fortlaufender Entwicklung der Geschlechtsprodukte. *Hochleithner* (2012) empfiehlt für Störe blaues Licht (12 Stunden/Tag) mit etwa 100 Lux.

4.14.1. Gehirn

Das Gehirn besteht wie bei allen Wirbeltieren im Wesentlichen aus 5 Abschnitten:

1. Vorderhirn (Telencephalon). Es dient als Zentrum für das Riechen und wohl auch für das Gedächtnis.
2. Zwischenhirn (Diencephalon). Es erfüllt viele vegetative Funktionen. Es ist eine wichtige Schaltstation für die Verbindung des Vorderhirns mit den übrigen Gehirnteilen. Die Hypophyse die unter anderem die Vermehrung der Fische steuert ist eine Anhang Drüse des Zwischenhirns.
3. Mittelhirn (Mesencephalon). Es ist bei vielen Fischarten stark entwickelt. Von hier aus werden viele Körperfunktionen beeinflusst. Es zeigt Ähnlichkeit mit dem Großhirn der Säugetiere.
4. Kleinhirn (Metencephalon). Es liegt oberhalb des Nachhirns. In ihm befindet sich das Zentrum zur Koordinierung von Bewegungen, Gleichgewicht und Funktion des Seitenorgans.
5. Nachhirn (Myelencephalon). Es ist die Verlängerung des unteren Teils des Mittelhirns mit Übergang in das Rückenmark. Es dient als Zentrum für die Motorik, Atmung und den Kreislauf (Herz).

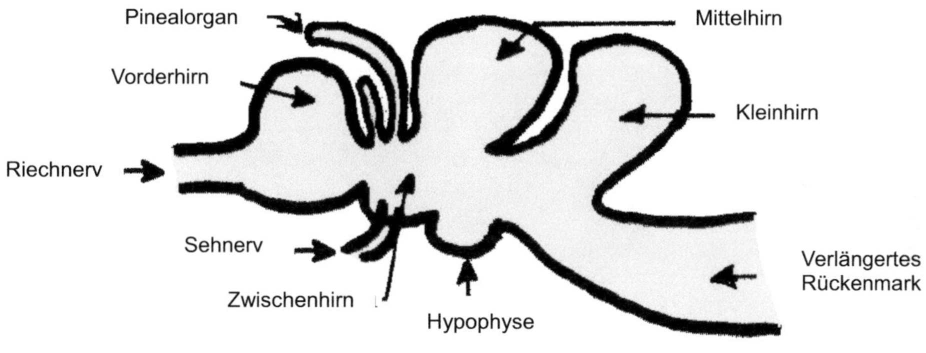

Aufbau des Gehirns. Gezeichnet nach: Zeiske & Plomann

Gehirn und Rückenmark werden über stark durchblutete Häute mit Nahrung und Sauerstoff versorgt. Wie andere Wirbeltiere besitzen Fische Nervenknoten (Ganglien), die vom Gehirn und Rückenmark (Zentralnervensystem) abgegliedert sind. Das Rückenmark ähnelt in seinem Bau dem höherer Wirbeltiere. Es zieht sich vom Nachhirn bis zur Schwanzflosse und wird von der Wirbelsäule umschlossen. Pro Wirbel tritt sowohl links als auch rechts ein paariger Nerv (Spinalnerv) mit zwei Wurzeln aus, die sich nach der Austrittsstelle wieder vereinigen.

4.14.2. Augen

Fischaugen besitzen kein äußeres Augenlid und wen überrascht das, keine Tränendrüse. Die Linse ist kugelig und nicht verformbar. Sollen weiter entfernte Gegenstände betrachtet werden, wird die Linse durch einen Muskel zur Netzhaut hingezogen. Der Bereich des scharfen Sehens reicht aber nicht weit über 10 Meter hinaus.

Der Aufbau des Auges entspricht dem der übrigen Wirbeltiere. Jedes Auge besitzt ein Gesichtsfeld mit einem Winkel von 160-170° in der Waagerechten und 150° in der Senkrechten. Direkt vor dem Fisch überlagern sich die nach vorn gerichteten Blickwinkel und ergeben einen Bereich von 20-30°, in denen der Fisch besonders deutlich sieht. Ein nach oben über die Wasseroberfläche hinausblickender Fisch besitzt nach außen (z. B. Ufer) ein rundes helles Fenster von 98°. Außerhalb dieses Fensters wirkt die Wasseroberfläche wie ein Spiegel.

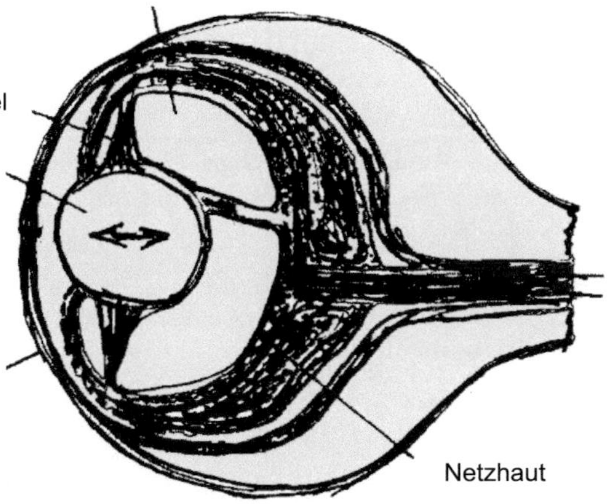

Aufbau des Auges. Gezeichnet nach: Schreckenbach

4.14.3. Labyrinth

Zum Hören und zur Erhaltung des Gleichgewichtes dient Fischen das Labyrinth. Die auf Sinneszellen liegenden Gehörsteinchen (Otolithen) geben bei Veränderung der Körperlage einen Nervenimpuls zum Gehirn. Fische besitzen 3 Otolithen auf jeder Seite des Kopfes, die nach ihrer Form als Lapillus (kleiner Edelstein), Sagitta (Pfeil) und Asteriskus (Sternchen) bezeichnet werden. Otolithen werden aus Kalksalzen und Proteinen gebildet und wachsen während der gesamten Lebenszeit des Tieres. Da sie in Abhängigkeit vom Wachstum der Fische schneller oder langsamer wachsen, lassen sie, ähnlich wie bei Bäumen,

Jahresringe erkennen, die nach Entnahme und Anschliff zur Altersbestimmung herangezogen werden können. Fische aus Kreislaufanlagen weisen wegen fehlender Jahreszeiten keine deutlich erkennbaren Ringe auf, so dass das Vorhandensein oder Fehlen solcher Ringe Auskunft über die Herkunft der Tier aus Aquakultur oder Freiland geben kann.

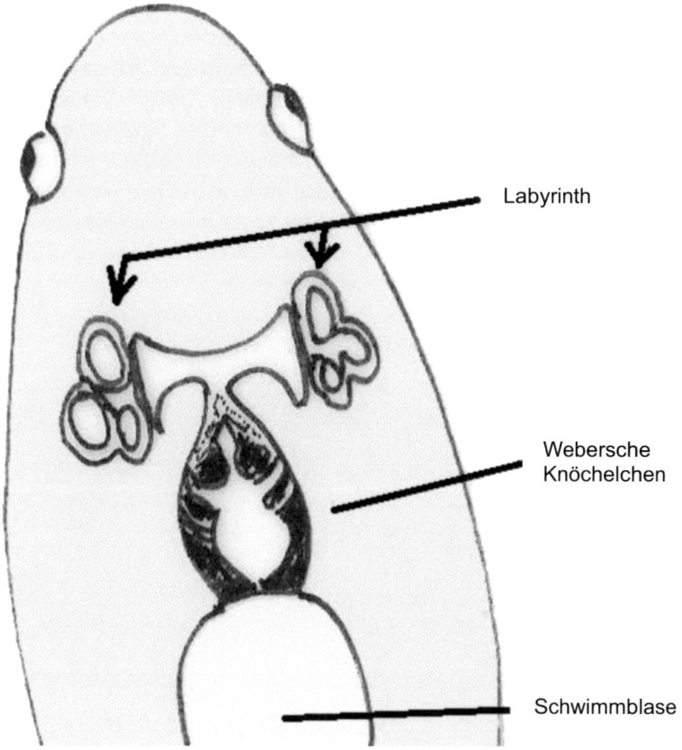

Webersche Apparat.. Gezeichnet nach: Zeiske & Plomann

Die im unteren Bereich des Labyrinths liegende Blase (Sacculus, enthält den Otolith Sagitta) ist bei den meisten Fischarten der Sitz des Gehörsinns. Trommelfell und Gehörknöchelchen zur Schallwellenverstärkung besitzen Fische nicht. Karpfenartige Fische besitzen die sogenannten Weberschen Knöchelchen, die eine Verbindung von Schwimmblase und Labyrinth darstellen. Die Schwimmblase wirkt dabei als Schallverstärker, ähnlich wie ein Trommelfell. Das Hörvermögen solcher Fische kann dem des Menschen entsprechen.

4.14.4. Geruchsorgane

Zwei Nasengruben mit gefalteter Riechschleimhaut dienen als Geruchsorgan. Die Schleimhaut besteht aus Basalzellen, die von Riechzellen überlagert sind. Wasser gelangt durch die vordere Öffnung der Nasengrube auf die Schleimhaut, streicht daran vorbei und verlässt durch die hintere Öffnung die Nasengrube.

Das Riechvermögen einiger Fischarten ist dem des Hundes deutlich überlegen. Lachse finden aus dem Meer kommend „ihren" Fluss und „ihr" Laichgewässer aus mehreren hundert Kilometer Entfernung. Diese Fähigkeit wird beim sogenannten „Sea ranching" der Lachse ausgenutzt. Bis zu 10 % der als Setzlinge (Smolt) in die Freiheit entlassenen Tiere kommen einige Jahre später als Laichfische zurück, ohne Kosten für Futter oder Haltungssysteme verursacht zu haben; sie können bei ihrem Aufstieg in die Herkunftsgewässer, selbst in kleinen Flüssen, tonnenweise geerntet werden.

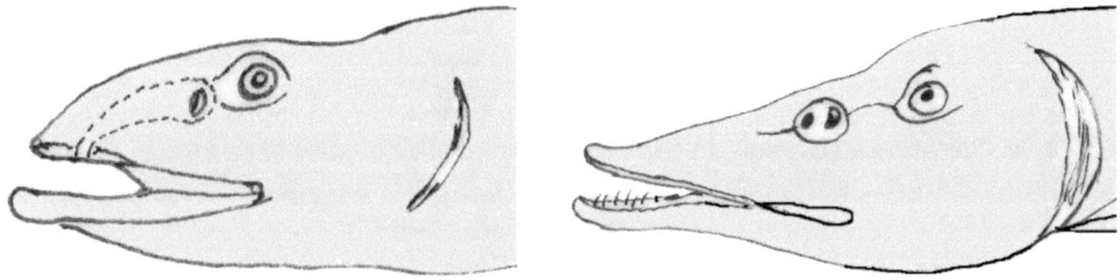

Geruchsorgan beim Aal (links) und Hecht (rechts)l. Gezeichnet nach: Zeiske & Plomann

4.14.5. Seitenlinien

Das System der Seitenlinien dient Fischen dazu geringe Druckschwankungen des Wasserkörpers zu fühlen. Zum Beispiel hervorgerufen durch die Flossenschläge eines anderen umherschwimmenden Fisches oder eines am Ufer laufenden Menschen.

Das Seitenlinienorgan besteht aus winzigen elastischen Gallertzylindern (z. B. bei der Elritze), die frei auf der Haut liegen oder aus schleimgefüllten Kanälchen mit Sinneszellen. Die nach außen mündenden Poren sind an der Oberfläche deutlich sichtbar und lassen den Verlauf der Seitenlinien genau erkennen. Das System der Seitenlinien kann sich bis zum Kopf ausstrecken. Verzweigung ist ebenfalls möglich, wobei dann Seitenlinien zweiter oder dritter Ordnung entstehen.

4.14.6. Geschmackszellen

Geschmackszellen befinden sich in der Nähe des Munddaches, auf der Zunge, auf den Kiefern und bei einigen Fischarten auf den Barteln (Anhängsel am Maul z. B. von Karpfen, Welsen und Stören).

Einige Fischarten, vor allem solche mit wenig oder gar keinen Schuppen (Welse), besitzen über den ganzen Körper verteilt beerenförmig in die Oberhaut versenkte Geschmacksknospen. Karpfen z. B. können süß, sauer, bitter und salzig schmecken.

Die Verabreichung von Fütterungsmedikamenten kann daher schwierig bis unmöglich werden. Manchmal hilft es den unangenehmen Geschmack durch Überdeckung mit anderen Geschmacksstoffen (z. B. Rotbarschöl) zu verbessern und damit für die betreffende Fischart annehmbar zu machen.

4.15. Geschlechtsorgane

Die Keim- oder Geschlechtsdrüsen (Gonaden) sind paarig ausgebildet, hängen an der Bauchhüllenwand und erstrecken sich in die Leibeshöhle hinein. Männliche (Hoden = Testes) und weibliche (Eierstöcke = Ovarien) Geschlechtsdrüsen produzieren neben den Keimzellen – Spermien beim männlichen Tier und Eizellen beim weiblichen – je nach Geschlecht und Jahreszeit in Menge und Zusammensetzung unterschiedliche Hormone.

Der Reifestatus eines Eies kann an der Position des Zellkerns bestimmt werden. Dieser wandert von der Mitte des Eies mit fortschreitender Reife Richtung des animalischen Poles (dem Eidotter gegenüber liegend), der im oberen Teil des ovalen Eies zu finden ist.

Reife Eier gelangen über einen primären oder sekundären Eileiter und eine normalerweise zwischen After und Harnleitermündung gelegene Genitalöffnung nach außen. Spermien werden ebenfalls über eine derartige Genitalöffnung abgegeben. Die Befruchtung der Eier erfolgt bei den meisten Fischen außerhalb des Körpers im Wasser.

Je nach Ausbildung der Eierstöcke und der Eileiter kann ein Streifen oder Abstreifen der reifen Eier von außen leicht durchgeführt werden (Forellen), oder es gestaltet sich wegen Form und Ausbildung der Eileiter problematisch (Störe).

Bei einigen Fischen erfolgt die natürliche Eireifung aller Eier gleichzeitig, gefolgt von einem einmalige Ablaichen, oder wenn mehrmalig, innerhalb einer Frist von wenigen Stunden oder Tagen (Lachsartige, Karpfenartige, Störartige, Barschartige). Sogenannte Portionslaicher geben den Laich, wie der Name sagt, in kleinen Portionen ab, was Tage bis Wochen (Steinbutt) dauern kann. Soll im eigenen Anlagenbestand vermehrt werden sind diese Gesetzmäßigkeiten zu berücksichtigen.

Das reife Ei enthält Zellkern, Plasma und Dotter. Es ist von einer Eihülle (Membran) umgeben, die aus verschiedenen Schichten besteht. Die Eihülle weist mindestens eine Öffnung (Mikropyle) auf, durch welche die Samenzellen (Spermien) zur Befruchtung eindringen können. Sobald ein Spermium eingedrungen ist, schließt sich diese Öffnung sofort und verhindert so eine Mehrfachbefruchtung (Polyspermie) bei welcher sich keine lebensfähigen Embryonen entwickeln können.

Frisch abgelegte Eier sind relativ weich oder schlaff. Nach der Befruchtung schwillt das Ei durch Aufnahme von Wasser an und härtet aus. Seine Widerstandsfähigkeit gegen mechanische Verletzungen nimmt dadurch erheblich zu.

Einige Fischarten wie etwa Karpfen, Schmerlen und Störe besitzen an der Oberfläche der Eier Haft- oder Klebefäden, mit denen die Eier an Substraten wie z. B. Kies, Schotter, Gräser oder Wurzeln geheftet werden. Bei künstlicher Erbrütung wird diese Klebrigkeit durch Baden mit Tannin, Talkum, Enzymen, einer Schlammsuspension oder Milchlösung beseitigt, um ein Verklumpen und Absterben der Eier bei der künstlichen Erbrütung zu verhindern. Nach einem Spülen mit Wasser um überschüssige „Trennmittel" zu entfernen können diese Eier dann „normal" in Zugergläsern, Unterstromapparaten oder anderen Erbrütungseinrichtungen erbrütet werden, ohne dass sie zusammenkleben und in der Folge durch Sauerstoffmangel und Verpilzung absterben.

Bei den meisten Fischarten sind die ersten Entwicklungsstadien sich teilender Eier in der Regel sehr anfällig gegen stärkere mechanische Bean-spruchung, wie z. B. Bewegung durch Transport. Als Folge davon dürfen derartige Eier nicht zu früh transportiert werden. Der sichere Transport der Eier auch über lange Strecken ist normalerweise möglich, sobald das Augenpunktstadium (die Augen der Embryonen sind mit bloßem Auge erkennbar) erreicht ist, die Eier während des Transports mindestens feucht gehalten werden und ausreichend Sauerstoff vorhanden ist.

4.16. Endokrine Drüsen

Derartige Drüsen geben ihre Sekrete nicht über irgendwelche Gänge oder Gefäßsysteme ab, sondern scheiden sie in die Saftspalten des Bindegewebes aus, von wo sie in die Blutbahn gelangen. Diese Drüsenausscheidungen werden Hormone genannt. Hormone sind Botenstoffe, welche die Aktivitäten bestimmter

Zellen und Organe beschleunigen oder verlangsamen und damit einen Großteil der Aktivitäten eines Organismus steuern und bestimmen.

4.16.1. Schilddrüse

Die Schilddrüse (Thyreoidea) beeinflusst das Wachstum, die Schwimmaktivität und die Stoffwechselgeschwindigkeit. Sie liegt im Bereich der Kehle. Störungen der Schilddrüse können wie auch bei Menschen zu Kropfbildung führen.

4.16.2. Ultimobranchialkörper

Der Ultimobranchialkörper befindet sich, außer bei den Rundmäulern (Neunaugen und Inger), nahe der letzten Kiemenspalten. Das hier gebildete Hormon entspricht dem Calcitonin höherer Wirbeltiere. Es senkt den Kalziumspiegel des Blutes. Das Organ dient wahrscheinlich der Ionenregulation (Osmose Regulation) des Körpers.

4.16.3. Zirbeldrüse

Die Zirbeldrüse (Epiphyse) hat beim Fisch Einfluss auf die Laichreife. Sie liegt im Zwischenhirn.

4.16.4. Hirnanhangdrüse

Die Hirnanhangdrüse (Hypophyse) befindet sich ebenfalls im Zwischenhirn und gehört zu den wichtigsten Drüsen des Körpers. Eine Vielzahl von Funktionen und Abläufen wird durch sie gesteuert. Sie besteht aus zwei Teilen, der Adenohypophyse und der Neurohypophyse.

In der Adenohypophyse werden folgende Hormone gebildet:
1. Laktotropes Hormon (LTH) oder Prolaktin. Es beeinflusst das Laichverhalten, die Osmoseregulierung und die Schleimproduktion der Haut;
2. Adrenocorticotrophes Hormon (ACTH). Es steuert vor allem die Nierentätigkeit;
3. Somatotorophes Hormon (STH): Es ist ein Wachstumshormon und wirkt sich auf das Körperwachstum aus;
4. Thyreoidea-stimulierendes Hormon (TSH). Es aktiviert die Schilddrüsentätigkeit;
5. Gonatropin (GTH). Es steuert die Hormonproduktion der Keimdrüsen und direkt oder indirekt die Bildung von Keimzellen;
6. Melanophoren-stimmulierendes Hormon (MSH). Es ist verantwortlich für die Ausbreitung der Farbpigmente in den Pigmentzellen.

In der Neurohypophyse werden zwei Neurohormone aus dem Gehirn gespeichert. Eines von beiden – Isotocin – soll nach bisherigen Erkenntnissen für die Kontraktion der glatten Muskeln von Keimdrüsen wichtig sein.

Durch im Hypothalamus (Boden des Zwischenhirns) gebildete Releasing- und Inhibitinghormone wird die Ausschüttung oder Hemmung von Adenohypophysen-hormonen gesteuert. Durch Injektion von getrockneten, zerriebenen und in physiologischer Kochsalzlösung gelösten Hypophysen lassen sich sowohl die Endreife und Abgabe von Spermien als auch die Ovulation von Eiern auslösen. Bei vielen Fischfamilien wie z. B. Stören, Karpfen oder Welsen lassen sich auf diese Art befruchtungsfähige Geschlechtsprodukte gut planbar gewinnen, wodurch eine künstlich Vermehrung erleichtert oder erst möglich gemacht wird.

4.16.5. Nebenniere

Die Nebennieren befinden sich direkt neben dem Kopfteil der Nieren und setzen sich aus zwei Teilen zusammen. Im ersten Teil werden Cortisol und Corticosteron gebildet. Diese Hormone sind wichtig für die Osmose Regulierung, die Höhe des Blutzuckerspiegels bei Stress und den Kohlenhydratstoffwechsel. Im zweiten Teil, dem Adrenalorgan, werden Noradrenalin und Adrenalin gebildet. Diese Hormone bewirken eine Verstärkung des Herzschlags, Erhöhung des Blutdrucks und eine Anhebung des Blutzuckerspiegels.

4.16.6. Urohypophyse

Die Schwanzhypophyse (Urohypophyse) bildet am Rückenmark in der Nähe des letzten Wirbels ein bläschenartiges Organ. Die hier gebildeten Hormone Urotensin 1-4 sollen nach bisherigen Erkenntnissen an der Regulierung des Wasser-Salz-Haushaltes beteiligt sein.

4.16.7. Thymusdrüse

Die Thymusdrüse (Thymus) liegt zum Rücken hin an der oberen Grenze der Kiemenhöhle. Die Drüse ist vor allem bei jungen Tieren aktiv. Bei älteren wird sie zurückgebildet. Sie steuert die Immunabwehr bei Infektionen.

Literatur:
Hochleithner, 2012; Lehmann, 1984; Schreckenbach, 2012; Zeiske & Plomann, 1978;

5. FISCHFÜTTERUNG

Wichtige Ausdrücke/Begriffe und ihre Bedeutung zur Beurteilung von Futtermitteln für Fische und ihre Wirkung auf den Fisch, sind: Nährstoffe, Protein, Fett, Kohlenhydrate, Rohfaser, verdauliche und umsetzbare Energie, Vitamine, Mineralstoffe, Mengenelemente und Spurenelemente.

5.1. Nährstoffe

Nährstoffe sind Stoffe, die von Lebewesen – in unserem Fall Fischen – für ihre Lebenstätigkeit benötigt werden. Sie enthalten Bestandteile, wie Eiweiß, Fett, Kohlenhydrate, Mineralstoffe und Vitamine, die als Bausteine der organischen Substanz (Aufbau und Erhalt des Körpers) oder für spezielle Prozesse (z. B. Energietransport, Nervenreizleitung) in Tieren und Pflanzen notwendig sind.

5.1.1. Proteine

Bei der Ernährung der Tiere ist Protein (Eiweiß) wohl der wichtigste Nährstoff, da Protein das entscheidende Bauelement des wachsenden tierischen Organismus ist. Auch die Bildung von Enzymen ist an das Vorhandensein von verfügbarem Eiweiß gebunden. Wie bereits im Vorhergehenden beschrieben, besteht Eiweiß aus verschiedenen miteinander verbundenen Aminosäuren.

Proteine sind hochmolekulare Verbindungen, die zu etwa 50 % aus Kohlenstoff (C), 22 % Sauerstoff (O), 16 % Stickstoff (N), 0,7 % Wasserstoff (H) und geringen Mengen Schwefel (S) und Phosphor (P) bestehen. Das Verhältnis der Zusammensetzung dieser Inhaltsstoffe sowie deren Position im Molekül bestimmen die Art und Qualität des Eiweißes.

Im Verdauungssystem werden Proteine mit Hilfe von Enzymen in Aminosäuren aufgespalten und in den Körper aufgenommen. Diese Aminosäuren können anschließend im Tier zum Wachstum verwendet werden oder aber durch weitergehende Abbauvorgänge zur Energiegewinnung im Kohlenhydratstoffwechsel und/oder Fettstoffwechsel Verwendung finden. Aufgrund der beschränkten Verfügbarkeit von Protein, der im Stoffwechsel bei der Verdauung entstehenden Abbauprodukte (Ammoniak/Ammonium NH_3/NH_4 und Harnstoff CH_4N_2O) und des hohen Preises ist Eiweiß möglichst nur zum Wachstum der Tiere, nicht aber zur Energiegewinnung einzusetzen. Zur Energieversorgung von Fischen ist Fett billiger und damit besser geeignet.

Der tierische Organismus ist nicht in der Lage, größere Mengen Aminosäuren zu speichern; daher ist er auf eine ständige Zufuhr von außerhalb angewiesen. Fehlt diese Zufuhr, werden die Aminosäuren aus der Muskelmasse abgebaut, um die Lebensvorgänge aufrecht zu erhalten.

Aus den durch die Verdauung zur Verfügung gestellten Aminosäuren kann der Körper unter Energieverbrauch Eiweiß (Fleisch) aufbauen. Jeder tierische Organismus ist genau wie wir Menschen in der Lage, im intermediären Stoffwechsel oder Zwischenstoffwechsel eine Reihe von Aminosäuren mit Hilfe von $-NH_2$ (Aminogruppe) und -COOH (Carboxylgruppe) selbst herzustellen. Für deren Aufbau ist er von der Zufuhr über die Nahrung unabhängig. Derartige Aminosäuren werden daher als nicht essentielle oder entbehrliche bezeichnet. Essentielle Aminosäuren oder unentbehrliche müssen dem Körper von außen über die Nahrung zugeführt werden, da der Organismus sie benötigt, aber selbst nicht herstellen kann. Eine Zwischenstufe stellen halb essentielle Aminosäuren dar. Sie müssen nur unter bestimmten Bedingungen zugeführt werden. Ihr vorhanden sein in der Nahrung bewirkt im Organismus eine Einsparung bestimmter essentieller Aminosäuren, da sie diese zumindest teilweise ersetzen. Cystin kann vom Organismus teilweise zum Aufbau von Methionin genutzt werden. Tyrosin kann teilweise Phenylalanin ersetzen. Cystin und Tyrosin sind folglich halb essentiell.

Um einen Fisch optimal mit Eiweiß zu versorgen, müssen die Aminosäuren der Nahrung in einem bestimmten, ausgewogenen Verhältnis zueinander stehen. Sind einige oder auch nur eine einzelne zu viel oder sogar viel zu viel, kann es zu Stoffwechselstörungen oder sogar zu Vergiftungserscheinungen kommen.

Zum Eiweißaufbau kann ein tierischer Organismus nur sogenannte L-Aminosäuren verwenden. Synthetische (künstliche) Aminosäuren liegen aber oft als D/L-Gemisch vor. Der Wert dieser Mischung ist begrenzt, da der Organismus die D-Form der Aminosäure vor ihrer Verwendung im Körper in die L-Form überführen muss, was Energie kostet. Eine L-Aminosäure wird so bezeichnet, weil ihr Kohlenstoffgerüst bei Bestrahlung mit polarisiertem Licht eine Linksdrehung aufweist. Sie dreht gegen den Uhrzeigersinn. D bedeutet Dexter = rechts. D-Aminosäuren drehen im polarisierten Licht rechts, also im Urzeigersinn. Die biologische Wertigkeit der D-Form ist bei chemisch völlig gleicher Zusammensetzung wegen des nötigen Umbaus in die L-Form schlechter.

Ist der Aminosäurebedarf einer Fischart nicht bekannt, gibt eine Ganzkörperanalyse (hierzu werden logischerweise Tiere aus Wildfängen herangezogen) zur Bestimmung der im Fisch vorhandenen Aminosäuren in etwa den Aminosäurebedarf der betreffenden Fischart an. Besser noch ist es, den Bedarf der Brütlinge über die Zusammensetzung der Eier zu bestimmen. In den Eiern wird das Muttertier (Wildfang) soweit als möglich versuchen, das für die Brut optimale Aminosäurespektrum einzulagern. Die Zusammensetzung der Futtermischung sollte sich dann an den Ergebnissen der Analyse orientieren. Selbstverständlich unter Berücksichtigung der wahren Verdaulichkeit der eingesetzten Futterkomponenten (siehe auch Unterkapitel 5.3. Futtermittelbewertung).

10 Aminosäuren gelten für alle bisher untersuchten Fischarten als essentiell:

Essentielle Aminosäuren	Nichtessentielle Aminosäuren
Arginin (Arg)	Alanin (Ala)
Histidin (His)	Asparaginsäure (Asp)
Isoleucin (Ile)	Glutaminsäure (Glu)
Leucin (Leu)	Glycin (Gly)
Lysin (Lys)	Hydroxyprolin (Hyp)
Methionin (Met)	Ornithin (Orn)
Phenylalanin (Phe)	Prolin (Pro)
Threonin (Thr)	Serin (Ser)
Tryptophan (Trp)	Tyrosin (Tyr) halb essentiell
Valin (Val)	Cystin (Cys) halb essentiell

Je nach Herkunft sind Aminosäuren aus dem Futter gut oder weniger gut für einzelne Fischarten verwertbar. So ist z. B. Lysin aus Extraktionsschroten von Sonnenblumen-, Soja- und Baumwollsaat für Karpfen schlecht verfügbar. Zu beachten ist außerdem der Einfluss von Giftstoffen bei Ölsaaten (Gossypol) und die Ausbildung von Hemmstoffen (Inhibitoren) in Soja-, Lupinen- und Erbseneiweiß.

Hohe Temperaturen bei der Futterherstellung verursachen in der Regel eine Abnahme der Verfügbarkeit oder Verdaulichkeit von Eiweiß, eine leichte Erhitzung kann allerdings die Verdaulichkeit verbessern. Bei Soja werden durch Toasten oder Rösten (kurzzeitiges Erhitzen) die in der Bohne vorhandenen Hemmstoffe zerstört. Bei Einsatz von Hülsenfrüchten wie Erbsen, Bohnen oder Lupinen sind weitere Verfahrensschritte zur Aufhebung oder Verminderung von enthaltenen Inhibitoren (z. B. Protease Inhibitoren, Antivitamine, cyanogene Glykoside oder Goitrogen) benötig. Fischmehle, Federmehle und Blutmehle (Hämoglobinpulver), die bei hohen Temperaturen getrocknet wurden, sind wegen der Denaturierung des Eiweißes schlechter für die Verwendung im Fischfutter geeignet als solche, die bei niedrigen das Eiweiß schonenden Temperaturen getrocknet wurden. Die Farbe des Fischmehls kann als Indiz für die Temperatur bei der Herstellung dienen. Je dunkler das Produkt, desto höher war die Temperatur. In älterer Literatur findet man daher auch als Qualitätsmerkmal die Angabe: Verwendet wurde weißes Fischmehl oder braunes Fischmehl. Hochwertige Fischmehle werden heutzutage als LT (Low Temperature) Mehle bezeichnet.

Der für schnelles Wachstum nötige Proteinbedarf hängt in hohem Maße vom Energiegehalt des Futters ab. Bei niedrigen Energiegehalten wird ein Teil des Proteins zur Energieversorgung herangezogen statt für den Zuwachs. Für in der Aquakultur gehaltene Fischarten ist je nach Alter und Spezies in den meisten

Fällen ein Rohproteingehalt (RP) von 35-45 % nötig und bei Futtermitteln mit genügend Fett als Energielieferant auch ausreichend. Sehr junge Fische (Brut) benötigen mehr Protein (50-60 %), da zum teilweise sehr schnellen Aufbau von Körpermasse (Muskeln, Fleisch) vor allem Eiweiß nötig ist.

Je mehr Futtereiweiß zum Aufbau von Körpereiweiß (Wachstum, Zuwachs) genutzt wird, desto effektiver ist seine Verwertung. Da Protein – vor allem tierisches – knapp und teuer ist und bei der Verdauung Ammonium und Harnstoff entstehen, sollte so wenig wie möglich davon im Energiestoffwechsel genutzt und damit verschwendet werden. Es sollte die für das jeweilige Fischalter günstigste Proteinmenge Verwendung finden.

Immer aber sollte das Protein möglichst hochwertig sein, da nicht verdautes oder verdauliches Eiweiß unnötig das Wasser belastet und als Ammonium (NH_4) in der Klärstufe gereinigt werden muss. In aller Regel ist Protein oder Fleisch der Teil des Fisches der verkauft werden soll. Fett wird vom Kunden nur im Rahmen bestimmter, für die betreffende Fischart üblichen Mengen toleriert. Zu hohe Fettgehalte sind ein Reklamationsgrund und können den Wert eines Fisches herabsetzen.

Die Verwertung des verfütterten Proteins durch den Fisch lässt sich mit Hilfe von einigen Kenndaten überprüfen. Eines davon ist der PER-Wert, des Weiteren der PPW-Wert, der BW-Wert und der NPU-Wert.

Der PER-Wert beinhaltet das Protein Wirkungsverhältnis (auf Englisch: Protein Efficiency Ratio). Er errechnet sich, indem die Zunahme der Körpermasse in Gramm durch den Proteinverzehr in Gramm dividiert wird. Je höher der Wert, desto besser der Proteinansatz. Werte von 2 oder höher gelten als gut.

Der PPW-Wert (Produktiver-Protein-Wert) berücksichtigt an Stelle des Gesamtzuwachses nur den Proteinansatz im Fisch. Dabei wird die Zunahme des Körperproteins in Gramm durch den Proteinverzehr in Gramm dividiert und das Ergebnis mit 100 multipliziert. Zur Errechnung müssen der Eiweißgehalt des Probefutters und der Eiweißgehalt der Fische zu Beginn und am Ende des Versuchs bestimmt werden (Stichprobe). Ein Fütterungsversuch sollte nach einer ein- bis zweiwöchigen Eingewöhnungsphase mindestens 3 Monate dauern. Längere Perioden sind besser.

Der BW-Wert (Biologische Wertigkeit) gibt an, wieviel Gramm Körpereiweiß durch 100 Gramm des resorbierten Eiweißes ersetzt werden.

$$BW = \frac{\text{N-Ansatz} + \text{Endogener-N} + \text{Darmverlust-N (DVN)}}{\text{Resorbierter-N}}$$

N-Ansatz = Stickstoff im Fisch gebunden; Endogener-N = Stickstoff in Kot und Harn; Darmverlust-N = Stickstoff wird durch N freie Ernährung in einem Vorversuch ermittelt; Resorbierter-N = N Zufuhr mit Futter minus N im Kot minus Darmverlust.

Je näher der ermittelte Wert bei 100 liegt, desto besser ist die Qualität des eingesetzten/getesteten Proteins. Der Aufwand zur Ermittlung dieses Wertes (BW) ist sehr hoch und nur in Instituten durchzuführen, ähnlich dem NPU-Wert (Net Protein Utilization), zu dessen Ermittlung der BW-Wert noch mit der wahren Verdaulichkeit multipliziert wird. Sickstoff ist zu 16 % im Eiweiß enthalten und wird daher in die oben stehenden Formeln eingesetzt, da er gut im Labor bestimmbar ist und leicht über den Prozentsatz (16 %) in Eiweiß umgerechnet werden kann (*Steffens, 1985*).

Merke:
Je kleiner/jünger der Fisch, desto mehr Protein; je größer/älter der Fisch, umso weniger Protein ist im Futter nötig.

5.1.2. Fette

Fette sind in der Tierernährung hochwirksame und relativ preiswerte Energielieferanten. Neutralfette sind Verbindungen von Glycerol (ein dreiwertiger Alkohol) mit 3 verschiedenen oder in seltenen Fällen mit 3 gleichen Fettsäuren.

Bestimmte Fettsäuren haben essentiellen Charakter, müssen also im Futter in ausreichender Menge vorhanden sein. Hierzu zählt Linolsäure (18:3ω3). 18 = Anzahl der C (Kohlenstoff) Atome; Doppelpunkt = Trennung zur nächsten Zahl; 3 = Anzahl der Doppelbindungen, also in diesem Fall eine mehrfach ungesättigte Fettsäure; ω3 gibt an, wo die erste Doppelbindung angesiedelt ist, hier also an dem dritten C Atom. ω wird in neuer Schreibweise auch einfach als n bezeichnet, 18:3ω3 entspricht dann 18:3n3. Eine Null nach dem Doppelpunkt kennzeichnet eine gesättigte Fettsäure, z. B. 18:0 = Stearinsäure. Ebenfalls als essentiell einzustufen sind für alle Fischarten ω3-Fettsäuren, vor allem 22:6ω3. Den höchsten Bedarf dieser Fettsäure haben Salzwasserfische, gefolgt von Kaltwasserfischen. Den relativ geringsten Bedarf weisen Warmwasserfische auf.

Essentielle Fettsäuren sind im Fischkörper entscheidend für die Flexibilität und Durchlässigkeit von Plasmamembranen, die Zellfunktionen und die Enzymaktivität. Im Darmkanal werden die Fette mit Hilfe von Enzymen (Lipasen zur Fettspaltung) in Glycerol und Fettsäuren zerlegt. Der Neuaufbau von Neutralfetten aus diesen Bestandteilen kann dann bereits in der Darmwand beginnen. Diese Bestandteile werden durch die Blutbahn zu den Gewebezellen transportiert und dort gespeichert. Aus diesem Depot erfolgt in Abhängigkeit vom Bedarf entweder eine energetische Nutzung, ein Auf- und Abbau, oder eine

Resynthese oder Neubildung. Auch Kohlenhydrate – vor allem beim Stör sehr ausgeprägt – können zur Fettbildung herangezogen werden. Überschüssiges Fett wird in erster Linie in der Bauchhöhle abgelagert (siehe auch Kapitel 6. Nährstoffverdauung). Ist das Fettangebot im Futter niedrig, wird die Fettzusammensetzung des Fischkörpers ausschließlich genetisch bestimmt. Ist das Fettangebot im Futter hoch, werden auch aus dem Futter stammende Fette, die nicht der genetischen Disposition entsprechen eingelagert. Bei Lachen aus Aquakultur die vor allem pflanzliche Fette mit ihrer Nahrung erhalten kann sich das Verhältniss von Omega 3 zu Omega 6 Fettsäuren erheblich in einen für die menschliche Ernährung ungünstigen Bereich verschieben.

Für Fische charakteristisch ist eine erhebliche Menge an hoch oder mehrfach ungesättigten Fettsäuren (HUFS) der ω3-Reihe. Bei Wildfängen beträgt das Verhältnis von ω3 zu ω6 in Süßwasserfischen 0,37, in Salzwasserfischen 0,16. Süßwasserfische weisen fast 3-mal so viele ungesättigte Fettsäuren auf wie gesättigte, Salzwasserfischen sogar mehr als 6-mal so viel ungesättigte wie gesättigte Fettsäuren. Außer durch den Salzgehalt des Wassers wird das Verhältnis von ω3 zu ω6 durch die Temperatur beeinflusst. In der menschlichen Ernährung ist häufig ein Zuviel an n6 Fettsäuren zu Ungunsten von n3 Fettsäuren zu beobachten. Für eine gesunde Ernährung wichtig ist das Verhältnis dieser beiden Fettsäuren zueinander, welches 4:1 bis 1:1 betragen soll, je nachdem welcher Veröffentlichung man folgt oder zu folgen bereit ist. Wie auch immer, der Verzehr von Salzwasser- aber auch Süßwasserfischen kann erheblich dazu beitragen das Verhältnis zu Gunsten von n3 Fettsäuren zu verschieben und damit Blutdruck und Entzündungsreaktionen im Körper günstig zu beeinflussen.

Bei einer gesättigten Fettsäure sind alle C-Atome in der Fettsäurekette einzeln miteinander verknüpft und freie Bindungen (Valenzen) sind mit Wasserstoff gekoppelt. Die Buttersäure ist eine gesättigte Fettsäure und kommt natürlicherweise in Milchfett und Schweiß vor.

Die Summenformel lautet:

$$C_3H_7COOH$$

Die Strukturformel ist:

```
H   H   H   O
|   |   |   ||
H – C – C – C – C
|   |   |   |
H   H   H   OH
```

Bei ungesättigten Fettsäuren sind einige C-Atome durch Doppelbindungen miteinander verknüpft. Diese Doppelbindungen erniedrigen den Schmelzpunkt. Je mehr Doppelbindungen eine Fettsäure aufweist, desto eher sind die sie enthaltenen Fette flüssig. Eine einfach ungesättigte Fettsäure ist zum Beispiel die Palmitoleinsäure welche in Fischtran, Depotfett und Pflanzenfett vorkommt. Es ist eine Omega 7 Fettsäure was bedeutet, dass sich die Doppelbindung an dem 7ten Kohlenstoffatom befindet

Die Summenformel lautet:

$$C_{15}H_{29}COOH$$

Die Strukturformel ist:

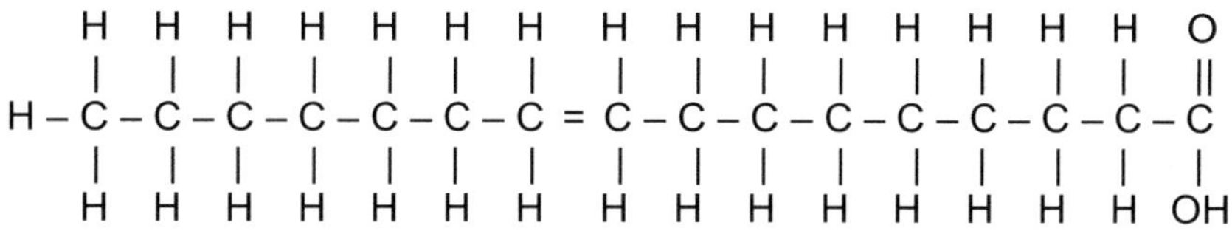

Die Anzahl der Doppelbindungen wird über die Jodzahl angegeben. Je mehr Doppelbindungen, desto höher die Jodzahl. Die Jodzahl wird als solche bezeichnet, weil sich bei Zugabe einer jodhaltigen Substanz (JBr) zu dem jeweiligen Fett sich diese nur an die Doppelbindungen anlagert. Je mehr Jod bei der Reaktion verbraucht (angelagert) wird, desto höher ist die Zahl der Doppelbindungen und damit die Anzahl der ungesättigten Fettsäuren.

Die Kettenlänge einer Fettsäure wird durch die Verseifungszahl angegeben. Kurzkettige (ungesättigte) Fettsäuren besitzen einen niedrigeren Schmelzpunkt und sind bei Zimmertemperatur flüssig; langkettige (gesättigte) Fettsäuren fest.

Langes Fettsäuremolekül = niedrige Verseifungszahl

Kennzahlen von Fetten aus der Nahrung (nach *Nehring*, *1955*):

	Butterfett bei Zimmertemperatur fest	**Leinöl** bei Zimmertemperatur flüssig
Jodzahl	21-36	169-196
Schmelzpunkt	28-38 °C	16-20 °C
Verseifungszahl	218-235	185-195

Die Fettverdaulichkeit ist abhängig vom Schmelzpunkt (harte/feste Fette sind schlechter verdaulich als weiche/flüssige Öle), der Temperatur (wärmer =

bessere Verdaulichkeit) und der Futtermenge (mehr/viel Futter = schlechtere Verdaulichkeit durch Fettverlust mit dem Kot).

Der Fettanteil im Futtermittel lässt sich gut zur Deckung des Energiebedarfes nutzen. 10-15 % Fett im Futter ist für die meisten Fische ausreichend. Forellenartige vertragen auch Fettanteile von 20 % und mehr im Futter, ohne zu viel nicht nutzbares unerwünschtes, da von den meisten Kunden nicht essbares Depotfett in der Bauchhöhle abzulagern. Derartige hoch energiehaltige Futtermittel müssen in ihrer Nährstoffzusammensetzung exakt ausbalanciert sein, um die übermäßige Bildung von Depotfett in der Bauchhöhle, unter der Haut und im Muskel zu verhindern. Bisher gibt es derartige Futtermittel nur für Salmoniden, einige in der Mittelmeeraquakultur verbreitete Salzwasserfischarten und Aale. Die übrigen Fischarten erhalten weniger gut ausbalancierte Futtermittel, da das Wissen über den exakten Bedarf noch nicht vorhanden ist oder zumindest nicht immer angewendet wird.

Fette, vor allem solche mit mehrfach ungesättigten Fettsäuren, neigen zum Verderb. Dies kann geschehen durch Absorption von Geruchsstoffen, die Tätigkeit von Mikroorganismen oder Enzymen oder durch Oxidation. Oxidation macht sich bemerkbar durch einen ranzigen Geruch oder Geschmack. Hohe Temperaturen und hohe Luftfeuchtigkeit fördern das Wachstum von Bakterien und Pilzen und beschleunigen die Oxidation von Fetten, daher ist eine möglichst kurze, kühle und trockene Lagerung von Futter sehr zu empfehlen. Der Verderb kann aufgehalten und teilweise auch aufgehoben oder rückgängig gemacht werden durch Zugabe von Stabilisatoren oder Antioxidantien. Antioxidantien binden Sauerstoff und verhindern oder verzögern die Oxidation (das Ranzig werden) von Fetten. Gegen Oxidation anfällige Vitamine werden ebenfalls geschützt. Zu den natürlichen Antioxidantien zählen Zitronensäure und Vitamin E. Im Allgemeinen werden Futtermitteln zum Schutz vor Verderb synthetische Antioxidantien beigemischt, etwa Ethoxyquin, Butylhydroxytoluol (BHT) oder aber Butylhydroxyanisol (BHA) in Mengen von 100-200 mg/kg Trockenfutter. Über das Verhalten derartiger Antioxidantien im Rahmen der Wasserreinigung ist bisher nicht bekannt, ob sie vollständig abgebaut werden, ob eine Anreicherung im Kreislaufwasser erfolgt oder ob sie eventuell sogar den Abbau der Stoffwechselprodukte hemmen. Ethoxyquin oder zumindest seine Abbauprodukte und darin vorkommende Verunreinigungen stehen im Verdacht krebserregend zu sein. Ihr Einsatz sollte zumindest längerfristig untersucht und ihr Einsatz überdacht werden, um Schäden an Mensch und Tier auszuschließen.

Toxische Bestandteile im Fett sind bekannt aus Ölen von Malvengewächsen (Cyclopropenoid Fettsäuren), Baumwollsaat Öl (Gossypol), Öl von Kreuzblütlern wie Raps (Erucasäure 22:1ω9). Fette können darüber hinaus Trägersubstanzen von Pflanzenschutzmitteln z. B. Insektiziden, Herbiziden, Fungiziden sein.

5.1.3. Kohlenhydrate

Kohlenhydrate können in der Ernährung für den Aufbau des Kohlenstoffgerüstes nicht essentieller Aminosäuren, die Fettsynthese und die Energiegewinnung genutzt werden. Im Zuge der Verdauung werden langkettige Kohlenhydrate soweit wie möglich durch Enzyme bis zu Monosacchariden (Einfachzucker) abgebaut. Diese werden dann resorbiert. Einfache Monosaccharide können vom Darm direkt in die Pfortader übernommen und zur Energiegewinnung genutzt werden. Die Pfortader ist eine Vene, die den Darm direkt mit der Leber verbindet und Nährstoffe vom Darm zur Leber transportiert. Werden Kohlenhydrate vollständig abgebaut, bleiben neben Energie nur CO_2 (Kohlendioxid) und H_2O (Wasser) übrig (siehe auch Kapitel 6. Nährstoffverdauung).

In der Muskulatur liegt das Polysaccharid Glykogen auch tierische Stärke genannt, als Reservestoff vor, der bei starker körperlicher Aktivität sofort als Energielieferant nutzbar ist. Die Fähigkeit zur Verdauung von Kohlenhydraten ist bei den verschiedenen Fischarten sehr unterschiedlich. Salmoniden z. B. können sie nur in geringem Maße verdauen. Für alle Fischarten verbessert sich die Verdaulichkeit des Futters, wenn langkettige Verbindungen wie z. B. Stärke thermisch aufgeschlossen, also erhitzt oder gekocht werden. Außerdem hat die Herkunft ebenfalls einen starken Einfluss auf die Verdaulichkeit. So weist Stärke aus Hafer z. B. für Karpfen eine Verdaulichkeit von 75 % auf, aus Roggen 84 %, aus Weizen 58 % und aus Erbsen 45 %. Steigende Gehalte an unbehandelten Polysacchariden (native Stärke) wirken sich negativ auf ihre Verdaulichkeit aus: viel Stärke = schlechte Verdaulichkeit.

Viele in der Aquakultur mit künstlicher Fütterung gehaltene Fischarten sind Raubfische, deren Fähigkeit Kohlenhydrate zu verdauen naturgemäß gering ausgeprägt ist. Sie verdauen vor allem Eiweiß – am besten tierischen Ursprungs – und Fette gut.

Bei Forellen soll der Anteil verdaulicher Stärke am Futter 15-20 % nicht überschreiten, bei kaltem Wasser gilt der niedrige Wert. Störe dürfen nicht mehr als unbedingt zur Herstellung nötig (10-15 %) verdauliche Kohlenhydrate im Futter haben, um Fettablagerungen in der Bauchhöhle und Leber weitgehend zu vermeiden. Jüngere Störe sind empfindlicher als ältere. Außerdem neigt kohlenhydratreiches Futter im Darm junger Störe eher zu Gärung und Ansiedlung von Hefen und Mikroorganismen, die eine Darmentzündung oder Gasbildung hervorrufen können, die es dem Fisch nicht mehr erlauben aufrecht zu schwimmen.

Von Fischen, die Kohlenhydrate in nennenswertem Umfang verdauen können, werden zurzeit nur Tilapia (Buntbarsche) in größeren Mengen in intensiven Systemen mit künstlicher Fütterung gehalten, in einigen Fällen aber auch Pangasius (Haiwels), eine asiatische Welsart und Karpfen, zumindest als

Jungfische zur Satzkarpfenproduktion. Die in vielen Futtermitteln vorhandenen Kohlenhydrate befinden sich dort aus fertigungstechnischen Gründen. Es ist einfacher und billiger sie in dem Futter zu belassen, als sie zu ersetzen oder zu entfernen. Kohlenhydrate können die Wasserstabilität der Pellets, ihre Struktur, und die Pressbarkeit (Herstellung) verbessern. Häufig sind Kohlenhydrate aber einfach nur billige Futterkomponenten.

Merke:
Billiges Futter ist sehr selten auch preiswertes, also seinen Preis wirklich wertes und damit gutes Futter.

5.1.4. Rohfaser

Als Rohfaser wird eine Reihe verschiedener Verbindungen bezeichnet wie Cellulose (diese ist Baustoff der pflanzlichen Zellwand und ein Polysaccharid), Lignin, das ebenfalls in der Pflanzenwand vorkommt, aber ein Abkömmling des Benzens (Benzenderivat) ist und Pentosane, die ebenfalls zu den Gerüstsubstanzen gerechnet werden.

Da Rohfaser für Fische praktisch unverdaulich ist, sinkt mit steigendem Anteil im Futtermittel die Verdaulichkeit der Gesamtration. Geringe Mengen Rohfaser dagegen (3-5 %) verlängern die Verweilzeit des Nahrungsbreis im Darm. Dadurch kann die Verdaulichkeit des Futtermittels steigen, weil die Enzyme länger auf die Nährstoffe einwirken können.

Rohfaser wird auch Ballaststoff genannt und wird als solcher allen Menschen mit Verdauungsproblemen sehr ans Herz gelegt. Insekten und niedere Wassertiere bilden aus Chitin, einem Polysaccharid, ihre Skelette (Gerüste). Diese Substanz ist fast unverdaulich, verlängert aber wie bereits vorhergehend bemerkt als natürlicher Ballaststoff die Verweilzeit des Nahrungsbreis im Magen Darmtrakt. Darüber hinaus soll sie auch die Darmgesundheit positiv beeinflussen.

5.1.5. Energie

Als Maßeinheit für die Energie wurde früher die Kalorie verwendet. Sie wird als die Wärmemenge definiert, die benötigt wird um 1 g Wasser um 1 Grad Kelvin (°K) zu erwärmen = 1 cal. Heute wird das Joule (J) als international gültige Einheit für die Energie verwendet. Ein Joule ist gleich einer Wattsekunde (1 Ws) bzw. einem Newtonmeter (1 Nm). 1 Joule ist die Leistung, die erforderlich ist, um 1 Gramm Wasser um 0,239 Kelvin (°K) zu erwärmen. Will man weiter mit den gewohnten Kalorien/Kilokalorien arbeiten, zum Beispiel zum Vergleich älterer und neuerer Literaturangaben, muss man umrechnen.

$$1 \text{ kJ} = 0{,}24 \text{ kcal} \quad \text{oder} \quad 1 \text{ kcal} = 4{,}19 \text{ kJ}$$

Die im Futtermittel enthaltene Energie wird im Tier zur Aufrechterhaltung aller Energie erfordernden Vorgänge genutzt. Sie wird im Verlauf der Verdauung in Form von chemischen Verbindungen als ATP gespeichert und bei Bedarf wieder mobilisiert. ADP (Adenosindiphosphat) und ATP (Adenosintriphosphat) sind Verbindungen, die der Energiespeicherung und dem Energietransport im Körper dienen. ATP ist die energiereichere Verbindung und wird bei Bedarf als sofort zur Verfügung stehende Energiequelle im Stoffwechsel genutzt, und aus ATP entsteht dann durch den Verbrauch der Energie ADP. Dieses kann durch erneuten Energieeinsatz wieder zu ATP werden.

Energie im Futter wird verschieden definiert. Die Gesamtenergie wird auch als Brutto Energie (BE) bezeichnet. Für die Bewertung ihres Nutzens bei Verfütterung interessanter ist die Verdauliche Energie (VE). Sie wird ermittelt, indem von der Bruttoenergie die im Kot enthaltene Energie abgezogen wird. Die Kotenergie kann im Verdauungsversuch für jede Fischart und Fischgröße bestimmt werden. Noch genauer ist die Umsetzbare Energie (UE). Sie gibt die Energiemenge an, die dem Fisch tatsächlich zur Verfügung steht. Sie wird ermittelt, indem von der Verdaulichen Energie (VE) die in den Stickstoffausscheidungen des Fisches (z. B. als NH_4, NO_2 über die Kiemen oder in Harnstoff und Schleim) enthaltene Energie abgezogen wird. Bei allen Umsetzungen im Stoffwechsel der Tiere entsteht Wärme, welche die Fische an ihre Umwelt abgeben. Wird diese von der Umsetzbaren Energie (UE) abgezogen, erhält man die Netto Energie (NE).

Verfügbare Energie ist der Anteil der Bruttoenergie, der maximal zur Deckung des Bedarfs an Nettoenergie herangezogen werden kann. Die Umweltfaktoren – vor allem die Temperatur – haben einen großen Einfluss auf die Energienutzung im Organismus.

Alle Nährstoffe besitzen eine bestimmte Bruttoenergie und eine bestimmte Menge verdauliche Energie. Je nach Fischart und Alter ist die Energieausbeute aus ein und demselben Futtermittel auf Grund unterschiedlicher Ausbildung des Verdauungssystems durchaus unterschiedlich, wie in folgender Tabelle ersichtlich ist (nach *Steffens, 1985*):

Energie	**BE kJ**	**VE in kJ**		
Nährstoff		Karpfen	Forellen	Aale
1 g Protein	23,9	16,8	16,3	22,2
1 g Fett	39,8	33,5	33,5	33,3
1 g Kohlenhydrate	17,6	14,7	6,7	6,8

Die Energiebilanz für Fische ist deutlich günstiger als für Warmblüter. Die Ausscheidung von NH_3 über die Kiemen benötigt weniger Energie als die Synthese (Bildung) von Harnstoff (bei Säugetiere) oder Harnsäure (bei Vögel).

Zur Aufrechterhaltung der Körpertemperatur ist bei den meisten Fischen keine Energie nötig.

Zur Erzielung von gutem Zuwachs (Fleisch-/Muskelansatz) ist das Verhältnis von Protein zu Energie wichtig. Über 50 % der Gesamtenergie sollten im Fischfutter aus Nicht-Protein-Energie (vor allem Fett) kommen. Je nach Fischgröße und -alter ist eine Erhöhung der Nicht-Protein-Energie zu empfehlen: Kleine Fische erhalten mehr Protein, da sie es zum Wachstum benötigen und weniger Nicht-Protein-Energie z. B. Fett. Große Fische erhalten mehr Nicht-Protein-Energie (z. B. Fett) und weniger Protein.

Nach *Steffens* (1985) werden bei Regenbogenforellen 3-5 % der umsetzbaren Energie (UE) aus Kohlenhydraten und Protein in Wärme verwandelt, aus Fett nur 1,4 %. Warmblüter einschließlich des Menschen weisen wesentlich höhere Werte auf. 30 % der UE (Umsetzbaren Energie) aus Protein und 6-15 % aus Fetten und Kohlenhydraten werden bei diesen Tieren in Wärme verwandelt. Wer viel Protein isst, friert weniger leicht, da bei seiner Verdauung deutlich mehr Wärme produziert wird.

Fische können wegen der im Vergleich zu Warmblütern besseren Ausnutzung einen sehr viel höheren Anteil der UE des Futters in Zuwachs (Fleisch) umsetzen als warmblütige Tiere einschließlich des Menschen, was man vor allem bei Männern recht häufig auch, am in der Regel nicht nur aus Fleisch bestehenden Bauchumfang, beobachten kann.

Merke:
Bruttoenergie (BE) abzüglich Kot = Verdauliche Energie (VE) abzüglich N-Exkretion = Umsetzbare Energie (UE) abzüglich Wärme = Netto Energie (NE) abzüglich Erhaltung und Aktivität = Wachstum.

5.1.6. Vitamine

Vitamine sind lebensnotwendige, niedrig molekulare, organische Verbindungen unterschiedlicher chemischer Struktur. Da sie im Körper höherer Tiere nicht oder nicht ausreichend gebildet werden können, müssen sie mit der Nahrung von außerhalb zugeführt werden.

Der Vitaminbedarf ist je nach Tierart, Lebensalter und Lebensumständen verschieden. Bestimmte Vitamine können z. B. im Darm der Tiere von Mikroorganismen gebildet werden. Kaninchen fressen aus diesem Grund ihren Kot – den sogenannten Blinddarmkot, denn nur so werden sie ausreichend mit Vitaminen versorgt. Einige Vitamine können auch im Körper aus einem Provitamin in das eigentliche Vitamin umgewandelt werden. Die Zufuhr des Provitamins an Stelle des Vitamins ist daher in diesen Fällen ausreichend. Ein

Provitamin ist die Vorstufe eines bestimmten Vitamins. Es fehlen noch bestimmte Eigenschaften die das „ fertige“ Vitamin kennzeichnen. Carotin ist z. B. das Provitamin zu Vitamin A.

Fehlen mehrere Vitamine, kann es zu schweren Störungen des Organismus kommen. Fehlen nur einzelne Vitamine oder sind sie nicht in ausreichender Menge vorhanden, kommt es „nur“ zu erhöhter Krankheitsanfälligkeit, schlechter Wundheilung, schlechtem Zuwachs und nachlassender Vitalität.

Es gibt auch Antivitamine oder Hemmstoffe die z. B. enthalten sein können in Herigen sowie einigen Süßwasserfischen, Baumwollsaat und Raps oder anderen Kreuzblütlern, aber auch in Hülsenfrüchten wie unbehandelten oder nicht ausreichend behandelten Erbsen, Bohnen, Linsen oder Lupinen. Dies sind Stoffe, welche die Wirkung von Vitaminen aufheben oder zumindest verringern oder aber den Vitaminbedarf erheblich erhöhen. Diese Stoffe können aber auch direkt oder indirekt den Stoffwechsel belasten und Zuwachs sowie Überleben der Tiere beeinträchtigen.

Eingeteilt werden die Vitamine in fettlösliche und wasserlösliche. Ihr Bedarf oder die dem Futter zugesetzte Menge wird in mg/kg oder IE/kg angegeben. IE sind Internationale Einheiten die nicht auf der Basis von Gewichtseinheit pro kg Futter angegeben oder ermittelt werden, sondern nach ihrer Wirkung, die international nach einheitlichen anerkannten Standards festgelegt wurden.

5.1.6.1. Fettlösliche Vitamine

Vitamin	Bezeichnung	Eigenschaften
Vitamin A	Axerophthol (Retinol) (A_1) Dehydroretinol (A_2)	licht- und sauerstoffempfindlich, aber wärmebeständig
Vitamin D	Ergocalciferol (D_2) Cholecaliferol (D_3)	licht-, sauerstoff-, alkali- und säure-empfindlich, aber hitzebeständig
Vitamin E	α-Tocopherol	licht-, sauerstoff-, und fettoxidations-empfindlich, aber hitzebeständig
Vitamin K	α-Phyllochinon (K_1) Menadion (K_3)	licht-, sauerstoff-, alkali- und hitzeempfindlich

Vitamin A kommt nur im Tierreich (Lebertran) vor. Carotin mit Vitamin A-Provitamin Funktion kommt auch in Grünpflanzen sowie z. B. Mais, Kürbis, Möhren, Tomaten und Paprika vor. Ein Molekül β-Carotin wird in Darmwand und Leber unter Wasseraufnahme in 2 Moleküle Vitamin A umgesetzt. Vitamin A besitzt eine Haut- und Schleimhautschutzfunktion und ist wichtig für das Nachtsehen der Augen, die Fruchtbarkeit, die Fettverdauung, die Blutkörperchen, die Knochenbildung, den normalen Wachstumsverlauf von Jungfischen und die Erhöhung der Kälteresistenz. Forellen besitzen einen höheren Bedarf (5.000

IE/kg Futter) als Karpfen (1.000-2.000 IE/kg Futter). 1 mg Carotin = 300 IE Vitamin A; 1 IE = 0,3 µg Vitamin A_1. Eine Überdosierung ist nicht leicht möglich, selbst 4-6-fache Überdosierung führt nicht zu Schäden. Nach *Spannhof* (1995) vermindern sehr hohe Dosierungen von Vitamin A und E die Gerinnungsfähigkeit des Blutes.

Vitamin D (D_2 + D_3) entsteht im tierischen und pflanzlichen Organismus durch Einfluss von Sonnenlicht (UV-Strahlen) aus den Provitaminen Ergosterol und Cholesterol. Durch Vitamin D wird die Knochenfestigkeit (Mineralisation) gefördert, da es die Aufnahme von Ca (Kalzium) und P (Phosphor) aus dem Dünndarm positiv beeinflusst. Vitamin D_2 kommt vor allem in sonnengetrockneten Grünpflanzen vor, D_3 vor allem in der Leber (Lebertran vor allem von Dorsch oder Kabeljau, aber auch von Heilbutt und Scholle) und dem Fett von Fischen. Wegen der besseren Verfügbarkeit ist der Einsatz von D_3 in der Fischfütterung höher zu bewerten als D_2. 1.000-2.000 IE D_3/kg Futter werden im Allgemeinen als ausreichend für die Fütterung von allen Fischen angesehen. Der Mindestbedarf für Amerikanische Katzenwelse (*Ictalurus punctatus*) beträgt etwa 500 IE D_3/kg Futter. Zu hohe Mengen Vitamin D im Futter verschlechtern das Wachstum. 1 IE = 0,025 µg Vitamin D_3.

Vitamin E kann als Antioxidans zur Stabilisierung von Nahrungsfetten und im Körper zur Stabilisierung von biologischen Membranen eingesetzt werden. Es ist für die Erhaltung und Funktion lebender Zellen essentiell. Bisher wurde angenommen, dass α-Tocopherol (synthetisch hergestellt) den höchsten biologischen Effekt hat. Neuere Veröffentlichungen belegen aber eine deutlich bessere Wirkung von Mischungen natürlicher α-, β-, γ-, δ- Tocopherole/ Tocotrineole. Sie kommen in nennenswerten Mengen in Grünmehl, pflanzlichen Keimen und Ölen (Soja-, Mais-, Weizenkeim-, Palmöl) vor, und sollen nach heutigen Erkenntnissen bei der Kontrolle der DNA-Bildung, der Kohlenhydratverdauung und dem Fettstoffwechsel sowie im Mineralien- und Wasserhaushalt nötig sein. Außerdem verhindern sie die Oxidation von Fetten und fördert Resorption und Speicherung von Vitamin A. Es gibt kein Vitamin, dessen Mangel derartig viele unterschiedliche Ausfallerscheinungen hervorrufen kann. Schlechtes Wachstum, starke Anämie (Blutarmut), Hemmung der Blutgerinnung, Verkleben der Kiemenblättchen, Glotzaugen, degenerative Veränderungen der Skelett- und Herzmuskeln, verringerte Fruchtbarkeit und vermehrte Sterblichkeit sind bei Vitamin E-Mangel beobachtet worden. Das Futter für Salmoniden (Lachsartige Fische) sollte etwa 100-150 mg α-Tocopherol/kg Futter enthalten. Laichfische haben einen höheren Bedarf. Es ist besser an Stelle von ausschließlich α-Tocopherol eine Versorgung mit dem gesamten natürlichen Tocopherol/Tocotrineol Gemisch zu sichern, vor allem bei hohen Mengen mehrfach ungesättigter Fettsäuren im Futter. Sind im Futter leicht verderbliche Fette enthalten, kann eine Erhöhung bis auf 500 mg/kg Futter sinnvoll sein. Vitamin E soll auch in der Lage sein die Giftwirkung von überdosiertem Selen aufzuheben (*Hertrampf & Piedat-Pascual, 2000*). Eine Überdosierung ist offensichtlich in weiten Bereichen ungefährlich. Nach *Spannhof* (1995) vermindern sehr hohe Dosierungen von Vitamin A und E die Gerinnungsfähigkeit des Blutes. 1 IE entspricht 0,91 g DL-α-Tocopherol-acetat.

Vitamin K ist entscheidend für die Aufrechterhaltung der Gerinnungsfähigkeit des Blutes. Vitamin K_1 (α-Phyllochinon) ist in Grünmehl reichlich vorhanden. Grünmehle werden aus technisch getrockneten Gräsern, Klee oder Luzerne gewonnen. Vitamin K_3 (Menadion) wird synthetisch erzeugt. Im Darm der Tiere wird durch Bakterien wie etwa *Escherichia coli* Vitamin K_2 gebildet, von wo es über die Darmwand in den Körper aufgenommen wird. Hierdurch kann der Bedarf zum größten Teil gedeckt werden. Wird als Folge häufiger Gabe von Antibiotika zum Futter die Darmflora und damit der Lieferant des Vitamins geschädigt, sind so lange erhöhte Vitamingaben mit dem Futter nötig bis sich wieder eine neue Darmflora etabliert hat. Eine Dosierung von 10-40 mg K_3/kg Futter entspricht der allgemeinen Empfehlung. Ist reichlich Grünmehl im Futter enthalten, sind bereits 5-10 mg K_3/kg Futter ausreichend, selbst wenn man mögliche Schäden der Darmflora durch eventuell nötige Gaben von Antibiotika berücksichtigt. Vitamin K_1 und K_2 lassen sich nicht überdosieren, Vitamin K_3 kann aber Schäden verursachen.

5.1.6.2. Wasserlösliche Vitamine

Vitamin	Bezeichnung	Eigenschaften
Vitamin B_1	Thiamin (Aneurin)	feuchtehitze-, licht-, eisen- u. kupfer-empfindlich, trockenhitzebeständig
Vitamin B_2	Riboflavin (Laktoflavin)	licht- und schwermetallsalz-empfindlich, aber hitzebeständig
Vitamin B_3	Niacin (Nicotinsäure)	hitze-, oxidations- und lagerungsbeständig
Vitamin B_4	Cholin (Bilineurin)	sehr hygroskopisch (feuchtigkeitsanreichernd)
Vitamin B_5	Pantothensäure	hitze-, alkail- und säureempfindlich
Vitamin B_6	Pyritoxin (Pyridoxamin)	lichtempfindlich, aber hitzebeständig
Vitamin B_7	Biotin (Vitamin H)	licht- und fettoxidationsempfindlich, aber hitzebeständig
Vitamin B_9	Folsäure (Vitamin M)	lichtempfindlich und lagerungsunbeständig
Vitamin B_{12}	Cobalamin (Erythrotin)	licht-, alkali- und säureempfindlich
Vitamin C	Ascorbinsäure	sehr sauerstoff- und hitze-empfindlich

Vitamin B_1 (Thiamin oder Aneurin) kommt vor allem in Hefe, Hülsenfrüchten, Grünpflanzen und Getreideprodukten vor. Ein Mangel führt zu Störungen im Nervensystem, der Herzmuskeltätigkeit und der Magen- und Darmfunktion. Hohe Temperaturen, Stress und vermehrte Anteile von Kohlenhydraten in der Nahrung führen zu einem erhöhten Thiaminbedarf (B_1). Thiamin wird durch die vor allem in den Eingeweiden vieler Süßwasserfische und von Heringen enthaltenen Thiaminasen (Enzyme) inaktiviert. Sollen derartige Inhaltsstoffe, z. B. Heringsmehl, verfüttert werden, ist eine 10-15 min. Erhitzung anzustreben, um die Antivitaminwirkung der Thiaminase aufzuheben. Schäden durch Vitamin B_1-Mangel äußern sich bei Fischen in geringer Fresslust, schlechtem Zuwachs, abgespreizten Kiemendeckeln, Glotzaugen (Exophthalamus), Gleichgewichtsverlust, Dunkelfärbung, Verpilzung der Schwanzflossen, Muskeldegeneration (Muskelatrophie) und hoher Sterblichkeit. Eine Dosierung von 10-20 mg B_1/kg Futter reicht mit hoher Wahrscheinlichkeit zur bedarfsgerechten Versorgung aus.

Vitamin B_2 (Riboflavin oder Lactoflavin) findet sich in größeren Mengen in Hefe und Milchpulver, in geringeren Mengen aber auch in Fischmehl und Grünpflanzen. Riboflavin kommt eine zentrale Stellung im Stoffwechsel zu, vor allem beim Umsatz von Eiweiß und Kohlenhydraten. Ein Mangel äußert sich in Hautschäden, verschlechtertem Sehvermögen und einer Verfettung der Leber. 20-40 mg B_2/kg Futter sind in der Regel ausreichend. Bei Salmoniden können Mengen, die 100 mg/kg Futter überschreiten, ebenfalls zu Schäden führen, wie z. B. schlechtere Futterverwertung.

Vitamin B_3 (Niacin oder Nicotinsäureamid) findet sich in Trockenhefen, Reisfuttermehl, Erdnussmehl, Mühlennachprodukten sowie Fischmehl. Ein Mangel äußert sich in schlechtem Zuwachs, Abspreizen der Kiemendeckel durch Kiemenschwellung, Muskelkrämpfen, Ödemen im Magen/Darmtrakt, Blutungen in der Haut, Glotzaugen, unnormalen Schwimmbewegungen und schlechter Futteraufnahme. 500-1.000 mg/kg B_3-Zusatz zum Futter reichen sicher aus. Die Dosierung von 10.000 mg B_3/kg Futter verschlechtern die Futterverwertung und führen zur Verfettung. Viele Tiere können Nicotinamid im Körper synthetisieren, indem Tryptophan (essentielle Aminosäure) als Ausgangsmaterial – falls in ausreichender Menge in der Nahrung vorhanden – benutzt wird. Forellen können dies nicht, über andere Fischarten ist bisher wenig bekannt.

Vitamin B_4 (Cholin oder Bilineurin) kommt in tierischen und pflanzlichen Zellen in freier Form oder an Lecithine gebunden vor. Leber, Fischmehl, Hefe, Raps und Soja sind besonders reich an diesem Vitamin. Sojalezithin enthält Phospholipide welche im intermediären Stoffwechsel den metabolischen Transport von Fettsäuren ermöglichen. Außerhalb der Leber können diese nur in der Form von Triglyzeriden innerhalb von Lipoproteiden transportiert werden. Mit steigendem Fettgehalt im Futter nimmt der Bedarf an Phospholipiden zu. Lezithine sind eine Gruppe von Phosphatidylcholinen, sie sind Bestandteil der Zellmembran und setzen sich zusammen aus Fettsäuren, Glycerin, Phosphorsäure und Cholin. Hohe Cholinmengen im Futter verringern den Bedarf an Methionin (essentielle Aminosäure), niedrige Mengen erhöhen ihn. Auch mit Folsäure und Cobalamin bestehen Wechselwirkungen. Cholin fördert den Abtransport von Fett aus der Leber und verhindert eine Leberverfettung. Cholinchlorid (50 % Cholin) oder Cholindihydrogencitrat (41 % Cholin) werden in der Regel dem Futter beigegeben. Ein Mangel an Cholin äußert sich in schlechtem Zuwachs, Leberverfettung und Vergrößerung, Blutungen in Nieren und Darm, Auftreiben der Leibeshöhle, Aufhellung der Körperfärbung, Glotzaugen, weißgraue Verfärbung des Darmes und erhöhter Sterblichkeit. Je schlechter die Qualität des im Futter enthaltenen Eiweißes ist und je mehr Fett darin enthalten ist, desto höher ist der Bedarf der Tiere an Cholin. 1.000-2.000 mg B_4/kg Futter werden als optimale Dosis empfohlen. 500-1.000 mg werden als Mindestmenge angesehen.

Vitamin B_5 (Pantothensäure) findet sich vor allem in Hefe, Getreideprodukten, Erdnussmehl, Milch- oder Molkepulver, Melasse, Luzernemehl und Grünpflanzen, aber in gebundener Form auch in der Leber. Biologisch wirksam ist ausschließlich D-Pantothensäure. Wird es als Salz (Pantothenat) eingesetzt, muss der Wirkstoffgehalt umgerechnet werden. Ca-Pantothenat hat einen Anteil von 45 % Wirkstoff. Das Fehlen von Pantothensäure verursacht Stoffwechselstörungen, Schleimhautschäden, Leberveränderungen, Kiemenverklebungen, Kiemenschwellungen, Atemnot, fleckige Hautveränderungen und Blutungen in der Haut. In der Regel werden dem Futter 20-500 mg/kg Ca-Pantothenat zugegeben (45 % Wirkstoffgehalt). Unter den Bedingungen der Intensivhaltung von Fischen ist der höhere Wert im Futter anzustreben, da die höhere Dosierung ebenfalls die Stress Anfälligkeit der Fische reduziert, so dass auch nicht optimale Bedingungen nicht zu Schäden führen.

Vitamin B_6 (Pyritoxin oder Pyridoxamin), früher auch Adermin genannt, findet sich vor allem in Hefe, pflanzlichen Produkten und Fischmehl. Ein Mangel führt zu Störungen beim Zelleiweißstoffwechsel (Auf- und Umbau), zum Verlust der Fähigkeit Entfernungen abzuschätzen, schlechtem Zuwachs und Schädigungen von Leber, Niere, Verdauungskanal, Bauchspeicheldrüse und Thymusdrüse. Der Bedarf an B_6 ist im Frühjahr und Sommer deutlich höher als in Herbst und Winter. Mit 4-12 mg B_6/kg Futter dürfte der Bedarf soweit gedeckt sein, dass optimaler Zuwachs erwartet werden kann. Einige Fischarten z. B. Amerikanische Katzenwelse zeigen bei 20 mg B_6/kg Futter bereits erste Schäden durch Überdosierung. Karpfen hingegen zeigen bei 40 mg B_6/kg Futter noch keine sichtbaren Schädigungen.

Vitamin B_7 (Biotin oder Vitamin H) kommt natürlicherweise in den meisten pflanzlichen und tierischen Substanzen, die zu Ernährungszwecken herangezogen werden, in geringen Mengen vor. Besonders reichlich ist es in Hefe und Leber vorhanden. Seine Bedeutung liegt im Fettstoffwechsel und der Verdauung von Aminosäuren. Bei Mangel treten schlechter Zuwachs, Fressunlust, abnorme Schwimmbewegung und Verfärbung der Haut (Dunkelfärbung) auf. Wegen seines Einflusses auf den Fettstoffwechsel ist der Bedarf bei fettreichem Futter höher als bei fettarmem. Er liegt bei etwa 1 mg B_7/kg Futter, so dass eine üblicherweise beigemischte Menge von 5 mg/kg Futter für alle Fälle ausreichend ist.

Vitamin B_9 (Folsäure oder Vitamin M) kommt sowohl frei als auch gebunden in den meisten Futtermitteln, vor allem in Leber, Luzernegrünmehl und Hefe vor. Die gebundene Form wird im Magen-Darm-Kanal erst nach enzymatischer Aufspaltung aktiv. Dazu bedarf es der Hilfe von Vitamin C. Ein Mangel führt zu Blutarmut (Anämie), die durch einen Mangel an anderen Vitaminen der B-Gruppe weiter verschärft wir. Außerdem kann es z. B. bei Forellen zu verschlechtertem Zuwachs, Leber-vergrößerung, schwerfälligen Schwimmbewegungen, Verlust der Schwanzflosse und erhöhter Sterblichkeit kommen. 5 mg B_9/kg Futter werden in den meisten Fällen ausreichend sein, um auch einen durch Stress erhöhten Bedarf zu decken. Karpfen benötigen keine oder eine wesentlich geringere Dosierung von Folsäure. Aale hingegen sind auf die Zufuhr von außen, also über das Futter, angewiesen.

Vitamin B_{12} (Cobalamin oder Erythrotin) findet sich vor allem in der Leber von Säugetieren, Fischpresswasser welches bei der Herstellung von Fischmehl entsteht, Vollfischmehl und Milch. Einige Fischarten können das Vitamin im Darm synthetisieren, z. B. Karpfen. Die Verfütterung von Antibiotika hemmt oder unterbindet diese Fähigkeit, da die zur Synthese nötigen Bakterien abgetötet werden. Erst wenn wieder eine funktionstüchtige Darmflora aufgebaut ist, kann das Vitamin erneut im Darm synthetisiert werden. Ein Mangel äußert sich in schlechtem Zuwachs (es dauert recht lange bis er auftritt, ca. 3 Wochen) und geringer Futteraufnahme. Vor allem Brut benötigt B_{12} im Futter. Eine Vitaminzugabe von 0,05 mg B_{12}/kg Futter dürfte in den meisten Fällen ausreichen.

Inosit wurde früher manchmal zu den B-Vitaminen gerechnet, heute ist der Vitamincharakter aber umstritten. Inosit ist im Stoffwechsel nur als Myoinosit oder Mesoinosit wirksam. Es findet sich in recht großen Mengen in Pflanzen und Tieren. Inosit greift in den Kohlenhydratstoffwechsel der Tiere ein; es fördert die Fettverdauung und soll die Synthese von Biotin oder Vitamin H im Körper fördern. Eine ausreichende Zufuhr mit dem Futter kann die fettige Degeneration der Leber verhindern oder zumindest mildern. Aufgrund dieser Fähigkeit wird es auch als Leberschutzvitamin bezeichnet. Ein Mangel äußert sich in Leberverfettung, brüchigen Flossen, Verlust der Schwanzflossen, schlechtem Zuwachs, schlechter Futterverwertung, Hautschäden und erhöhter Sterblichkeit. Junge Fische sind anfälliger als ältere. Zugaben von 300-500 mg/kg Futter werden als ausreichend angesehen. Je nach Gegebenheit können dem Futter zur Siocherheit auch 2.000-5.000 mg Myoinosit/kg Futter beigemischt werden, wenn das Futter z. B. in Bezug auf das Verhältnis von Kohlenhydrate, Protein und Fett zueinander schlecht ausbalanciert ist, und Lebeschäden zu erwarten oder bereits aufgetreten sind.

Vitamin C (Ascorbinsäure) kommt in allen grünen Pflanzen und frischen Früchten vor. Aus Kohlenhydraten in der Leber können die meisten Tiere – nicht aber Menschen, Affen, viele Fischarten und Meerschweinchen – Ascorbinsäure (Vitamin C) aufbauen. Bei Stoffwechselerkrankungen, Infektionen, Verletzungen und Stress erhöht sich der Bedarf an Vitamin C soweit, dass er vom Körper nicht länger gedeckt werden kann. Reichliche Zufuhr über das Futter kann etwaig auftretende Schäden in solchen Fällen erheblich mildern. Eine durch Kupfer (Cu) verursachte Anämie wird durch Vitamin C gemildert Für Forellen ist Vitamin C essentiell, muss also mit der Nahrung zugeführt werden. Ein Mangel äußert sich in Blutungen (Hämorrhagien) auf/in Haut, Leber, Niere, Darm und Muskulatur, verschlechterter Wundheilung, Schuppenausfall, Verformung der Kiemendeckel sowie Verformungen (Skoliosen und Lordosen) und Bruch der Wirbelsäure. Welse, Karpfen und Aale sind ebenfalls auf die Zufuhr von Vitamin C durch das Futter angewiesen, allerdings in geringerer Menge. Störe benötigen unter den Bedingungen der Intensivhaltung ausreichend Vitamin C, bei Mangel sind gehäuft Wirbelsäulenverkrümmungen zu beobachten. Der Bedarf an Vitamin C ist eigentlich mit 100-150 mg/kg Futter gedeckt. Herstellung und Lagerung verursachen allerdings sehr hohe Verluste. Bei Raumtemperatur (21 °C) können die Lagerverluste über 90 % in 6 Wochen betragen. Stabilisiertes Vitamin C besitzt eine deutlich bessere Haltbarkeit. Aber auch das stabilisierte Vitamin wird zunächst bei der Herstellung (Erwärmung im Extruder) und später durch Lagerung soweit vermindert, dass nach 3 Monaten nur noch etwa die Hälfte der eingesetzten Menge verfügbar ist. Für Fische unter schlechten Haltungsbedingungen kann eine Zufuhr von bis zu 1.000 mg/kg Futter positive Auswirkung auf den Zuwachs haben und etwaige Verluste verringern.

Verformung der Wirbelsäule eines Störs durch Vitaminmangel. Foto: E. Fritschi

Richtwerte zur Vitaminierung von Trockenmischfutter sind folgender Tabelle zu entnehmen (nach *Steffens, 1985*):

Vitamin	Einheit	Forellen	Karpfen	Katzenwels
A	(IE/kg)	5.000-20.000	4.000-20.000	-
B_1	(mg/kg)	10-20	10	1
B_2	(mg/kg)	10-20	5-10	10
B_3	(mg/kg)	50-150	30-50	20
B_4	(mg/kg)	500-1.000	1.000-2.000	-
B_5	(mg/kg)	50-100	30-90	250 (Brut)
B_6	(mg/kg)	10-20	5-10	2-3
B_7	(mg/kg)	1-2	1	1
B_9	(mg/kg)	5-10	-	-
B_{12}	(mg/kg)	0,02-0,05	-	-
C	(mg/kg)	200-400	50-100	50-200
D_3	(mg/kg)	50-75	50	10-80
E	(mg/kg)	100-500	100-500	-
K_3	(mg/kg)	10-20	3	-

Kühle und trockene Lagerung verlängert die Haltbarkeit aller für diese Einflussgrößen anfälligen Vitamine und Fette und sollte folglich für die Futterlagerung allgemein gelten.

5.1.7. Probiotika, Präbiotika, Synbiotika

In zunehmendem Maß werden Futtermitteln Probiotika, Präbiotika oder Synbiotika zugesetzt um die Mortalität zu verringern, die Widerstandsfähigkeit gegen Stress und Infektionen zu erhöhen und die Futterverwertung zu verbessern.

Probiotika enthalten lebensfähige Mikroorganismen wie z. B. Milchsäurebakterien und werden von außen über die Nahrung zugeführt. Sie können einen gesundheitsfördernden Einfluss haben, sofern die Mikroorganismen in der Lage sind, die Passage durch den Magen lebend zu überstehen. Im Darm haben sie einen positiven Einfluss, indem sie die im Darm befindliche Flora teilweise verdrängen und antibakterielle Stoffe produzieren, die eine Fehlbesiedlung des Darms verhindern. Eine positive Wirkung ist zu erwarten in Hinblick auf die Immunreaktion und im Fall von Durchfällen. Werden sie nicht ständig über die Nahrung zugeführt verschwinden sie langsam wieder.

Präbiotika sind nicht verdaubare Futterbestandteile welche Wachstum und Aktivität von dem Darm „wohl wollenden“ Bakterienstämmen wie etwa Laktobazillen oder Bifidobakterien verbessern. Derartige die Darmgesundheit fördernde Stoffe sind z. B. Inulin, Fructane, Oligofructide, Oligosaccaride oder andere Kohlenhydrate. Präbiotika liefern mit dem Futter keine lebensfähigen Mikroorganismen, sondern haben einen positiven Einfluss auf bereits im Darm befindliche „gute“ Bakterien, indem sie diese zum Nachteil schädlicher Bakterien fördern.

Synbiotika bestehen aus einer Kombination der beiden vorherigen.

5.1.8. Mineralstoffe

Mineralstoffe sind chemische Elemente und Verbindungen, die am Aufbau des tierischen Körpers beteiligt sind, seine Funktionen ermöglichen und von außen zugeführt werden müssen. Sie sind folglich essentiell für Tiere. Die Kenntnisse über den Mineralstoffbedarf von Fischen sind noch sehr ungenau. Offensichtlich können Fische ihren Bedarf im Gegensatz zu landlebenden Tieren teilweise auch aus dem sie umgebenden Wasser decken. Allgemeinen teilt man die Mineralstoffe in zwei Gruppen, die Mengen- oder Makroelemente und in die Spuren- oder Mikroelemente.

5.1.8.1. Mengenelemente

Der Bedarf des tierischen Organismus an Mengenelementen liegt häufig wesentlich über 100 mg/kg Trockenfutter. Zu diesen werden gezählt: Calcium (Ca), Phosphor (P), Magnesium (Mg), Kalium (K), Natrium (Na), Chlor (Cl) und Schwefel (S).

Calcium (Ca) ist ein wichtiger Bestandteil des Skeletts, also der Gräten. Fische speichern Calcium in der Haut und den Schuppen und nutzen es von dort bei Bedarf für den Ca-Austausch. Darüber hinaus ist Ca wichtig für die Nieren- und Muskeltätigkeit, die Blutgerinnung, den Vitamin D-Stoffwechsel und die Durchlässigkeit biologischer Membranen (Osmose Regulierung). Der Ca-Haushalt wird über Hormone gesteuert. Ist Ca sowohl im Wasser als auch in der Nahrung verfügbar, erfolgt die Aufnahme etwa zu gleichen Teilen aus beiden Medien. Der Bedarf an Ca im Futter liegt in Abhängigkeit vom Ca-Gehalt im Umgebungswasser bei etwa 2-15 g/kg Futter. Der Phosphorgehalt des Futters hat einen Einfluss auf die Calcium-Aufnahme der Fische. Im Futter sollte Calcium zu Phosphor je nach Herkunft und Bindung im Verhältnis von 1:1-2 enthalten sein.

Phosphor (P) ist ebenso wie Calcium ein wichtiger Bestandteil der Knochen (Gräten). Er wird außerdem für eine Reihe wichtiger Stoffwechselvorgänge und Produkte benötigt, wie etwa den Energietransport im Körper (ADP/ATP), den Aufbau von Nucleinsäuren und vielen Enzymen. Phosphor kann aus dem Wasser aufgenommen werden, aber die weitaus größte Phosphormenge muss mit dem Futter geliefert werden. Überschüssiger Phosphor wird vor allem über den Kot abgegeben. Mischfuttermittel sollten je nach Herkunft und Verdaulichkeit des Phosphors einen Phosphatgehalt von 1,2-1,5 g/kg Futter haben. Phosphor pflanzlichen Ursprungs – das Phytin-P – ist für Fische kaum bis schwer verdaulich und bindet zusätzlich Ca, Mg, und Zn. Fische mit Magen (z. B. Forellen) können schwer lösliches P besser (weniger schlecht) verdauen als solche ohne Magen (z. B. Karpfen). Primäre anorganische Phosphate werden sowohl von Fischarten mit, als auch ohne Magen recht gut verdaut [$Ca(H_2PO_4)_2$], während sekundäre und tertiäre Ca-Phosphate, z. B. $CaHPO_4$ oder $Ca_3(PO_4)_2$ von Forellen deutlich besser genutzt werden können als von Karpfen.

Magnesium (Mg) trägt zur Erhöhung der Stoffwechselintensität in der Leber bei, ist in einigen Enzymen enthalten und steht in enger Beziehung zu Calcium und Phosphor. Ein Mangel an Mg führt zu Wirbelverkrümmungen, schlechtem Zuwachs, schlechter Futteraufnahme und verringerter Aktivität. Im Meerwasser ist deutlich mehr Mg enthalten als im Süßwasser, so dass Meerwasserfische ihren Bedarf wohl aus dem sie umgebenden Wasser decken können. Süßwasserfische die naturgemäß in einem Medium mit wenig gelöstem Mg leben, benötigen mit dem Futter eine Zufuhr von 400-500 mg/kg Futter.

Kalium (K) hat überragende Bedeutung für die Osmose Regulation, sowie für die Nervenreizleitung. Bei Mangel werden z. B. Aale apathisch und kringeln sich in charakteristischer Weise. Sie sammeln sich dann in den üblicherweise bei der Aalhaltung verwendeten Ablaufkelchen, so dass vom Betreiber der Anlage sofort reagiert werden kann. Die Zugabe von etwas kaliumhaltigem Düngesalz zum Anlagenwasser schafft verblüffend schnell Abhilfe. 1,6 g/kg Futter gelten als ausreichend, da auch erhebliche Mengen aus dem umgebenden Wasser aufgenommen werden können.

Natrium (Na) ist in seiner Wirkungsweise etwa dem Kalium vergleichbar K und Na sind in der Nervenreizleitung unverzichtbare Partner (Kalium-Natrium Ionen Pumpe). Eine Dosierung von 2,2 g/kg Futter wird als ausreichend angesehen, da etwaige Fehlmengen aus dem umgebenden Wasser aufgenommen werden. Aber vor allem Brutfutter sollte nicht mehr als 10 g Na/kg Futter enthalten. Na ist eigentlich immer in ausreichender Menge im Wasser gelöst. Ein zu viel im Futter muss von den Fischen unter Energieeinsatz ins umgebende Wasser ausgeschieden werden, was insbesondere noch in der Entwicklung befindliche Jugend- beziehungsweise Larvenstadien überfordert.

Chlor (Cl) als Chlorid kommt im Organismus eine große Bedeutung bei der Osmose Regulierung zu. Es kann unter Energieeinsatz über die Kiemen in erheblichen Mengen abgegeben und aufgenommen werden. Ein Gehalt von 1 % Kochsalz (NaCl) im Wasser wirkt stimulierend auf Forellen und Aale. Im Futter verschlechtert es die Futterverwertung, wenn mehr als 4 % enthalten sind, da es aktiv unter Energieaufwand ausgeschieden werden muss. Die Ausscheidung von

Kochsalz erfolgt über den Urin oder die Kiemen. Der Weg über die Kiemenausscheidung erfordert die Aufwendung von Energie für den Übertritt in das Umgebungswasser, der Weg über die Urinausscheidung ist ohne zusätzlichen Energieaufwand möglich. Die im Grundfutter enthaltene Kochsalzmenge wird als ausreichend angesehen. Eine zusätzliche Dosierung zum Futter ist nicht erforderlich.

Schwefel (S) ist vor allem in den Aminosäuren Methionin (essentiell) und Cystin (halbessentiell) enthalten. Schwefel kann aus dem Umgebungswasser aufgenommen werden. Die größere Menge allerdings wird durch die Nahrung geliefert. Eine Temperaturerhöhung steigert die Sulfataufnahme (SO_4) aus dem Wasser.

5.1.8.2. Spurenelemente

Spurenelemente werden in einer Menge von weniger als 100 mg/kg Futter vom tierischen Organismus benötigt. Zu ihnen zählen vor allem: Eisen (Fe), Kupfer (Cu), Mangan (Mn), Zink (Zn), Kobalt (Co), Molybdän (Mo), Chrom (Cr), Selen (Se), Fluor (F), Jod (J) und Nickel (Ni). Über den tatsächlichen Bedarf bei Fischen ist sehr wenig bekannt.

Eisen (Fe) ist Bestandteil des roten Blutfarbstoffs (Hämoglobin) und ermöglicht den Transport von Sauerstoff durch das Blut. Ebenfalls ist es in Atmungsenzymen enthalten. Eisen kann über die Kiemen aus dem Wasser aufgenommen werden. Wirksam ist dabei vor allem die zweiwertige Form. Dreiwertiges Eisen (Rost) ist praktisch nicht nutzbar. Aus der Nahrung wird Eisenchlorid von den Fischen besser aufgenommen als Eisencitrat (Citrat = Salz der Zitronensäure). 40-50 mg Fe/kg Futter werden als unterste Grenze angesehen.

Mangan (Mn) ist in Enzymen enthalten. Es ist für ungestörtes Wachstum unentbehrlich. 12-15 mg Mn/kg Futter gelten als ausreichend.

Zink (Zn) ist ebenfalls Bestandteil vieler Enzyme. Mangelerscheinungen sind Linsentrübung (Auge), Körperverkürzung und verringerter Zuwachs durch nachlassende Fresslust. 30-70 mg Zn/kg Futter werden als ausreichend angesehen. 400 mg/kg Futter führen bei Abwesenheit von Calcium (Ca) durch Anreicherung im Fisch zu Schäden (Wachstumshemmung). In Anwesenheit von Ca treten die Schäden erst bei 700 mg/kg Futter auf, da Ca die Aufnahme von Zn verringert. Im Wasser wirkt Zn bereits in sehr geringen Konzentrationen toxisch für Fische. Im Kreislaufwasser sollte der Zn-Gehalt 0,1 mg/l nicht übersteigen. Ist auch noch Kupfer (Cu) enthalten, sollte der Wert nicht über 0,02 mg/l Zn steigen, da in Anwesenheit von Kupfer die Giftwirkung von Zink erheblich zunimmt. Fischfutter für Kreislaufanlagen sollte wegen der Gefahr der Anreicherung möglichst niedrige Dosierungen von Zn und Cu enthalten. Weiter Quellen für unerwünschte Zn-Zufuhr sind verzinkte Rohrleitungen und verzinkte

Gebäudekonstruktionen. Huminsäuren und Huminstoffe entstehen in der biologischen Aufbereitung beim Abbau pflanzlichen Materials im Fischfutter, erkennbar an der typischen braunen Färbung des Wassers. Sie können sehr effektiv die Giftwirkung von Zn, Cu und anderen Schwermetallen aufheben, indem sie mit diesen Chelate (Salze) bilden welche die Giftwirkung der Zn, Cu, oder anderer Ionen für Fische praktisch aufheben.

Kobalt (Co) wird für die Synthese von Vitamin B_{12} (Cobalamin) und den Stoffwechsel des Hämoglobins benötigt. Der Bedarf liegt bei 0,05 mg Co/kg Futter. 0,1-5,0 g Co/kg Futter wirken für Forellen bereits toxisch.

Selen (Se) ist am Fettstoffwechsel beteiligt und wirkt dort im Zusammenspiel mit Vitamin E. Bei Mangelsymptomen wie Fressunlust, Lethargie und steigenden Verlusten ist der Einsatz von Vitamin C zusätzlich zu erhöhter Selengabe hilfreich. 0,10-0,15 mg Se/kg Futter gelten als ausreichend.

Jod (J) wird für die Synthese der Schilddrüsenhormone benötigt; außerdem beeinflusst es die Geschlechtsfunktion. Das Fehlen von Jod verursacht nicht nur bei Menschen, sondern auch bei Fischen einen Kropf. Nach *Steffens* (1985) soll der Mindestbedarf 0,6-1,1 mg J/kg Futter betragen. Salzwasserfische benötigen keine Nahrungsergänzung, da im Meerwasser genügend Jod vorhanden ist.

Kupfer (Cu) ist neben Eisen zur Synthese von Hämoglobin nötig. Ein Mangel äußert sich in schlechtem Zuwachs. Karpfen und Forellen benötigen etwa 3 mg Cu/kg Futter, der amerikanische Katzenwels (*Ictalurus punctatus*) 5-6 mg/kg Futter. Ab 16 mg Cu/kg Futter können Schäden auftreten. Siehe auch Wirkung und Dosierung von Zink. Außer als Spurenelementzugabe im täglich verabreichten Futter kann Cu aus Kupferleitungen, Messing- oder Bronzearmaturen und Fittings in Kreislaufwasser gelangen.

Für die übrigen Spurenelemente Chrom (Cr), Molybdän (Mo), Fluor (F) und Nickel (Ni) liegen keine gesicherten Erkenntnisse über Bedarfszahlen von Fischen vor.

5.2. Futtermittellagerung

Trockenfutter wird möglichst in separaten, ungezieferfreien, trockenen und kühlen Räumen gelagert. Kühle und trockene Lagerung verlängert die Haltbarkeit, vor allem der ungesättigten Fettsäuren, stoppt Schäden durch vorzeitige Alterung einiger Vitamine und verhindert die Entstehung von durch Pilze verursachtem Schimmel.

Futtermittel für unterschiedliche Fischarten oder Fischgrößen sollten derart gelagert werden, dass sie jederzeit ohne Schwierigkeiten nach Größe und Art erreicht werden können. Eine geordnete Lagerung erleichtert rechtzeitiges

Erkennen nötiger Nachbestellung, verhindert die verzweifelte Suche nach dem einen Sack der doch noch eigentlich irgendwo sein müsste, verhindert das Überschreiten des Haltbarkeitsdatums und ermöglicht die gefahrlose weil rechtzeitige Verwendung von derart „versteckten“ Futterchargen. Das Lagern der Futtersäcke auf Paletten ermöglicht eine Luftzirkulation und verhindert, dass Feuchtigkeit von unten an das Futter gelangt.

Feucht gelagertes Futter verdirbt und schimmelt. Der Schimmelpilz bildet Giftstoffe (Aflatoxine), die den Organismus der Tiere schädigen. Die Folge ist mangelhafter Zuwachs oder sogar Ausbildung eines Leberkarzinoms. Falsch (feucht und warm) und zu lange gelagertes Futter führt zu schlechtem Zuwachs und Mangelerscheinungen infolge oxidierter Fettsäuren (Fett wird ranzig), Umsetzungen im Protein und Zerfall oder Wirkungsminderung bei den Vitaminen.

Pellets dürfen möglichst wenig (<1 %) Staub, der auch als Abrieb bezeichnet wird, enthalten. Da Staub oder Abrieb von den Fischen nicht gefressen werden kann, verschlechtert er die Wasserqualität im Fischbecken, belastet die Kiemen der Fische und muss in der Wasseraufbereitung aus dem Wasser entfernt werden. In Futterautomaten zieht Futterstaub Feuchtigkeit an und bildet mit diesem klebrige oft sehr fest sitzende Ablagerungen, die für Schimmelpilze einen idealen Nährboden darstellen. Damit der Schimmel nicht in die Pellets und damit in die Fische gelangt, müssen die Automaten häufig zerlegt, gereinigt, desinfiziert und getrocknet werden.

Das Aufstellen einer ausreichenden Anzahl an Köderboxen und deren regelmäßiges Kontrollieren und Nachfüllen ist unabdingbar um Ratten und Mäuse von dem „teuren“ Fischfutter fern zu halten. Vor allem Mäuse und Ratten siedeln sich in den Futtersäcken an, bauen dort ihre Nester und verunreinigen das Futter durch Kot und Urin. Der dabei entstehende Schaden ist größer als der durch zerbissene Futtersäcke oder gefressenes Futter. Ratten können auch auf Menschen Krankheiten übertragen.

Im Futterlager muss eine Waage vorhanden sein, um jeder Partie Fische entsprechend den an den Zuwachs angepassten Futterlisten die nötigen Futtermengen zuwiegen zu können. Ist eine automatische Fütterungsanlage vorhanden, wird mit der zu ihr gehörenden Wiege- oder Dosierungsvorrichtung die tägliche Futtermenge festgelegt.

Die täglich zu verabreichenden Futtermengen richten sich nach der Spezies, dem Alter (Größe) der Fische, dem Produktionsziel (Mast, Setzlinge, Brut, Fische für Besatz, Vermehrung oder Kaviar) und nicht zu vergessen nach den Wasserwerten wie z. B. °C, O_2, NH_4, NO_2, CO_2. Die Futterlisten werden mindestens 14-tägig – besser öfter – dem Zuwachs der Fische und deren Futterbedarf angepasst. Nur so ist eine ökonomische Fischaufzucht möglich.

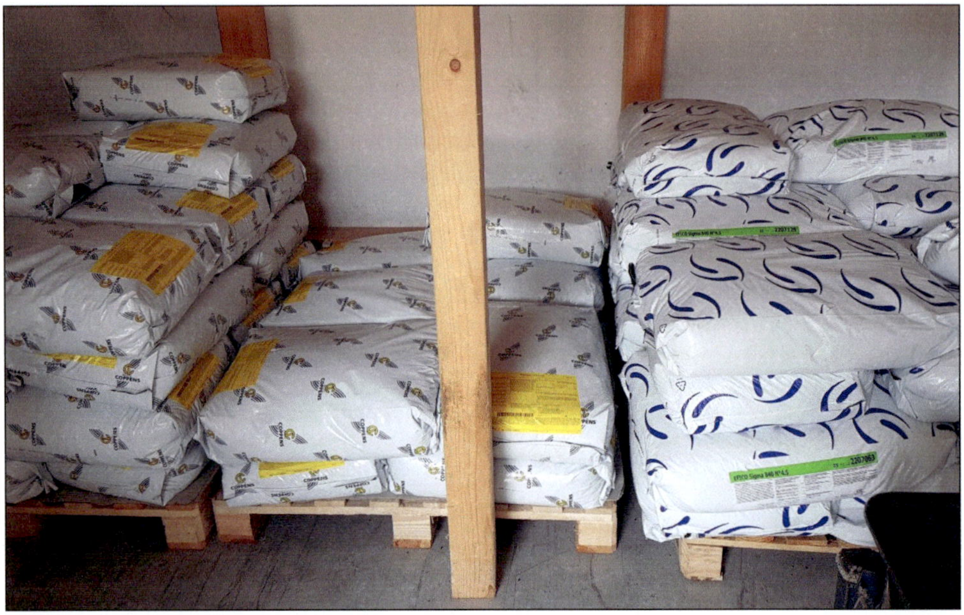

Trockene und nach Futtersorte/Pelletgröße geordnet Lagerung auf Palletten. Foto: E. Fritschi

Bandfutterautomat der dringend einer Reinigung bedarf. Foto: E. Fritschi

5.3. Futtermittelbewertung

Sollen verschiedene Futtermittel vor dem Kauf verglichen und bewertet werden, hat es sich bewährt eine überschlägige Berechnung des Energiegehaltes der Nährstoffe durchzuführen. Wird einem auf der einen Seite ein Futtermittel angeboten welches 42 % Protein, 18 % Fett, 16 % Kohlenhydrate sowie 1,7 % Rohfaser enthält, und auf der anderen Seite eines mit 42 % Protein; 12 % Fett, 13 % Kohlenhydrate und 3 % Rohfaser; bei einem Preisangebot von 980,- €/t für das günstigere (42/12) und 1.010,- €/t für das teurere (42/18) Futter ist es aus dem Gefühl heraus schwierig zu sagen bei welchem Futter mit dem günstigsten Zuwachs zu rechnen ist, oder welches letztendlich das preiswertere ist. Als Beurteilung und Entscheidungshilfe kann eine auf dem Energiegehalt basierende Rechnung unter Zugrundelegung der folgenden Faktoren durchgeführt werden:

Protein	= 0,239 MJ/%
Fett	= 0,398 MJ/%
Kohlenhydrate	= 0,175 MJ/%
Rohfaser	= 0,201 MJ/%

MJ = Mega Joule. Kohlenhydrate werden oft als NfE angegeben. NfE = N (Stickstoff) freie Extraktstoffe. Rohfaser bleibt bei der späteren Berechnung unberücksichtigt, da es für Fische praktisch unverdaulich ist. Bei Bedarf, zum Vergleich von Daten aus älterer Literatur, kann eine Umrechnung von Joule (kJ) in Kalorien (kcal) vorgenommen werden: 1 kJ = 0,24 kcal oder 1 kcal = 4,19 kJ.

	Futter 1:	Futter 2:
Rohprotein	= 42 % x 0,239 = 10,038 MJ	42 % x 0,239 = 10,038 MJ
Fett	= 18 % x 0,398 = 7,164 MJ	12 % x 0,398 = 4,776 MJ
Kohlenhyd.	= 16 % x 0,175 = 2,800 MJ	13 % x 0,175 = 2,275 MJ
	20,902 MJ	17,098 MJ

Das billigere Futter ist im Preis etwa 3 % niedriger als das teurere, allerdings ist der Nährstoffgehalt etwa 18 % geringer. Obwohl mit Bruttoenergie und nicht mit verdaulicher Energie oder umsetzbarer Energie gerechnet wurde ist das Resultat deutlich zu Gunsten des vermeintlich teureren Futters. Diese Berechnung ist ein erster, nicht unwichtiger Anhalt bei der Futterauswahl und sagt natürlich wenig über die tatsächliche Eignung des Futters für die eigene Anlage aus. Hierzu muss mehr über die Futterkomponenten bekannt sein z. B. ob etwa weißes Fischmehl (bei niedrigen Temperaturen gewonnen auch LT Fischmehl genannt) oder braunes Fischmehl (bei hohen Temperaturen gewonnen) welches deutlich schlechter verdaulich ist, in das Futter eingemischt wurde.

Des Weiteren ist die Herkunft der Proteine wichtig. Tierisches Protein wie z. B. Blutmehl, Federmehl, Geflügelmehl, Fleischmehl, Fischmehl, Krabbenmehl oder Squidmehl ist bisher nicht zu 100 % durch pflanzliches Protein, welches aus Leguminosen (Erbsen, Linsen, Bohnen, Lupinen, Soja), Getreide (Gluten) oder aus Brauereirückständen gewonnen wird, zu ersetzen. Wurmmehl und/oder Insektenmehle sind wohl in der Lage Fischmehl zu einem hohen Prozentsatz zu ersetzen. Ihre Wert bestimmenden Bestandteile lassen sich durch Verfütterung der entsprechenden Substanzen in recht kurzer Zeit den Bedürfnissen der Fischfütterung anpassen. Leider ist der Einsatz derartige Mehle, zumindest in manchen Ländern, bisher nicht zur Fischfütterung zugelassen.

Im Allgemeinen kann man von einer Verdaulichkeit des Proteins im Bereich von 85-90 % und bei Fett von 85 % ausgehen (*Spannhof, 1995*). Ein steigender Schmelzpunkt verschlechtert die Verdaulichkeit von Fetten. Die Verdaulichkeit von Kohlenhydraten ist abhängig von deren Behandlung beziehungsweise Verarbeitung (roh oder wärmebehandelt) der Herkunft (z. B. Glukose, Dextrin, Kartoffelstärke), der Fischart (Fleisch- oder Pflanzenfresser) und dem prozentualen Anteil in der Rezeptur. Die Verdaulichkeit schwankt unter diesen Umständen im Bereich von 20-99 %.

Bei vielen Fischarten ist es angebracht zumindest ein Drittel des Proteins als tierisches Protein in der fertigen Mischung zu haben. Besteht der Proteinanteil des Futters zu hohen Prozentsätzen aus pflanzlichen Quellen (Soja, Erbsen, Bohnen, Lupinen, Getreide), kann es angebracht sein, dem Futter Carnitin (Aminosäureähnliches Molekül) in einer Menge von 300-500 mg/kg beizumischen, da Carnitin für den Transport von Fettsäuren im Stoffwechsel wichtig ist. Ein Mangel zeigt sich in erheblichen Störungen im Stoffwechsel und in der Folge in vermindertem Wachstum.

Bei Zimmertemperatur flüssige Fette (Öle) werden besser verdaut als feste (Talg, Schmalz). Zumindest bei Tieren die länger leben sollen oder müssen, wie etwa Elterntiere, Laichfische oder Kaviarfische, ist es wichtig einen Teil des Fettes aus mariner Herkunft (Fischöl) im Futter zu haben.

Kohlenhydrate werden im Futter benötigt um den Zusammenhalt und die Preßbarkeit des Futters zu sichern. Zu viel kann bei anfälligen Fischarten (Störe) zur Anhäufung erheblicher Fettmengen im Bauchraum führen. Dieses Fett ist später auf Grund seiner Fettsäure-Zusammensetzung nur schwer wieder remobilisierbar.

Vor allem Hülsenfrüchte enthalten eine Reihe von Inhaltsstoffen die giftig oder zumindest die Verdauung einzelner Futterbestandteile hemmend sind. Daher ist vor dem Einsatz als Futtermittel eine Behandlung erforderlich, welche diese Inhaltsstoffe zerstört oder zumindest soweit reduziert, dass der negative Effekt nicht mehr auftreten kann. Derartige Inhaltsstoffe sind z. B. Protease Inhibitoren, Antivitamine, metallbindende Faktoren, Cyanogene, Tannine, Lektine, Glykoside, Sterculia-Säure oder Malval-Säure, Phytinsäure, Oxalsäure. Lektin etwa klumpt die roten Blutkörperchen, lagert sich an die Darmschleimhaut an und fördert das Eindringen von pathogenen Keimen. Phythinsäure bindet Phosphor als Phytat, wodurch dieses wiederum schlecht verdaulich für Fische wird und zusätzlich die Verfügbarkeit von Ca, Mg, und Zn verringert. Sterculia- und Malval-Säure beeinträchtigen die Permeabilität von biologischen Membranen und hemmen die Dehydrierung in der Leber. Ein Teil der Hemmfaktoren lässt sich durch Erhitzen beseitigen z. B. Toasten von Sojabohnen, andere durch Entfernung von Hüllen und Schalen, wieder andere durch Auswaschen. Freies, hoch toxisches Gossypol aus Baumwollsaat lässt sich durch Zusatz von Eisensulfat ($FeSO_4 \times 7 H_2O$) entgiften. Vor allem in Getreide (Mais und Weizen) sind Pilze (*Fusarium*) zu finden, deren Giftstoffe durch die bei der Futtermittelherstellung üblichen Behandlungen meistens nicht beseitigen oder unschädlich gemacht werden können. Die Toxine verursachen Schäden am Immunsystem und der Leber und damit zusammenhängend verringertes Wachstum und erhöhte Krankheitsanfälligkeit. Aflatoxin ist ein Toxin welches sich in Erdnüssen aber auch in Getreide finden kann und Schäden vor allem an der Leber verursacht. Futterkomponenten welche die oben genannten Stoffe (Fusarium, Aflatoxin) enthalten sollten oder besser gesagt dürfen nicht zur Herstellung von Futtermitteln eingesetzt werden

5.4. Unidentifizierte Wachstumsfaktoren

Es ist bisher nicht genau bestimmt was genau diese UFG Faktoren (Unidentified Growth Factors) sind oder was sie ausmacht. Man kennt nur ihre positive Wirkung in der Ernährung, Haltung und Aufzucht von Tieren. Sie werden meistens nach ihrem Vorhandensein benannt, wie etwa Luzerne-, Molke-, Fermentations- und Gärungs-Faktor. Ihr Einsatz im Futter erfolgt vor allem für junge Tiere im Bereich von 0,1-0,3 %. Wie der Name schon sagt, kommen diese Faktoren gehäuft vor in Milch und Milchprodukten (Molke-Faktor), in Gärungs- und Fermentationsprodukten (Alkohol) und in Fischpresssaft.

In den Bereich der unbekannten Wachstumsfaktoren können auch weitere das Immunsystem stimulierende Substanzen gerechnet werden wie z. B. Hefe-Glukane, Hefe-Nukleotide, Beta-Glukane, immunstimulierende Glykane und aus Tieren isolierte Peptide. Glukane sind Polysaccharide die nur aus D-Glucose Molekülen bestehen. Glykane sind ein anderer Ausdruck für Polysaccharide. Nukleotide sind Bausteine von Nukleinsäuren in Strängen der Ribonukleinsäure (RNS) und Desoxyribonukleinsäure (DNS). Nukleotide bestehen aus einem Basen-, einem Zucker- und einem Phosphatteil, und werden z. B. in der Regulation von Lebensvorgängen in Zellen als intrazelluläre Botenstoffe oder beim Energietransfer mit Hilfe von ADP oder ATP benötigt.

5.5. Nass- und Lebendfutter

In den allermeisten Fällen wird heutzutage in der intensiven Fischzucht mit pelletiertem bzw. extrudiertem Trockenfutter gearbeitet. Mit Wasser anzurührendes teigartiges Nassfutter z. B. für Aale hat sich auf Dauer nicht durchsetzen können bzw. ist bei der heutigen Futtermittelqualität nicht mehr nötig. Auch die Verabreichung von Nassfutter ist zunehmend unüblich bis verboten. Einzig „semi moist" Pellets (halb feucht) sind in einigen Ländern noch ab und an in Gebrauch.

In der Larven-, Brut- und Setzlingsaufzucht von Salzwasserfischen sowie von Süßwasserfischen mit kleinem Maul wie z. B. Karpfen, Zandern, Quappen und bestimmten Zierfischen wird allerdings auch heute noch häufig mit Lebendfutter gearbeitet, da die Aufzuchtergebnisse mit Trockenfutter häufig deutlich schlechter sind. Eine Ursache ist, dass vor allem für die sehr frühen Larvenstadien noch nicht genau bekannt ist welche Nährstoffe, Vitamine, Mineralstoffe und auch Enzyme in welcher Zusammensetzung, Konzentration und Partikelgröße erforderlich sind. Auch ist es schwierig die genannten Komponenten in gleichmäßiger Verteilung in den recht kleinen Futterpartikeln – teilweise unterhalb von 100 µm (Mikrometer) – herstellungstechnisch unterzubringen. Zur Anwendung kommen vor allem Rädertiere (z. B. *Brachionus*), Salinenkrebschen (*Artemia*) oder Wasserflöhe (z. B. *Moina*).

Hausen (*Huso huso*) lassen sich mit gehackten Kompostwürmern (*Eisenia*), Schlammröhrenwürmern (*Tubifex*) oder Mückenlarven (*Chironomus*) leichter anfüttern als mit Trockenfutter. Andere Störarten wie etwa der Sibirische Stör (*Acipenser baeri*), Russische Stör (*Acipenser gueldenstaetii*), Sterlet (*Acipenser ruthenus*) oder Sternhausen (*Acipenser stellatus*) werden recht erfolgreich mit Salinenkrebschen (*Artemia)* angefüttert. Glasaale werden zurzeit mit Dorsch-, Seehecht- oder Schollenrogen sehr erfolgreich an Futter gewöhnt. Offenbar wirkt der frische Rogen der genannten Arten für Glasaale unwiderstehlich. Auch zerkleinertes Muschelfleisch wird erfolgreich eingesetzt. Die Gewöhnung oder besser Umgewöhnung von Lebendfutter auf Trockenfutter, das sogenannte weaning, erfolgt schrittweise, indem der Trockenfutteranteil an der Nahrung immer weiter erhöht wird, bei gleichzeitiger Verringerung des Naturfutters.

Salinenkrebschen (*Artemia*) werden als trockenes, vakuumverpacktes „Pulver" bei Bedarf weltweit geliefert. Dieses Pulver besteht aus Dauereiern (Zysten) der Kleinkrebse. Kühl und trocken gelagert sind diese Dauerstadien mehrere Jahre haltbar. Bei Bedarf wird die benötigte Anzahl von Eiern (Zysten) nach Anweisung in warmem, belüftetem Salzwasser erbrütet, die geschlüpften Larven der Krebse werden von den Schalen getrennt und an die Fischlarven verfüttert. Je nach Fischart können vor der Verfütterung die Artemia-Nauplien (Nauplius = Stadium der Larvenentwicklung der Krebse) mit mehrfach ungesättigten Fettsäuren angereichert und danach verfüttert werden. Durch diese Anreicherung steigt die Überlebensrate der betreffenden Fischlarven erheblich. Die Schalen der Dauerstadien der Salinenkrebschen lassen sich auch mit Hilfe von Chlorbleichlauge entfernen. Hierzu werden die Dauerstadien in Chlorbleichlauge so lange gerührt bis die Schalen gelöst sind. Nach Spülen mit Frischwasser lassen sich die ungeschlüpften, entkapsulierten (von der Schale befreiten) Dauerstadien direkt an die Fischbrut verfüttern.

Rädertiere (*Brachionus*) und Wasserflöhe (*Moina*) werden bei Fischlarven, die nur auf den Bewegungsreiz des im Wasserkörper schwimmenden Zooplanktons reagieren, lebend verfüttert. In einem solchen Fall muss zusätzlich zur Fischzucht eine Planktonalgenaufzucht zur Ernährung der Rädertiere/Wasserflöhe betrieben werden, die sich für kleine Betriebe nicht lohnt. Nur große und auf die Aufzucht erheblicher Mengen Setzlinge spezialisierte Betriebe sind personell und finanziell in der Lage, einen derartigen Aufwendungen zu betreiben. Die Nutzung von eingefrorenem Zooplankton ist ebenfalls möglich, da es sich naturgemäß aber nicht bewegt, allerdings mit schlechterem Erfolg. Folglich kann es nicht für Fischlarven eingesetzt werden, die zwingend einen Bewegungsreiz benötigen, um nach dem Futterbrocken zu schnappen. Lebendes Zoopankton ungeklärter Herkunft kann Krankheiten vor allem parasitären Ursprungs einschleppen, da viele dieser Nahrungsorganismen Zwischenwirte von Parasiten sein können.

Schlammröhrenwürmer *(Tubifex*) und Zuckmückenlarven (*Chironomus*) leben in der Natur häufig in Bereichen, die von Fischen wegen der für sie dort herrschenden schlechten Umweltbedingungen gemieden werden, wie z. B. dort wo Abwasser eingeleitet wird. Das Leben in einer derartigen Umwelt kann zu Anreicherung mit Schwermetallen und anderen für Fische unter Umständen giftigen oder unbekömmlichen Stoffen (Fungizide, Insektizide, Herbizide und Krankheitserreger) führen. Vor der Verfütterung von Tubifex – mehr aber noch von roten Zuckmückenlarven ungeklärter Herkunft – muss gewarnt werden. Tubifex kann Zwischenwirt der Drehkrankheit sein. Tubifex werden meist lebend oder lebend frisch verfüttert, Chironomiden im Ganzen, gefrostet oder zerkleinert. Zuckmückenlarven werden gern verwendet, Zandersetzlinge aus Teichen an Trockenfutter zu gewöhnen. Gefrostet sind sie mehrere Monate haltbar. Bei ihrer Handhabung ist allerdings das Tragen von Handschuhen anzuraten, da sie leicht Allergien bei den mit ihrer Zubereitung und Verabreichung beschäftigten Personen hervorrufen können.

Kompostwürmer (*Eisenia*) lassen sich lebend kaufen und in Erde lebend erhalten, die mit organischem Material (Küchenabfälle) versetzt wurde. Sagen ihnen die Bedingungen zu, vermehren sie sich sogar. Die zur Fütterung benötigte Menge an Würmern, etwa 10-15 % des Lebendgewichtes der zu fütternden Fische, wird täglich dem Kompost entnommen und an die Fische verfüttert. Vor allem Kompostwürmer sollen auf Grund der in ihnen enthaltenen Verdauungsfermente und ihrer Darmflora, die dann eben auch mit dem „Wurmhack“ an die Fische verfüttert werden, einen sehr positiven Einfluss auf Gesundheit, Überleben und Zuwachs der gefütterten Tiere haben.

In Russland werden Störe mit verschiedenen an die Entwicklung der Tiere angepassten Wurmarten angefüttert, die sehr aufwendig in separaten Anlagen zu diesem Zweck aufgezogen werden. Die Wurmaufzucht hat sich für Tiere, die nach Erreichen einer bestimmten Größe in ihre Herkunftsflüsse ausgesetzt werden sollen, sehr bewährt. Eine Entfremdung von der natürlichen Nahrung wird vermieden. Bei Besatz von Naturgewässern mit Aquakulturfischen kann dieses „Nichtkennen„ der natürliche Nahrung das Weiterwachsen der Fische nach dem Aussetzen erschweren, da diese einige Zeit benötigen, sich an das Suchen und vor allem Finden von geeignetem Futter zu gewöhnen.

Die Futtersuche von Fischen erfolgt generell in 3 Phasen:

In der ersten wird ein Futterreiz ausgelöst oder bemerkt;
in der zweiten beginnt der Fisch nach dem Futter zu suchen und
in der dritten wird über die Akzeptanz entschieden.

Es gibt einige synthetische Aminosäuren welche die Suche und Akzeptanz von Futter erheblich verbessern wie z. B. Glykokoll. Weitere den Geruch und den Geschmack und damit die Akzeptanz von Futter verbessernde Inhaltsstoffe sind Öle (z. B. Rotbarsch- oder Dorschleber-Öl), Fischsolubles, Muschelfleisch, Squidmehl, Shrimpmehl, Krill oder Seidenraupenmehl.

Merke:
Das beste Futter nutzt zumindest dem Anlagenbetreiber wenig oder nichts, wenn die Wasserqualität und Umwelt der Tiere durch suboptimale Werte nicht in Ordnung ist, oder die Fische wegen unpassender Futterpartikelgröße, ungünstiger Beckenform und Strömungsgeschwindigkeit das Futter nicht fressen können.

Literatur:
Hartfiel & Herms, 2014; Hertrampf & Piedad-Pascual, 2000; Kirchgeßner, 1970; Liebscher, 1958; Nehring, 1955; Reichenbach-Klinke, 1970; Steffens, 1985; Spannhof, 1995;

6. NÄHRSTOFFVERDAUUNG

6.1. Stoffwechsel

Im Verlauf der Verdauung werden verdauliche Nährstoffe im Magen-Darm-Trakt schrittweise in immer kleiner werdende Bruchstücke zerlegt und schließlich in Lösung gebracht, bis die Bestandteile so klein sind, dass sie durch die Darmwand aufgenommen werden können. Von dort gelangen sie (aktiver Transport) über das Lymphsystem und die Blutbahn zu den für ihre weitere Umsetzung verantwortlichen Zellen. In diesen Zellen werden sie zum Aufbau von was auch immer benötigt. Das kann Zuwachs an neuer Körpermasse (z. B. Muskulatur, Fett, Gewebe) oder auch Erneuerung und Wachstum von Organen (Haut, Leber etc.) sein, sowie zur Verwendung im Betriebsstoffwechsel für erforderliche Bewegung dienen. Oft werden sie dort auch weiter zerlegt sowie um- und neu aufgebaut. Bei diesen Vorgängen entstehende Energie wird zur Aufrechterhaltung der Lebensvorgänge verwendet, in Form von Adenosintriphosphat (ATP) gespeichert oder als Wärme an die Umgebung abgegeben. Zur Energiespeicherung wird aus der energiearmen Verbindung = Adenosindiphosphat (ADP) eine energiereiche chemische Verbindung = Adenosintriphosphat (ATP) gebildet. Der Energieübertrag erfolgt durch An- oder Abkoppeln von Phosphorverbindungen an das Adenosin-Molekül. Alle derartigen Funktionen werden durch Enzyme gesteuert. Ohne Enzyme ist ein Organismus nicht lebensfähig.

6.1.1. Enzyme

Enzyme wirken im Körper als Katalysatoren. Das bedeutet, dass sie an Stoffwechselvorgängen teilhaben, Reaktionen veranlassen, und anschließend aus diesen selbst unverändert hervorgehen. Sie erleichtern oder ermöglichen Reaktionen, indem sie die zur Aktivierung der Reaktion nötige Energie auf einen Bruchteil der ohne Enzyme nötigen Menge herabsetzen. Sie wirken bereits in kleinsten Mengen.

In ihrer Aktivität sind Enzyme nicht an lebende Zellen gebunden. Bei stimmenden Umweltbedingungen – z . B. pH-Wert – wirken sie überall, auch außerhalb des Körpers; etwa in uns allen bekannten Waschmitteln und bei nicht ausreichender Entfernung durch Spülung später auch auf unserer Haut.

Nicht alle Enzyme liegen ständig in aktiver Form vor. Einige müssen bei Bedarf durch bereits aktive Enzyme, Ionen oder Salze aktiviert werden. Zum Beispiel Aktivierung von Pepsinogen (inaktive Vorstufe) zu Pepsin (aktives Enzym) durch Salzsäure im Magen.

Dem chemischen Aufbau nach sind Enzyme Proteine, ihre Funktion ist die eines biochemischen Katalysators. In Abhängigkeit von ihren wichtigsten Funktionen werden sie in 6 Gruppen eingeteilt.

Gruppe 1 enthält Enzyme, welche die Redoxprozesse (Red Ox = Reduktions- und Oxidationsprozess) in der Zelle regeln, z. B. übertragen sie Wasserstoff auf NAD. NAD (Nikotinamid-Adenin-Dinukleotid) und NADPH (Nikotinamid-Adenin-Dinokleotid-Phosphat) sind Substanzen, die als Transporteure von Wasserstoff dienen. Enzyme dieser Gruppe heißen Oxireduktasen.

Gruppe 2 enthält Enzyme die übertragen z. B. im Stoffwechsel der Aminosäuren die Aminogruppen. Die Aminogruppe (NH_2) ist die funktionelle Gruppe der meisten Aminosäuren. Die Enzyme dieser Gruppe heißen Transferasen.

Gruppe 3 enthält Enzyme die Stoffe in seine Bestandteile spalten, unter Anlagerung von Wasser. Sie sind im Rahmen der Verdauung wichtige Enzyme. Verdauungsenzyme wie Pepsin und Trypsin gehören hierzu. Die Enzyme dieser Gruppe heißen Hydrolasen. Sie werden nach ihrer Wirkung dreifach unterteilt:

1. Eiweiß spaltende Enzyme oder Proteasen
2. Fett spaltende Enzyme oder Esterasen
3. Kohlenhydrat spaltende Enzyme oder Carbohydrasen

Gruppe 4 enthält Enzyme, welche bestimmte C-C-Bindungen von Zucker spalten, ohne Anlagerung von Wasser (also nicht hydrolytisch) wie die Hydrolasen sondern durch Erzeugung einer Doppelbindung zwischen zwei C Atomen. Die Enzyme dieser Gruppe heißen Lyasen.

Gruppe 5 enthält Enzyme, welche für die Umstrukturierung von Molekülen erforderlich sind. Die Enzyme dieser Gruppe heißen Isomerasen.

Gruppe 6 enthält Enzyme, welche die Verbindung/Verknüpfung zweier Moleküle unter Mitwirkung von ATP (Adenosintriphosphat) beschleunigen. Die Enzyme dieser Gruppe heißen Ligasen.

Die Wirkung von Enzymen kann durch Außeneinflüsse aufgehoben oder blockiert werden. Kochen z. B. zerstört Enzyme ebenso wie starke pH-Schwankungen. Hemmungen von Enzymen durch Anlagerung von Schwermetall Ionen und/oder anderen Verbindungen lassen sich teilweise rückgängig machen. Die Enzymaktivität ist in solchen Fällen nur zeitweise und unter Umständen nur in Abhängigkeit von der Konzentration der Hemmstoffe aufgehoben. Chlorid-, Zink-, Mangan- oder Magnesium-Ionen wirken als Aktivatoren; sie erhöhen die Aktivität bestimmter Enzyme.

Der Unterschied in der Aussage eine Verbindung sei biologisch „schwer" abbaubar oder „leicht" abbaubar besteht darin, dass bei schwer abbaubaren Verbindungen das zum stufenweisen Abbau nötige Enzym zur Zeit nicht oder nicht in ausreichender Konzentration für jede Stufe des Abbaus vorhanden und aktiv ist; bei leicht abbaubaren Verbindungen sind alle Enzyme ausreichend vorhanden und aktiv.

Hauptbildungsstätten der Enzyme im Fisch sind: der Magen (Pepsin) zur Eiweißverdauung, der Darm (Enterokinasen) zur Aktivierung von Trypsin für die Eiweißverdauung, verschiedene Amylasen zur Kohlenhydratverdauung und Lipasen zur Fettverdauung und das Pankreas/die Bauchspeicheldrüse (Trypsinogen, Chymotrypsiongen) zur Eiweißverdauung, α-Amylase zur Stärkeverdauung und Lipasen zur Fettverdauung.

In der Literatur wird nach *Spannhof* (1995) von Chitinasen berichtet, die im Darm von Fischen vorkommen, die sich von Insekten, Krebsen und Würmern ernähren. Es ist nicht klar ob dieses Enzym von den Fischen selbst gebildet wird oder von Bakterien im Darm. Das Enzym könnte aber auch von den Nährtieren selbst stammen.

Alle zur Verdauung wichtigen Enzyme werden zunächst in Vorstufen gebildet, die inaktiv sind, um eine Selbstverdauung der sie produzierenden Gewebe zu verhindern. Am Ort des Bedarfs aktiviert wird das Enzym durch dort bereits vorhandene aktive Enzyme (autokatalytisch) oder durch andere Substanzen wie z. B. Salzsäure im Magen.

6.1.2. Einflussgrößen des Stoffwechsels

Um einen Fisch in die Lage zu versetzen, die aufgenommene Nahrung optimal in Fleisch (Zuwachs) umzusetzen, gibt es eine Reihe von Einflussgrößen, die den Energieverbrauch und die Umsetzungen im Stoffwechsel beeinflussen. Je nach Aktivität des Fisches werden 3 Stufen verschiedener Stoffwechselaktivitäten, unabhängig von weiteren Einflussgrößen, unterschieden:

Der Grundstoffwechsel oder Standardstoffwechsel bezeichnet die Stoffwechselaktivität, die ein ruhig stehender Fisch u. U. bei Dunkelheit oder sogar narkotisiert aufweist, also das Minimum, das zur Aufrechterhaltung des Lebens nötig ist. Nach *Spannhof* (1995) macht er 5-10 % des Gesamtstoffwechsels der Tiere aus.

Der Routinestoffwechsel bezeichnet die Stoffwechselaktivität, die ein ungefütterter Fisch unter Normalbedingungen ohne Stress aufweist. Er wird bei Tag gemessen. Nach *Spannhof* (1995) macht er 25 % des Gesamtstoffwechsels aus.

Der Aktivstoffwechsel wird in Aktivstoffwechsel I und II unterteilt. Unter Stufe I erfasst ist dabei ein Fisch, der Nahrung verdaut und langsam umherschwimmt. Stufe II bedeutet höchste Aktivität bei sehr starker Anstrengung z. B. Jagen nach Futter oder Schwimmen so schnell und lange wie es geht. Der Aktivitätsstoffwechsel kann kurzfristig bis zum 10-fachen des Standartstoffwechsels betragen. Nach Möglichkeit ist in der Fischhaltung der Aktivitätsstoffwechsel II zu vermeiden, da die hohe Stoffwechselrate zwar viel Wärme erzeugt, aber wenig Zuwachs. Mit anderen Worten es wird mehr geheizt, aber weniger gewachsen.

Unterschiedliche Stoffwechselaktivitäten lassen sich am besten durch den Sauerstoffverbrauch messen. Mit steigender Aktivität steigt auch der Sauerstoffverbrauch.

6.1.2.1. Temperatur

Da Fische zu den wechselwarmen (poikilothermen) Tieren gehören, ist ihre Körpertemperatur von der Umgebungstemperatur abhängig. Anders als z. B. bei Säugetieren und Vögeln wird keine Energie aufgewendet, um eine bestimmte Körpertemperatur zu erzeugen und zu erhalten. Jede Fischart hat eine bestimmte Vorzugstemperatur. Wird diese verlassen, ändert sich die Geschwindigkeit des Stoffwechsels nach oben oder unten. Eine Temperaturerhöhung um 10 °C erhöht die Geschwindigkeit der Stoffwechselreaktionen auf etwa das Doppelte.

Der Grundstoffwechsel beim Karpfen beträgt auf den Sauerstoffverbrauch bezogen (nach *Dickson & Kramer in Steffens, 1985*) bei:

5 °C = 36 mg O_2/kg x h
15 °C = 78 mg O_2/kg x h
25 °C = 138 mg O_2/kg x h

Der optimale Zuwachs einer Fischart ist in der Nähe seiner Vorzugstemperatur zu erwarten. Nur dort ist der größtmögliche Nutzen (Zuwachs) aus der aufgenommenen Nahrung möglich. Eine steigende Wassertemperatur führt nach *Spannhof* (1995) zu erhöhtem Proteinbedarf.

6.1.2.2. Sauerstoff

Je nach Art können Fische den Sauerstoff des Wassers zu mehr als 80 % ausnutzen, Säugetiere den der Luft nur zu 24-34 %. Was daran liegen mag, dass Luft deutlich mehr Sauerstoff pro Kubikmeter enthält als Wasser. Eine bessere Ausnutzung ist daher für Säugetiere nicht so zwingend notwendig, solange sie nicht auf hohe Berge steigen, wo deutlich weniger verfügbarer Sauerstoff vorhanden ist. Bei dauerhaft in hohen Berglagen lebenden Menschen ist die Zahl der roten Blutkörperchen erhöht, so dass auch in der „dünnen“ Bergluft genügend

Sauerstoff aufgenommen werden kann. Das Höhentraining von Hochleistungssportler dient demselben Zweck, da die in der Höhe vermehrt gebildeten roten Blutkörperchen später im Flachland eine bessere Sauerstoffversorgung sicherstellen, die Wirkung hält allerdings nur so lange vor wie der Körper benötigt die Anzahl der Blutkörperchen an die veränderten Bedingungen anzupassen.

Nur, wenn für die Verdauung/den Stoffwechsel genügend Sauerstoff vorhanden ist, kann optimaler Zuwachs erzielt werden. Dieser Bereich ist je nach Fischart sehr unterschiedlich. Bei Salmoniden (Lachse, Forellen, Saiblinge) treten bereits bei Unterschreitung der Sättigungswerte von 70 % Sauerstoff verminderte Zuwachsleistungen auf, während Karpfen und Tilapien auch bei 60 % Sauerstoffsättigung noch optimal wachsen können. In geringem Umfang ist nach einer längeren Gewöhnung an niedrige, den als optimal angesehenen Sättigungswerten nicht entsprechende, Sauerstoffgehalte im Wasser ohne merkliche Wachstumsverschlechterung möglich. Ist Sauerstoff knapp, kann ein Fisch die Atembewegung durch stärkere Kiemen- und Maulbewegungen beschleunigen oder die Atemtiefe erhöhen. Einige Fischarten sind aber auch in der Lage, die sauerstoffreiche Grenzschicht zu nutzen, welche die Wasseroberfläche mit der Luft bildet, wie der Niltilapia (*Oreochromis niloticus*). Ausnahmen bei den Fischarten sind solche, die durch Anhangorgane (z. B. Kiemensack), über den Darm oder die Haut wesentlich zu ihrer Sauerstoffversorgung beitragen können. Der Riesengurami (*Osphronemus goramy*), ein Aquakulturfisch aus der den meisten Aquarianern bekannten Unterordnung der Labyrinthfische, macht sich ein im Hinterkopf angesiedeltes Luftgängelabyrinth zunutze, mit dessen Hilfe Sauerstoff aus atmosphärischer Luft aufgenommen werden kann. Ähnlich arbeitet der Afrikanische Wels (*Clarias gariepinus*) mittels zweier Kiemensäcke. Der in Südamerika geschätzte Aquakulturfisch Arapaima (*Arapaima gigas)* nutzt seine Schwimmblase zur Sauerstoffaufnahme. Der Aal (*Anguilla anguilla*) kann über die Haut Sauerstoff aufnehmen. Einige Schmerlen, wie z. B. der als Zierfisch nachgefragte einheimische Schlammpeitzger (*Misgurnus fossilis*), können den Enddarm nutzen, um mit dem Maul aufgenommenen und geschluckten Sauerstoff zu atmen.

6.1.2.3. Salzgehalt

Wanderfische die zwischen Süß- und Salzwasser wechseln, müssen in der Lage sein, den unterschiedlichen osmotischen Druck des Wassers auszuhalten und über den Stoffwechsel auszugleichen. Bei Forellen ist die für die Osmoseregulation nötige Energie bei 0,75 % Salzgehalt des Umgebungswassers am geringsten. Zur Regulation ist dann nahezu keine zusätzliche Energie nötig. Im Süßwasser werden 20 % der gesamten Stoffwechselaktivität für osmoregulatorische Zwecke benötigt. Der Sauerstoffverbrauch ist bei 0,75 % Salzgehalt am geringsten. Im Süßwasser ist er ebenso wie im reinen Salzwasser (ca. 3,5 % Salzgehalt) erhöht.

6.1.2.4. Fischgröße

Die Stoffwechselrate eines Fisches ist von seiner Oberfläche abhängig. Diese verringert sich um etwa 20 %, wenn die Masse des Tieres um den Faktor 10 erhöht wird. Wächst z. B. ein Fisch von 10 mg auf 1 kg, reduziert sich seine Stoffwechselrate auf das Gewicht bezogen um 90 %. Kleine Fische haben daher wegen der erhöhten Stoffwechselrate einen deutlich höheren Energieverbrauch – auch in Ruhe – als große und nehmen bei Nichtfütterung entsprechend schnell ab. Die Ursache ist ihre im Verhältnis zur Masse größer Oberfläche. Aus demselben Grund ist auch der Sauerstoffbedarf von 1 kg Jungfischen selbst unter sonst identischen Bedingungen deutlich höher als der von 1 kg Speisefischen derselben Art. Der Sauerstoffverbrauch in mg/h bei 20 °C lässt sich für den Routinestoffwechsel nach folgender Formel (nach *Winberg in Spannhof, 1995*) berechnen; dabei ist Q der Sauerstoffverbrauch und p die Stückmasse in kg: $Q = 0{,}4p^{0{,}8}$

6.1.2.5. Aktivität

Werden Fische intensiv produziert und damit eben auch gefüttert, erfolgt ihre Haltung in dichten Beständen mit regelmäßiger Fütterung und permanent hoher Wasserströmung zur Ausschwemmung der Stoffwechselprodukte. Selbst ohne Stress durch schlechte Wasserqualität und häufig an die Becken tretende oder sogar klopfende Besucher befinden sich die Tiere fast ständig im Aktivstoffwechsel I. Je nach Art der Fütterung – einmal oder mehrmals täglich – unterliegt der Sauerstoffbedarf stärkeren Schwankungen. Sofort nach der Fütterung steigt er um bis zu 50 % und sinkt je nach aufgenommener Futtermenge, deren Zusammensetzung und Verdaulichkeit mehr oder weniger schnell wieder ab. Erfolgt die erneute Fütterung in relativ kurzen Abständen, stellt sich ein Niveau des Sauerstoffbedarfs ein, das relativ hoch liegt. Spitzen sind kaum sichtbar. Erfolgt täglich nur eine Fütterung, treten ausgesprochene Spitzen und Täler im Sauerstoffbedarf auf. Die Abgabe der Stoffwechselprodukte (Kot, Ammonium, Harn, Kohlendioxid) erfolgt ebenfalls in Wellen analog zur Fütterung.

6.1.2.6. Hunger

Wird dem Fisch von außen keine Nahrung mehr zugeführt, sinkt die Stoffwechselaktivität in Abhängigkeit von der Temperatur. Im Optimalbereich erhöht sich der Stoffwechsel zunächst, da der Fisch aktiv nach Nahrung zu suchen beginnt. Die für die Erhaltung der Lebensfunktionen benötigte Energie muss während der Hungerphase aus der Körpersubstanz gedeckt werden, der Fisch nimmt ab. Fische können sehr lange hungern, bevor sie an Erschöpfung sterben; Karpfen von 500 g z. B. mehr als ein Jahr bei jahreszeitlich bedingten Schwankungen der Temperatur von 10-23 °C (*Reichenbach-Klinke, 1970*).

Hungrig unter einem Futterautomaten wartende und fressende Jungstöre. Foto: P. Steinbach

Die Literatur ist – zumindest die mir zugängige – sehr zurückhaltend mit Aussagen über die Ammoniumausscheidung von hungernden Fischen. Je nach Temperatur und Fischgröße werden demnach bei 23 °C von hungernden Karpfen (K_2 á 200-300 g) 5-10 mg NH_4/h abgegeben *(Schreckenbach, 2002)*. Nach den „Technologien, Normen und Richtwerten der Fischproduktion" (*IFB, 1987*) wird bei 2-4 °C mit einer Ausscheidung von 0,75 g NH_4/t x d gerechnet.

Nach *Steffens* (1985) ist ein Rückgang der Stoffwechselaktivität um 20 % zu erwarten, wenn die Stückmasse um den Faktor 10 zunimmt, also wenn Tiere z. B. von 10 g auf 100 g abwachsen. Man kann zur Umrechnung in andere

Gewichtsklassen und andere Temperaturen auch die „Van t´Hoffsche“ Regel zur Hilfe nahmen. Diese Regel sagt aus, dass 10 °C Temperaturänderung einen 2-3 fachen Stoffwechselumsatz pro Zeiteinheit zur Folge haben.

Ist die Hungerphase sehr lang, kann es sein, dass die Tiere nicht wieder anfangen zu fressen, selbst wenn ihnen Futter im Überfluss angeboten wird. Derartige Tiere verhungern trotz ausreichendem Futterangebot. Vor allem bei der Larvenaufzucht von Fischarten die in diesem Entwicklungsstadium auf Lebendnahrung angewiesen sind, passiert es immer wieder, dass die zur Fischentwicklung nötigen Organismen nicht in der passenden Größe vorhanden sind. Sei es das nicht rechtzeitig mit der Aufzucht oder dem Besorgen dieser Organismen begonnen wurde oder sei es, dass ein Ansatz derselben nichts geworden ist. Auch unter natürlichen Bedingungen kommt es immer mal wieder vor, dass ein gesamter Jahrgang ausfällt, weil die benötigten in der Größe passenden Planktonorganismen wie etwa Rädertierchen, Salinenkrebschen, oder Wasserflöhe, nicht vorhanden sind.

Merke:
Hunger wird von Brut und kleinen Satzfischen deutlich kürzer toleriert oder ertragen als von großen oder Speisefischen. Frisst Brut nicht, ist sehr schnell zu reagieren. Es ist äußerste Eile geboten die Ursache zu finden und vor allem zu beseitigen, weil sonst die Fische verhungern.

6.1.3. Einflussgrößen der Herstellung

Die Verfahren zur Herstellung von Fischfutter können erheblich deren Verdaulichkeit und Akzeptanz durch die Fische beeinflussen. Extrudieren und Expandieren verbessert die Verdaulichkeit durch thermischen Aufschluss von Kohlenhydraten. Die Verdaulichkeit von Eiweiß wird durch Extrusion ebenfalls verbessert. Auch eine Beseitigung oder Zerstörung von Hemmstoffen und Antivitaminen sowie eine gewisse Desinfektion der zum Einsatz kommenden Futterkomponenten findet statt.

War es früher nur möglich, Fettgehalte von max. 12-13 % durch Einmischen und Aufsprühen in Fischfutter zu realisieren, sind heute durch die Extrusionstechnik Gehalte von fast 50 % Fett möglich. Für die meisten intensiv gehaltenen Fischarten sind Fettgehalte von 20-28 % bei Proteingehalten von 40-48 % optimal. Derartig hoch energiehaltige Futtermittel dürfen in keinem Fall bis zur Sättigung der Tiere verabreicht werden, da dann erhebliche Fettmengen im Muskel, unter der Haut und in der Bauchhöhle auftreten. Selbst ein „totfüttern“ kann auftreten. Wenn der Stoffwechsel der Tiere durch zu große Mengen dieses hoch verdaulichen Futters überlastet wird, kommt es sehr bald zu unter Umständen erheblichen Leberschäden. In der Folge wird diese durch Fetteinlagerungen gelb, später weiß und da die Leber zunehmend ihre lebenswichtige Tätigkeit einstellt, stirbt der Fisch recht bald.

Energiereiches hoch verdauliches Futter sollte immer unter Beachtung der Wasserqualität und strikt nach Vorschrift des Herstellers verabreicht werden. Ein leichtes Unterschreiten der Fütterungsempfehlung kann meist nicht schaden, da die Hersteller bei ihren Empfehlungen wohl auch den Verkauf von Futter im Auge haben. Desinteresse der Fische am Futter ist ein sicheres Zeichen dafür, dass irgendetwas nicht in Ordnung ist, wie etwa Wasserqualität, Sauerstoffgehalt, Futtermenge oder Futterqualität. Günstige Futterverwertung und optimaler Zuwachs bei gleichzeitig minimaler Belastung des Haltungswassers und des Klärtraktes der Anlage sind nur erreichbar wenn alles Futter von den Fischen gefressen und verdaut wird.

Weniger ist häufig mehr, denn es ist unsinnig freitags bereits die Ration für den oder die nächsten Tage zu verabreichen, um am Wochenende mehr Zeit für andere Aktivitäten zu haben. Selbst wenn die Fische das erhöhte Futterangebot aufnehmen, können sie es nicht in Zuwachs umsetzen. Das Futter ist letztendlich verloren und durch die verschlechterte Verdaulichkeit der „Übermenge" wird die Wasseraufbereitung belastet, was zu mehrfach angeführten Schäden führen kann. Die Fische nicht zu füttern hätte deutlich weniger Probleme in der Wasseraufbereitung und Kosten durch verschwendetes Futter verursacht.

Schlechte Futterverwertung ist nicht nur schlecht für den Zuwachs, sondern auch für die Wasseraufbereitung, da deren Belastung durch unverdaute oder nur teilweise verdaute Nährstoffe erheblich zunimmt, wenn der Futter-Quotien (FQ) steigt. Die Bakterien des Klärtraktes müssen in diesem Fall das Futter fressen, welches eigentlich dem Zuwachs der Fische und der Verbesserung der finanziellen Ertragslage des Anlagenbetreibers dienen soll. Sofern man den Futterlieferanten nicht wechselt, ist aber zumindest er mit den höheren Umsätzen zufrieden

Die Partikelgröße der Futterkomponenten hat einen erheblichen Einfluss auf die Verdaulichkeit. Nur fein vermahlene Futterbestandteile können optimal verdaut werden, da nur diese den Verdauungsenzymen eine ausreichende Angriffsfläche bieten. Wird ein 1 mm großes Korn auf 0,1 mm Korngröße zermahlen, nimmt die Oberfläche und folglich die Angriffsfläche für die Verdauungsenzyme auf den zehnfachen Wert zu.

Nur eine der Fischgröße und vor allem dem Maul und der Speiseröhre angepasste Futter- bzw. Pelletgröße stellt eine ausreichende Futteraufnahme sicher. Zu große Pellets können nicht gefressen werden; sie werden häufig, selbst nach Aufnahme durch den Fisch, wieder ausgespuckt. Viel zu kleine Futterbrocken werden von den Fischen teilweise nicht als Futter erkannt oder können nicht gezielt aufgenommen werden. Sie weichen auf, zerfallen und werden durch die Aktivität der Fische fein im Wasserkörper verteilt; die Wasserströmung befördert sie in die Beckenabläufe und von dort in die Aufbereitung oder den Vorfluter.

Einige Fischarten nehmen Futter vorzugsweise von der Oberfläche oder Futter, welches im Absinken begriffen ist. Hierzu zählen vor allem Forellen, Aale, Dorsche, Barsche und Welse, in der Regel also Raubfische. Am Boden liegendes Futter wird ungern und weniger gierig genommen. Flache Wasserstände lassen solchen Fischen wenig Zeit, das Futter zu erkennen und im Absinken aufzunehmen. Bei derartigen Gegebenheiten muss besonders sorgfältig auf die Futteraufnahme geachtet werden.

Einige Fischarten nehmen Futter fast ausschließlich vom Boden auf; dazu zählen vor allem Störe. Die Maulstellung erlaubt die Aufnahme im Freiwasser nur bedingt (außer beim Beluga oder Hausen). Sehr kleine Störe allerdings fressen sehr gerne auf oder an der Wasseroberfläche schwimmendes Futter, wobei sie bei dieser Form der Futteraufnahme mit dem Bauch nach oben schwimmen. Der Anblick eines Beckens mit Störsetzlingen, die alle mit dem Bauch nach oben schwimmen – was ja sonst nur sterbende oder tote Fische tun – kann beim ersten Anblick schon sehr erschrecken. Karpfen und Tilapien ist es egal, wo sie Futter finden, sie fressen überall.

Die Stellung des Mauls – oberständig, endständig oder unterständig – gibt einen ersten Hinweis, in welcher Richtung der Fisch seine Beute angeht. Bei einem oberständigen Maul ist der Oberkiefer kürzer als der Unterkiefer bei unterständigem Maul umgekehrt. Bei einem endständigen Maul sind beide Kiefer etwa gleich lang (siehe auch Kapitel 4. Fischanatomie). Obwohl der Steinbutt (*Scophthalmus maximus*) als auf der Seite liegender Plattfisch eine Ausnahme darstellt, stimmt es auch hier. Sein oberständiges Maul weist ihn als Räuber aus, der den über ihm liegenden Wasserkörper nach Nahrung absucht. Liegt das Futter erst einmal auf dem Boden ist es für den Fisch unsichtbar oder nicht als Futter erkennbar und wird nur noch als angenehmer Untergrund zum Lagern benutzt, wodurch der eigentliche ursprüngliche Zweck der Fütterung verfehlt ist. Bei der Auswahl und Verabreichung des Futters sind die Fressgewohnheiten unter Umständen entscheidend für den Erfolg. Ältere Störe z. B. können schwimmendes Futter nur unter Schwierigkeiten aufnehmen, das meiste wird in Außenanlagen von Enten und anderem Wassergeflügel gefressen oder vergammelt. In Kreislaufanlagen wird es ungenutzt in den Klärtrakt gespült. Forellen, Aale und Welse die langsam im Wasser absinkendes Futter benötigen sollten immer nur so viel Futter gleichzeitig angeboten bekommen, wie sie die im absinkenden Pellets auch aufnehmen können und/oder wollen.

Schlechte Futterverwertung liegt teilweise weder an der Qualität des Futters, noch an schlechten Umweltbedingungen, sondern an einer falschen Fütterungstechnik, einer ungünstigen Beckenform oder einer suboptimalen Wasserführung. Sind z. B. die Futterautomaten nicht richtig platziert oder eingestellt, gibt es kein oder zu viel Futter pro Zeiteinheit. Oder die Fütterung erfolgt zu dicht am Ablauf, so dass die Fische kaum eine Chance haben das Futter auch aufzunehmen bevor es „entschwindet". Oder die Fütterung von Hand erfolgt zu schnell, die Fische können nicht so schnell das Futter aufnehmen wie es in den Klärtrakt gespült wird. Oder die Fische erhalten die falsche Pelletgröße, sie können ein derartiges Futter gar nicht fressen. In einem derartigen Fall behelfen sich z. B. Karpfen, indem sie das Futter kauen bzw. quetschen, wodurch ein großer Teil der Pellets buchstäblich über die Kiemen mit dem Atemwasser ausgespült wird. Die Futterverwertung verschlechtert sich, das Wasser wird trübe, die Kiemen der Fische werden geschädigt und die Wasseraufbereitung wird unnötig belastet.

Merke:
Nur von den Fischen gefressenes Futter kann in Zuwachs verwandelt werden. Nicht gefressenes Futter belastet das Wasser, die Klärstufe oder den Vorfluter und den Geldbeutel.

6.2. Verdauung

Bei der Verdauung der Nährstoffe durch Fische und als Folge von Futterverlusten fallen Stoffe an, die im Klärtrakt der Anlage aufbereitet werden müssen, damit das Wasser im Fischbecken einen für Fische erträglichen Standard einhält. In Abhängigkeit von Futterqualität und -menge, Fischart und -größe sowie von der Beckenform und dem Volumen muss pro Zeiteinheit eine bestimmte Menge an Wasser in das Fischbecken eingeleitet werden (Zulauf). Dieselbe Menge verlässt das Becken mit Stoffwechselprodukten, unverdautem Futter und Futterresten beladen über den Ablauf oder die Abläufe und muss in der Regel wie und wie weit auch immer aufbereitet werden. Zur Anwendung kommen prinzipiell physikalische, biologische und chemische Methoden. Kombinierung dieser Verfahren führt zu besseren Ergebnissen. Zum Beispiel lassen sich physikalische und chemische oder biologische und physikalische Verfahren hervorragend zur Schlammabtrennung und -steuerung kombinieren. Verschmutzungen werden im Verlauf der biologischen Aufbereitung umgewandelt zu Bakterienmasse, Energie, Kohlendioxid, Stickstoff und Wasser welche von den Mikroorganismen zur Aufrechterhaltung ihrer Lebensfunktionen benutzt oder an die Umgebung abgegeben wird. Die zuwachsende Bakterienmasse (Vermehrung und Vergrößerung der Zellsubstanz) sowie Futterreste und andere Schwebstoffe müssen als Überschussschlamm möglichst schnell aus dem Reinigungssystem entfernt werden, um eine Anreicherung und Ablagerung zu vermeiden. Die biologisch abbaubaren organischen Stoffe, die in Folge der Fütterung ins Wasser gelangen, setzen sich aus Kohlenhydrat, Eiweiß und Fett zusammen.

6.2.1. Kohlenhydrate

Im Verdauungstrakt der Fische werden Kohlenhydrate durch Verdauungsenzyme gespalten und als Monosaccharide (Einfachzucker) absorbiert. Diese werden dann zu Glykogen umgewandelt, zur Energiegewinnung weiter abgebaut, in Fette umgewandelt oder zum Aufbau von z. B. Glykoproteinen verwendet. Glykogen wird auch als tierische Stärke bezeichnet. Es besteht aus 5.000-25.000 Glukosemolekülen und dient als schnell verfügbarer Energiespeicher. Auf Grund der häufig schlechten Kohlenhydratverdauung sind Fische darauf angewiesen im Stoffwechsel benötigte Glukose aus dem Eiweißabbau, der Glukoreogenese, zu gewinnen. Fische benötigen aus diesem Grund mehr Eiweiß in der Nahrung als Säugetiere welche die benötigte Glukose aus Kohlenhydraten gewinnen.

Kohlenhydrate werden stufenweise durch verschiedene Mikroorganismengruppen abgebaut. An diesem Abbau sind Pilze, Myxo- und andere Bakterien beteiligt. Durch Ausscheidung von Fermenten oder Enzymen spalten diese z. B. Stärke und Zucker in einfache Bauteile auf, die von ihnen aufgenommen und für den eigenen Stoffwechsel verwendet werden. Ein Teil der in den Kohlenhydraten enthaltenen Energie wird von den Mikroorganismen für die Aufrechterhaltung der eigenen Lebensfunktion und ein weiterer Teil für die Vermehrung und Vergrößerung ihrer Zellsubstanz genutzt. Der Rest wie etwa Kohlendioxid und Wärme wird ans Wasser abgegeben.

Der Anabolismus oder Aufbaustoffwechsel dient dem Aufbau lebender Zellsubstanz und der Bildung von Reservestoffen und Vermehrungsprodukten. Der Katabolismus oder Betriebsstoffwechsel dient dem Abbau von Kohlenhydraten, Eiweißen oder Fetten zur Gewinnung von Energie und Aufrechterhaltung der Lebensfunktionen. Als Zwischenprodukte des Kohlenhydratabbaus im Klärtrakt der Wasseraufbereitung fallen organische Säuren an, wie z. B. Essigsäure ($C_2H_4O_2$) oder Milchsäure ($C_3H_6O_3$) aus denen unter Energiegewinn durch aeroben (in Anwesenheit von im Wasser gelösten Sauerstoff) Abbau, Kohlendioxid und Wasser entstehen.

6.2.2. Proteine

Im Verdauungstrakt der Fische werden die Proteine durch Enzyme zu freien Aminosäuren aufgespalten und über das Pfortader-System der Leber zugeführt. Eine leichte Erhitzung der Futterkomponenten z. B. bei der Herstellung (Extrudieren, Expandieren) kann die Verdaulichkeit von Eiweiß erhöhen, da die Enzyme (Proteasen) derartig leicht denaturiertes Eiweiß besser angreifen können. Wird aber höher erhitzt, sinkt zunächst vor allem die Verdaulichkeit der Aminosäuren Lysin und Arginin, da diese beim Erhitzen mit Kohlenhydraten enzymatisch nicht mehr spaltbare Verbindungen bilden. Die aus dem Magen-Darm-Trakt aufgenommenen Aminosäuren werden im Stoffwechsel zu primären

Aminen abgebaut, welche wiederum zum Aufbau von Hormonen und Coenzymen dienen oder durch Transaminierung ineinander überführt werden (ist nur bei nicht essentiellen Aminosäuren möglich). Oder aber es erfolgt eine Umwandlung durch oxydative Desaminierung zu α-Ketosäure und Ammoniak. Pyrovat, ein wichtiges Zwischenprodukt im aeroben wie auch im anaeroben Stoffwechsel, kann zum Aufbau von Hormonen und Coenzymen oder vor allem zur Glukoneogenese genutzt werden.

Bei einer Aminierung werden Aminosäuren in organische Moleküle eingebaut. Bei der Transaminierung wird eine Aminosäure aus ihrer Position innerhalb eines organischen Moleküls entfernt und an einer anderen Stelle wieder eingebaut. Bei Desaminierung wird einem organischen Molekül eine Aminosäure entzogen. Geschieht dieses oxidativ wird die Aminosäure durch eine Sauerstoffverbindung ersetzt. Die Sauerstoffverbindung tritt dabei an die Stelle der Aminosäure. Ammoniak kann bei den Fischen – anders als bei Warmblütern – ohne den energieaufwendigen Umweg über die Harnstoffbildung direkt ausgeschieden werden. Die α-Ketosäuren, die sowohl bei Transaminierung als auch Desaminierung entstehen, werden im Energiestoffwechsel zu Kohlendioxid und Wasser abgebaut, oder sie finden im Kohlenhydrat- und/oder Fettstoffwechsel weitere Verwendung.

Das von den Fischen produzierte Ammoniak wird als Ammonium über die Kiemen ausgeschieden, sofern Konzentration, pH-Wert und Temperatur des Umgebungswassers es zulassen (siehe auch Unterkapitel 3.6. Stickstoff und Punkt 3.6.1. Ammoniak). Außerdem entsteht zusätzlich Ammonium durch Tätigkeit im Wasser der Anlage immer vorhandener Bakterien bei Abbau der Eiweißbestandteile von Kot, Futterresten, abgestorbenen Bakterien und anderen Mikroorganismen.

Im Klärtrakt der biologischen Aufbereitung werden Eiweißverbindungen stufenweise abgebaut; es erfolgt die Spaltung durch von Mikroorganismen ausgeschiedene Enzyme. Diese Enzyme spalten die Eiweißmoleküle in Dipeptide und Aminosäuren, welche in die Bakterienzelle aufgenommen und dort weiter verarbeitet werden können. Beim Zersetzen der Aminosäuren bleiben Ammonium (NH_4^+), Orthophosphat (PO_4^-) und unter Umständen Schwefelwasserstoff (H_2S) übrig. Unter Einsatz von Sauerstoff entstehen daraus im Stoffwechsel der Bakterien Nitrite, Nitrate, Phosphate und Sulfate. Ist nicht genügend gelöster Sauerstoff im Wasser vorhanden, kann vor allem die Bildung von Schwefelwasserstoff (H_2S) und Nitrit (NO_2^-) zu Vergiftungen und Verlusten in den Fischbecken führen.

Bei der Nitrifizierung wird Ammonium (NH_4^+) durch Bakterien mit Hilfe von Sauerstoff zu Nitrit und Nitrat umgewandelt: $NH_4^+ \rightarrow NO_2^- \rightarrow NO_3^-$. Nitrat ($NO_3^-$) ist das durch aeroben Abbau entstehende Endprodukt der Nitrifikation. Es ist erst in relativ hohen Konzentrationen fischgiftig. Ständige Kreislaufführung/ Nitrifizierung erfordert eine Verringerung des entstehenden Nitrats; vorzugsweise bevor für die jeweiligen Fischspezies schädigende Grenzwerte erreicht werden. Diese Reduzierung kann entweder durch Verdünnen mit Frischwasser oder Austauschwasser erfolgen oder durch Denitrifizierung.

Bei der Denitrifizierung wird bei Abwesenheit von im Wasser gelöstem Sauerstoff der Sauerstoff im Nitrat (NO_3^-) von bestimmten, dazu befähigten Bakterien aus der Verbindung gelöst und zur Atmung genutzt. Der Abbau (Reduktion) geht über mehrere Schritte bis zum gasförmigen Stickstoff (N_2) als Endprodukt (siehe auch Unterkapitel 3.6. Stickstoff) der ins Wasser abgegeben wird. Bis zur Sättigung löst sich der Stickstoff im Wasser, darüber hinaus perlt er, zum Teil sehr gut sichtbar, in Form kleiner Blasen aus.

6.2.3. Fette

Im Verdauungstrakt der Fische werden die Futterfette durch Gallensaft aus der Leber emulgiert (unter Beibehaltung der chemischen Struktur in feinste Teile zerlegt) und können nun durch Enzyme auch chemisch zerlegt werden. Bereits in der Darmwand können die Spaltprodukte von den dort vorhandenen Schleimzellen zum Teil wieder zu Fett aufgebaut werden. Der nicht resynthetisierte Teil der Spaltprodukte gelangt über das Pfortader-Blut in die Leber. Dort erfolgt in mehreren Schritten die Abspaltung von Einheiten die aus jeweils 2 C Atomen bestehen. Die Fettsäurekette wird also bei jeder Reaktion um 2 C Atome verkürzt.

Die Fettbildung (Aufbau) erfolgt vor allem in der Leber und den Fettzellen des Fettgewebes. Dabei wird von aktivierter Essigsäure ausgehend, stufenweise ein weiteres aktiviertes Essigsäuremolekül oder eine höhere Fettsäure – unter Abspaltung von CO_2 – hinzugefügt. Die Fettsäure wird um jeweils ein C 2 Atom verlängert. Durch dieses Konstruktionsprinzip weisen in der Natur vorkommende Fette fast ausschließlich gerade Kohlenstoffzahlen auf. Über die Essigsäure, die sowohl aus dem Kohlenhydrat- als auch Eiweiß- oder Fettstoffwechsel stammen kann, ist die Umwandlung von Kohlenhydraten und Eiweiß in Fett möglich. Fette werden bei ihrem enzymatischen Abbau in Monoglyzeride, Glyzerin und Fettsäuren zerlegt. Der aerobe Abbau von Glyzerin und Fettsäuren läuft bis zu Kohlendioxid (CO_2) und Wasser (H_2O).

Literatur:
Kirchgeßner, 1970; IFB, 1987; Nehring, 1955; Schreckenbach, 2002; Steffens, 1985;

7. FISCHKRANKHEITEN

Kreislaufanlagen unterliegen im Hinblick auf das Einschleppen von Krankheiten und deren Behandlung anderen Gesetzmäßigkeiten als Durchlaufanlagen. Eine ganze Reihe von Zwischenwirten, die von den Erregern und/oder deren Entwicklungsstadien benötigt werden, um sich zu vermehren, fehlt in ihnen von Natur aus ganz oder teilweise. Werden sie aber eingeschleppt, können ihre Populationen Dynamiken entwickeln, die aus natürlichen Gewässern, extensiver Freilandhaltung und Durchlaufanlagen nicht bekannt sind. Krankheiten – wie z. B. Wurmstar – können sich in Kreislaufanlagen nicht entwickeln oder nicht weiter ausbreiten, selbst wenn sie von außen, z. B. mit Setzlingen, eingeschleppt werden.

Andere Krankheiten wiederum finden optimale Lebensbedingungen vor und verbreiten sich schnell im gesamten Bestand. In der bisherigen Praxis sind dies Ektoparasiten die auf der Außenhaut oder den Kiemen angesiedelt sind, z. B. die einzelligen Wimpertierchen der Gattungen *Trichodina*, *Costia, Ichthyophthirius* und die Saugwürmer der Gattungen *Dactylogyrus* (Kiemenwurm), *Gyrodactylus* (Hautwurm) oder kleine Krebstierchen *Argulus* (Karpfenlaus). Derartige Parasiten sind beim ersten Auftreten durch Desinfektion des Wassers energisch zu bekämpfen. Je nach Ausbildung der Kreisläufe, der Temperatur des Wassers, der Möglichkeit, die Flüssigkeit (Desinfektionsmittel), die zur Wasserdesinfektion dient, unschädlich zu neutralisieren, erfolgt die Wahl des einzusetzenden Mittels sowie seine Dosierung. Die Reinigungsbakterien der Wasseraufbereitung sind häufig in der Lage sich an bestimmte Desinfektionsmittel anzupassen, so dass ihre Leistung selbst bei Kreislaufführung des Wassers stabil bleibt.

Vor allem Antibiotika und Mittel zur Parasitenbekämpfung können – sofern sie in den Reinigungsteil des Kreislaufs gelangen – die Reinigungsbakterien töten zumindest aber nicht unerheblich schädigen. Es ist wenig gewonnen, wenn die Fische zwar erfolgreich behandelt, die Biologie aber tot ist. Ein Animpfen der toten Biologie nach Austausch des belasteten Wassers mit neuen lebenden Reinigungsbakterien wird dann zwingend nötig. Das Betreiben eines Kreislaufs mit vollem Fischbestand aber frisch abgetöteter Biologie, überfordert die meisten Betreiber entweder fachlich von ihrem Wissen her, technisch (es gibt nicht genügend Austauschwasser der richtigen Qualität oder Menge) und/oder finanziell, da die Erträge sinken, die Fütterung reduziert oder für einige Zeit eingestellt werden muss und die Arbeit von Monaten und deren Erfolg verloren zu gehen droht.

Parasiten, deren eingekapselte Einwicklungsstadien, und Zwischenwirte für Parasiten, wie Kleinkrebse und Schnecken können sich in der biologischen Aufbereitung, den Rohrleitungen und den Fischbecken festsetzen. Die Bekämpfung ist in solchen Fällen schwierig und eine durch die desinfektive

Nachbehandlung gegen die Parasiten nachlassende Reinigungsleistung muss in diesen Fällen in Kauf genommen werden, weil sonst ständig mit neuen Krankheitsausbrüchen in den Fischbecken zu rechnen ist. In jedem Fall sollte immer möglichst rechtzeitig auf Krankheiten reagiert werden, um die Auswirkungen auf Fisch, Reinigungsbakterien und den eigenen Geldbeutel zu minimieren.

Die beste Krankheitsbekämpfung besteht in der Vorbeugung (Prophylaxe) durch die Schaffung möglichst optimaler Haltungsbedingungen für die Fische. Die wichtigsten prophylaktischen Maßnahmen bestehen darüber hinaus in der Beachtung der Hygiene, dem Einkauf von gesunden Setzlingen, einer der Anlagenauslegung angepassten Fütterung und der täglichen Überwachung der Fischbestände und Wasserqualität. Sofern machbar, ist ein zeitweises Stilllegen einzelner Kreisläufe, deren Reinigung, gründliche Desinfektion und erneutes Anfahren der biologischen Reinigung sehr zu empfehlen, um schwierig zu bekämpfende und unerwünschte „Untermieter“ auf Dauer loszuwerden. In der modernen landwirtschaftlichen Stallhaltung ist diese Vorgehensweise sehr erfolgreich und daher Standard.

7.1. Hygiene

Verhindert man ein Einschleppen und Ausbreiten von Krankheitserregern, braucht man sich mit den von ihnen verursachten Krankheiten logischerweise nicht auseinanderzusetzen. In offenen Durchlaufanlagen an Fließgewässern sind Oberlieger die es mit der Hygiene und den daraus resultierenden Problemen nicht so genau nehmen oft ein Ärgernis und leider immer wieder zu finden. Fischzucht in Kreislaufanlagen hat den Vorteil derartige Probleme nahezu ausschließen zu können, sofern das Austauschwasser nicht unbehandelt einem offenen Gewässer wie z. B. einen Bach, einem Fluss oder einem See entnommen wird.

Die Beachtung von Kleinigkeiten und eigentlich als Selbstverständlichkeit anzusehende Vorgehensweisen können sehr hilfreich sein, wie etwa:

- Fische (Setzlinge) von außerhalb sollten aus möglichst wenig verschiedenen Betrieben zugekauft werden.

- Betriebe aus denen zugekauft wird, sollten in jedem Fall über längere Zeit vom zuständigen Fischgesundheitsdienst überwacht und für unbedenklich befunden worden sein.

- Wiederkehrende regelmäßige Untersuchungen sollten dokumentiert werden (seriöse Verkäufer erlauben einen Einblick in die Befunde).

Da es vom Einsenden der Tiere bis zum Befund gern einmal 3-4 Wochen dauern kann, vor allem wenn virale Erkrankungen oder deren Trägerschaft bestimmt werden soll, ist es sehr zu empfehlen sich rechtzeitig um gute Lieferanten zu kümmern. Eine kurzfristige Stichprobe aus dem Bestand kann nicht ausschließen, dass gerade nicht untersuchte Tiere eben doch erkrankt sind, aber z. B. noch keine Symptome zeigen. Ist ein Betrieb aber regelmäßig über lange Zeit kontrolliert und für krankheitsfrei befunden, ist die Wahrscheinlichkeit gesunde Fische zu erhalten deutlich höher. Auch tut sich der zuständige Fischgesundheitsdienst oder Fachtierarzt deutlich leichter für einen solchen Bestand eine Unbedenklichkeitserklärung auszustellen, für die er eine gewisse Verantwortung übernimmt, welche auch im Bedarfsfall einklagbar ist.

Merke:
Betriebe die über mehrere Jahre einer ständigen Veterinärkontrolle unterliegen und dies auch nachweisen können sind als Lieferanten immer zu bevorzugen. Qualität und Aufzucht von Fischen erfordern Zeit, Sorgfalt und Aufmerksamkeit. Sehr billige Setzlinge sind daher ganz selten auch sehr gute.

In jedem Betrieb entwickelt sich mit der Zeit eine betriebsspezifische Mischung aus unterschiedlichen Mikroorganismen, die unter bestimmten Voraussetzungen die Fische schädigen können. Sie sind fakultativ pathogen; das heißt nur unter bestimmten Bedingungen krank machend. Den Fischen in derartigen Anlagen (Kreisläufen) geschieht in der Regel nichts, sie können sogar eine Immunität erworben haben. Erst, wenn verschiedene Herkünfte aus verschiedenen Anlagen mit ihren unterschiedlichen fakultativ pathogenen Mikroorganismen gemischt werden, kommt es häufig zum Krankheitsausbruch – dann aber leider bei allen Fischen. Die Erreger der „alten“ Fische infizieren die „neuen“ und umgekehrt, da das vorher vorhandene Gleichgewicht von Fisch und Erreger gestört ist.

Stress durch Transport, Temperaturunterschiede, Verletzungen und fremde ungewohnte Umwelt erhöhen die Anfälligkeit ansonsten gesunder Fische gegen fakultativ pathogene Keime. Um das Risiko des Ausbruchs von Krankheiten durch derartige Keime gering zu halten, sollten Fische, wie bereits mehrfach wiederholt, aus möglichst wenig verschiedenen Anlagen zugekauft werden. Hat man die Möglichkeit, sollte man zugekaufte Fische nicht mit bereits in der Anlage befindlichen Tieren mischen. Die Vorhaltung eines Quarantänekreislaufs, in den alle neu eingekauften Fische verbracht und bei Bedarf behandelt werden, kann sich sehr schnell bezahlt machen, vor allem wenn man auf permanenten Zukauf von Setzlingen angewiesen ist.

Sofern die Möglichkeit besteht, sollten benötigte Setzlinge in der eigenen Anlage produziert werden, wodurch die Gefahr der Einschleppung von Krankheiten minimiert werden kann. Man hat dann „ nur“ mit den eigenen bereits vorhandenen und gut bekannten Erregern zu kämpfen. Um die Ausbreitungsgefahr von einem zum anderen Anlagenteil zu minimieren sollte jeder einzelne Kreislauf einer Anlage mit separatem Arbeitsmaterial wie Kescher in der passenden Maschenweite, Eimer und Bürsten für die täglichen Routinearbeiten ausgerüstet sein.

Reinigung und Desinfektion sind zwei unterschiedliche Vorgänge. Das Arbeitsmaterial wird nach Gebrauch immer zuerst gereinigt und erst dann desinfiziert. Jede Desinfektion ohne vorherige Reinigung ist wirkungslos und nur Verschwendung von Zeit und Geld. Je nach eingesetztem Desinfektionsmittel (Sicherheitsdatenblatt) ist eine Einwirkzeit von einigen Sekunden bis zu mehreren Minuten notwendig um eine wirksame Keimreduzierung zu erreichen. Das Reinigen und Desinfizieren leer stehender Anlagen oder Anlagenteile hilft ebenfalls, die Gefahren zu minimieren, die durch derartige in der Landwirtschaft als „Stallmüdigkeit“ bekannte Erscheinungen auftreten können.

Besucher von außerhalb, vor allem solche aus anderen Fischzuchtanlagen, sollten möglichst nur desinfiziert (Schuhe, Hände) oder gut „verpackt“ (Einwegschuhe, Einwegoverall) in die Anlage gelassen werden. Risiko-Besucher sind in erster Linie Aquarianer, die ihre kranken Lieblinge daheim noch kurz vor dem Besuch der Anlage Abschied nehmend gestreichelt haben oder per Hand mit Schlammröhrenwürmern unbekannter Herkunft gefüttert haben. Auch manche Angler prüfen gerne mit der Hand, die gerade vorher in der Madendose den fettesten Köder herausgesucht, oder eine halbtote Plötze aus dem Schilf gefischt haben, ob die Wassertemperatur in der Anlage den Angaben des Betreibers entsprechen kann. Beliebt ist bei einigen dieser Besucher auch Klopfen an die Beckenwände zur Prüfung ob die Fische noch lebendig und reaktionsfreudig sind. Es ist selbstverständlich oder sollte es sein, dass Besucher ihre Hände aus dem Wasser und von den Fischen entfernt halten und nicht an irgendwelchen Gerätschaften fummeln oder wie immer wieder mal zu beobachten an Ventilen oder Dosiereinrichtungen drehen.

Kescher werden zweckmäßigerweise ausreichend lange in Wasser mit darin gelöster Desinfektionslösung aufbewahrt. Die Desinfektionslösung muss natürlich von Zeit zu Zeit – bevor sie ihre Wirkung zu verlieren droht (z. B. bei Jodophor am Farbumschlag erkennbar) – durch neue ersetzt werden. Kescher werden normalerweise direkt nach der Desinfektion bzw. vor erneutem Gebrauch immer an geeigneter Stelle (Waschplatz, Bodenablauf) außerhalb der Fischbecken grünlich mit klarem sauberem Wasser gespült, damit das aggressive Desinfektionsmittel nicht die empfindliche Schleimhaut der Fische schädigt.

Nach der Desinfektion kann es sich je nach Desinfektionsmittel und Verwendungszweck empfehlen eine gründliche Trocknung vorzunehmen, wie etwa bei einer Flächendesinfektion in Verarbeitungsräumen.

Vorbildlicher Waschplatz zur Reinigung und Spülung von Arbeitsgeräten. Foto: E. Fritschi

Kescher, mit denen tote oder schwerkranke Fische abgesammelt wurden, dürfen nur in dem entsprechenden Kreislauf eingesetzt werden, also nicht mit demselben Kescher tote Fische nacheinander in Kreislauf oder Becken 1, 2, 3 usw. einsammeln. Beim Abfischen von toten Fischen aus verschiedenen Becken eines Kreislaufs dürfen keine toten Fische vom ersten Becken mehr im Kescher sein, wenn aus dem zweiten ebenfalls tote Fische zu entfernen sind.

Tote Fische sind ausschließlich in dafür vorgesehenen Behälter (fest verschließbare Tonnen oder Eimer) zu lagern und baldmöglichst zu entsorgen. Derartige Behälter müssen regelmäßig entleert, gereinigt und desinfiziert werden. Sie sollten möglichst kühl, also nicht in der Sonne, stehen. In größeren Anlagen empfiehlt sich der Einsatz eines gekühlten Konfiskatraums oder -containers. Die Entsorgung der Tiere erfolgt durch Abgabe an Sammeltransporte der Tierkörperbeseitigungsanstalten, in Biogasanlagen mit entsprechender Zertifizierung oder in Ausnahmefällen auf eigenem Grund und Boden nach Überstreuen mit Chlorkalk oder Branntkalk und Vergraben einzelner weniger Tiere. Die Entsorgung unter Zuhilfenahme von Füchsen, Dachsen, Waschbären, Wildschweinen oder Aas fressenden Vögeln ist – zumindest in Deutschland – verboten.

Das Auftreten und die Verbreitung von Ratten, Mäusen und anderem Ungeziefer muss energisch verhindert werden. Vor allem Ratten können auch auf den Menschen Krankheiten übertragen. Sie fressen Fische, Futter und beschädigen Kabel oder Leitungen. Außerdem verderben sie durch Kot und Urin noch deutlich mehr Fischfutter als sie fressen.

Futterreste – z. B. auf Beckenrändern, neben oder auf Automaten – sollten mindestens jeden zweiten Tag entfernt werden. Das an diesen Stellen liegende Futter schimmelt in kürzester Zeit. Gelangt es in diesem Zustand in die Fischbecken, kann es bei Aufnahme durch die Fische Leberschäden, schlechten Zuwachs oder aber den Tod verursachen. Außerdem belastet es das Wasser unnötig. Sind die Fische in einem Gebäude oder einer Halle untergebracht muss diese wenigstens einmal wöchentlich komplett gereinigt und der Boden wenn möglich desinfiziert werden.

Die Desinfektionslösung darf nicht in den oder die Kreisläufe gelangen. Die Einleitung solcher Wässer in eine eigene Kläranlage zur Reinigung des Austausch- oder Überschusswassers muss dosiert erfolgen, um die dortige Biologie nicht zu gefährden. Die Einleitung in den Regenwasserkanal ist strafbar.

7.2. Diagnose und Behandlung

Arbeitet man mit einem Fischgesundheitsdienst (FGD) zusammen, sind die dortigen Fachleute dem Anlagenbetreiber bei der Überwachung des möglichen Krankheitsgeschehens behilflich. Sie beraten auch in seuchenrechtlicher Hinsicht, sofern dieses nötig werden sollte. Von diesen Stellen erhält man auch Behandlungsempfehlungen. Häufig ist die Entfernung zum nächstgelegenen Fischgesundheitsdienst sehr weit. In solchen Fällen kann ein örtlicher niedergelassener Tierarzt, der rechtzeitig mit dem Betrieb vertraut gemacht wurde hilfreich sein. Er kennt die sich mit der durchaus im Laufe der Jahre wechselnden rechtlichen Lage aus und kann so vor etwaigen unbeabsichtigten Gesetzesübertretungen des in gutem Glauben handelnden Anlagenbetreibers warnen. Grundsätzlich ist aber unbedingt erforderlich, die eigenen Fische selbst zu beobachten und auf Krankheitsanzeichen zu achten.

Die ersten Anzeichen von Krankheiten sind oft:

1. Änderungen im Verhalten wie: Nachlassen der Fresslust, „Herumhängen" im Fischbecken, Versammlung aller Fische beim Zulauf des Beckens, Absondern einzelner Fische vom Schwarm (sogenannte Randständer), ungerichtetes Schwimmen, Springen, Drehen, Scheuern am Boden oder an den Beckenwänden, schleichend zunehmende Verluste.

2. Änderungen im Aussehen wie: Flecken auf der Haut, Geschwüre, aufbeulende Hautpartien, Beschädigungen der Haut, vom Normalfall abweichende Färbung, Glotzaugen, Abspreizen der Kiemendeckel, aufgetriebener Leib, Beläge auf der Haut und natürlich erhöhte, unter Umständen sogar täglich zunehmende Verluste.

Bei derartigen Beobachtungen muss in jedem Fall nach der Ursache gesucht werden. Parasiten kann man häufig mit Hilfe eines geeigneten Mikroskops selbst bestimmen und auch in Absprache mit dem zuständigen Tierarzt behandeln. Die Diagnose und Behandlung von Bakterien- und/oder Viruserkrankungen gehören in jedem Fall in die Hände von Fachleuten. Eigenes „Herumprobieren", möglichst noch mit illegal beschafften Antibiotika, bei nicht klaren Symptomen ohne vorausgegangene oder mindestens parallele Resistenztests und ohne Diagnose eines Facharztes ist verantwortungslos, in den meisten Fällen ohne Erfolg und teuer, da sich die Symptome verstärken, solange die Ursache nicht beseitigt ist. Außerdem können sich gegen die entsprechenden Antibiotika resistente Bakterienstämme bilden, die zu einem späteren Zeitpunkt sehr viel Ärger machen können, da sie schwierig oder gar nicht bekämpfbar geworden sein können. Werden solche Fische abgegeben und beim Kunden Antibiotika im Fleisch nachgewiesen, ist der daraus entstehende Ärger mit Kunde und Behörden beachtenswert und sehr teuer.

Etwa alle 2-3 Wochen sollte man die in der Anlage befindlichen Fische genauer untersuchen als bei dem täglichen Routinecheck, der eben nur Fressverhalten, Schwimmverhalten, Aussehen und Verluste umfasst. Fallen einem vorher Anomalien auf, erfolgt die Untersuchung natürlich sofort. Untersucht werden vor allem „verdächtige" Tiere. Die Untersuchung gliedert sich in einen äußeren und einen inneren Befund.

7.2.1. Äußere Untersuchung

Es werden möglichst Tiere aus dem Bestand gefangen, die sich auffällig verhalten oder die Krankheitssymptome zeigen. Zum Beispiel Tiere die nicht im Schwarm stehen, vom übrigen Bestand abweichende dunkle oder sehr helle Färbung aufweisen, falsch herum (Bauch oben) schwimmen, schräg im Wasser stehen, Verletzungen, Geschwüre oder beschädigte Flossen aufweisen.

Zur Untersuchung wird der noch lebende Fisch in Seitenlage gebracht. Ein gesunder Fisch schaut dabei nach oben, dem Augendrehreflex folgend. Fehlt dieser Reflex, ist ein erstes Indiz auf Krankheit des Fisches gegeben und weitere Untersuchungen folgen. Hierzu wird der Fisch getötet: Kleine Fische durch Genickschnitt mit einer Schere, große durch einen Schlag auf den Kopf. Anschließend wird mit einer 6-10 fachen Vergrößerung auf Krankheitsursachen untersucht (Lupe). Mikroskopische Untersuchungen erfolgen mit Objektiven (Nr. 3, 8, 40) und Okular (Nr. 10), am besten mit einem Binokular (das lästige Zukneifen von einem Auge entfällt dabei und die Konzentration auf das Blickfeld ist auch für Ungeübte leichter möglich).

Bei der äußeren Untersuchung ist zu achten auf: Körperliche Verfassung (fett, normal, mager), Korpulenzfaktor, Verkrüppelungen, aufgetriebene Leibeshöhle, Glotzaugen, Schwellungen, Verkürzungen oder Durchlöcherung der Kiemendeckel, Zustand der Flossen und der Haut.

Bei der Haut ist wichtig: Verletzungen, Verpilzungen, Beläge, Bläschen, Geschwüre, Blutungen, Parasiten oder weiße Pünktchen, fehlende oder abgespreizte Schuppen, starke Schleimabsonderungen. Bei den Flossen ist wichtig: Ausfransungen, Verpilzungen, Blutungen, Bläschen, Parasiten oder weiße Pünktchen. Bei den Augen ist wichtig: Glotzaugen (Exophthalamus), Bläschen, Blutungen, Trübungen, Verpilzungen, Augendrehreflex. Bei den Kiemen ist wichtig: Verfärbungen, Verschleimungen, Schwellungen, Verpilzungen, Parasiten oder Pünktchen.

Hautabstriche werden durchgeführt: Am Kiemendeckel, wobei der Spatel vom Auge Richtung Kiemendeckel geführt wird; an der Schwanzflosse, wobei Spatel oder Skalpell von der Schwanzwurzel Richtung Flossenende geführt wird; am Rumpf, wobei Spatel oder Skalpell von der Seitenlinie nach hinten geführt wird; an der Brustflosse, wobei das Skalpell vom Flossenansatz Richtung Rumpf geführt wird.

Kiemenlamellen werden unter dem Mikroskop betrachtet. So lassen sich Schwellungen der Primärlamellen und Nekrosen ebenso wie Parasiten feststellen. Dazu werden einige Kiemenplättchen mit einer scharfen Schere abgetrennt. Man darf nur die Kiemenplättchen verwenden, da sich die Verknorpelungen der Kiemenbögen nicht unter den Deckgläsern quetschen lassen, und die Kiemen deshalb undurchsichtig bleiben.

7.2.2. Innere Untersuchung

Zur Untersuchung der Kiemen und inneren Organe müssen diese mit Hilfe von Schnitten der Betrachtung und Untersuchung zugänglich gemacht werden. Zuerst wird der Bauchschnitt durchgeführt (vom After entlang des Bauches zum

Kiemenraum), anschließend der Seitenschnitt (vom After über die Seitenlinie zum Kopf) und zuletzt der Kiemendeckelschnitt (vom oberen Rand der Kiemenöffnung über die Wange zum unteren Rand des Kiemendeckels). Bei den ersten beiden Schnitten werden die inneren Organe freigelegt. Mit dem dritten Schnitt wird die Beurteilung und Untersuchung der Kiemen ermöglicht. Einen Überblick über die Lage der inneren Organe eines Fisches gibt die Abbildung unter Punkt 4.1. Anatomie.

Durchführung von Hautabstrichen an einem Satzkarpfen. Foto: T. Meinelt

Öffnung der Leibeshöhle an einer Speiseforelle. Foto: T. Meinelt

Nach der Öffnung des Fisches wird die Leibeshöhle betrachtet um zu klären, ob sie auffällige Veränderungen gegenüber einem „normalen“ gesunden Fisch aufweist. Etwaige vorhandene Flüssigkeit in der Bauchhöhle ist bereits bei Öffnung des Fisches sichtbar und deutet auf Entzündungen. Bei der Leber ist zu klären, ob sie von einheitlicher Färbung ist, z. B. rot, braun, gelb, ob sie marmoriert ist oder ob das Gewebe Knoten enthält. Bei der Gallenblase wird untersucht ob sie geschwollen oder die Umgebung grünlich gefärbt ist. Die Form und Größe der Milz wird beurteilt. Die Gonaden werden auf Entzündungen, Blutungen oder abgestorbene Eier geprüft. Bei der Schwimmblase ist zu klären, ob sie mit Flüssigkeit gefüllt ist, Parasiten enthält, Verdickungen aufweist oder Blutungen. Schäden an der Niere zeigen sich in wässeriger Konsistenz, wellenförmige Schwellungen, stark gezackten Rändern und weißlichen Einschlüssen. Magen und Darm werden mit einer spitzen, scharfen Schere geöffnet und auf Entzündungen und Vereiterungen, Parasiten (Lupe, Mikroskop) und Nahrungsreste untersucht. Die Muskulatur wird mit einem scharfen Messer angeschnitten, um Blutungen (Hämorrhagien) festzustellen. Diese können flächig, punkt- oder kommaförmig auftreten.

Die Gesamtheit der aufgezeichneten Erkrankungserscheinungen ermöglicht eine erste Diagnose und darauf fußende oft schon eine gezielte Krankheitsbehandlung. Dies ist vor allem der Fall, wenn ein sichtbarer Parasitenbefall vorliegt oder die Haltungsbedingungen, die man eigentlich im Griff haben sollte, den Verdacht einer Schädigung nahelegen. Ist eine Diagnose und Krankheitsbehandlung mit den vor Ort vorhandenen Einrichtungen/Ausrüstungen wegen unklarer Symptome und fehlendem Erregernachweis nicht möglich, ist es dringend anzuraten Fische aus dem betroffenen Bestand lebend an ein Fischereiinstitut oder einen Fischgesundheitsdienst zwecks Erstellung einer Diagnose sowie eines Behandlungsvorschlags einzuschicken (siehe Punkt 7.3. Einsenden von Fischen).

7.2.3. Bakteriologische Untersuchung

In der Regel lassen sich bakteriologische Untersuchungen nur in dafür ausgerüsteten Instituten durchführen, da ein erheblicher apparativer Aufwand betrieben werden muss, um Bakterien zu isolieren, heranzuziehen, zu bestimmen und auf Resistenzen zu prüfen. Für Einzelbetriebe sind die Kosten und der Aufwand für Material und Personal zu hoch. Sollten daher nicht genau zu bestimmende Krankheiten auftreten, müssen lebende Fische möglichst schnell zum zuständigen Fischgesundheitsdienst eingeschickt oder gebracht werden. Es muss sichergestellt werden, dass die Fische den Bestimmungsort lebend erreichen. Nur lebendes Material kann genau untersucht werden. Unter bestimmten Umständen – allerdings nur in Absprache mit dem Untersuchungsinstitut – kann auch die Versendung von frisch getöteten oder verendeten Fischen auf Eis erfolgen.

Jede Behandlung mit Antibiotika oder Sulfonamiden zur Bekämpfung bakterieller Erkrankungen setzt eine autorisierte Diagnose und einen Resistenztest voraus. In der Vieh- und Geflügelhaltung war es lange Zeit üblich Antibiotika als sogenannte „Wachstumsverbesserer“ einzusetzen. Prophylaktischer Einsatz von Antibiotika ist in der Viehhaltung (z. B. Kälbermast) auch heute noch nicht unüblich. Der positive Effekt derartige Praktiken ist aber teuer mit Resistenzen und nachfolgendem Therapienotstand erkauft. Der Einsatz von Antibiotika unterhalb der therapeutischen Dosis als „Wachstumsverbesserer“ ist in jedem Falle abzulehnen, da so Bakterien Resistenzen erwerben können, die unter Umständen eine spätere Behandlung bei Krankheitsausbrüchen unmöglich machen.

Resistenzen können von bestimmten Bakteriengattungen auf andere übertragen werden. Antibiotika sind daher nur im Notfall und dann ausschließlich in therapeutischer Dosis über die vorgeschriebene Zeit zu verabreichen. In der Europäischen Union dürfen Antibiotika nur durch einen Tierarzt verschrieben werden. Der freie Einsatz und der freie Handel sind verboten.

Vor allem Zierfische aus dem nichteuropäischen Ausland kommen als Überträger von bakteriellen Erkrankungen in Frage, sie sind häufig bereits mehrfach ohne klare Diagnose, oft auch prophylaktisch, gegen alles behandelt worden und die Erreger sind als Folge oft eben auch gegen alle bei uns zugelassenen Antibiotika resistent. Der Import derartiger Tiere mit nicht mehr behandelbaren und damit nicht beherrschbaren Krankheiten, kann zu erheblichen Problemen in der eigenen Fischhaltung führen, aber bei Weitergabe dieser Fische an andere auch zu nicht unerheblichem Ärger und Kosten.

In Einklang mit den im europäischen Bereich gültigen Vorschriften ist die Behandlung betroffener Fischbestände zu dokumentieren und zwar: Arzneimittel, Darreichungsform, Menge bzw. Konzentration und Zeitraum. Nach einer Behandlung ist in der Regel eine gesetzliche Wartezeit einzuhalten, bevor die Fische zum Verzehr verkauft werden dürfen. Ist keine Wartezeit für das eingesetzte Medikament vorgegeben, gilt eine Wartezeit von 500 Tagesgraden vor Verwendung des Tieres als Lebensmittel. Die Anzahl der vor Abgabe einzuhaltenden „Wartetage“ errechnet sich durch Division von 500 durch die durchschnittlich herrschende Temperatur. Bei 20 C° sind dies 500:20 = 25 Tage. Nach jeder Untersuchung und jedem Umgang mit toten oder geschlachteten Fischen sind Hände und Arbeitsgeräte zu reinigen und zu desinfizieren.

7.2.4. Häufige Krankheiten

7.2.4.1. Parasiten

In den allermeisten Fällen hat man es in Kreislaufanlagen bei Krankheiten mit parasitären Erkrankungen zu tun. Wenige einzelne Parasiten schaden in der Regel nicht. Der Fisch und der an oder in ihm lebende Parasit haben sich im Laufe der Evolution aneinander angepasst so dass in der Folge der Fisch gut mit dem oder den Parasiten leben kann. Probleme können auftreten wenn sich der Gleichgewichtszustand zugunsten des Parasiten verschiebt. Das passiert vor allem wenn Fische an Infektionen erkranken oder sich die Haltungsbedingungen für sie verschlechtern.

Manche der Parasiten befallen den Fisch nicht direkt als Endwirt, sondern benötigen Zwischenwirte wie Muscheln, Schnecken oder Kleinkrebse in denen sich ihre Zwischen- oder Larvenstadien entwickeln. Da diese Zwischenwirte meistens fehlen, treten Innenparasiten (Endoparasiten) – z. B. Magen- und Darmwürmer – eher selten auf. Vorwiegend Fische aus offenen Teich-, Gehege- oder Durchlaufanlagen und Anlagen mit Anbindung an offene Gewässer (Frischwasserzusatz) müssen sich mit diesen Erregern auseinandersetzen.

Außen an den Fischen lebende Parasiten (Exoparasiten) finden in den Kreislaufanlagen hervorragende Möglichkeiten sich zu verbreiten. Sie treffen auf stabile Sauerstoffwerte, günstige Temperaturen und jede Menge potentielle Wirtstiere. Dies gilt z. B. für einzellige Parasiten, die den Protozoen zuzuordnen sind.

Geisseltierchen (Flagellaten) besitzen generell eine oder mehrere Geißel. Die Fortpflanzung erfolgt ungeschlechtlich durch Längsteilung. Gefürchtet ist bei diesen vor allem das Geisseltierchen der Gattung *Costia.* Dieser Parasit wird auch als Schwächeparasit bezeichnet, weil gesunde, gut gehaltene Fische nur sehr selten und dann nur bei hohem Infektionsdruck oder nach Transporten (Stress) erkranken. Fischbrut wird bevorzugt befallen, sowie Fische unter ungünstigen Haltungsbedingungen wie z. B. zu hohe Besatzdichten, zu wenig oder stark schwankender Sauerstoff oder durch Umweltprobleme verursachten Stress. Der Parasit ist auf dem lebenden Fisch in der Haut (Abstrich) und auf den Kiemen zu finden. Befallene Tiere klemmen die Flossen ein, scheuern sich auf dem Boden oder schwimmen schaukelnd. Auf der Haut der Tiere ist ein grauer, schleierartiger Belag festzustellen. Der Parasit lässt sich bekämpfen durch, Kochsalzbäder: 1-2 % über einen Zeitraum von 30-60 Minuten, oder Formalinbäder: 250-330 ml/m³ über 30 Minuten. Bei Zierfischen ist dies auch mit Trypaflavin-Bädern möglich (für Speisefische nicht zugelassen): 10 g/m³ 2 Tage lang. Nach einem Trypaflavinbad müssen die Fische in frisches Wasser umgesetzt werden.

Wimperntierchen (Ciliaten) besitzen im Gegensatz zu den Flagellaten einen Zellmund und sind allgemein höher entwickelt als diese. Die Vielzahl Wimpern (Cilien) dienen der Fortbewegung. Die Fortpflanzung erfolgt ungeschlechtlich durch Teilung oder sexuell durch Konjugation (Austausch von Erbinformationen). Das Wimperntierchen der Gattung *Chilodonella* tritt vor allem in der Nackenregion bis zum Ansatz der Rückenflosse auf. Die Haut kann sich bei starkem Befall in Fetzen ablösen. Die Kiemen werden ebenfalls befallen. Kranke Fische schwimmen träge und schnappen – vor allem bei Befall der Kiemen – nach Luft. Der Parasit befällt zunächst schwache Fische und vermehrt sich auf diesen. Anschließend werden auch gesunde Tiere befallen. Der Parasit lässt sich bekämpfen durch: Formalinbad 300 ml/m³ über 30 min. Bei Zierfischen und nicht der menschschlichen Ernährung dienenden Tieren ist der Einsatz von Malachitgrünoxalat 0,15 mg/l möglich, für Zierfische allein auch Trypaflavin.

Wimperntierchen der Gattung *Ichthyophthirius* (im Meerwasser *Oodinium)* verursachen die Grieskörnchenkrankheit, eine mit Recht sehr gefürchtete Krankheit. Vor allem junge Fische sind anfällig dafür. Alle schuppenlosen Arten wie Aal und Wels oder schuppenarme wie Spiegel- oder Nacktkarpfen werden besonders häufig geschädigt. Bei Befall zeigt der erkrankte Fisch über den gesamten Körper verteilt weiße Punkte, bei näherer Betrachtung in die Schleimhaut eingelassene Kugeln mit bis zu 1 mm Durchmesser. Auch die Kiemen werden befallen. Bei der Entwicklung des Parasiten gibt es 4 Stadien: Das Wachstumsstadium in der Haut (Trophont), das Vermehrungsstadium außerhalb der Haut (Tomont) im Wasser oder am Boden, das Teilungsstadium wobei die Tomonten Zysten bilden in denen Tochterzellen oder Tomiten entstehen und das Schwärmer oder Theronten Stadium, welches wiederum die Fische befallen kann. Der Fisch wird befallen durch die Schwärmer (Theront), die aus der Zyste des Bodenstadiums (Tomont) schlüpfen. Die Schwärmer bohren sich durch die Oberhaut der Fische, setzen sich zwischen Ober- und Lederhaut fest und kugeln sich ab. Sie bilden das Hautstadium. In der Haut wachsen sie weiter. Innerhalb von 1-3 Wochen – abhängig von der Wassertemperatur – wächst der Parasit und bohrt sich anschließend durch die Haut nach außen. Der Parasit fällt zu Boden und umgibt sich mit einer Hülle (Zyste). Im Inneren findet durch ungeschlechtliche Vermehrung (Teilung) die Bildung der Schwärmer (Theront) statt. Es können 20-1.000 Schwärmer pro Zyste entstehen. Nach Verlassen der Zyste etwa 14-20 h nach Beginn der Teilung muss der Schwärmer innerhalb von 33-48 h erneut einen Fisch befallen. Gelingt das nicht, stirbt er ab. In Kreislaufanlagen und anderen intensiven Haltungsformen finden die Schwärmer sehr schnell einen Fisch und die Krankheit breitet sich explosionsartig aus. Ältere Fische können nach Überwindung einer Infektion eine Art Immunität erwerben und sind dann weniger anfällig gegen eine erneute Infektion. Zierfische können recht erfolgreich mit Malachitgrünoxalat behandelt werden: 0,15-0,05 mg/l für 6 h lang, bei 4-maliger Behandlung im Abstand von 1 Tag. Die Wiederholung des Bades stellt sicher, dass auch Schwärmer und Bodenstadium abgetötet werden.

Malachtgrün ist wegen des Verdachtes krebserregend zu sein in Amerika und Europa für Fische, die als Lebensmittel Verwendung finden sollen nicht mehr zugelassen. Sollte doch ein Einsatz erfolgen kann diese Behandlung noch nach Jahren festgestellt werden.

Wimperntierchen der Gattungen *Trichodina/Trichodinella* stellen eine weitere Gruppe von Parasiten dar, die Beachtung in der Aquakultur finden. Der Zellleib ist kreisrund mit einem Hakenring an der Unterseite; die Wimpern (Cilien) ermöglichen eine recht schnelle Bewegung. Die Vermehrung erfolgt durch Querteilung. *Trichodina* bildet bei intensivem Befall auf der Haut einen feinen, schleierartigen Belag; die Fische sind unruhig; bei Befall der Kiemen schnappen die Fische nach Luft. Ist ein Fisch von mehreren verschiedenen Parasitenarten befallen, ist der Krankheitsverlauf deutlich stärker und die Verluste sind höher. Behandelt wird wie bei *Costia* und *Chilodonella*. Die genaue Art ist für den Fischzüchter unwichtig, die Behandlung all dieser Arten ist gleich. *Trichodina, Trichodinella* und andere nahe verwandte Gattungen unterscheiden sich nur in Größe, Zahl der Haken und der äußeren Form. Sie alle leben von Schleim und Zelltrümmern, die sie durch ihre Drehbewegung mit Hilfe des Hakenkranzes aus Haut und Kiemen lösen. Diese Verletzungen führen zu Kiemenschwellungen und Hautschäden. Verluste sind nur bei massivem Befall zu erwarten, der sich in einem grau bläulichen Schleier auf der Haut mit bloßem Auge erkennen lässt. Unter dem Mikroskop sehen diese Einzeller wie kleine, sich drehende Zahnrädchen aus. *Trichodina* und ihre Verwandten werden vor allem bei schlechten Wasser- bzw. Umweltverhältnissen, sowie infolge von Transport oder anderem Stress geschwächten Fischen zum Problem. In jedem Fall ist beim Auftreten dieser Parasiten – ebenso wie z. B. bei *Costia* – die Umwelt der Tiere zu überprüfen und für die Fische zu optimieren.

Sämtliche bisher genannten einzelligen Parasiten lassen sich bei Zierfischen und nicht der menschlichen Ernährung dienenden Fischen hervorragend mit einer Mischung aus Formalin und Malachitgrün-Oxalat bekämpfen. 12-14 g Malachitgrünoxalat werden mit 2,5-3,7 l Formalin (37 %ig) gemischt. Diese Stammlösung ist eine Woche haltbar. Von dieser Stammlösung werden 25 ml/m³ Wasser eingesetzt. Die Badedauer beträgt 1 Stunde.

Achtung:
Malachitgrün darf unter keinen Umständen bei Fischen eingesetzt werden, die der menschlicher Ernährung dienen oder irgendwann dienen sollen.

Zurzeit ist Peressigsäure (z. B. in Wofasteril) eines der wenigen brauchbaren Mittel zur Bekämpfung von Parasiten und zur Hygienisierung von Anlagenwasser. Wofasteril, eine Mischung aus Peressigsäure, Wasserstoffperoxid und Essigsäure wird in der Aquakultur zur Desinfektion und nach Umwidmung im Fall eines Therapienotstandes zur Bekämpfung von Außenparasiten eingesetzt.

Sporentierchen (Sporozoen) sind eine weitere Gruppe der Einzeller, die fast ausschließlich parasitär leben. Die Sporentierchen bilden zur Vermehrung ausgesprochen merkmalsarme Dauerstadien (Sporen). In diesem Stadium sind sie praktisch unangreifbar. Bisher haben sie als Außenparasiten in Kreislaufanlagen nur Aale befallen. Die Gattung *Dermocystidium* bildet auf den Kiemen von Aalen deutlich sichtbare weißen Reiskörnern ähnliche Gebilde, die derart anschwellen können, dass der Kiemendeckel abgespreizt wird. Ursache und Behandlung sind nicht bekannt. Befallene Tiere sollten aber zur Sicherheit aus dem Bestand entfernt werden.

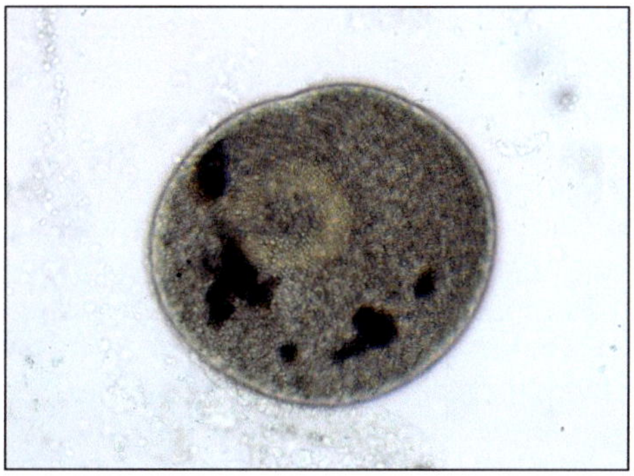

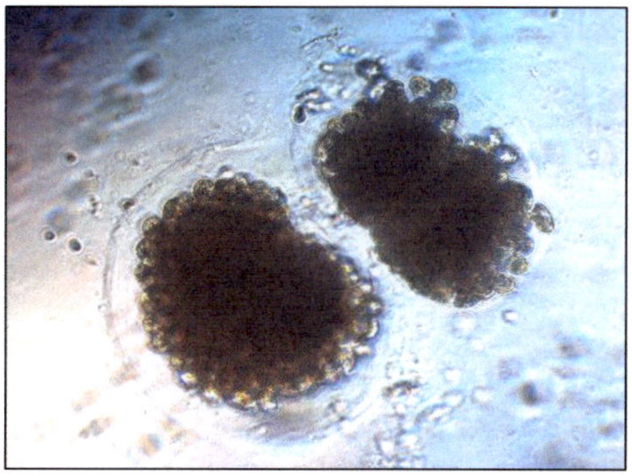

Ichthyophthirius Erwachsener (links) und freiwerdende Schwärmer (rechts). Fotos: T. Meinelt

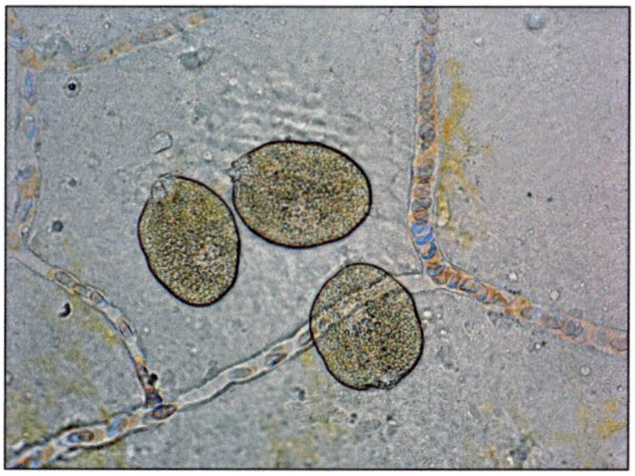

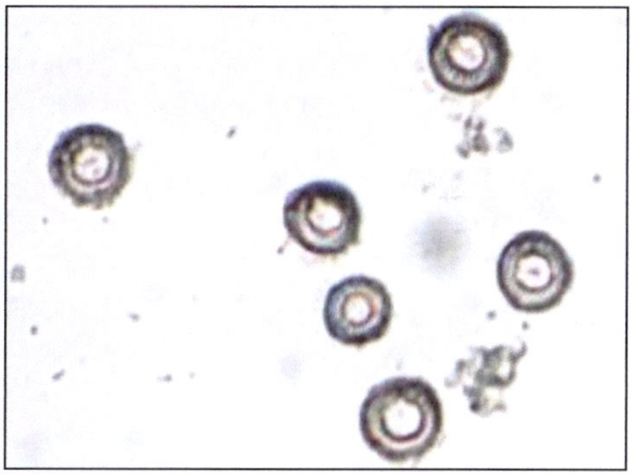

Oodinium (links) und *Trichodina* (rechts) aus Hautabstrichen. Fotos: Weitkamp & Meinelt

Neben parasitischen Einzellern (Protozoen) sind in Kreislaufanlagen auch parasitische Mehrzeller (Metazoen) zu nennen, die von Nichtzoologen gemeinhin als „Würmer“ bezeichnet werden.

Dactylogyrus und *Gyrodactylus* gehören zu den Saugwürmern (Trematoda), dort wiederum zu den Hakensaugwürmern (Monogenea). Sie sind blattförmig flach in der Gestalt und hängen sich mit Haken an ihrem Wirt fest. Vor allem Brut, aber auch größere Fische (z. B. Aale, Welse), werden wiederholt von ihnen befallen.

Dactylogyrus vermehrt sich über Dauereier, aus denen Larven schlüpfen, die sich mit Hilfe von Wimpernbüscheln (Cilienbüscheln) bewegen, die Kiemen von Fischen befallen und dort zu Würmern heranwachsen. Im Vollstrom kann eine mechanische Reinigung des gesamten durchfließenden Wassers mit 40 µm Maschenweite weitestgehend behandlungsresistente Dauerstadien (Eier) entfernen und derart einen erneuten Befall verhindern, zumindest aber auf ein erträgliches Maß reduzieren. Bekämpft wird der Parasit nach Umwidmung bei Therapienotstand durch Formalinbäder: 300 ml/m³ Wasser 30 min. lang.

Formalin als Aldehyd der Ameisensäure ist eine relativ einfache chemische Verbindung, die sehr leicht durch Bakterien abgebaut wird. Fische sind je nach Art unterschiedlich empfindlich gegen Formalin. Aale z. B. vertragen ohne bemerkbaren Schaden zu nehmen 80-100 ppm einer 37 %igen Ausgangskonzentration als Dauerbad über mehrere Stunden. Sie machen nach Abklingen des Bades und Befreiung von den lästigen Parasiten einen „erfrischten" Eindruck. Die gesamte Anlage, einschließlich des Biofilters, kann bei Aalen und Welsen wirksam behandelt werden. Die Bakterien des Klärtraktes gewöhnen sich sehr schnell an den Abbau von Formalin, so dass bei wiederholter Behandlung im Vollstrom die gegen die Parasiten wirksame Konzentration sinkt und mit Teststäbchen festgestellt werden muss, damit bei Bedarf nach 1, 2, 4 und/oder 6 Stunden nachdosiert werden kann, um die Parasiten sicher abzutöten. Eine Kontrolle der Fischkiemen auf Parasiten vor und nach der Behandlung ist nötig. Haben alle Parasiten etwa die gleiche Größe und sind in nennenswerter Zahl vorhanden, kann wirksam behandelt werden. Findet man unterschiedlich große Parasiten in großer Zahl, sind meist schon Schäden durch verminderte Futteraufnahme und Schwächung des Immunsystems eingetreten. Der passende Zeitpunkt ist überschritten da große Würmer unempfindlicher sind und bei Bedrohung (Behandlungsbad) Eier abgeben. Die Behandlung muss jetzt intensiv durchgeführt und in kurzen Abständen wiederholt werden. Bei 23 °C beträgt der Zyklus von Ei bis zum Schlupf der für einen Neubefall reifen Larve 4 Tage. Da die Fische je einen Tag vor, während und nach der Behandlung nicht gefüttert werden dürfen, ist bei wiederholt notwendiger Behandlung mit Produktionsausfällen zu rechnen.

Eine wirkungsvolle Behandlung ist nach Umwidmung durch einen Tierarzt auch mit Mebendazol in einer Menge von 1 mg/l möglich. Dieser Stoff ist ursprünglich zur Behandlung von innerparasitären Würmern bei Rindern und Schafen entwickelt worden. Im Handel ist ein Präparat (Vermox Vet), das 10 % Wirkstoff (Mebendazol) enthält und zur Bekämpfung von Würmern bei Warmblütern dient.

Von diesem Präparat werden 10 g/m³ als Dauerbad eingesetzt. In flüssiger Form gibt es das Präparat Ovitelmin. Es wird in einer Dosierung von 1,5 ml/m³ eingesetzt. Welse sind gegenüber diesem Mittel anfälliger als Karpfen, Aale und Störe. Bei mehrfacher Wiederholung des Bades kann es vor allem bei geringem (2-3 %/d) oder fehlendem Wasseraustausch (täglicher Menge von Frischwasser zur Anlage) zu einer Anreicherung kommen. Eine derartige Anreicherung führt zu Leberschäden bei den Fischen die lange Zeit zum Ausheilen benötigen. Diese Mittel schädigen die Bakterien im Bereich der biologischen Aufbereitung nicht.

Gyrodactylus kommt auf der Haut, zunehmend aber auch auf den Kiemen von Fischen vor. Die vor allem die Kiemen befallende Art wird von einigen Wissenschaftlern als eigene Art angesehen und einer neuen Gattung *Pseudogyrodactylus* zugeordnet. Für die befallenen Fische ist diese taxonomische Feinheit aber eher unwichtig. Vor allem in Aalbeständen kommt es immer wieder zu Krankheitsausbrüchen. Der Parasit pflanzt sich nicht durch Eiablage fort, sondern er ist lebendgebärend. In jedem Tier befindet sich bereits die Tochter, in dieser deren Tochter usw., ähnlich wie bei Blattläusen. Die sich, wie man häufig im eigenen Garten in leidvoller Erfahrung kennengelernt hat, dank dieser Technik rasend schnell ausbreiten können. Der Befall mit G*yrodactylus* ist daher sehr viel gefährlicher als der mit *Dactylogyrus*, weil die Verbreitung der Krankheit sehr viel schneller erfolgt. Bekämpft wird der Parasit durch Bäder mit Formalin: 300 ml/m³ 30 min. lang. Eine Bekämpfung der Parasiten mit Ovitelmin in einer Dosierung von 1,5 ml/m³ ist ebenfalls möglich wie bei *Dactylogyrus*.

Fischegel (*Piscicola)* gehören zu den Egeln (Hirudinea) und somit auch zu den „Würmern„ im unzoologisch erweiterten Sinn, dort wiederum zu den Rüsselegeln (Rhynchobdelliformes). Sie schädigen die Wirtstiere durch Blutsaugen. Die Fortpflanzung erfolgt über Eier. Fischegel werden nur von außen eingeschleppt und sind mit einem Kurzbad in Kochsalzlösung einfach zu bekämpfen: 2,5 % für 10-15 min.

Knoblauch-Konzentrate im Futter sollen recht wirksam gegen Außenparasiten sein, wenn sie in einer Konzentration von 0,05 % im Futter eingesetzt werden. Nachteilig ist allerdings der mit dem Einsatz einhergehende „heftige“ Geschmack derart behandelter Tiere. Vor Verwendung als Lebensmittel sollte eine knoblauchfreie Zeit von mehreren Wochen eingehalten werden. Es sei denn dieser spezielle Geschmack wird von der Kundschaft ausdrücklich gewünscht.

Selbstverständlich können noch eine Reihe anderer Parasiten im und am Fisch auftreten, deren Beschreibung würde aber den Rahmen dieser Einführung für Anlagenbetreibern sprengen. Die zuständigen Fischgesundheitsdienste oder spezielle Literatur führen weiter (siehe Seite 204 und Kapitel 14. Literaturangaben).

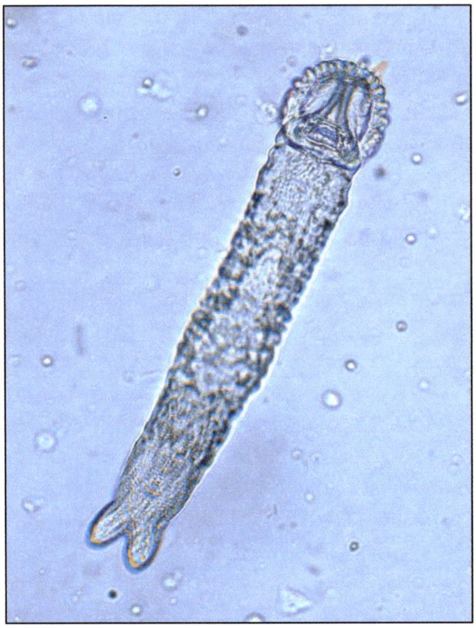 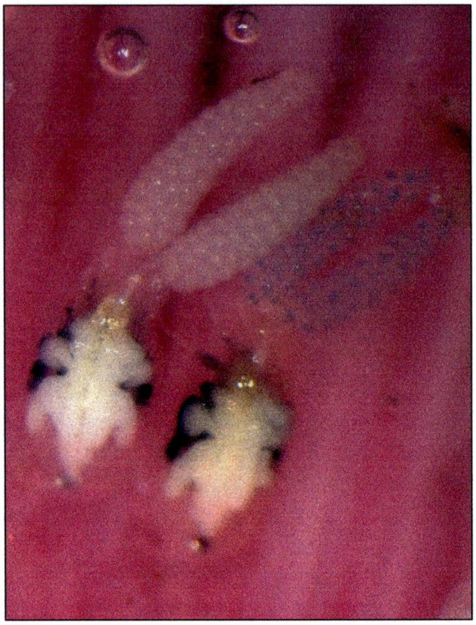

Gyrodactylus von Haut (links) und *Ergasilus* auf Kiemen (rechts). Fotos: Weitkamp & Meinelt

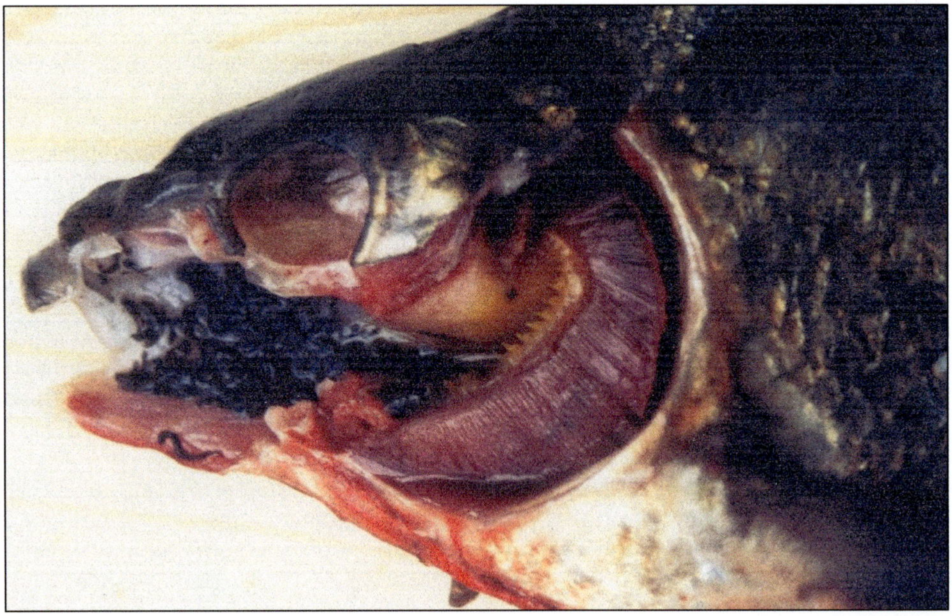

Piscicola im Maulbereich eines Karpfens (starker Befall). Foto: T. Meinelt

7.2.4.2. Pilze, Bakterien und Viren

Die Diagnose und Behandlung dieser Krankheiten gehören in die Hand von Fachärzten. In der Regel treten aber in Kreislaufanlagen hauptsächlich Bakterienerkrankungen auf, Virus- und Pilzerkrankungen sind selten.

Pilzerkrankungen (Mykosen) treten in geschlossenen Anlagen eher selten auf. Bei der Eierbrütung tritt allerdings bei schlechten Umweltbedingungen und schlechter Befruchtung der Eier ein Befall mit dem Wasserschimmelpilz *Saprolengia* auf. Pilzerkrankungen, vor allem bei der Erbrütung aber auch Hautverletzungen nach Handling und Transport sind mit Jodophor (Eier) und Kochsalz oder Formalin, oder wenn rechtzeitig durchgeführt, besser noch mit Huminstoffen behandelbar.

Bakterienerkrankungen (Bakeriosen) brechen vor allem aus, wenn die Fische von außen (Teich) in die Anlage gesetzt werden. Es treten vor allem Mycobakterien und Bakterien aus der Gruppe der Aeromonaden und Pseudomonaden auf. Umsetzen von Tieren nach Sortierung oder Transport in Haltungssysteme mit abweichenden Bedingungen stresst diese erheblich und schwächt daher ihre Immunabwehr. Selbst vorher in den Systemen anwesende, unschädliche Bakterien können sich in derart „angeschlagenen" geschwächten Tieren ungehemmt vermehren und es kommt zu Krankheitsausbrüchen bei bis dahin eigentlich doch gesunden Fischen. Eine Quarantäneanlage in welcher zunächst alle Tiere einige Wochen nach einem Transport von außerhalb der eigenen Anlage gehalten werden, kann helfen Probleme mit eigentlich gesund erscheinenden aber krank gelieferten Tieren zu vermeiden. Man kann es nicht oft genug sagen: Zur erfolgreichen Bekämpfung von bakteriellen Erkrankungen gehört die exakte Befolgung der von den Fischgesundheitsdiensten oder Fachtierärzten vorgeschlagenen Behandlung. Das häufig beobachtete Abbrechen der Verfütterung von arzneimittelhaltigen Futtermitteln vor Ende der vorgeschriebenen Behandlungsdauer – z. B. weil die Fische bereits wieder gut aussehen – ist in jedem Fall von Schaden. Die zu bekämpfenden Erreger sind noch nicht völlig abgetötet; bei passender, meist aber unpassender Gelegenheit bricht die Krankheit wieder aus. Der Erreger ist nun aber unter Umständen zumindest teilresistent. Das Medikament in dem „gesparten" vorher nicht verfütterten Futter wirkt nicht mehr ausreichend, und der erneute Ausbruch führt unter Umständen zu erheblichen Verlusten bei den Fischen.

Viruserkrankungen (Virosen) treten bisher in geschlossenen Anlagen selten auf. Von außen sind aber in den letzten Jahren, vor allem bei Karpfen sowie einigen Stören, Irido- und Herpesviren eingeschleppt worden. Die weitere Vorgehensweise wie etwa Behandlung der Tiere und unter Umständen erforderlich Stilllegung und Desinfektion der Anlage erfolgt dann schnellstmöglich nach Vorschlag des behandelnden Tierarztes. Der beste Schutz gegen Viren ist die

Vermeidung des Eintrags durch Brut oder Satzfische. Auch symtomlose Fische können Virusträger sein, haben die Krankheit aber überwunden oder die Virulenz (krank machend Fähigkeit des Erregers) ist nicht ausreichend die Tiere erkranken zu lassen. Stress oder andere Störungen des Wohlbefindens der Tiere können aber jederzeit zu einem Krankheitsausbruch führen. Derartige Fische sind tickende Zeitbomben. Viruserkrankungen sind im Allgemeinen nicht oder nur sehr schwer zu behandeln. Zurzeit wird an Impfstoffen gearbeitet, die aber bisher nur bei Lachsen und Forellen zugelassen und damit einsatzfähig sind.

7.2.4.3. Nicht erregerbedingte Krankheiten

Hierzu zählen Schädigungen durch die Umwelt wie z. B. chronischer und akuter Sauerstoffmangel, chronische oder akute Belastung mit Ammonium (NH_3/NH_4) und/oder Nitrit (NO_2), chronische oder akute Belastung mit CO_2, Gasblasenkrankheit (Gasübersättigung vor allem durch Stickstoff), Säure- und Laugenkrankheit etwa durch Verschiebung des pH-Wertes aus dem Toleranzbereich des Fisches z. B. durch falsch berechnete und dosierte pH-Regulierung, alle Vergiftungen (z. B. durch Metallsalze, Pestizide, Herbizide, Fungizide, Tenside, Farben und Farbverdünner, Mineralöl, Desinfektions- und Reinigungsmittel, Silagesickersaft oder Gülle), Temperatur (sehr schnelle Veränderungen innerhalb des Toleranzbereichs, aber auch Verlassen des Toleranzbereichs) und nicht zuletzt Stoffwechselstörungen (zu viel, zu wenig oder falsches Futter, z. B. durch Überschuss oder Mangel bestimmter Nährstoffe, Vitamine und Mineralstoffe).

Vor allem zwei Krankheitssymptome sind in Anlagen, in denen Fische intensiv gehalten und gefüttert werden, häufig zu beobachten:

Kiemenschwellung wird in der Regel durch zu dichte Haltung der Fische, zu geringe Wasseraustauschraten im Fischbecken, hohe Schwebstofffracht im Wasser, schlecht oder nicht ausreichend arbeitende Biofilter oder fehlerhafte Fütterung verursacht. Mit anderen Worten durch schlechte oder zumindest ungünstige Wasserqualität. Wichtigste Ursache ist eine Reizung des Kiemenepitels. Diese Reizung kann von außen auf die Fische wirken, z. B. durch aggressive Schwebstoffe, Säuren oder Laugen (Ätzwirkung) oder viel nicht gefressenes und im Wasser suspendiertes Futter. Der Reiz kann aber ebenso von innen auf die Kiemen wirken, sofern im Umgebungswasser zu viel Ammonium vorhanden ist), so dass bei der Verdauung von Eiweiß im Körper der Fische entstehendes Ammoniak nicht oder nicht in ausreichender Menge ins Wasser abgegeben werden kann. Für Grenzwerte siehe Unterkapitel 3.6. Stickstoff und Punkt 3.6.1. Ammoniak.

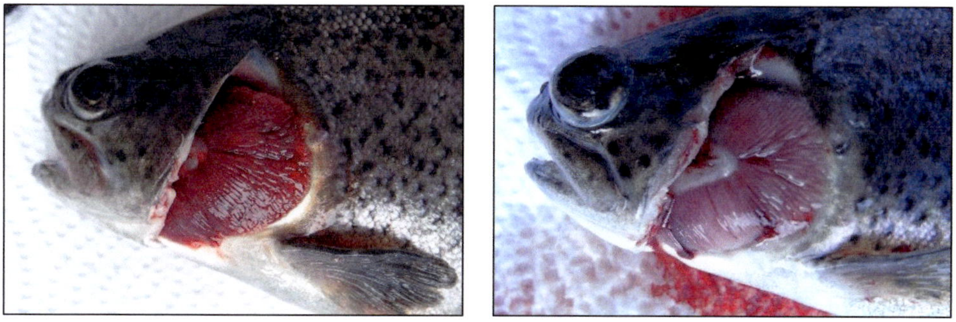

Normale Kiemen (links) und verschleimte/blutarme Kiemen (rechts). Fotos: T. Meinelt

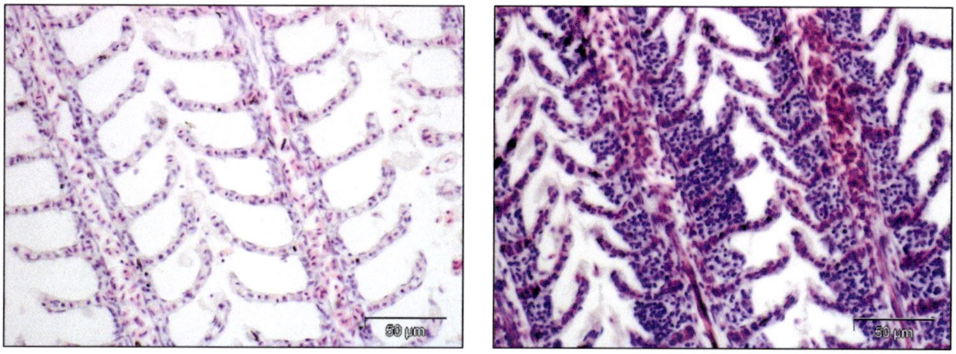

Normale Kiemenbblättchen (links) und verschleimte/geschwollene (rechts). Fotos: Höhne

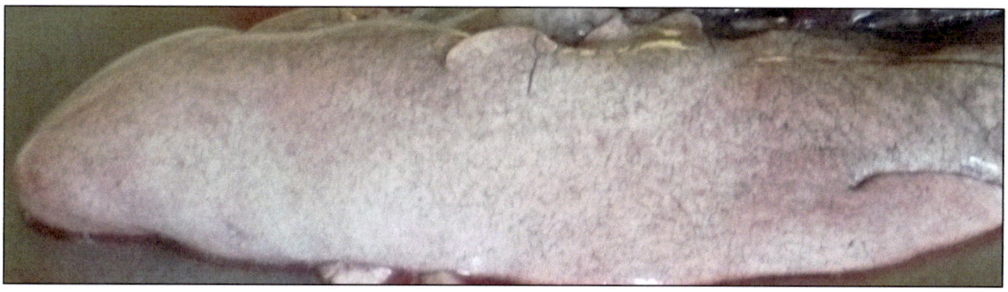

Stark verfettete Leber eines überfütterten Störs. Foto: P. Steinbach

Die normalerweise wie ein Tannenbaum gefächerte Kieme zeigt in diesen Fällen an den Spitzen der Kiemenplättchen Erweiterungen, die mit denen des nächsten Blättchens verschmelzen können, so dass ein dichter grauer Belag aus Schleim, Geweberesten und drauf/davon lebenden Bakterien entsteht. Die Kieme wird u. U. völlig funktionslos, der Fisch stirbt trotz ausreichend gelöstem Sauerstoff im Wasser an Sauerstoffmangel. Durch den Aufwuchs aus Schleim, Geweberesten und Bakterien stehen die Kiemendeckel teilweise wie Pflugschare ab. In schwereren Fällen hilft nur Chloramin-T in einer Dosierung von 5-10 g/m³ für 1-2 Stunden oder Wofasteril in vom Hersteller angegebenen Dosierungen. In jedem Fall muss die Ursache gefunden und beseitigt werden, da sonst die Fische in 14-tägigem Zyklus, bis sie das Verkaufsgewicht erreicht haben, großgebadet werden müssen, was teuer und wenig effizient ist.

Leberverfettung ist häufig auf falsch zusammengesetztes Futter, zu reichliche Fütterung oder Futterverderb zurückzuführen. Aber auch Vergiftungen (z. B. falsch dosierte Medikamente) können sich in Leberschäden äußern. Die Leber ist ein sehr regenerationsfähiges Organ. Sind die Ursachen der Schäden beseitigt, erholt sie sich oft in einer Zeit von 2-4 Monaten völlig. Die Ursache der Schäden muss allerdings gefunden und vor allen Dingen auch beseitigt werden. Cholinchlorid und Inositol als Zugabe zum Futter können die Leber bei in der Nährstoffzusammensetzung nicht richtig ausbalancierten Futtermitteln erfolgreich unterstützen. Der Fettgehalt im Futter wird immer wieder als alleinige Ursache für eine Leberverfettung angesehen. Häufig erhalten die Tiere aber einfach zu viel eines hochenergiehaltigen oder mit Kohlehydraten überladenen Futters.

Merke:
In der Aquakultur leiden oder sterben mehr Fische an zu viel Futter als an zu wenig, sie werden nicht selten sogar „totgefüttert“.

7.3. Einsenden von Fischen

In Deutschland unterhalten die meisten Bundesländer Fischgesundheitsdienste (FGD). Diese sind kleine Institutionen deren Leiter(in) zumeist auch das maßgebende Ausführungsorgan ist. Die Leistungsfähigkeit hängt von dem Ausbildungs- und Spezialisierungsgrad des Leiters und von der zur Verfügung stehenden Laborkapaziät ab. Die Stadtstaaten unterhalten einen nur registrierenden FGD, der selbst nicht untersucht. Andere Länder haben sich zu gemeinsamem Handeln entschlossen. Fischgesundheitsdienste sind nur im Ausnahmefall eine schnelle Hilfe beim Auftreten eines Notfalls. Es dauert in der Regel einige Tage bis zur Mitteilung eines Ergebnisses, da es seine Zeit dauert von der Feststellung der Auffälligkeit der Fische, der Probenahme, Verpackung, Einsendung, Entgegennahme beim FGD, Untersuchung bis zur Ermittlung des Befundes und Erstellung einer Behandlungsempfehlung. An Sonn- und Feiertagen wird normalerweise kein Fisch entgegengenommen oder untersucht. Geht es um große Werte, kann die Inanspruchnahme eines Europäischen Dienstes sinnvoll sein. Bei diesen gibt es 24 h Annahme, Direktabholung von Flughäfen und ausreichend geschultes Personal aufgrund der in anderen europäischen Ländern stärkeren Bedeutung der Aquakultur.

Um für den Notfall gerüstet zu sein, sollte im Vorfeld geklärt werden:

- Wie wird verpackt? Dazu gehören die rechtzeitige Materialbeschaffung wie Beutel, Verschluss, Styrolboxen, Sauerstoff.
- Wo werden die benötigten Materialien aufbewahrt und sind sie im Bedarfsfall auch zugänglich und ohne Klimmzüge erreichbar?
- Wohin sollen die Tiere geschickt werden? Adressen, Telefon-/ Faxnummern, Email, u.a.
- Wie wird transportiert? Selbstablieferung, Paketdienst, Fluggesellschaft, Spedition, Abfertigungsdienst.
- Was wird an Begleitpapieren benötigt? Vorbehandlung, Lieferschein, Einkaufsrechnung.
- Werden die erkrankten Tiere bei Ankunft überhaupt angenommen?

Für fast alle Untersuchungen ist es nötig, dass die Fische lebend zur Untersuchung gelangen. Nur so ist eine sichere und exakte Diagnose möglich, weil viele Parasiten tote Fische sehr schnell verlassen und auch die meisten anderen Erreger nur im lebenden Gewebe des Opfers überleben und nachzuweisen sind.

Eine Einsendung über längere Strecken oder Transportwege erfolgt in Plastiksäcken, die mit einem Sauerstoff-Wasser-Gemisch gefüllt werden. Die Fischmenge pro Beutel richtet sich nach Fischgröße, Temperatur, Darmfüllung und voraussichtlicher Transportdauer. Die Beutel werden normalerweise zu 1/3 mit dem Wasser, aus welchem die Fische stammen (Haltungswasser), und zu 2/3 mit Sauerstoff gefüllt. Liegt der Verdacht nahe, dass die Schäden an den Fischen vom Haltungswasser herrühren, können die Fische auch in anderem Wasser transportiert werden. In diesem Fall ist dann eine Wasserprobe des verdächtigen Wassers in einem separaten Behälter beizufügen; mindestens 2 l mit einer kurzen Begründung des Verdachts. In jedem Fall muss vorher geklärt werden, ob der betreffende FGD überhaupt Wasser untersucht. Kann er es nicht, wird die Wasserprobe an ein entsprechendes Wasserlabor geschickt. Eine Umverpackung des Transportbeutels am besten in einer Polystyrol Box ist zu empfehlen. Bei Dunkelheit sind die transportierten Fische ruhiger und haben einen geringeren Stoffwechsel. Auch die Gefahr einer Beschädigung des Transportbeutels und ein Entweichen des Sauerstoffs und Auslaufen des Wassers wird so wirksam verhindert. Zugaben eines handelsüblichen Kühlelementes oder von Scherbeneis helfen die Temperatur kühl zu halten.

Ein Schreiben, in dem die aufgetretenen Symptome beschrieben sind, ebenso wie Angaben zu evtl. bereits durchgeführten Behandlungen und Anzahl der bisher toten Fische, ist in jedem Fall beizufügen. Ins besondere, wenn mehrere Personen als Untersucher in Frage kommen, ist dieser „Laufzettel“ hilfreich. Hat man bereits – aus welchen Gründen auch immer – einige Zeit mit Antibiotika

„herumgespielt", ist der Nachweis bakterieller Erkrankungen häufig nicht mehr erfolgreich möglich. In jedem Fall aber ist die Zusammensetzung der bestimmbaren Bakterienarten erheblich verschoben und kann zur Diagnose nur mit dem Wissen über eine derartige „Vorbehandlung" genutzt werden. Am besten, schnellsten und sichersten ist es immer den Transport selbst durchzuführen oder von einer vertrauenswürdigen Person durchführen zu lassen. Dabei kann ein persönliches Gespräch vor Ort sehr hilfreich sein. In jedem Fall sollte durch Terminabsprache mit der entsprechenden Institution, dem Amt oder Tierarzt sichergestellt werden, dass die Fische bei Ankunft auch untersucht werden können. Es ist wenig gewonnen, wenn die Tiere wohl vor Ort ankommen aber keiner da ist, der sie sich ansieht und eine Diagnose stellt. Adressen von Fischgesundheitsdiensten lassen sich bei den staatlichen Gremien erfragen wie z. B. Fischereiämter, Regierungspräsidium, Universitätsämtern oder Fischereifachberatern.

Da es wegen logistischer Probleme nicht mehr möglich oder sinnvoll ist die Transporte per Bahn durchzuführen, werden zunehmend Kurierdienste eingesetzt. Einige nehmen lebende Fische nicht an. Da der Transport mit „Lebende Fische" gekennzeichnet werden muss, scheiden diese Dienste aus. Wasserproben kann man aber mit diesen Diensten verschicken. Fachtierärzte für Fische sind rar und häufig „nur" auf die Behandlung von Einzeltieren wie etwa hochpreisigen Koi-Karpfen eingestellt. Mit den Problemen großer Viehbestände beschäftigen sie sich seltener.

Vor Ort niedergelassene Tierärzte sind in der Regel nicht auf Fische spezialisiert. Da sie sich aber mit großen Viehbeständen auskennen, sind sie oft bereit sich mit der Problematik Fischkrankheiten, auch in Hinblick auf zunehmende Zierfischhaltung, zu beschäftigen. Ganz wichtig ist es, den Kontakt rechtzeitig, vor Auftreten von Problemen, zu suchen. Lädt man die in Frage kommenden Tierärzte auch zu einem Besuch der Anlage ein, um sie mit der Problematik vertraut zu machen, sind diese im Bedarfsfall sicherlich hilfsbereit. Letztendlich ist jeder örtliche Tierarzt berechtigt Medikamente zu beschaffen, in seiner Apotheke zu lagern, zu verordnen sowie bei immer häufiger auftretendem Therapienotstand umzuwidmen. Da der Tierarzt die Verantwortung gegenüber der Aufsichtsbehörde für die Medikation übernimmt, ist er auf eine sorgfältige Dokumentation angewiesen.

7.4. Einsatz von Medikamenten

Vorbeugen ist besser als Heilen, jedoch können oder müssen im Bedarfsfall Medikamente über das Futter oder das Umgebungswasser an die Fische verabreicht werden. Bevor Antibiotika eingesetzt werden, muss ein Resistenztest durchgeführt werden, bei dem das/die wirksamste/n Medikament/e festgelegt wird/werden. Die Behandlung hat nur Sinn, solange die Fische fressen. Nicht fressende Fische können nur in Form eines Bades behandelt werden. Die Aussichten auf Erfolg sind bei Antibiotikabädern – außer bei Brut und kleinen Fischen – gering und der Einsatz des Antibiotikums sowie die anschließende ordnungsgemäße Entsorgung der Badeflüssigkeit sind teuer. Größere Fische können mit Injektionen behandelt werden. Rechtzeitiges Kümmern um nötige Ausrüstungen (z. B. Spritzen, Tische, Messbecher) und günstige Lieferanten ist dringend anzuraten. Hektisches Suchen im Bedarfsfall führt normalerweise zu nicht optimalen Ergebnissen für Fische und Geldbeutel. Zur Impfung von größeren Mengen Setzlingen (Forellen, Lachse) stehen mittlerweile Automaten oder halbautomatisch arbeitende Einrichtungen zur Verfügung. Bevor irgendwelche Mittel zur Bekämpfung von Parasiten, Bakterien oder Viren eingesetzt werden, ist zu prüfen, ob diese Mittel anschließend bedenkenlos in das die Anlage verlassende Abwasser eingeleitet werden dürfen oder ob vor der Ableitung eine Vorbehandlungen wie z. B. Neutralisation oder Abpufferung erforderlich sind. Ansprechpartner zur Klärung der Vorgehensweise sind z. B. der Abwasserverband, der Betreiber der Städtischen Kläranlage oder das zuständige Umweltamt. Medizinische Behandlung darf nur nach sorgfältiger Überlegung erfolgen, um die nützlichen Bakterien (Nitrifikanten) auf den biologischen Trägermaterialien oder im Belebtschlamm nicht mehr als nötig zu schädigen oder gar zu zerstören. Fachmännischer Rat sollte in jedem Fall vorher eingeholt werden. Geheilte aber durch die vorausgegangene Behandlung/Infektion geschwächte Fische in einer Anlage mit getöteter biologischer Aufbereitung zu halten überfordert die meisten Anlagenbetreiber.

Laut Stand der Zulassung von Arzneimitteln (1998) sind derzeit folgende Wirkstoffe als Medikament für Nutzfische zugelassen: In Deutschland: Trimethoprim, Sulfadiazin, Chlortetracyklin, Metrifonat, Natriumchlorid, Formaldeyd, Calciumhydroxid, Malachitgrünoxalat, Niclosamid. In Dänemark: Oxolinsäure, Trimethoprim, Sulfladiazin. In Finnland: Oxolinsäure und Oxitetracyclin. In Frankreich: Oxitetracyclin, Flumequin, Oxilinsäure, Trimethoprim und Sulfadiazin. In Italien: Chlortetracyklin, Oxitetracyclin, Flumequin, Sulfamerazin und Amoxicillin. In Großbritannien: Oxitetracyclin, Oxolinsäure, Co-Trimazine, Amoxillin und Dichlorvos. In Polen: Oxitetracyclin-Hydrochlorid, Flumequin, Enrofloxacin, Niclosamid und Levamisol. In Norwegen sind die weitaus meisten Medikamente (17) zugelassen als Folge der doch erheblichen Bedeutung der dortigen Fischproduktion (Lachs). Betrachtet man die in den einzelnen EU-Ländern erlaubten Wirkstoffe, fällt auf, dass zwar wenige Wirkstoffe erlaubt sind, die Wirkstoffe aber in den verschiedenen Ländern unterschiedlich sind. Es ist zu hoffen und zu erwarten, dass in Zukunft die in einem EU-Land zugelassenen Medikamente auch legal in einem anderen eingesetzt werden können. Da sich die zulässigen Arzneimittel häufig ändern, immer bei Behörden oder Tierärzten nachfragen.

Steht für eine Krankheitsbehandlung kein für Fische zugelassenes Medikament zur Verfügung, ist es möglich, dass der behandelnde Tierarzt ein anderes, für andere Tierarten zugelassenes Medikament einsetzt. Voraussetzung dafür ist eine Umwidmung in welcher der Tierarzt im Einzelfall begründen und dokumentieren muss, warum dies nötig ist und welche Folgen zu erwarten sind. Werden umgewidmete Medikamente eingesetzt, ist auch in diesem Fall die nötige Wartefrist einzuhalten. Sie beträgt, sofern nicht anders festgelegt, 500 Tagesgrade. Auf Zierfische treffen Wartezeiten nicht zu. In jedem Fall sind aber alle relevanten Papiere aufzubewahren, als da sind: Arzneimittelabgabebelege, Bestandsbehandlungsunterlagen mit Dosierung und falls nötig der Nachweis des Therapienotstandes. Therapienotstand herrscht, wenn kein für Fische zugelassenes, wirksames Präparat zur Verfügung steht. In diesem Fall kann ein anders für lebensmittelliefernde Tierarten zugelassenes Medikament eingesetzt werden, es wird für diese Anwendung umgewidmet.

In Deutschland ist seit einer Änderung des Arzneimittelrechts (2002) die Durchführung von sogenannten Hofmischungen verboten. Dieses Verbot von Hofmischungen betrifft Arzneimittelvormischungen. Einzelpräparate zur oralen Anwendung (über das Futter) können aber nach wie vor vom behandelnden Tierarzt verschrieben und vor Ort im Betrieb eingemischt werden. Eine Vorratshaltung von verschreibungspflichtigen Arzneimitteln ist verboten.

7.4.1. Einsatz über das Futter

Innenparasiten wie Bandwürmer (Cestoden), Kratzer (Acantocephalen) und Fadenwürmer (Nematoden) lassen sich zufriedenstellend über ein Fütterungsarzneimittel behandeln. Zum Beispiel Mansonil 60 g/kg Futter, 1,5-2,0 %/d Fütterungsintensität, 2-4 Gaben mit 1 Woche Abstand; Di-n-butyl-Zinnoxid 25 g/200 kg Futter, 0,5 %/d Futterintensität, 2-3 Gaben mit 5-7 Tagen Abstand; Phenasol = Niclosamid 1 g/kg Fischgewicht als einmalige Gabe.

Vor allem bakterielle Erkrankungen und Magen-Darm-Parasiten werden über das Futter bekämpft. Das im speziellen Anwendungsfall nötige und richtige Medikament wird durch den behandelnden Tierarzt festgelegt. Der Einsatz erfolgt in dessen Absprache, in der vorgegebenen Konzentration und im festgesetzten Behandlungszeitraum, welche in jedem Falle einzuhalten sind.

Die beste und sicherste Methode besteht darin, Futter mit dem bereits eingemischten Medikament von einem Futtermittellieferanten zu beziehen. Nachteilig ist, dass häufig eine Mindestmenge des Futters (meist 3 t) hergestellt werden muss, und es Zeit kostet von der Diagnosestellung und der Beschaffung des Medikaments bis zur Ankunft des Futters in der Anlage. Es ist aber möglich im eigenen Betrieb, mit relativ einfachen Gerätschaften, eine Medikamenteneinmischung in das Futter vorzunehmen. Man benötigt vom Baumarkt einen Betonmischer mit elektrischem Antrieb der groß genug sein sollte, einen 25 kg Futtersack aufzunehmen, einen Waage mit ausreichender Genauigkeit für das

Futter, eine Laborwaage für das Medikament, Schaufel, Eimer und Gefäße für das angemischte Futter wie z. B. Transportkübel mit einem Inhalt von 60-80 Liter. Besteht das normalerweise verabreichte Futter bereits aus Pellets, kann das Medikament nicht eingemischt, sondern nur angeklebt oder angelagert werden. Hierzu können Zuckerwasser, Limonade wie etwa Cola oder Öle dienen, abhängig davon, ob das Medikament eher wasser- oder fettlöslich ist. Wegen der Staubentwicklung sind in jedem Fall Schutzhandschuhe und Atemschutz einzusetzen.

Bestimmen der erforderlichen Mengen: z. B. Es ist die therapeutisch erforderliche Konzentration des Medikaments in einer Menge von 1 mg/kg des Fisches oder auch 1 Gramm pro Tonne Fischbestand in das Futter einzumischen. Ein Bestand von 10 t ist zu behandeln. Die täglich einzusetzende Medikamentenmenge beträgt dann 10 g um 1 mg Konzentration/kg Fisch zu erreichen. Die normale tägliche Futtermenge beträgt 1,5 % = 150 kg/d. Die tatsächlich als Medizinalfutter verabreichte Menge sollte etwa 50 % der üblichen täglichen Futtermenge betragen um sicherzustellen, dass die Tiere hungrig sind und daher das angebotene Futter schnell und restlos aufnehmen. Mit anderen Worten, wenn die Tiere, wie in obigem Beispiel, üblicherweise 1,5 % Futter täglich erhalten ist die Medizinalfuttermenge auf 0,75 % auszulegen und der Wirkstoff entsprechend zu dosieren. Der Wirkstoff ist in 75 kg Futter einzumischen oder anzuheften.

Es kann auch hilfreich sein, nicht die übliche Pelletgröße zu verfüttern sondern die nächst kleinere. Zum einen ist die Oberfläche an die sich das Medikament anlagern kann größer, zum anderen nehmen auch die kleineren Fische des Bestandes genügend Futter auf, um eine Wirkung sicher zu stellen. Bei gut wasserlöslichen Medikamenten kann eine Lösung hergestellt werden, z. B. 10 g in 6 Liter. Können im Mischer pro Durchgang 25 kg Futter gut gemischt werden, werden 3 Portionen á 2 Liter Medikamentelösung je 25 kg Futter bereitgestellt und die erste Mischung kann beginnen. 25 kg Futter werden in den Mischer gefüllt und 2 Liter der Medikamentenmischung werden (z. B. mit Hilfe einer Haushaltssprühflasche) möglichst gleichmäßig langsam auf das im Mischer drehende Futter gesprüht. Die Feuchtigkeit muss sofort in die Pellets einziehen. Ist das Futter sehr feucht, da die Pellets das Wasser nicht genügend aufnehmen, kann die Konzentration im Medikamentenwasser erhöht werden, so dass nur 1 Liter in den Mischer dosiert werden muss. Nach 3-4 Minuten Mischen ist die Mischung fertig und das Futter kann entnommen werden um in einem Sammelbehälter (Kübel) oder leerem Futtersack auf die Verfütterung zu warten. Mit den übrigen 2 Portionen wird entsprechend gleich verfahren.

Steht kein Mischer zur Verfügung und werden nur kleine Futtermengen benötigt, kann die Vermischung von Futter und Medikament auch in einem verschließbaren Kunststofffass erfolgen. Futter und in Wasser oder Öl suspendiertes oder gelöstes Medikament werden in das Fass gefüllt, das Fass verschlossen und anschließend umhergerollt so dass sich Futter und Medikament vermischen. Nach 40-50 m durch die Anlage rollen sollte die Vermischung ausreichend sein und das Futter kann eingesetzt werden.

Ist das Futter nach der Einmischung noch feucht, kann es in einem trockenen Raum (z. B.Gebläseraum) ausgebreitet und getrocknet werden. Die Behälter mit dem trockenen Futter müssen gut lesbar beschriftet werden um eine Verwechslung mit dem normalen Futter auszuschließen. Direktes Aufsprühen des Medikamentes auf die im Mischer drehenden Pellets bei gleichzeitiger Zugabe des Trägermittels (Zuckerwasser, Pflanzenöl) ohne vorheriges Herstellen einer Medikamentenlösung ist ebenfalls möglich aber in der Regel ungenauer.

Sonnenblumenöl oder Lebertran werden in Mengen von 0,25-0,50 l pro 25 kg Futter verwendet. Lebertran (in sogenannter veterinär-medizinischer Qualität) wird von Fischen auf Grund seines Geschmacks, anders als von den meisten Kindern, gern genommen. Es überdeckt etwaige bittere oder sonst wie für Fische unangenehme Geschmacksstoffe, so dass die Tiere das Futter nicht wieder ausspucken, sondern fressen. Zum einen kleben die Öle oder das Wasser das Medikament an die Oberfläche der Pellets, zum andern transportieren sie es in die kleinsten Hohlräume. Mit Hilfe von Öl oder Ölsuspension hergestelltes Futter lagert die Medikamente besser an als mit Wasser hergestelltes. In Wasser gelöste Medikamente werden nach der Fütterung recht schnell wieder im umgebenden Wasser gelöst. Dem Futter sollte nach der Einmischung genügend Zeit gegeben werden an den Pellets zu trockenen oder sogar einzuziehen. Auf die oben genannte Weise hergestelltes Futter ist nicht lange haltbar. Am besten täglich herstellen und am selben oder spätestens darauffolgenden Tag verfüttern.

7.4.2. Einsatz über das Wasser

Außenparasiten werden erfolgreich in Form eines Bades bekämpft. Hierbei wird das im Wasser gelöste Medikament möglichst gleichmäßig im Beckenwasser verteilt. Es wirkt so direkt auf die Erreger. Die Auswahl und Konzentration des Mittels sowie Behandlungsdauer des Fischbestandes erfolgt in Absprache mit dem behandelnden Tierarzt.

Vor Beginn des Bades wird eine kleine Fischmenge in einem separaten Behälter außerhalb des Hauptbestandes – aber in Wasser aus dem entsprechenden Kreislauf – behandelt, da die Wirkungsweise der Medikamente von der Wasserzusammensetzung des Haltungssystems und dem physischen Zustand der Fische abhängt. Nach erfolgreicher (Parasiten tot, Fische leben) Durchführung des Probebades kann die Behandlung des Gesamtbestandes erfolgen. Das Medikament wird so gleichmäßig wie möglich über das Becken verteilt ausgebracht (Gießkanne). Eventuell wird vorher eine Stammlösung hergestellt.

Eine Stammlösung wird durch die Lösung einer bestimmten Menge des Medikamentes in Wasser hergestellt, z. B. 10 g Medikament/l Wasser. Diese gelöste Menge lässt sich später mit Hilfe eines Messzylinders einfacher und genauer dosieren, wenn z. B. keine genaue Waage vorhanden ist, um auf 0,5 oder 0,1 Gramm genau zu wiegen oder wenn das Medikament auf ein größeres Becken verteilt werden muss. Eine Stammlösung ist in der Handhabung auch weniger gefährlich, da bereits eine Vorverdünnung erfolgt ist, was im Fall eines in der Aufregung schon mal vorkommenden Verschüttens vorteilhaft ist.

Während der gesamten Prozedur der Behandlung sind die Fische im Auge zu behalten. Bei Auftreten von Schwierigkeiten (z. B. Seitenlage oder Unruhe unter den Fischen) wird das Bad abgebrochen. Dazu wird das Badewasser soweit wie möglich in den Abwasserkanal – nicht in den Kreislauf – abgelassen. Anschließend wird mit Kreislaufwasser/Frischwasser auf den normalen Wasserstand aufgefüllt. Da eine Reihe Bademittel (z. B. Formaldehyd) reduzierend wirken, ist auf eine ausreichende Sauerstoffversorgung (Belüftung) während des Bades zu achten. Es ist hilfreich, wenn genügend Frisch- oder Austauschwasser in passender Qualität und Quantität zur Verfügung steht um das durch das Ablassen des Badewassers im Kreislauf fehlende Wasser zu ersetzen.

Wird ein Medikament für ein Bad in einer Verdünnung von 1:20.000 benötigt, beträgt die einzusetzende Menge:

1 l = 1.000 ml = 1.000 cm^3
1:20.000 bedeutet 1 l Medikament in 20.000 l Wasser oder
1.000 ml in 20.000 l = 1 ml auf 20 l Wasser oder 50 ml/m^3 Wasser

Werden Bäder aus nicht 100 %igen Ausgangslösungen benötigt, kann die Berechnung schnell mit Hilfe eines Mischungskreuzes durchgeführt werden. Zum Beispiel soll aus einer 37 %igen Formalinlösung eine 7 %ige Lösung hergestellt werden:

Vorhanden sind Formalin mit 37 % Wirkstoff
und Wasser mit 0 % Wirkstoff
Gewünscht wird eine Lösung mit 7 % Wirkstoff

```
   Formalin                 37 %   7 Anteile Formalin
                                \ /
gewünschte Konzentration    7 %
                                / \
                     Wasser 0 %    30 Anteile Wasser
```

Es werden also 7 Teile einer 37 %igen Lösung und 30 Teile Wasser gemischt, um eine 7 %ige Lösung herzustellen.

Ist in einem System ein Dauerbad mit einer Konzentration von 80 ppm anzusetzen, beträgt die einzusetzende Menge:

1 ppm = 1 part per million = 1 Teil von 1.000.000 = 1 mg
1 mg/l = 1 g/m³

Zum Beispiel soll von einer 37 %igen Formalinlösung ausgehend eine Wirkstoffkonzentration von 80 ppm erreicht werden:

Formalin = 37 % Wirkstoff
Wasser = 0 % Wirkstoff
1 ml Formalin = 0,37 ml Wirkstoff

Das Wasser soll zur Behandlung 80 ml Wirkstoff enthalten: Benötigt werden 80 mg/l x 0,37 mg/ml = 216 ml. Pro m³ Wasser werden 216 ml Formalin 37 %ig benötigt. Für ein System mit 50 m³ zu behandelndem Volumen sind dann: 216 ml Formalin x 50 m³ = 10,800 ml = 10,8 Liter 37 %iges Formalin nötig.

Eine derartige Menge von Formalin – oder einem anderen Bademittel – niemals an einer Stelle in den Kreislauf oder die Kreisläufe geben. An einer derartigen Stelle, egal ob Fischbecken, Biologie oder Pumpensumpf, entstehen für Fische und Mikroorganismen tödliche Konzentrationen des Bademittels. Es hilft wenig, wenn die zu behandelnden Parasiten tot sind, aber eben auch die Bakterien der biologischen Aufbereitung und/oder die Fische. Die Dosierung des Mittels erfolgt über eine große Fläche verteilt z. B. mit einer Gießkanne, nachdem das Mittel mit mindestens der 10-fachen Menge Wasser verdünnt wurde. Man kann das entsprechende Mittel aber auch in Pumpensümpfe oder Überleitungen, aus denen das Wasser kontinuierlich abgepumpt und permanent auf die Anlage verteilt wird, mit Hilfe einer Dosierpumpe, eines Dosierhahns oder eines kleinen (gering dimensioniert) Schlauches zugeben.

Wenn möglich sollte die Konzentration des Mittels auf analytischem Wege überprüft werden. Nach Messung der aktuellen Konzentration wird bei Bedarf nachdosiert. Die hierzu erforderliche Menge wird aus der Differenz der benötigten Konzentration zur gemessenen ermittelt. Beträgt der gemessene Wert 60 ml Wirkstoff und der Bedarf 80 ml fehlen 20 ml. Um 20 ml Wirkstoff einer 37 %igen Formalinlösung in einen Kreislauf von 50 m³ einzudosieren sind 20 ml x 0,37 mg/ml = 54 ml; 54 ml x 50 m³ = 2 700 ml. Es sind 2,7 l der 37 % igen Formalinlösung in den 50 m³ fassenden Kreislauf nachzudosieren.

7.5. Behandlung mit Therapeutika

Vor dem Einsatz jeglicher Medikamente ist deren Zulässigkeit bei den zuständigen Fischgesundheitsdiensten oder bei Fachtierärzten zu erfragen. Die

Liste zugelassener Medikamente ist von Land/Staat zu Land/Staat verschieden, außerdem ändern sich Gesetze und Zulassungen.

Merke:
Der therapeutische Index ist der Bereich zwischen wirksamer und für die zu behandelnde Tierart toxischer (giftiger, schädlicher) Dosis eines Medikamentes. Um ihn zu ermitteln, wird die toxische Dosis durch die wirksame Dosis dividiert. Der Index sollte möglichst groß sein, um mögliche Schäden durch Überdosierung an den Fischen zu vermeiden.

7.5.1. Acriflavin oder Trypaflavin

Der Wirkstoff ist ein Acridinfarbstoff. Der Einsatz erfolgt als Dauerbad 8-12 h in einer Dosierung von 10 g/m³. Das medikamentierte Wasser darf nicht in den Kreislauf gelangen. Es wirkt gegen *Chilodonella, Costia, Trichodina, Trichodinella* und bakterielle Flossenfäule. Soll es als Mittel gegen lokale Myxobakteriose bei Karpfen, Aalen oder Forellen eingesetzt werden, wird an 3 aufeinander folgenden Tagen je 12 h mit 3 g/m³ gebadet. Oral ist Acriflavin gegen *Hexamita* (Darm- u. Blutparasit) wirksam in einer Dosis von 10 mg/kg Fisch 10 Tage lang (*Amlacher, 1992*). Der therapeutische Index für Karpfen und Aale liegt bei 3-5, Welse der Gattung *Ictalurus* sollen anfälliger sein. Das Mittel ist in Deutschland nicht zugelassen. Manchmal wird es bei Zierfischen eingesetzt.

7.5.2. Jodophor

Der Wirkstoff ist ein Polyvinylpyrrolidon-Jodid-Jod-Komplex in wässriger Lösung. Der minimale Aktivjodgehalt beträgt 1 %. Der Einsatz zur Desinfektion von Forelleneiern erfolgt in einer Dosierung von 4-8 ml/l Wasser, 10-15 Minuten lang; 1-3 Behandlungen im Abstand von ca. 2 Wochen werden durchgeführt. Störeier werden ab dem zweiten Tag nach der Befruchtung bis zu zweimal täglich in der oben angegebenen Art und Weise behandelt, um eine Infektion mit *Saprolengia* zu verhindern. Die Anwendung zur Entkeimung von Geräten und Einrichtungen erfolgt in einer Dosierung von 0,1-1,5 %; die Einwirkungszeit beträgt 10-15 Minuten. Da die Wirksamkeit an der Braunfärbung abgelesen werden kann – je heller desto unwirksamer – wird Jodophor oft zur Gerätedesinfektion eingesetzt.

7.5.3. Chloramin

Der Wirkstoff ist freies Chlor, das bei Kontakt mit Wasser aus der Verbindung frei wird. Es wirkt desinfizierend und entschleimend. Der Einsatz erfolgt über einen Zeitraum von 0,5-1,0 h in einer Dosierung von 5-12 g/m³. Vorsicht aber bei hohen CO_2-Werten im Wasser. Bei bakterieller Kiemenschwellung ist die Wirkung schnell. Innerhalb unglaublich kurzer Zeit sind die Kiemen frei. Die Tiere bewegen und verhalten sich als ob sie nie krank gewesen wären. Die Behandlung kann nach 1-2 Tagen wiederholt werden. Gelangt das Badewasser in den Kreislauf, ist mit kurzzeitigem Nachlassen der Reinigungsleistung zu rechnen.

7.5.4. Formalin

Der Wirkstoff ist Formaldehyd oder auch Methanal. Da Formalin stark reduzierend wirkt, ist besonders auf eine ausreichende Sauerstoffversorgung der Fische während des Bades zu achten. Gelangt die Badeflüssigkeit in den Kreislauf, ist mit kurzzeitigem Nachlassen der Reinigungsleistung zu rechnen. Die Erholungsfähigkeit der Fische nach der Behandlung mit Formalin ist gut, während empfindliche Parasiten irreversibel (nicht umkehrbar) geschädigt werden. Forellen und Störe sind besonders vorsichtig zu behandeln. Der therapeutische Index von Formalin beträgt nur 2-3, folglich bedarf es genauester Dosierung, eines Probebades und ständiger Beobachtung der im Bad befindlichen Fische. Formalin wird eingesetzt: als schwaches Kurzbad über 30 min. 250-300 ml/m³ Wasser der handelsüblichen Formalinlösung (35-40 %) bei Karpfen, Aalen und Forellen gegen *Costia, Chilodonella, Trichodina, Gyrodactylus, Dactylogyrus* und *Saprolengia*. Werden Aale gegen Kiemenwürmer gebadet, kann um die Wirksamkeit zu erhöhen kurzzeitig mehrfach die Belüftung reduziert werden, um die Aale zu zwingen, vermehrt über die Kiemen zu atmen. Wird dies nicht bedacht, ist die Wirkung auf diesen Parasiten unbefriedigend, da der Parasit in der Kiemenhöhle des Aals geschützt sitzt und sich dort nicht genügend mit dem Medikament auseinandersetzen muss. Typisch ist, dass Aale während der Behandlung nur mit einem Kiemendeckel atmen, da sie den Wirkstoff auf den Kiemen als unangenehm empfinden. Die positive Wirkung der Abtötung der sie quälenden Parasiten erschließt sich ihnen nicht.

Achtung:
Vorsicht bei Bildung eines weißen Niederschlags in der Ausgangslösung. Es handelt sich um Paraformaldehyd das für Fische hochtoxisch ist. Ursache für die Entstehung des Paraformaldehyds ist Überlagerung oder Lagerung unterhalb von 5-8 °C. Paraformaldehyd kann zwar herausgefiltert und/oder durch Zugabe einiger Tropfen Natronlauge (NaOH) beseitigt werden, aber die Gefahr einer nicht ausreichenden Dosierung von NaOH besteht immer. Eine Aufbewahrung in dunklen Glasbehältern oder Kunststoffkanistern und Lagerung bei Temperaturen von mehr als 10 °C reduziert die Bildung von Paraformaldehyd.

7.5.5. Huminstoffe

Huminstoffe sind braun gefärbte, höher bis hochmolekulare Verbindungen und finden sich vor allem in Braunkohle und Torf. Sie setzen sich aus drei Stoffgruppen zusammen: Fulvosäuren, Huminsäuren und Humin. Diese Stoffgruppe aktiviert körpereigene Abwehrvorgänge, beschleunigt Heilvorgänge der Schleimhaut, weist entgiftende Eigenschaften gegenüber vielen Pestiziden,

Pilztoxinen und Metallionen auf und erhöht die Überlebensrate bei Einsatz in der Eierbrütung. Der Einsatz kann als Bad oder als Zusatz zum Futter erfolgen. In der Humanmedizin und der terrestrischen Tierhaltung werden Huminsäurepräparate recht häufig eingesetzt. Im Handel unter anderen als „HS 1500“ erhältlich. Nach *Schreckenbach* (1986) wird HS 1500 in Abhängigkeit von der Wasserhärte mit 15-50 ml/l Wasser dosiert. Hohe Wasserhärte erfordert bei Dauerbädern eine Nachdosierung. In Kreislaufanlagen sowie geschlossenen Erbrütungsanlagen ist eine unbegrenzte Langzeitbehandlung möglich. In Durchlaufanlagen und auf Transporten wird über 4 bis 24 h gebadet. Als Langzeitbad wird empfohlen: bis 5°dH 15 mg/l HS1500 und Nachdosierung von 1 mg/l alle 10 Tage. Bei 5-10°dH bereits 20 mg/l und Nachdosierung von 1 mg/l alle 5 Tage und bei 15-20 °dH 30 mg/l und 2 mg/l Nachdosierung. Dauerbäder über 4-24 Stunden erfordern bei sonst gleicher Erstdosierung keine weitere Nachdosierung. Als Futterzusatz von HS 1500 gelten 1 g/kg Futter für Brut-, Aufzucht- und Zierfischfutter und 1-5 g/kg Futter für ältere Fische. Im Futter kann der prophylaktische Einsatz Wachstum und Futterverwertung verbessern. Therapeutischer Einsatz wirkt gegen Dysbakerien (wie *Escherichia coli, Proteus vulgaris, Pseudomonas pyocyanea)*, Darminfektion und -entzündungen sowie Endoparasiten. Ein therapeutischer Index wird nicht angegeben, da die Wirkstoffgruppe offensichtlich in sehr weiten Bereichen für die behandelte Tierart unschädlich ist.

7.5.6. Malachitgrünoxalat

Der Wirkstoff ist ein Triphenylenmethanfarbstoff. Die therapeutische Wirkung erfolgt wahrscheinlich durch Zerstörung des Cytochroms C und durch direkten toxischen Einfluss auf die frei lebenden Stadien der Parasiten (z. B. Schwärmer). Cytochrome sind für den Energiehaushalt und Vermehrung der Einzeller von existentieller Bedeutung. Wegen des Verdachts krebserregend zu wirken, betrug die Wartezeit – bevor die Fische verzehrt werden können – bis vor einigen Jahren 180 Tage. Heute ist nur der Einsatz bei der Erbrütung (Eier) und/oder bei Fischen möglich, die nicht der menschlichen Ernährung dienen. Es wird angewendet als Dauerbad 24 h lang in einer Dosierung von 0,3-0,4 mg/l. Malachitgrün ist eines der am besten wirksamen Mittel gegen *Ichthyophthirius*, außerdem wirkt es gegen *Trichodina* und *Saprolengia.* Gegen *Ichthyophthirius* erfolgen in Abhängigkeit von der Temperatur im Abstand von 2 Tagen 3-4 Bäder. Dabei werden die Schwärmer zufriedenstellend abgetötet, wodurch der Zyklus der Parasiten unterbrochen wird. Gelangt die Badeflüssigkeit in den Kreislauf, ist mit einem leichten Nachlassen der Reinigungsleistung zu rechnen. Bei verbotener Anwendung spaßen die Behörden nicht. Der Einsatz von Malachitgrün kann auch noch nach Jahren in geringsten Mengen in den Fischen nachgewiesen werden.
Malachitgrün plus Formalin als Mischung wirkt hervorragend gegen eine Vielzahl von fischpathogenen Protozoen bei einer deutlich besseren Verträglichkeit durch die Fische als bei der getrennten Anwendung der beiden Inhaltsstoffe. Zur

Anwendung kommt eine Stammlösung. Es werden 12-14 g Malachitgrünoxalat in 3,5-3,7 l Formalin (handelsüblich 37 %) gelöst. Diese Lösung ist etwa eine Woche haltbar. Von dieser Lösung kommen 25 ml/m³ Wasser 1 h oder auch länger zur Anwendung. Die Auswirkungen auf den Kreislauf sind gering. Eine Gewöhnung der Reinigungsbakterien ist immer wieder beobachtet worden. Die Parasiten werden aber sicher abgetötet.

7.5.7. Metrifonat

Der Wirkstoff ist ein Dimethyl-Trichlor-Hydroxyethyl-phosphorsäureester. Das Präparat ist unter verschiedenen Handelsnamen bekannt, z. B. Masoten, Neguvon, Trichlorphon. Im Wasser erfolgt ein Abbau zu Dichlorvos, welches auch als Insektizid eingesetzt wird, daher nicht in kurzen Abständen baden. Im Bedarfsfall kann eine Entgiftung des Badewassers außerhalb von Kreisläufen mit Ätznatron oder Natronlauge erfolgen. Pro kg Trichlorphon müssen 1 kg Ätznatron oder 2 kg 50 %ige Natronlauge zugeführt und gut vermischt werden. In Kreislaufanlagen kann Masoten in einer Dosierung von 0,1-0,5 g/m³ als Dauerbad gegen *Dactylogyrus* und *Gyrodactylus* eingesetzt werden. Neguvon wird in einer Dosierung von 0,4 g/m³ von allen Fischen gut vertragen. Bei einem Wasseraustausch von 10 %/d in der Anlage kann nach einer Woche nachbehandelt werden. Zur sicheren Abtötung der Parasiten wird 3-mal im Abstand von je einer Woche gebadet. Ein Nachlassen der Reinigungsleistung der Bakterien ist in der Regel nicht zu beobachten. Welse, Barsche, Forellen und andere Salmoniden werden mit der geringeren Dosis behandelt; Karpfen und andere Cypriniden sowie Aale mit der höheren Dosis; Störe liegen nach ersten Erfahrungen ihrer Empfindlichkeit betreffend zwischen beiden Gruppen. Das Wirkungsspektrum umfasst: *Argulus, Ergasilus, Lernaea, Dactylogyrus, Gyrodactylus, Trichodina, Piscicola, Philometroides, Gervis, Synergasilus, Diplostomum.* Die Wirksamkeit im freien Wasser beträgt ca. 1 Woche. Die Anwendungstemperatur sollte 20-21 °C nicht überschreiten. Bei höheren Temperaturen ist das Mittel zunehmend unwirksam. Der therapeutische Index beträgt je nach Fischart 30-200; es sind keine Nachwirkungen zu erwarten. Der Einsatz erfolgt in Absprache mit dem behandelnden Tierarzt.

7.5.8. Ovitelmin

Wirkt als Antihelminthikum ähnlich wie Masoten. Des Weiteren wirkt es gegen Wasserschnecken, da es deren Vermehrungszyklus unterbricht. Die Dosierung im Kreislauf beträgt 1,5 ml/m³. Welse sind anfälliger als Karpfen, diese wieder anfälliger als Aale. Störe sind recht unempfindlich. Bei häufiger Wiederholung (2-3 Bäder/Woche) ohne Wasserwechsel können Vergiftungen mit langwieriger Schädigung der Leber auftreten, da sich die Abbauprodukte des Präparates im Kreislauf anreichern. Der Einsatz erfolgt in Absprache mit dem Tierarzt.

7.5.9. Kochsalz

Der Wirkstoff ist Natriumchlorid (NaCl). Es wirkt gegen Außenparasiten. Darüber hinaus ist eine allgemein vitalisierende Wirkung zu erwarten (siehe auch Punkt 3.6.2. Nitrit). Kurzzeitbäder 1-2 %, 1-3 h lang für Forellen, Aale, Störe, Barsche und Tilapia. Karpfen und Welse werden mit max. 0,5-1,0 % gebadet. Transportstress und Transportverluste lassen sich durch Zugabe von 0,1-0,5 % Kochsalz zum Transportwasser mindern (*Bohl, 1999*).

7.5.10. Kupfersulfat

Kupfersulfat ($CuSO_4$) ist nahezu in jedem Landhandel und Baumarkt leicht zu beschaffen und wird eingesetzt beim Überhandnehmen oder einer Massenentwicklung von Milben im Kreislaufwasser. Es wird in einer Dosierung von 3 g/m³ eingesetzt und zwar 3-mal im Abstand von 1 Woche bei 10 % Wasseraustausch pro Tag. Wenn Antibiotika nicht zur Verfügung standen, hat es sich sogar bei der Rettung frisch gefangener Glasaale bewährt, die mit Bakterien der Gattung *Flexibacter* befallen waren. Das Mittel hilft ebenfalls bei der Bekämpfung von Schnecken, sowie *Costia* und *Gyrodactylus*. Die Anwendung sollte allerdings nur im Notfall und äußerst vorsichtig erfolgen, da alle Fische ausgesprochen empfindlich sind. Der therapeutische Index liegt bei 2-3, daher Probebaden in jedem Fall mehrfach mit verschiedenen Dosierungen durchführen. In Deutschland ist Kupfersulfat als Therapeutikum (Medikament) derzeit nicht zugelassen. Dies gilt auch für das früher in der Forellenzucht verwendete Kupfervitriol.

7.5.11. Peressigsäure

Handelsübliche Peressigsäure besteht aus mehreren Komponenten welche zueinander in einem chemischen Gleichgewicht stehen. Sie zerfällt in Wasser in ihre Ausgangsprodukte H_2O_2 (Wasserstoffperoxid) und CH_3COOH (Essigsäure), so dass keine umweltschädigenden Produkte beim Zerfall entstehen, da Essigsäure sehr gut abbaubar ist. Peressigsäure hat eine höhere Desinfektionswirkung als Ozon und es tritt keine Gewöhnung der bekämpften Organismen auf. Handelsüblich sind E 400, E 250, E 150, wobei E 250 die beste Wirkung erzielen soll. Bei allen Dosierungen immer die Wasserhärte im Auge behalten und ein Probebad mit einer kleinen Fischmenge durchführen, da die Wirkung je nach Wasserhärte Fischart und -alter sehr unterschiedlich ist. In Kreislaufanlage geht man von 1,5-2 mg/l als obere Grenze aus die von Fischen und Reinigungsbiologie toleriert wird. Nach Herstelleranleitung ist (Wofasteril) zur Ichthyophtiriusbehandlung bei Koi-Karpfen wie folgt vorzugehen: 2,5 Liter Wofasteril pro 1 m³ Wasser. Die Einbringung erfolgt langsam. Dabei erweist sich die Dosierung über Spritzen direkt in den Frischwasserauslauf am Filter praktikabel oder die Verwendung einer Verdünnung (Stammlösung) und homogenen Verteilung dieser mittels Gießkanne über die Oberfläche der Teiche oder Becken. Zur Abtötung der freien Schwärmer sollte die Behandlung über 6 Tage hinweg alle 8 Stunden erfolgen.

Interessant sind Erkenntnisse über die Anwendung von Wofasteril mit einem Wirkstoffgehalt von 30 g Peressigsäure/100 ml (30 %ig). Bei Koi kann diese in einer Dosierung von 20 ppm als Arznei- und Desinfektionsmittel im Teichwasser eingesetzt werden. Über den Desinfektionseffekt im Wasser als auch durch Wirkung am Tier kommt es zur erfolgreichen Behandlung von Kiemenschwellung und Verpilzungen. Als weiteren Effekt konnten auch sehr gute Ergebnisse gegen bestimmte fischparasitäre Trematoden (*Gyrodactylus*), Ciliaten (*Trichodina, Apiosoma, Ichthyophthirius* und *Chilodonella*), Fischegel (*Piscicola*), Flagellaten (*Costia*) sowie virusbedingte Erkrankungen (z. B. Herpesvirus) bei Fischen erzielt werden.

Beim Einsatz von Peressigsäure verschiedener Hersteller immer auf den Wirkstoffgehalt achten und falls nötig umrechnen. Peressigsäure senkt den pH-Wert (Säure) daher bei jeder Behandlung diesen im Auge behalten und bei Bedarf rechtzeitig mit Kalkmilch oder Soda gegensteuern. Peressigsäure lässt sich zur Desinfektion von leeren Teichen, Becken und Gerätschaften (dabei auf etwaige Korrosion achten) einsetzen sowie zur Desinfektion von „nicht leeren“ Becken und Teichen auch mit Fischen.

7.5.12. Antibiotika

Antibiotika werden effektiver über das Futter als in Form eines Bades eingesetzt. Im Fall von Verfütterung wird wenig Reinsubstanz benötigt, und die Auswirkungen auf die Umwelt durch z. B. Neubildung von Resistenzen bei Bakterien durch abgeleitetes Badewasser sind deutlich geringer. Voraussetzung für den Einsatz von Antibiotika ist die vorausgegangene oder mindestens parallele Durchführung eines Resistenztestes, sowie die Verschreibung durch einen Tierarzt. Antibiotika sind in der gesamten Europäischen Union verschreibungspflichtig. Sie haben in letzter Zeit aber durch falschen, unüberlegten und leichtfertigen Einsatz viel ihrer früheren Wirkung eingebüßt. Das medikamentierte Wasser darf nicht in den Kreislauf gelangen. Vor Verzehr von mit Antibiotika behandelten Fischen ist eine Wartezeit von 500 Tagesgraden einzuhalten.

Achtung:
Vor jedem therapeutischen Bad eine Probebehandlung mit dem Wasser durchführen in welchem die Fische leben, um Verluste durch veränderten Wasserchemismus oder Falschdosierung soweit als möglich zu verhindern. In jedem Fall muss immer eine ausreichende Sauerstoffversorgung während des Bades sichergestellt sein. Am Tag des Bades sollte nicht gefüttert werden, falls

möglich auch nicht am vorhergehenden Tag. Fische während des Bades unbedingt immer im Auge behalten um rechtzeitig eingreifen zu können!

7.6. Ultraviolettes Licht

Die Erbsubstanz (DNA) von Viren, Bakterien, Pilzen und Einzellern lässt sich durch UV (Ultra Violett)-Licht schädigen. Als Folge davon können die geschädigten Zellen (Lebewesen) sich nicht mehr vermehren und sterben ab. Die Wirkung oder der Grad der Schädigung ist abhängig von der Empfindlichkeit des betreffenden Organismus, der Strahlendosis und der Einwirkzeit. Mikroorganismen sind nicht gleichermaßen anfällig gegen die Strahlung, die Unterschiede sind zum Teil erheblich, je nachdem ob die Organismen Strahlen reflektierende oder absorbierende Hüllen oder Schalen aufweisen oder ob sie durch Fremdpartikel wie Schmutz und Schwebstoffe geschützt sind. Zum effektiven Einsatz muss das Wasser weitgehend frei von Schwebstoffen und Färbung sein, damit das UV-Licht wirken kann. Zur Anwendung kommt Licht mit einer Wellenlänge von ca. 254 nm, welches den optimalen Wirkungsbereich darstellt. Eine abgeschwächte Wirksamkeit ist zwischen 200-300 nm zu erwarten. Die zur Lichterzeugung genutzten Röhren können etwa ein Jahr betrieben werden, danach ist die Wirkung stark nachlassend; es gibt zunehmend nur noch „blaues Licht“, aber geringe oder keine desinfizierende Wirkung mehr, weil die Röhren die wirksame Wellenlänge nicht mehr in ausreichender Menge abstrahlen.

In Fischzuchtanlagen soll die Dosis 50.000-60.000 µWs/cm² betragen. Zur erfolgreichen Bekämpfung von freien *Ichthyophthirius*-Stadien muss die Dosis auf über 100.000 µWs/cm² erhöht werden. Im Kreislauf wird das Wasser dort behandelt, wo keine Fische sind, da diese durch UV-Licht ebenfalls geschädigt werden. Im Durchlauf werden UV-Anlagen vorzugsweise in den Wasserzulauf platziert um von dort einwandernde Keime und Parasiten weitestgehend zu reduzieren. Dort ist eine Dosis von etwa 150.000 µWs/cm² anzuraten.

Zur Anwendung in der Fischzucht kommen offene oder geschlossene Systeme. In geschlossenen Systemen wird das zu behandelnde Wasser in einem dünnen Film durch eine Quarzglasröhre geleitet, in welcher es in einem definierten Abstand mit UV-Licht bestrahlt wird. Die UV-Röhren können sich in der Mitte eines Mantelrohres aus Quarzglas befinden oder rund um ein Wasser führendes Quarzrohr angeordnet sein. In beiden Fällen kommen die UV-Brenner mit dem zu behandelnden Wasser nicht in Berührung, da sie durch das Quarzglas von Wasser fern gehalten werden. Als Folge davon müssen derartige geschlossene Systeme von Zeit zu Zeit von Ablagerungen in den Mantelrohren befreit werden. In offenen Systemen befinden sich die UV-Röhren (hängend oder montiert auf einen Rahmen) direkt im zu behandelnden Wasser. Ablagerungen auf den Oberflächen der Röhren bilden sich in weit geringerem Umfang. Eine Reinigung ist in der Regel nicht oder in deutlich längeren Zeitabständen nötig. Turbulenzen z. B. durch leichte Belüftung fördern in offenen Systemen die Durchmischung des behandelten Wassers und damit die Wirksamkeit des UV-Einsatzes.

In Kreislaufanlagen kann UV-Licht benutzt werden, um die Gesamtkeimzahl im Kreislauf zu reduzieren und den Fischen damit bessere Lebensbedingungen zu schaffen, was wiederum zu geringerer Krankheitsanfälligkeit und besserer Zuwachsleistung führt. Als Nebeneffekt tritt eine Verminderung der von im freien Wasser lebende Bakterien erzeugten Wassertrübung auf.

Wasser, welches durch nicht mehr mit vertretbarem Aufwand filtrierbare feine und feinste mit Bakterien bewachsene Schwebstoffe getrübt ist, wird nach Einsatz der UV-Röhren innerhalb von 1-2 Tagen deutlich klarer. Die Bakterien auf den Schwebstoffen werden abgetötet und diese vereinigen sich zu gröberen Schwebstoffzusammenballungen, welche nun wieder vom mechanischen Filter entfernt werden können. Die Kiemen der Fische sind dankbar und die Bestände können vom Anlagenbetreiber besser gesehen und kontrolliert werden. Bei nicht ausreichender Dosierung oder zu alten und damit nur noch bedingt brauchbaren UV-Röhren kann es, da Bakterien unterschiedlich angreifbar sind, zu einer erneuten Trübung durch Bakterien kommen, da diese von den UV-Strahlen weniger geschädigt werden. Der Austausch alter Röhren kann Abhilfe schaffen.

Der Zweck des Einsatzes von UV in Kreislauf- oder Fischzuchtanlagen besteht nicht darin, keimfreies Wasser zu erhalten, sondern die Keimzahl auf ein für den Fischbestand erträgliches Maß zu reduzieren. Wird die Keimzahl um etwa zwei Zehnerpotenzen reduziert, leben die Fische in Bereichen, die, bezogen auf die Keimzahl, dem Oberlauf von Flüssen vergleichbar sind. Zu diesem Zweck lassen sich die einfach und preiswert zu bauenden offenen Systeme sehr gut einsetzen. Sie sind allerdings nicht geeignet, bezogen auf die Keimzahl Trinkwasserqualität zu erreichen oder als Sicherheitssystem im Zulauf einer Anlage zu fungieren. An derartige Stellen gehören reichlich dimensionierte geschlossene Systeme.

Achtung:
Das sehr energiereiche UV-Licht schädigt auch den menschlichen Organismus und kann zu Verletzungen der Haut (Sonnenbrand) und der Augen bis hin zur Erblindung führen. UV-Licht muss immer mit einem Sicht- und damit Strahlungsschutz versehen sein oder mit mindestens 60 cm Wasserdedeckung betrieben werden. UV-Anlage nie außerhalb des Wassers einschalten, denn schon nach Sekunden treten bei fehlenden Schutzvorrichtungen Schäden an den Augen auf!

Offene UV-Anlage im Einsatz. Zur besseren Sicht ohne Turbulenzen. Foto: P. Steinbach

Ozonerzeuger (links) und Eiweißabschäumer (rechts) mit Regelung. Fotos: P. Steinbach

7.7. Ozon

Ozon (O_3) besteht aus einem Sauerstoff Molekül, welches an Stelle von zwei drei Sauerstoff Atome aufweist. Dieses Molekül ist nicht stabil, es zerfällt in Abhängigkeit von pH-Wert und Temperatur mehr oder weniger schnell, wobei atomarer Sauerstoff entsteht, der ausgesprochen aggressiv mit seiner Umgebung reagiert. Auf Grund der Reaktionsfreudigkeit dieses atomaren Sauerstoffs ist Ozon das stärkste technisch einsetzbare Oxidationsmittel. Es wird eingesetzt als Mittel um Papier zu bleichen, zur Aufbereitung/Entkeimung von Mineral- und Trinkwasser, in Schwimmbädern und der Abwasserbehandlung, zur Abluftreinigung, Desinfektion, Zerstörung unerwünschter Geschmackstoffe und Hebung des Redox-Potentials in der Fischzucht, sowie anderen Bereichen. Ozon ist ein blau gefärbtes, nicht stabiles, stechend riechendes Gas mit einem Molekulargewicht von 48. In höheren Konzentrationen ist es stark giftig. Die maximale Arbeitsplatzkonzentration (MAK Wert) beträgt 0,2 mg O_3 pro m^3 Luft.

7.7.1. Herstellung

Da Ozon, wie bereits gesagt, nicht stabil und folglich nicht lagerbar ist, muss es vor Ort, in der Nähe seines Verbrauchs, erzeugt werden. Stand der Technik ist die Erzeugung von Ozon durch das Verfahren der stillen (ohne Funkenbildung) elektrischen Entladung. In diesem Verfahren wird Sauerstoff oder ein Sauerstoff enthaltendes Gas (Luft oder technischer Sauerstoff) über eine Röhrenelektrode geleitet, die unter hoher elektrischer Spannung (mehrere Tausend Volt) steht. Die Höhe der anliegenden Spannung beeinflusst die Ausbeute an Ozon. Da Wasserdampf die Ozonerzeugung durch Niederschlag von Salpetersalzen an der Glaselektrode mindert, werden nur getrocknete Luft oder wasserfreies Gas (O_2) verwendet. Die bei der Ozonherstellung entstehende Wärme muss durch Luft- oder Wasserkühlung aus dem Ozongenerator abgeleitet werden. Wird Ozon aus Luft erzeugt, beträgt seine Konzentration etwa 20 g O_3/m^3, wird es aus technischem Sauerstoff hergestellt, beträgt die Konzentration bis zu 100 g O_3/m^3 Gasgemisch. Um das Ozon enthaltende Gasgemisch vom Erzeuger (Generator) zum Verbraucher (Abschäumer, Reaktor) zu führen, ist bei Ozonkonzentrationen bis zu 10 g O_3/m^3 PVC als Leitungsmaterial geeignet. Teflon und Edelstahl 1.4571 (nach DIN 17440) finden bei höheren Konzentrationen Verwendung.

7.7.2. Einsatz

In der Aquakultur kann Ozon genutzt werden, um Krankheitserreger abzutöten, das Redox-Potential des Kreislaufwassers anzuheben und damit die Lebensbedingungen für Fische und Reinigungsbakterien zu verbessern, das für Fische schädliche Nitrit zu weniger schädlichem Nitrat zu oxidieren, die durch Kreislaufführung entstehende Gelbfärbung des Anlagenwassers aufzuheben, schwer abbaubare und langkettige Verbindungen wie Geosmin oder Isoborneol zu zerlegen und damit unschädlich zu machen und das Wasser mit Sauerstoff anzureichern. Ammonium lässt sich mit Ozon nur im Salzwasser direkt oxidieren. Das im Salzwasser reichlich vorhandene Brom scheint dabei eine wichtige Rolle zu spielen. Erfolgt die Ozonbehandlung des Wassers in einem Abschäumer lassen sich mit seiner Hilfe zusätzlich Trübstoffe, organische Substanzen und Eiweiß als Schaum aus dem System entfernen, wodurch das biologische Reinigungssystem entlastet wird. Auch feinste mit vertretbarem Aufwand nicht mehr filterbare Schwebestoffe lassen sich im Abschäumer durch Anlagerung an den Schaum aus dem Wasser entfernen.

Vor Inbetriebnahme einer Ozonanlage sind alle Verbindungen und Verschraubungen von ozonführenden Leitungen sehr sorgfältig auf Dichtigkeit zu überprüfen, da Ozon auch für Betreiber von Anlagen und deren Personal gefährlich sein kann. Obwohl Ozon von der menschlichen Nase (Wahrnehmungsgrenze 0,02 mg/m³ Luft) bereits weit unterhalb gefährlicher Konzentrationen in der Luft wahrgenommen werden kann, sind der Einsatz eines Restozonvernichters (z. B. Aktivkohle) sowie ein Ozongas-Warngerätes aus Sicherheitsgründen, sofern nicht ohnehin Pflicht, in jedem Fall anzuraten.

7.7.3. Dosierung

Die Wirkung von Ozon ist mengen- und zeitabhängig. Hohe Konzentrationen ermöglichen hohe Umsatzraten. Leider ist Ozon bereits in geringen Konzentrationen fischgiftig. Bereits 0,7 mg O_3/l können unter Umständen vor allem an den Fischkiemen Schäden verursachen, so dass der für den jeweilige Zweck richtige Ozoneinsatz (Dosierung und Zugabe) genau geplant und überwacht werden muss. Richtig angewendet ist Ozon jedoch für den Fischbestand nicht nur ungefährlich, sondern ausgesprochen hilfreich. Eine direkte permanente Messung des im Wasser gelösten Ozons ist leider nicht möglich. Da aber Ozon als Oxidationsmittel sehr schnell das Redox-Potential des behandelten Wassers hebt, kann die Steuerung der Dosierung über das leicht zu messende Redox-Potential erfolgen. Um Wasser zu sterilisieren, z. B. in einer Flaschenwaschanlage, arbeitet man mit einem Redox-Potential von etwa 900 mV; die Trinkwasseraufbereitung erfolgt bei ca. 700 mV und in der Aquakultur arbeitet man mit etwa 350 mV als Obergrenze. Bis etwa 400 mV sind im Süßwasser keine Schäden an den Fischen zu erwarten, da wegen der schnellen Reaktion mit den Wasserinhaltsstoffen in diesem Bereich nur ausgesprochen wenig (<0,2 mg/l) Ozon in gelöster Form im Wasser vorkommen kann. Ein Redox-Potential von 300 mV ermöglicht eine Keimreduzierung um mehr als 90 % bezogen auf eine bei 200 mV mögliche Keimzahl.

Die organische Belastung des Wassers beeinflusst durch Zehrung von Ozon sehr stark die zur Wasserbehandlung nötige Ozonmenge. Vor allem die Fütterung bestimmt die organische Fracht. Nicht gefressenes und schlecht verdautes oder verdauliches Futter verursachen natürlich eine deutlich höhere organische Belastung des Wassers als gefressenes und gut verdauliches. Bisher wurde in der Aquakultur mit einer Menge von 1 Gramm Ozon pro Kubikmeter zu behandelndem Wasser gearbeitet. Neuere Versuche zeigen aber, dass der Bezug auf das täglich verabreichte Futter besser ist. In diesem Fall werden 6-8 g O_3/h pro kg verabreichtem Futter dem Kreislauf Wasser zugegeben. Um eine ausreichende Wirkung zu haben, sollte das Wasser mindestens 1 Minute, besser 1,5 Minuten mit Ozon in Kontakt sein. Es reicht aus, wenn nur etwa 10 % des umgepumpten Kreislaufwassers behandelt werden. Die Vermischung des behandelten (10 %) mit dem unbehandelten (90 %) Wasser vor der Weiterleitung in die Fischbecken, gibt eine zusätzliche Sicherheit vor überschießendem Ozon im Fall einer Fehlfunktion der Redox-Messung.

Enthält das zu behandelnde Wasser Brom in Form von Bromid, besteht die Gefahr der Bildung von fischgiftigem Bromat. Bromit kommt in Salzwasser natürlich vor; im Süßwasser eher selten. Die Bildung von fischgiftigem Bromat aus Bromid erfolgt bei Redox-Potentialen oberhalb von 500 mV. Diese Werte können in der Aquakultur auch bei Begrenzung des Redox-Potentials auf 350 mV auftreten, wenn Ozon aus technischem Sauerstoff gewonnen wird. Bei der Gewinnung von Ozon aus technischem Sauerstoff beträgt die Konzentration etwa 100 g O_3/m^3 Gasgemisch. Diese hohe Konzentration führt an der Kontaktstelle von Gas und Wasser, an der so genannten Phasengrenzfläche, zu Redox-Potentialen von über 500 mV. Um diese Gefahr zu umgehen, sollte das Ozon in hohen Konzentrationen enthaltende Gas vor der Vermischung mit Wasser durch Zugabe von normaler Luft verdünnt werden.

7.7.4. Abschäumer

Der Einsatz von Ozon kann in speziell dafür gefertigten geschlossenen Reaktionsbehältern erfolgen. Da Abschäumer kleine Blasen erzeugen, sich leicht in Systeme verwandeln lassen, aus denen kein gefährliches Gas (z. B. Ozon) in die Umgebungsluft gelangt und sich mit Hilfe der Redox-Potentialmessung sicher und bedarfsgerecht mit Ozon beschicken lassen, bieten sie sich zur Ozonisierung des Wassers von Fischkreisläufen an. Sie vereinen ihre Funktion als Abschäumer mit der als Reaktionsbehälter zur Ozonisierung des zu behandelnden Wassers. Die Ozon Dosierung und Regelung erfolgt mit Hilfe der Redoxmessung und Magnetventilen, die nach Bedarf die Ozonzufuhr öffnen oder schließen. Die maximal zufließende Ozonmenge wird über Durchflußregelsysteme vorgegeben; der Schaum lässt sich aus dem Sammelbehälter ausspülen und sollte die Abluft des Abschäumers noch Ozon enthalten, wird dieses katalytisch oder mit Hilfe von Aktivkohle aus dem Gasstrom entfernt. Ein Ozon-Gaswarngerät gibt zusätzliche Sicherheit im Fall etwaiger Lecks im System.

Ein Abschäumer entspricht in seiner Funktion einer Flotation (siehe auch Punkt 11.3.1.3. Floatations- und Schwimmverfahren). Möglichst feine Luftblasen lagern Eiweiß- und/oder Feststoffe an und heben diese an Schaum gebunden über die Wasseroberfläche. Von dort kann der Schaum mit seinen Inhaltsstoffen und angelagerten Feststoffen abgeschöpft, abgeleitet oder ausgespült werden. In Kreislaufanlagen befinden sich durch Futterreste, Fischschleim, Bakterien sowie Kot ständig Eiweißverbindungen im Wasser. Diese Eiweißmoleküle reichern sich an den Grenzflächen der Luftblasen mit Wasser an. Dort richten sie das Wasser abweisende (hydrophobe) Ende ihrer Peptidkette gegen die Luftblase, das Wasser liebende (hydrophile) Ende aber in das umgebende Wasser. An das hydrophile Ende lagern sich dann Schmutzpartikel mit hydrophilen Oberflächen an. Luftblasen, Eiweiß und Schmutzpartikel bilden einen festen Schaum, der, wenn er über die Wasseroberfläche gehoben wird, weiteres Wasser abgibt, so dass ein relativ trockener Schaum entsteht.

Je kleiner die Luftblasen, desto besser die Wirkung des Abschäumers, da eine kleine Blase im Verhältnis zum Inhalt eine größere Oberfläche aufweist als eine große Blase. Ein Liter Luft (Gas) aufgeteilt in Blasen mit einem Durchmesser von 1 mm besitzt eine Oberfläche von 6 m^2, bei Blasen von 0,1 mm Durchmesser beträgt die Oberfläche 60 m^2. Eine gute Wirkung der Abschäumung lässt sich mit Blasen von weniger als 2 mm Durchmesser erreichen Diese Blasen besitzen im Wasser eine Steig-geschwindigkeit von weniger als 20 cm/s. Blasen, die einen Durchmesser von mehr als 2 mm aufweisen, sind wenn sie im Wasser hochsteigen, nicht mehr rund, sondern elliptisch. Auf Grund dieser Form steigen sie teilweise unter Vibration spiralig zur Wasseroberfläche. Diese Bewegung und die Vibrationen lassen bereits angelagerte Teilchen abreißen, so dass deren Austrag aus dem Wasser fast vollständig unterbunden wird.

Ein Abschäumer muss, um erfolgreich arbeiten zu können, vor allem in der Lage sein Luftblasen von weniger als 2 mm Durchmesser zu erzeugen. Da dieses im Salzwasser technisch leichter und besser geht als im Süßwasser, wurden in der Vergangenheit in der Fischhaltung Abschäumer vor allem im Salzwasser eingesetzt. Süßwasser wurde lange als nicht mit solchen Abschäumern behandelbar betrachtet. Warum bei baugleicher technischer Ausrüstung/ Einrichtung im Salzwasser kleinere Blasen gebildet werden als im Süßwasser ist noch nicht völlig geklärt. Unterschiedliche Viskosität und Oberflächenspannung reichen als Erklärung nicht aus, eventuell haben verschiedene elektrostatische Aufladungen an der Blasenoberfläche einen Einfluss auf die Blasenbildung.

Gängige Systeme zur Blasenerzeugung sind Ausströmer. Sie bestehen aus Holz, Keramik, Stein, Glas, Kunststoff oder perforierte Schläuche aus Geweben, Kunststoff oder Gummi. Diese Systeme werden mit Druck beschickt. Die entstehende Blasengröße hängt vom Durchmesser der Poren, Löcher oder Bohrungen ab. Eine wasseranziehende (hydrophile) Oberfläche des

Ausströmers ergibt bei gleicher Lochung kleinere Blasen als eine wasserabstoßende (hydrophobe) Oberfläche.

Injektoren erzeugen durch eine Verengung des Wasserstrahls in einer Düse eine hohe Wassergeschwindigkeit. Bei der Einmündung des sehr schnellen Wasserstrahls (am Ausgang der Düse) in den Diffusor entsteht ein Sog oder Unterdruck, der Luft (Gas) aus der Umgebung ansaugt. Durch intensive Vermischung und Verwirbelung von Gas und Wasser im Diffusor entstehen gleichmäßig kleine Blasen, die sich allerdings bei anschließender langer Führung durch Rohrleitungen zu großen Blasen zusammenschließen. Nach einem Injektor sollten daher Leitungen daher so kurz wie möglich gehalten werden.

In Dispergatoren wird Wasser durch ein Motor getriebenes Laufrad beschleunigt. Hierdurch entsteht in der Nähe der Wellenachse ein Unterdruck durch welchen Wasser angesaugt und beschleunigt wird. Durch Kanäle wird Luft in den Bereich des mit hoher Geschwindigkeit strömenden Wassers geführt und mit dem Wasser vermischt. Es entstehen wie bei einem Injektor gleichmäßig kleine Blasen. Das Gas-Wasser-Gemisch führt zur Unwucht des Läuferrads. Die Folge können Störungen an Laufrad und Dichtungen sein, sofern die Ausführung des Dispergators diesen Gegebenheiten nicht angepasst ist. Z. B. Pumpen mit gesteckten oder anderweitig undichten Verbindungen durch welche Luft angesaugt werden kann, fallen dann zu in der Regel unpassenden Zeiten durch Lagerschaden aus.

Literatur:
Amlacher, 1992; Baur & Rapp, 2003; Bohl, 1999; Hoffmann et al., 1999; Lehmann, 1980; Meinelt et al., 2011; Mellergaard & Dalsgaard, 1989; Mutschmann & Stimmelmayr, 1995; Reichenbach-Klinke, 1976; Roberts & Schlotfeld, 1985; Sander, 1998; Schäperclaus, 1990; Schreckenbach et al., 1994 + 1996; Ungemach, 1999; Wondrak, 1980;

8. FISCHHALTUNGSBECKEN

Fischbecken sollen den Ansprüchen der in ihnen zu haltenden unterschiedlichen Fischarten und -größen so weit wie möglich genügen. Die Fische sollen in ihnen gehalten und am Entkommen gehindert werden. Die Becken dürfen nicht zu viel der teuren Grundfläche beanspruchen, sie müssen aber trotzdem noch gut zu bedienen sein.

Um die Baukosten niedrig zu halten wären von der Raumausnutzung am besten möglichst große quadratische, rechteckige oder sechseckige Becken geeignet, die direkt aneinander stehen, von oben bedient werden, die hoch genug sind, um pro Quadratmeter Bodenfläche viel Volumen zu ergeben und die gemeinsame Wände besitzen. Dem stehen Ansprüche der Fische an ihre Umwelt wie Wasserqualität, Besatzdichte, Strömung und Wasserstand entgegen, ebenso wie Bedienbarkeit und Arbeitssicherheit.

In jedem Fall sind an die Fischbecken folgende Anforderungen zu stellen:

- Die Schwebstoffe (vor allem Kot, Futterreste, Bakterienflocken) müssen ausgespült werden können, möglichst bevor stoffliche Umsetzungen stattgefunden haben;
- Der Sauerstoff muss in für den jeweiligen Fischbestand ausreichender Menge sicher eintragbar und möglichst auch immer vorhanden sein;
- Ammonium und Kohlendioxid müssen ausgeschwemmt werden, bevor Grenzwerte überschritten werden;
- Die Fische müssen gut gefüttert und beobachtet werden können und tote Tiere müssen jederzeit entnehmbar sein;
- Die Siebe müssen gut zu reinigen sein, hinter/unter ihnen dürfen weder Kot, Futterrest oder Schlamm liegen bleiben.

Darüber hinaus ist es hilfreich, wenn die Becken unterteilbar sind, sich leicht abfischen lassen z. B. über eine separate Abfischleitung in eine zentrale Abfischgrube und die Ventile für Zulaufwasser und Belüftung vom Personal leicht erreich- und bedienbar sind.

Fischbecken, egal welcher Bauart, sollten so angelegt sein, dass zwischen oder neben ihnen gefahrlos gegangen werden kann. Der Boden dieser Wege sollte fest und nicht rutschig sein. Sind Becken höher als 1,2 m ist für die meisten Menschen ein erhöhter Laufsteg hilfreich, um den Fischbestand zu beobachten, zu füttern, nach Ablagerungen und/oder toten Fischen im Becken zu schauen, Zulaufwasser und Luft/Sauerstoff einzustellen und Fische dem Becken zu entnehmen (Probewiegen, Abfischen) oder in das Becken einzusetzen.

Die Größe und Anzahl von Fischbecken in einer Anlage ist so zu wählen, dass alle Größen- und Altersklassen des Tierbestandes separat, also getrennt voneinander untergebracht werden können. Bei der Planung der benötigten Anzahl von Becken ist zu berücksichtigen, dass zum Sortieren mindestens ein, besser zwei leere Becken zur Verfügung stehen, in welche die sortierten Fische gesetzt werden können.

Fische benötigen je nach Art und Verhalten mehr oder weniger Fläche. Aale z. B. benötigen Bodenfläche oder mindestens Liegeflächen, da sie nicht ganztägig im Wasser umherschwimmen wie z. B. Karpfen, Forellen oder Tilapia. Plattfische wie Steinbutt oder Seezunge werden in speziell für sie konzipierten Etagenbecken mit flachem Wasserstand gehalten. Bestandsdichten von Aalen und Plattfischen werden daher häufig in Kilogramm pro Quadratmeter (kg/m^2) angegeben. Bei vielen anderen Fischarten erfolgt die Angabe der Besatzdichte in Kilogramm pro Kubikmeter (kg/m^3). Störe werden – da sie außer dem Hausen (*Huso huso*) fast ausschließlich vom Boden fressen – von einigen Autoren in kg/m^2 angegeben, von anderen – da Störe bis auf den Sterlet *(Acipenser ruthenus*) zumindest in Kreislaufanlagen bei künstlicher Beleuchtung ständig frei im Wasser schwimmen – in kg/m^3. Europäische Welse (*Silurus glanis*) als Grundfische stehen am Boden der Becken, mit dem Kopf in die Strömung, allerdings in mehreren Schichten übereinander; gefressen wird vor allem im Freiwasser, so dass die Besatzdichte in kg/m^3 angegeben wird. Afrikanische Welse (*Clarias gariepinus*) benötigen einen freien Zugang zur Wasseroberfläche, da sie bei für ihre Haltung üblichen Besatzdichten von 300-500 kg/m^3 auf die Atmung von Luftsauerstoff angewiesen sind.

8.1. Beckenformen

Fischbecken können in verschiedenen Formen hergestellt werden. Die Form der Becken muss ein Ausspülen von Stoffwechselprodukten oder Futterresten in möglichst kurzer Zeit ermöglichen. Grundsätzlich lassen sich alle in der Aquakultur üblichen Fischbecken in Rechteck- oder Rundbecken einteilen, darüber hinaus gibt es Mischformen.

8.1.1. Rechteckbecken

Rechteckbecken (oder Langstrombecken) ermöglichen eine ausgezeichnete Raumausnutzung und sind für die Haltung aller gängigen Fischarten geeignet. Der Hauptnachteil ist die relativ hohe Frisch- oder Austauschwassermenge, die benötigt wird. Damit sich keine Feststoffe absetzen sind hierzu ca. 3 cm/s Strömungsgeschwindigkeit nötig. Rechteckbecken – besonders in der Form von Fließkanälen – finden sich daher vor allem in Durchlaufanlagen zur Forellenproduktion. In Rechteckbecken bilden sich – in Abhängigkeit von Wassermenge und Fischbestand – mehr oder weniger stark ausgeprägte Gradienten für die

Wasserqualität. Vom Einlauf zum Auslauf des Beckens erfolgt eine Abnahme des Sauerstoffs und eine Zunahme von Ammonium, Kohlendioxid, Schwebstoffen und Bakterien. Bei angepasster Besatzdichte sind die Fische in der Lage, sich frei den ihnen am besten zusagenden Teil des Beckens auszusuchen. Ist das Becken zu lang oder die Besatzdichte zu hoch, können nicht alle Fische im sauberen Einlaufbereich stehen, und es kommt zu Ausfällen, reduziertem Zuwachs, stärkerem Auseinanderwachsen und erhöhter Krankheitsanfälligkeit.

Rechteckbecken und die Veränderung der Wasserqualität. Zeichnung: P. Steinbach

Der Beckenablauf sollte möglichst über die gesamte Beckenbreite reichen. Um eine gerichtete Strömung von vorn nach hinten zu erreichen, die auch nicht durch die Schwimmbewegung der Fische aufgehoben wird, ist ein mindestens viermal stündlicher Wasserwechsel erforderlich. Die Grenze des maximal möglichen Wasserwechsels ist erreicht, sobald die Strömungsgeschwindigkeit der normalen Schwimmgeschwindigkeit der Fische entspricht oder nahe kommt, so dass die ersten schwachen Fische gegen das Sieb gedrückt werden. Die maximal mögliche Besatzdichte ist erreicht, sobald die Grenzwerte für Sauerstoff, Ammonium, Kohlendioxid und Schwebstoffe im Bereich vor dem Auslaufsieben dauerhaft unter- bzw. überschritten werden.

Der Beckenzulauf lässt sich mit Sauerstoff anreichern und auch übersättigen, ebenso kann leicht innerhalb des Beckens belüftet werden, sodass Sauerstoffmangel selten auftritt oder auftreten müsste. Der Ammoniumgehalt aber kann außer über Futtermenge und Zusammensetzung (Proteingehalt, Verdaulichkeit) nur durch die ausgetauschte Wassermenge gesteuert werden. Die Strömungsgeschwindigkeit ist regelbar durch die Wassermenge, die Stauhöhe des Wassers und die Breite des Beckens. In geringem Umfang lässt sich die Strömung auch durch Gefälle ersetzen. Begrenzender Faktor ist hierbei die mögliche realisierbare Tiefe des Beckenablaufs. Langstrombecken lassen sich sehr gut mit Hilfe von Trennsieben oder -gittern unterteilen. Verschiedene Altersklassen und Fischgrößen lassen sich derart im gleichen Becken unterbringen. Das vorhandene Volumen wird durch optimale Besatzgestaltung besser genutzt.

8.1.2. Rundbecken

Rundbecken (oder Rundstrombecken = Quadratbecken mit abgerundeten Ecken) ermöglichen den Aufbau einer Rundströmung, die Kot und Futterreste zur Mitte des Beckens befördert. Da die Strömung an den Rändern höher oder schneller ist als zur Mitte hin, werden Schwebstoffe aufgrund der Massenträgkeit zur Mitte befördert, also der Stelle mit der langsamsten Bewegung. Diese Gesetzmäßigkeit ist gut zu beobachten wenn in einer Tasse Kaffee oder Tee mit noch etwas Kaffeesatz oder Teeblättern umgerührt wird. Bedingt durch diese Gesetzmäßigkeiten werden die Abläufe vorzugsweise in der Mitte der Becken angeordnet. Damit die Drehrichtung der Strömung mit der Drehbewegung der Erde erfolgt, sollte die Strömung auf der Nordhalbkugel im Uhrzeigersinn, auf der Südhalbkugel aber gegen den Uhrzeigersinn erfolgen. Um Kurzschluss-strömungen z. B. vom Einlauf an der Beckenwand und des Beckenbodens entlang direkt zum Ablauf oder den Aufbau sogenannter „Totzonen" durch tangentialen Zulauf zu vermeiden, ist es üblich, den Zulauf zumindest über den halben Radius auf die Wasseroberfläche zu verteilen. Mit der Geschwindigkeit und dem Winkel, in dem die Zufuhr auf die Wasseroberfläche erfolgt, lässt sich die Strömungsgeschwindigkeit im Becken beeinflussen. In Rundbecken ist eine Belüftung zur Sauerstoffanreicherung nur mit Lufttheber ähnlichen Einrichtungen (Mammutpumpe) am Beckenrand sinnvoll, welche die Strömung nicht stören. Sie können sogar zur Unterstützung oder Erzeugung einer gerichteten Strömung eingesetzt werden. Eine Strömung von ca. 0,5 cm/s ist meist ausreichend.

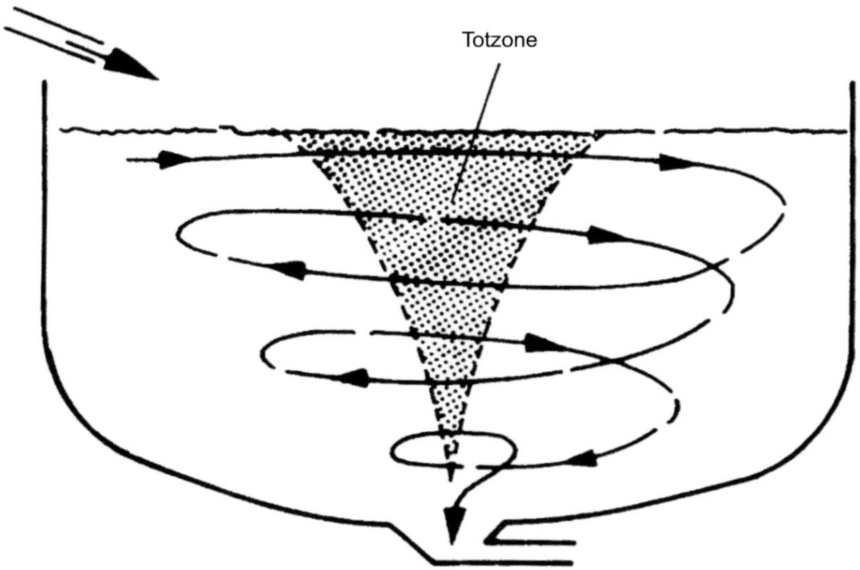

Rundbecken und die Bildung einer Totzone bei tangentialem Zufluss. (Nach: Rosenthal et al., 1982)

Die Wasserqualität in Rundbecken weist keine Gradienten auf. Es herrscht eine durchschnittliche „Mischqualität". Fische können Bereiche die suboptimal sind nicht verlassen, sie müssen mit der im Becken vorhandenen durchschnittlichen Qualität zurechtkommen. Werden Rundbecken mit Durchmessern von 6 m und mehr benutzt, besteht bei hohen Besatzdichten wegen des erforderlichen Wasseraustausches die Gefahr zu schneller Strömung an den Rändern oder im Zentrum. Die Fische finden unter Umständen nur in wenigen Beckenbereichen ihnen zusagende Strömungsgeschwindigkeiten. Abhilfe kann dadurch geschaffen werden, dass Teile des Ablaufwassers nicht zentral sondern mit Hilfe eines zweiten Ablaufs an den Außenwänden abgeleitet wird.

Der Fischbestand und seine tägliche Futtermenge bestimmen die nötige Wasseraustauschmenge. Das von den Fischen produzierte und ins Beckenwasser abgegebene Ammonium und Kohlendioxid darf die für die jeweilige Fischart entsprechenden Grenzwerte nicht überschreiten. Sind zur Erreichung dieser Forderung mehr als 3-4 Wasserwechsel pro Stunde nötig, wird die Strömungsgeschwindigkeit voraussichtlich für die meisten Fischarten zu hoch. Derartige Becken müssen mit reduziertem Besatz betrieben oder durch Langstrombecken ersetzt werden. Rundstrombecken lassen sich nicht – wie z. B. Langstrombecken – unterteilen. Für unterschiedliche Fischmengen und -größen wie auch für immer nötige Sortierungen muss daher eine ausreichende Anzahl unterschiedlich großer Becken vorgehalten werden.

8.1.3. Mischformen

Ovalbecken oder Rechteckbecken können durch den Einbau einer mittig angeordneten Trennwand, wodurch ein endloser Kanal entsteht, in ein Kreisstrombecken (oder Rezirkulationsbecken) verwandelt werden. Dabei lassen sich die Nachteile des Rund- und Rechteckbeckens (Totzone, Wassermenge) reduzieren. Auch sehr große Rundbecken werden gelegentlich durch den Einbau eines mittig angeordneten Zylinderteils in einen endlosen Kanal verwandelt, wobei ebenfalls Kurzschluss- oder Sekundärströmungen verhindert werden.

Spiralbecken sind von der Fläche her Rundbecken, funktionieren vom Prinzip her aber wie Langstrombecken, nur dass die Beckenwände gekrümmt sind, da eine spiralig angelegte Einbauwand das Becken in einen Kanal mit Anfang und Ende verwandelt. Es gibt auch große Becken die von der Fläche her Rundbecken sind und durch zahlreiche Einbauwände tortenstückartig geteilt werden, mit einzelnen Zuläufen am Rand und gemeinsamen Abläufen in der Mitte, aber auch diese sind im Prinzip dann Langstrombecken, wobei die Strömung zum Ablauf hin stark zunimmt. Andere Beckenformen wie sechs-, acht- und vieleckige Becken können (je nach Verhältnis von Breite/Länge) im Prinzip entweder den Lang- oder den Rundstrombecken zugerechnet werden. Beckenformen bei denen Partikel in Ecken oder anderen Zonen liegen bleiben (dreieckig) eignen sich nicht.

Rechteckbecken mit Futterautomaten. Foto: M. Hochleithner

Rundbecken mit verstellbarem Zulaufrohr. Foto: P. Steinbach

Ovalbecken mit mittiger Trennwand. Foto: E. Fritschi

Konusbecken oder Silos (Rundbecken bei denen die Höhe größer als der Durchmesser ist) sind im oberen Teil meist zylinderförmig und im unteren Teil kegelförmig. Dabei wird manchmal oberhalb des Kegels über die gesamte Fläche ein Sieb-Gitter eingebracht, wobei Kot und Futterreste schnell von den Fischen getrennt werden. Dies ist vor allem bei empfindlichen oder schwierigen Jungfischen (wie Hecht und Quappe) sinnvoll, die anfangs mit mehr Trockenfutter gefüttert werden als sie fressen können (wie bei Anfütterung oder Umstellung). Silos oder andere hohe Becken können auch betrieben werden, indem die Wasserzufuhr von unten erfolgt und der gesamte obere Rand als Überlaufkante mit Sieb und Wassersammelrinne ausgebildet wird. In diesem Fall muss die Steiggeschwindigkeit des Zulaufwassers höher als die Sinkgeschwindigkeit des Kotes sein. Hierzu sind bei den meisten Fischen ca. 8 cm/s Steiggeschwindigkeit nötig. Tilapias bilden eine Ausnahme, da deren Kot in der Regel in eine schleimige Schicht eingehüllt schwimmt und folglich besser an der Wasseroberfläche abgezogen wird. Neuere Futtermittel bei denen der Kot mit langkettigen Kohlehydraten (Galactomannan) stabilisiert und mit zusätzlich eingemischten Korkbestandteilen schwimmfähig gemacht wurde, erzeugen einen leichten schwimmenden Kot, der im oberen Beckenbereich, ähnlich wie Tilapiakot, schnell abgezogen werden kann, bevor er durch Turbulenzen im Ablauf zerfällt oder auslaugt.

8.2. Beckenmaterialien

Fischbecken können aus verschiedenen Materialien hergestellt werden. Das Material der Becken sollte zumindest auf der Innenseite möglichst glatt und leicht zu reinigen sein. Je nach verwendetem Material lassen sich die in der Aquakultur gängigen Fischbecken in Folien-, Kunststoff-, Metall- und Betonbecken einteilen.

8.2.1. Folienbecken

Folienbecken bestehen aus einem Stützgerüst aus Metall in das eine Folie aus Kunststoff (meist PVC) eingehängt wird. Das Stützgerüst besteht entweder aus einer dünnen Metallwand (Stahlblech) oder aus stärkeren Metallprofilen (Aluminium), wobei die Metallprofile üblicherweise stabiler als die fragile Stahlwand sind. Vor allem beim Arbeiten an den auch mal leeren Becken neigen diese fragilen Wände leicht zum Einknicken. Die Folie (meist 0,5-1,5 mm) kann ein- oder mehrschichtig (mit Gewebeverstärkung) sein, wobei die gewebeverstärkte Folie oft etwas unempfindlicher gegenüber mechanischen Beschädigungen ist. Folienbecken gibt es in verschiedenen Formen (rund, oval, rechteckig, sechseckig, achteckig etc.), aber meist nur in wenigen Farben (blau, schwarz). Die Bodenform ist abhängig vom vorhandenen Boden, an dem sich die Folie anlegt. Diese Becken haben meist keinen geeigneten Ablauf, dieser kann aber mit einer Klemm- oder Schraubmuffe an beliebiger Stelle eingebaut werden. Folienbecken sind relativ billig in der Anschaffung, haben aber meist auch eine kurze Lebensdauer. Auch die früher als „Hängetuchteiche“ bezeichneten Becken sind nichts anderes als Folienbecken, haben sich aber nicht durchgesetzt. Folienbecken sind mobil und zerlegbar und somit für einen flexiblen kurzfristigen Einsatz als Zusatz-, Hälter- oder Quarantänebecken verwendbar.

8.2.2. Metallbecken

Metallbecken bestehen aus einer Wand aus Stahl (verzinkt, emailliert), Aluminium oder Edelstahl, das in ein Fundament aus Stahlbeton eingegossen oder auf dieses aufgeschraubt wird. Die Wand hat entweder insgesamt eine wellenförmige Struktur oder außen aufgesetzte Profile zur Stabilisierung, allerdings sind einige Metalle (wie verzinkt oder aluminiert) nicht empfehlenswert. Wegen der möglichen Korrosion eignen sich auch nur wenige für Salzwasser (emailliert). Metallbecken bestehen meist aus mehreren Segmenten, sind aber oft nur in wenigen Formen (rund, achteckig) erhältlich. Je nach Anzahl der übereinander montierten Ringe (Ø 3-30 m) sind verschiedene Höhen darstellbar. Üblicherweise werden die einzelnen Segmente passgenau verkantet oder abgedichtet (Gummi, Silikon) und verschraubt, sodass sie auch wasserdicht sind. Die Bodenform ist abhängig vom vorhandenen Boden, an/in dem die Segmente montiert werden. Stahlbecken sind mehrteilig und zerlegbar und somit eine gute Alternative anstatt Folien- oder Betonbecken.

8.2.3. Kunststoffbecken

Kunststoffbecken bestehen entweder aus GFK (Glasfaser verstärktem Kunststoff, also Glasfasern und einem Polyesterharz), allgemein oft als Fiberglas oder Polyester bezeichnet das über eine Negativform modelliert wird, oder aus HDPE (High Density Polyethylene) das aus Plattenmaterial geschnitten und oft vor Ort zusammengeschweißt wird. GFK-Becken sind meist leicht konisch an den Wänden damit sie von der Form gelöst, aber auch ineinander gestapelt transportiert werden können. Sie können in fast jeder Form und Farbe hergestellt werden. Kleinere Becken sind üblicherweise einteilig und haben einen Boden und Füße, sodass sie einfach aufzustellen sind und später auch an eine andere Stelle hingestellt werden können. Größere Becken sind üblicherweise mehrteilig und werden mit oder ohne Boden oder Füße hergestellt. Becken die aus mehreren Segmenten bestehen werden oft auch als Segmentbecken bezeichnet. Kunststoffbecken sind relativ teuer in der Anschaffung haben aber eine lange Lebensdauer. Sie sind der Industriestandard in der Aquakultur und können auch gut für Salzwasser verwendet werden.

8.2.4. Betonbecken

Betonbecken werden aus Stahlbeton (also Beton mit Bewehrungsstahl) vor Ort in eine Schalung gegossen und können so in fast jeder Form und Größe hergestellt werden. Gelegentlich werden Becken auch aus Hohlziegel oder -blocksteinen gefertigt und mit Beton ausgefüllt, aber auch diese zählen zu den Betonbecken. Betonbecken sind oft etwas rau können aber innen mit Farbe (Chlorkautschuk) gestrichen oder einem Anstrich (Polyurethan) versiegelt werden. Beton ist vor allem für großvolumige Becken günstiger, manche Großbecken (Fließkanäle) oder Sonderformen (Spiralbecken) sind auch nur mehr in Stahlbeton ausführbar. Betonbecken sind sehr schwer und können nach der Herstellung nicht mehr umgestellt werden.

8.2.5. Glasbecken

Glasbecken (Aquarien) werden aus Silikatglas hergestellt. Sie sind oft klein und rechteckig gebaut, außer sie bestehen aus Acrylglas (Kunststoff). Aquarien werden in kommerziellen Kreislaufanlagen üblicherweise nicht als Produktionsbecken, sondern wenn, dann nur als Präsentations- oder Schaubecken verwendet.

8.2.6. Naturbecken

Naturbecken aus Lehm oder Erde (Teiche) werden in herkömmlichen Kreislaufanlagen üblicherweise nicht verwendet, da sie schwer zu reinigen sind. Es gibt jedoch Ausnahmen, wo ein kleiner Teich als Produktionseinheit und ein darüber-, darunter- oder danebenliegender großer Teich als Reinigungseinheit verwendet wird, wobei das Wasser aus mindestens einem der beiden Teiche zu pumpen und zu belüften ist.

8.3. Beckengestaltung

Für die Beckengestaltung ist in der Aquakultur die Betrachtung von Beckenfarben, -tiefen, -böden, -rändern und -sieben, sowie der Zu- und Abläufe wesentlich.

8.3.1. Beckenfarben

Fischbecken können in unterschiedlichen Farben hergestellt oder gestrichen werden. Die Beckenfarbe kann das Wohlbefinden und damit auch die Gesundheit und das Wachstum der Fische etwas beeinflussen, meist sind die Unterschiede aber gering. Gängig sind einfarbige Becken in natürlichen oder naturnahen Farben wie blau, grün oder grau. Alternativ können auch zweifarbige Becken verwendet werden, sodass die Innenfarbe an die Bedürfnisse der Fische und die Außenfarbe an die Wünsche des Betreibers angepasst werden kann (z. B. innen blau und außen weiß). Bei Lichteinfall werden die Becken aber mit der Zeit von Aufwuchsalgen besiedelt, sodass diese die Beckenfarbe verdecken können.

Kleinere einteilige und einfarbige Rundstrombecken aus Kunststoff (GFK). Foto: P. Steinbach

Größere mehrteilige und zweifarbige Rundstrombecken aus Kunststoff (GFK). Foto: P. Steinbach

Bei pelagischen (im freien Wasser schwimmenden) Fischen (wie Lachse) sind eher helle oder blaue Farben (z. B. Himmelblau), bei benthischen (am Boden schwimmenden) Fischen (wie Störe) eher dunkle oder grüne Farben (z. B. Moosgrün) zu empfehlen. Für mehrere verschiedene Fischarten wären graue Becken ein guter Kompromiss. Bei manchen Zierfischen (Koi) werden oft auch schwarze Becken verwendet, damit die Farbe der Fische (weiß, gelb, rot) sich von der Beckenfarbe abhebt und besser zur Geltung kommt. Im Übrigen sollten Transportbehälter (außen) weiß gefärbt sein, da diese Farbe die Sonnenstrahlen am stärksten reflektiert und sich die Behälter in der Sonne weniger erwärmen.

8.3.2. Beckentiefen

Fischbecken können in verschiedenen Tiefen hergestellt werden. Bei jüngeren und benthischen Fischen sind die Becken meist niedriger als bei älteren und pelagischen Fischen. Je tiefer ein Becken ist, desto schlechter lassen sich die darin befindlichen Tiere kontrollieren. Um ein tiefes Becken vernünftig von oben bedienen zu können sind Laufstege nötig. Die gleichmäßige Futterverteilung an alle Fische ist in tiefen Becken ebenfalls schlecht machbar. Die Einrichtung von Sichtfenstern in den Seitenwänden ist hilfreich, erfordert aber zusätzlichen Arbeitsaufwand, um die Fenster sauber zu halten. Die dauerhafte Abdichtung der eingesetzten Fenster ist schwierig da die eingesetzten Materialien häufig nach einiger Zeit undicht werden. Aus diesen Gründen sind Fischbecken selten tiefer als zwei Meter. Damit ein möglichst schneller Wasserwechsel erfolgt sollte die Wassertiefe in den Becken so niedrig wie möglich aber so hoch wie nötig sein. Die weitaus meisten Fischbecken weisen Wassertiefen von 0,5-1,5 m auf.

8.3.3. Beckenböden

Fischbecken können mit verschiedenen Böden hergestellt werden. Bei Segmentbecken aus Metall oder Kunststoff besteht der Boden häufig aus Stahlbeton in oder auf die Beckenwand eingegossen oder aufgeschraubt wird. Die Fertigung eines verdichteten Sandbetts mit Aussparungen für die Ablauf-verrohrung und die Auflage einer mir den Wänden und der Ablaufverrohrung verschraubter Folie ist preiswerter als Beton oder Stahl und ebenfalls machbar. Bei allen anderen Becken besteht der Boden üblicherweise aus demselben Material wie die Wand. Der Beckenboden sollte möglichst glatt, eben und wenn möglich mit Gefälle zum Ablauf sein. Bei kleineren Becken, pelagischen Fischen und Jungfischen ist eher ein schräg abfallender Boden, bei größeren Becken, benthischen Fischen und Speisefischen eher ein flacher gerader Boden hilfreich. Bei frei auf Füßen stehenden Langstrom- oder Rundbecken sollte der Radius beim Übergang von der Wand zum Boden bis etwa 1,6 m Ø mindestens 50 mm, bei Becken von 1,9 m Ø 70 mm betragen, da bei geringeren Radien wegen des Durchhängens des zwischen den Füßen freien Bodens leicht Risse an den Übergängen von der Senkrechten zur Waagerechten auftreten.

Bei Rechteckbecken (Langstrombecken) fällt der Boden üblicherweise zum Ablauf hin ab. Becken bis zu 2 m Breite haben dabei meist zusätzlich eine Bodenneigung oder -wölbung in Längsrichtung der Mitte, damit sich die absetzbaren Partikel sowohl mittig sammeln als auch nach hinten verfrachtet werden.

Bei Rundbecken (Rundstrombecken) fällt der Boden üblicherweise zum Zentrum hin leicht ab. Becken bis zu 3 m Durchmesser haben dabei meist eine Bodenneigung von mehr als 1 Grad damit sich die absetzbaren Partikel in der Mitte konzentrierter sammeln. Becken über 3 m Durchmesser haben meist eine Bodenneigung von weniger als 1 Grad, damit der Boden nicht zu konisch wird. Stark abfallende Böden sind während Arbeiten in den teilweise abgelassenen Becken (wie bei der Abfischung) durch Bakterienrasen und -aufwuchs sowie Fischschleim noch deutlich schwieriger bzw. gefährlicher zu begehen (Rutschgefahr) als Becken mit geringer oder gar keiner Neigung.

Bei Kreisstrombecken (Rechteck- oder Ovalbecken mit mittiger Trennwand) fällt der Boden üblicherweise nicht bzw. wenn dann nur zur Trennwand hin leicht ab.

Bei Konusbecken (Silos) fällt der Boden zum Zentrum hin stark ab. Üblicherweise beträgt die Bodenneigung dabei 45-60 Grad.

8.3.4. Beckenränder

Um Fische am Verlassen der Fischbecken nach oben zu hindern, ist ein Abstand von der Wasseroberfläche bis zum Rand/Oberkante von 20-40 cm (je nach Fischart und -größe) nötig. Ist der Abstand geringer oder werden besonders springfreudige Tiere gehalten, sollte in jedem Fall ein Randzaun aus Kunststoff- oder Drahtgitter aufgesetzt werden. Für Arbeiten an dem Becken hilft es wenn zumindest Teile des Schutzzaunes leicht entfernt und wieder angebracht werden können. Überspannen mit Netzen kann ebenfalls hilfreich sein, zumal diese nur bei Besatz- oder Umsatzarbeiten mit Fischen entfernt werden müssen, da Fütterung und Beobachtung der Tiere durch das Netzmaterial erfolgen kann.

Viele Fische springen gegen die Strömung, auf Lichtquellen oder auf der Flucht vor aggressiven Artgenossen aus dem Wasser. Es gibt aber auch Arten die einfach, ohne für uns erkennbaren Grund springen, z. B. Forellen, Lachse und vor allem einige Störarten wie der Sternhausen und der Atlantische Stör. Fischarten, die gern und auch relativ hoch/weit springen, sind Karpfen. Welse springen ähnlich wie Tilapia nicht ganz so häufig und weit. Aale sind sogar in der Lage, senkrechte Beckenwände hoch zu klettern oder zu springen. Um ein Entkommen zu verhindern, müssen daher Aalbecken immer einen rechtwinklig nach innen gebogenen Rand aufweisen.

Rundbecken mit Randnetz und Arbeitssteg. Foto: M. Hochleithner

Rechteckbecken mit Aalrand und Siebkasten mit Reinigungsmechanismus. Foto: M. Hochleithner

Ist der Beckenrand zu niedrig oder das Randnetz nicht hoch oder fest genug, fallen die Fische zu Boden und sterben oder gelangen über die Abflussrinne in den Pumpensumpf und können dort Pumpen, Siebe oder sogar Abflussleitungen verstopfen, sodass die Wasserversorgung des Kreislaufs nicht mehr in der nötigen Art und Weise funktioniert. Die dabei entstehenden Störungen oder auch Schäden können sehr groß und weitreichend sein. An unzugängliche Stellen gelangte und dort gestorbene Fische entwickeln sich sehr schnell zu übel riechenden Kadavern, die, sofern sie mit dem Kreislaufwasser in Verbindung kommen, in kleinen Kreisläufen sehr leicht die Wasserqualität verschlechtern.

Vom Boden aufgelesene Fische die mit Staub und Schmutz paniert sind gehören, selbst wenn sie noch leben, nicht zurück ins Herkunftsbecken, da sie Träger aller möglichen Keime geworden sind. Diese Fische sind durch den Aufenthalt außerhalb des Beckens und durch Schleimhautverletzungen, die sie sich beim hin- und herspringen auf dem Boden zugezogen haben, verletzt und geschwächt. Sie können sehr leicht erkranken und dem übrigen Bestand schaden. Wertvolle Fische die aus einem Becken gesprungen sind, sollten unter Beobachtung in einem separaten Becken bis zum Abheilen der Verletzungen gehalten werden.

8.3.5. Beckenzuläufe

Fischbecken können mit unterschiedlichen Zuläufen versehen werden. Beckenzuläufe sind zur Bereitstellung des benötiget Sauerstoffs und zum Abtransport der Stoffwechselprodukte der Fische nötig. Sie sollten jedenfalls individuell regulier- und abstellbar sein.

Bei Langstrom- und Kreisstrombecken ist es sinnvoll wenn der Wasserzufluss nicht punktuell sondern verteilt über die gesamte Becken- bzw. Kanalbreite erfolgt. Bei Rundstrombecken ist es sinnvoll wenn der Wasserzufluss nicht tangential, sondern über ein gelochtes Zulaufrohr erfolgt, das entweder vertikal entlang der Beckenwand montiert ist oder horizontal zumindest über den Halben (besser Ganzen) Beckenradius reicht.

Bei sehr großen Rundbecken mit hohem Fischbesatz kann der benötiget Wasseraustausch schnell zu Strömungsgeschwindigkeiten an den Rändern führen, die den Fischen nicht zuträglich sind. Auch die Fütterung gestaltet sich zunehmend schwieriger, da die Gefahr besteht, dass Futter ausgeschwemmt, wird bevor die Fische es fressen können. Derartige Becken lassen sich nur einigermaßen erfolgreich betreiben, wenn die Wasserzugabe an mehreren Stellen erfolgt.

Aale suchen ständig eine Möglichkeit, die Fischbecken zu verlassen. Daher dürfen Wasserzuleitungen nur oberhalb der Wasseroberfläche erfolgen oder müssen eine sehr hohe Fließgeschwindigkeit besitzen, da Aale sonst in die

Rohrleitungen klettern, diese verstopfen oder diese besiedeln und dadurch die Durchflussmenge verändern, was im Fischbecken zu Sauerstoffmangel oder Anreicherung mit Ammonium führen kann. Wird das Zulaufwasser unterhalb der Wasseroberfläche zugeführt z. B. in Anlagen mit Sauerstoffübersättigung im Zulauf, sind selbst bei kurzfristigem Ausfall des Zuflusses Probleme zu erwarten. Die Aale schwimmen oder klettern sehr schnell in das Zulaufrohr und gelangen in Begasungseinrichtungen, Steuerungseinheiten und Pumpen. Beim Wiederanlaufen des Zuflusses kann es dann zu vollständiger Verstopfung des Zulaufsystems kommen. Zulaufleitungen die konstruktionsbeding eine derartige Besiedlung verhindern sind in Aalanlagen – obwohl teuer – sehr zu empfehlen.

8.3.6. Beckenabläufe

Fischbecken können mit verschiedenen Abläufen versehen werden. Generell sollte der Wasserablauf, um die Ablagerung von Kot und Futterresten im Becken zu verhindern, zumindest zum größten Teil von unten erfolgen. Kleinere Becken haben üblicherweise nur einen Ablauf. Je nach Beckenform, in der Mitte (Rundbecken) oder am Ende (Rechteckbecken). Zwei diagonal gegenüber liegende Abläufe (und Zuläufe) können bei Becken mit Mittelwand (Kreisstrombecken) sinnvoll sein. Große Becken sollten ebenfalls zwei Abläufe haben. Bei Rundbecken einer in der Mitte am Boden und ein zweiter an der Seite an der Wand. Bei Rechteckbecken einer am Ende am Boden und ein zweiter am Ende an der Wand. Abläufe die auch Oberflächenwasser abziehen haben den Vorteil, dass auf der Oberfläche schwimmende Schwebstoffe sowie Fettfilme ständig entfernt werden können. Vor allem Brut (z. B. Zander) welche zum Auffüllen der Schwimmblase mit Luft einen Zugang zur Wasseroberfläche benötigt verträgt keinen Fettfilm, da dieser sie an der nötigen Luftaufnahme hindert. Derartige Tiere haben ihr Leben lang eine verkümmerte Schwimmblase und können sich nur auf dem Boden aufhalten. Schwimmen im Freiwasser ist dann nur mit erhöhtem Energieaufwand möglich.

Rund- und Kreisstrombecken haben beim Ablauf üblicherweise eine trichterförmige Kotgrube die mit einem Sieb abgedeckt wird. Damit sich nicht zu viel Schlamm wegen der damit verbundenen Gefahr der Fäulnis und Bildung von Ammonium und Nitrit in der Kotgrube sammelt, aber auch keine Fische zum Bodensieb gesaugt werden, ist diese richtig zu dimensionieren. Kleinere Langstrombecken können ebenfalls eine kleine Kotgrube haben, größere Langstrombecken haben normalerweise keine Kotgrube sondern ein Schrägsieb das über den gesamten Beckenquerschnitt reicht.

Unabhängig von der Beckenform empfiehlt sich noch zusätzlich ein Notab-/-überlauf (mit Sieb) für jedes Becken, der an der Seitenwand über dem Normalwasserstand liegt und wodurch beim Verstopfen des normalen Ablaufes/Siebes das Wasser überläuft ohne dass dabei auch Fische das Becken verlassen.

Rundbecken mit zu starker Strömung (links) und zusätzlichem Ablauf (rechts). Fotos: P. Steinbach

Domsieb (links) und Zylindersieb (rechts) mit großer Oberfläche. Fotos: E. Fritschi

Bei kleineren Becken und Rundbecken eignet sich zur Regulierung des Wasserstandes und als Ablaufsystem ein Stand-, Schwenk- oder Teleskoprohr. Ein Standrohr (innen im Becken) wird nur bei flachen und kleinen Becken die der Erbrütung oder Aufzucht von Jungfischen dienen verwendet. Es führt das Ablaufwasser nur von der Wasseroberfläche ab, es sei denn man stülpt über das Standrohr noch ein zweites längeres und größeres Rohr das etwas Bodenabstand hat oder unten gelocht ist. Der Wasserstand im Becken ist durch die Länge/Höhe des Standrohres vorgegeben. Zum Ablassen des Beckens wird das Standrohr herausgezogen. Ein Schwenkrohr ist außen am Beckenrand befestigt und durch Schwenken lässt sich der Wasserstand im Becken stufenlos einstellen. Zum Ablassen des Beckens wird das Schwenkrohr horizontal umgelegt. Ein Teleskoprohr ist ebenfalls außen am Beckenrand hochgestellt und hat innen ein zweites kürzeres und im Durchmesser kleineres Rohr. Das Ablaufwasser steigt dann im Außenrohr auf und fließt im Innenrohr ab. Der Wasserstand im Becken lässt sich dabei durch die Länge/Höhe des Innenrohres festlegen. Zum Ablassen des Beckens wird das Innenrohr ganz herausgezogen.

Bei größeren Becken und Rechteckbecken eignet sich zur Regulierung des Wasserstandes und als Ablaufsystem ein Ablaufbauwerk mit Staubrettern wie in Teichen üblich, allgemein als „Mönch“ bezeichnet. Diese haben normalerweise 2-3 Reihen von Staubrettern, die hinteren 1-2 Reihen dienen der Einstellung des Wasserstandes. Der Raum zwischen ihnen wird bei Teichen mit Sägemehl aufgefüllt damit diese wasserdicht sind, was bei Becken mit hoher Wasseraustauschrate nicht notwendig ist. Die vordere Reihe hat entweder unten (Tiefenablauf) oder oben (Oberflächenablauf) ein Stabgitter, der restliche Raum dieser Reihe wird mit Staubrettern befüllt. Der Wasserstand im Becken lässt sich dabei durch die Höhe der Staubretter festlegen. Zum Ablassen des Beckens werden die einzelnen Staubretter (je 10-20 cm hoch) entfernt. Dieses Ablaufbauwerk kann sowohl direkt in die Beckenwand integriert sein als auch außerhalb des Beckens stehen.

8.3.7. Beckensiebe

Zulaufsiebe werden nur verwendet wenn das Aufsteigen von Fischen in den Zulauf verhindern werden soll. Bei Aalen ist dazu eine relativ kleine Maschenweite nötig. Diese birgt die Gefahr der Verstopfung z. B. durch im Rohrleitungssystem vorkommende sich lösende Bewuchsflächen. Im Fall kleiner Maschenweiten ist zur Absicherung des Zulaufs darauf zu achten, dass die Siebfläche deutliche grösser als der Rohrquerschnitt sein muss. Solche Siebe sollten täglich auf Sauberkeit kontrolliert und falls nötig auch gereinigt werden.

Ablaufsiebe werden bis auf wenige Ausnahmen für jedes Fischbecken verwendet. In Abhängigkeit von Beckenform und Fischart/-größe sind diese unterschiedlich geformt und gelocht (2-10 mm Ø) oder geschlitzt (1-5 x 10-30 mm). Je größer der Fisch, desto größer kann die Lochung der Siebe sein. Bei gestanzten Lochungen oder Bohrungen mit Grat befindet sich dieser oder die raue Seite immer auf der fischabgewandten Seite des Beckens, um Verletzungen der Tiere zu vermeiden. Erstaunlich wie oft dieses nicht beachtet wird – aus was für Gründen auch immer (Unwissen, Desinteresse, Dummheit).

Je größer die Siebfläche, desto geringer die Gefahr, dass schwache oder tote Tiere auf die Siebfläche gesaugt und dort festgehalten werden, sodass das Becken überläuft und Wasser und Fische mit dem Wasser auf dem Hallenboden verteilt werden. Um die Siebfläche möglichst groß zu gestalten, werden in Rundbecken oft Standsiebe eingesetzt, oder es wird eine möglichst große Fläche des Bodens mit einem Bodensieb abgedeckt. In Rechteckbecken wird vor allem mit Bodensieb oder Schrägsieb gearbeitet.

Große Siebflächen führen in der Regel zur Verlangsamung der Strömung und damit zur Ablagerung von Kot und Futterresten unter oder hinter den Sieben. An diesen Stellen faulen die abgelagerten Stoffe und können so erhebliche Störungen im Kreislauf verursachen. Unerklärlich steigende Nitrit Werte haben recht häufig ihren Ursprung in derartigen Ablagerungen. Wählt man große Siebflächen, sind diese derart zu planen, dass hinter den Sieben mindestens 2-3-mal wöchentlich, besser einmal täglich, gereinigt werden kann (Wasserstrahl, Bürste). Um gezielt Strömung am Bodenablauf aufzubauen, dürfen Standsiebe (Dom- oder Zylindersieb) nur im unteren Bereich gelocht sein. Um ein Überlaufen zu verhindern, werden derartige Siebe oft oberhalb des „normalen“ Wasserstandes ein zweites Mal gelocht, so dass bei Verstopfung der unteren Siebfläche im Notfall dort Wasser ablaufen kann.

In geeigneter Form angebracht, ist ein Ablaufsieb ein guter Kontrollpunkt um einen Überblick über Vorgänge im Fischbecken zu gewinnen. Sind z. B. zu viele Nährstoffe im Wasser wird das Sieb durch fädige Bakterien bewachsen; geht es den Fischen nicht gut, sammeln sich schwache Tiere vermehrt im oder am Ablauf; wird das Futter von den Fischen nicht gefressen, ist es auf oder vor dem Sieb sichtbar. Knochenteile verendeter Fische finden sich hier, ebenso wie leere Schneckenhäuser. Siebkästen mit Reinigungsmechanismus wie sie vor allem in der Aalhaltung eingesetzt werden sind sehr gute Kontrollpunkte. Ihr Einsatz empfiehlt sich aber auch für andere Fischarten. Derartige Kästen sind gut einseh- und kontrollierbar und werden in Beckenrandnähe angeordnet.

8.4. Alarmgebung und Notversorgung

Je nach Größe des Beckens und der Art des Fischbestandes kann eine Alarmmeldung bei Veränderung des Wasserstandes oder Verschlechterung der Wasserqualität sinnvoll oder zwingend erforderlich sein. Je wertvoller der Fischbestand, desto notwendiger ist ein solches System. Jeder Ausfall einer

Maschine (z. B. Pumpe, Gebläse) sei es mechanisch, elektrisch oder durch Abriss/Verstopfung von Rohrleitungen muss erfasst, dokumentiert und gemeldet werden. Ebenso wer wann die Alarmmeldung erhalten und quittiert hat.

Die Alarmmeldungen sollten folgendes umfassen: Überwachung relevanter Wasserwerte (z. B. Sauerstoff, Temperatur, pH), Levelalarme (z. B. Pumpensumpf, Fischbecken), nachlassende Gebläse- und Pumpenleistung, Druckabfall in Luft-, Sauerstoff- und Wasserleitungen, Stromausfall, Füllstandsanzeige des Sauerstoff- und Dieseltanks, Batterie- oder Akkuladung des Notstromaggregats und der Notbeleuchtung sowie des Alarmsystems selbst. Es ist wenig gewonnen wenn ein Alarm aufläuft, die Meldung aber nicht weiter geleitet wird, da ein Akku oder eine Batterie leer ist.

Eine Sauerstoffüberwachung und -regelung im Fall von Sauerstoffmangel in einzelnen Becken, sollte für jedes Becken separat erfolgen. Je höher die Besatzdichte, desto kürzer die Zeit zur Reaktion im Falle einer Störung. Eine Sauerstoffnotversorgung der Fischbecken durch kleine Ausströmer, die an außerhalb des Gebäudes stehende Sauerstoff Flaschenbündel oder Flüssigtanks angeschlossen sind, ist in jedem Fall sinnvoll. Für den Fall eines Stromausfalls wird über ein Magnetventil, welches stromlos geöffnet ist, Sauerstoff in jedes Fischbecken eingeleitet. Die Mengeneinstellung erfolgt mit Nadelventilen, die sich an jedem Fischbecken befinden und in ihrem Mengenfluss auf die jeweilige Fischmenge eingestellt sind. Die Einstellung der Sauerstoffmenge erfolgt analog der Einstellung von Ausströmern für den Fischtransport, in Abhängigkeit vom aktuellen Fischbestand. Vor allem nach dem Abfischen abgestellte Ventile sollten nach erneutem Besatz wieder geöffnet und auf den eingesetzten Bestand eingestellt werden (siehe auch Unterkapitel 10.1. Transport).

8.5. Quarantäne

Ein Quarantänebecken, oder besser sogar eine räumlich getrennte Quarantäneanlage, mindern erheblich das Risiko der Einschleppung von Krankheiten oder anderer nicht erwünschter Lebewesen wie z. B. Schnecken, Parasiten oder Fremdfische in die eigene Anlage. Vor allem Schnecken können später ausgesprochen unangenehm und lästig werden. Eine derartige separate Quarantäneanlage hat einige beachtliche und unter Umständen auf Dauer viel Geld, Ärger und Mühe sparende Vorteile.

Kleinvolumige Quarantäneeinrichtungen, welche ja „nur" die neu angekommenen Tiere beherbergen müssen, lassen sich auf Grund der relativ geringen Größe temperaturmäßig deutlich leichter auf die Transportwassertemperatur einstellen als große Kreisläufe. Die in Quarantäne befindlichen Tiere kommen nicht sofort mit dem bereits in der Anlage befindlichen Fischbestand in Berührung. Durch den Transportstress ausgelöste Krankheitsausbrüche sind leichter zu behandeln und haben somit keine Auswirkung auf die übrigen Anlagenfische. Streitereien ob die neu gelieferten die bereits vorhandenen angesteckt haben oder umgekehrt entfallen. Die „neuen“ Tiere können durch dosierte Zugabe von Anlagenwasser schrittweise an die in der Hauptanlage herrschenden Bedingungen, vor allem aber die dortige Bakterienflora angepasst werden. Sind die Tiere sichtbar und nachweislich gesund und haben sich an die Anlagenbedingungen gewöhnt, können sie relativ gefahrlos in die Hauptanlage verbracht werden. Ist die Quarantäneanlage wieder leer kann sie mit geringem Aufwand gereinigt und desinfiziert werden.

Wird bereits in der Anlage befindlicher Besatz mit neuen Fischen unmittelbar vermischt ist es äußerst schwierig bis unmöglich die neue Lieferung zu reklamieren. Ist keine Quarantäneanlage vorhanden, macht es Sinn neu ankommende Fische ausschließlich in separaten, biologisch frisch angefahrenen und noch nicht mit anderen Fischen besetzen Modulen unterzubringen; sofern der Aufbau der Anlage dieses zulässt. Zumindest in ein separates Becken sollten die Neuankömmlinge gesetzt werden, welches man unter Umständen noch 1-2 Tage vom Kreislauf getrennt halten kann.

Jung- und Laichfische haben höhere Ansprüche an Wasserqualität und Umwelt. Diese Ansprüche sind nicht selten recht verschieden von denen der Speisefische. Auch aus diesem Grund ist die räumliche Trennung der verschiedenen Entwicklungsstufen anzuraten. Ist man gezwungen immer wieder Fische von außen in die Anlage zu nehmen, ist die Errichtung einer Quarantäneanlage sinnvoll und unbedingt anzuraten. Wasser und Gerätschaften aus dieser Anlage dürfen in keinem Fall mit den „Normaltieren“ in Berührung kommen. Desinfektion von Stiefeln und Händen bei Betreten und Verlassen dieser Anlagenteile sind Pflicht. Alle benötigten Kescher, Eimer und sonstige Hilfsmittel sind ausschließlich in diesem Anlagenteil anzuwenden und nach jedem Gebrauch zu reinigen und zu desinfizieren.

Rechtzeitig vor Eintreffen einer neuen Gruppe von Fischen wird die Anlagentechnik geprüft und wieder in Betrieb genommen. Bei Kreisläufen sind dazu etwa 3-4 Wochen nötig. Durchlaufanlagen benötigen nur 2-3 Tage um sicherzustellen, dass alles ordnungsgemäß funktioniert. Besonders in derartigen erst kurze Zeit in Betrieb befindlichen frisch angefahrenen Anlagen ist es angebracht die Wasserqualität genau im Auge zu behalten, da die Bakterienflora noch nicht stabil ist. Schnell steigende Ammonium- und/oder Nitrit-Werte können auftreten und die gerade erst erfolgreich transportierten Fische schädigen oder sogar töten.

Literatur:
Bohl, 1999; Brinker, 2007; Hochleithner, 2006-2015; Rosenthal et al., 1982; Schäperclaus, 1967; Westers & Pratt, 1977;

9. ANLAGENAUSLASTUNG

Solange Fische leben, wachsen sie auch. Allerdings nimmt der prozentuale Zuwachs ständig ab, je älter die Tiere werden. Sehr schnell und stürmisch wachsen sie vor allem in der Jugend, in der Zeit vor der Geschlechtsreife. In dieser Zeit sind der Fleischansatz und damit der Proteingehalt der Tiere am höchsten. Ältere Tiere setzen vor allem Fett an und – in Abhängigkeit von saisonalen Entwicklungen – weibliche (Eier) oder männliche (Spermien) Geschlechtsprodukte. Unter Umständen treten bei geschlechtsreifen Tieren Veränderungen im Verhalten auf (z. B. werden männliche Tiere aggressiv oder bauen Nester), der Körperzusammensetzung (z. B. ledrige Haut und wenig Fett bei männlichen Forellen) oder im Aussehen (Farbe, Laichhaken, Laichausschlag).

Für Mastzwecke wird in der Regel nur das Jugendstadium der Fische genutzt, da nur diese Zeit optimalen Zuwachs mit guter Fleischqualität verbindet. Ältere Fische weisen in der Regel mehr Fett auf oder haben Geschlechtsprodukte (Rogen/Milch), die der menschlichen Ernährung nicht oder nur in Ausnahmefällen zugeführt werden (können). Eine Ausnahme sind vor allem Forellen und Störe zur Kaviarproduktion, bei denen das Fleisch ein Nebenprodukt ist und das gesamte Streben dem sehr viel hochwertigeren Kaviar gilt.

Mit zunehmender Ausbildung der Gonaden wird der Raum für den Verdauungstrakt eingeschränkt. Selbst wenn Futter aufgenommen wird, reicht es nicht aus, den durch den Aufbau der Geschlechtsprodukte enorm gestiegenen Nahrungsbedarf zu decken. Die Fettreserven im Körper – sofern vorhanden – werden zur Deckung des Bedarfs herangezogen. Häufig wird auch auf Protein aus der Muskelmasse zurückgegriffen. Das Fleisch wird wässrig und die Bauchlappen dünn wie z. B. bei einigen Lachsarten, die nach den Laichen sterben, da sämtliche Reserven verbraucht wurden. Maischollen, die in der Laichzeit gefangen werden, sind nicht auf Grund herausragender Fleischqualität berühmt, sondern dank ausgezeichneter Werbung.

9.1. Einflussgrößen des Zuwachses

Vor allem Temperatur, Sauerstoff- und Schadstoffgehalt (z. B. NH_4, NO_2, NO_3, CO_2), sowie Fütterung, Alter der Fische und Tageslichtlänge (Photoperiode) beeinflussen den Zuwachs von Fischen. Alle diese Einflussgrößen lassen sich in Kreislaufanlagen beeinflussen und im besten Fall auch steuern:

- Die Wasserqualität durch Auslegung und Betrieb der Anlage;
- Die Photoperiode durch künstliche Beleuchtung;
- Die Fütterung durch die Wahl der Futterqualität und -menge;
- Das Alter durch den Zeitpunkt von Besatz und Abfischung der Fische.

9.2. Einflussgrößen des Besatzes

Jede Anlage besitzt in Abhängigkeit von ihrer Auslegung eine bestimmte optimale und eine maximale Besatzmenge. Wird die maximale Besatzmenge längere Zeit (mehrere Wochen) oder auf Dauer überschritten, bricht das gesamte System irgendwann wegen Überlastung zusammen. Zeichen einer beginnenden Überlastung können sein:

- Abnormes Fischverhalten;
- Erhöhte Krankheitsanfälligkeit;
- Schleichende Verluste;
- Schlechte Futteraufnahme;
- Geringer Zuwachs;
- Häufiger Sauerstoffmangel;
- Ungewöhnliche Wassertrübung;
- Starke Wasserqualitätsschwankungen.

Ist eine Anlage zum Beispiel in der Lage, die Ausscheidungsprodukte (Ammonium, Kot, Harn) und Futterreste von 800 kg Fischen bei ausreichender Sauerstoffversorgung der Fische und Mikroorganismen in einem vernünftig dimensioniertem Klärtrakt optimal abzubauen, beträgt der End- oder Optimalbestand dieser Anlage 800 kg. Der Maximalbestand den sowohl Fische als auch Klärtrakt für einige Zeit schadlos tolerieren liegt je nach Anlagentyp etwa 10-15 % höher, also bei ca. 900 kg. Steigen die Besatzdichte und damit die täglich verabreichte Futtermenge immer wieder mal im Lauf des Jahres für einige Tage in diesen Bereich, um dann wieder in den Optimalbereich zurückzugehen oder sogar zu unterschreiten, werden Fische und Klärtrakt damit ohne nachteilige Folgen fertig. Auf Dauer schädlich ist das permanente Betreiben der Anlage im Maximalbereich oder sogar darüber hinaus, da es ja bis dahin prima geklappt hat. Probleme lassen in solchen Fällen selten lange auf sich warten.

Zur theoretischen Darstellung der Gesetzmäßigkeiten eines möglichen Besatzplanungsmodells geht man der Einfachheit halber zunächst einmal davon aus: Dass die Fische mit etwa 0,8 kg Endgewicht verkauft werden, vom Setzling bis zum Speisefisch kein Tier stirbt, alle Fische gleich schnell wachsen (kein Auseinanderwachsen), und die Tiere ca. 11 Monate in der Anlage leben. Werden dieser Annahme folgend jährlich Anfang Januar eines jeden Jahres 1.000 Stück Setzlinge in die Anlage eingesetzt (z. B. mit 20 g = Gesamtgewicht 20 kg) und 1.000 Stück Fische verkauft (z. B. mit 0,8 kg = Gesamtgewicht 800 kg) ist diese Anlage am Ende des Jahres Ende November/Anfang Dezember mit 800 kg Fischen besetzt, im Dezember leer und wird Anfang Januar wiederum mit 20 kg neuen Fischen besetzt.

Natürlich ist diese Annahme nur sehr bedingt richtig, da stark vereinfacht und Verluste sowie Tage ohne Fütterung wegen Sortieren oder Umsetzen unberücksichtigt sind, aber sie kann die Zusammenhänge verdeutlichen. Unter anderem wird klar, dass die Fische nicht linear wachsen sondern mit zunehmender Größe prozentual immer langsamer.

Auslastung bei einmal jährlichem Besatz ohne Sortierung:

Zeit Monat	Gewicht g	Zuwachs %/d	Bestand kg	Auslastung %
1	20,0	2,0	20,0	2,5
2	36,0	2,0	36,0	4,5
3	65,0	1,5	65,0	8,1
4	102,5	1,5	102,5	12,8
5	160,2	1,5	160,2	20,0
6	250,4	1,5	250,4	31,3
7	358,1	1,2	358,1	44,7
8	482,7	1,0	482,7	60,3
9	613,0	0,8	613,0	76,6
10	711,9	0,5	711,9	88,9
11	802,5	0,5	802,5	100,0
12				

Bei diesem einmal im Jahr erfolgenden Besatz wird die Leistungsfähigkeit der Anlage nur gegen Ende des Jahres genutzt, den Rest des Jahres beträgt der Bestand nur einen Bruchteil der Möglichkeiten. Die durchschnittliche Auslastung der Anlage beträgt 37,58 % des Optimalbestandes. Prozentual werden nur ca. 41 % der mit gestaffeltem Besatz möglichen Erträge erwirtschaftet (siehe folgende Tabelle).

Berücksichtigt man, dass Fische aufgrund der genetischen Streuung recht unterschiedlich wachsen und dass rechtzeitig in 3 getrennte Partien sortiert wurde (langsam, mittel und schnell wachsende Tiere), ist eine gleichmäßigere oder besser ausgedrückt weniger ungleichmäßige Auslastung möglich. In diesem Fall verkauft man die Fische der schnell wachsenden Gruppe zuerst, sobald diese 0,8 kg Gewicht erreicht haben, danach die Fische der mittleren Gruppe bei ca. 0,8 kg und zuletzt die der langsamsten Gruppe, so dass ungefähr 3 Monate lang speisereife Fische zum Verkauf vorhanden sind. Dieses Beispiel entspricht eher als in obiger Tabelle dargestellt den tatsächlichen Gegebenheiten, da nicht alle Fische gleichzeitig 0,8 kg Endgewicht erreichen. Durch den gestaffelten, vom Zuwachs abhängenden Verkauf, wird mit einem Einsatz von 1.000 Stück Setzlingen, die Kapazität der Anlage von 800 kg Fisch nicht erreicht. Es können daher mehr als 1.000 Fische eingesetzt werden, so dass der Ertrag höher wird.

Werden ca. 20 % mehr Setzlinge = 1.200 Stück eingesetzt, erhöht sich der Ertrag der Anlage auf 957 kg/Jahr, ohne zu irgendeinem Zeitpunkt die Anlage zu überlasten. Der maximal in der Anlage befindliche Bestand beträgt 94,1 % des optimalen Bestandes und damit ca. 84 % der maximal möglichen Belastung. Es wäre sogar ein noch einmal um 6-10 % höherer Einsatz an Setzlingen vertretbar mit einer entsprechend höheren Ausbeute von zusätzlich 50-96 kg/Jahr. Die durchschnittliche Belastung bewegt sich im ersten Jahr zwischen 43,5 und 40,0 %, je nachdem wie und wann der mittlere Zuwachs (313 kg) verkauft wird, statt 37,6 %, wie in obiger Tabelle dargestellt.

Auslastung bei einmal jährlichem Besatz mit Sortierung und getrennter Haltung:

Zeit Monat	400 Stück	400 Stück	400 Stück	Gesamt-gewicht	Aus-lastung
1	8 kg 20 g/St.	8 kg 20 g/St.	8 kg 20 g/St.	24,0 kg	3,0 %
2	16 kg 40 g/St.	14 kg 35 g/St.	14 kg 35 g/St	44,0 kg	5,5 %
3	29 kg 72,5 g/St	25 kg 62 g/St.	23,8 kg 59,6 g/St	77,8 kg	9,7 %
4	52 kg 130 g/St.	40,8 kg 102 g/St.	39 kg 97 g/St	131,8 kg	16,5 %
5	81 kg 202 g/St.	64 kg 160 g/St.	56 kg 140 g/St	201,0 kg	25,1 %
6	127 kg 317 g/St.	94,4 kg 236 g/St.	80 kg 200 g/St	301,4 kg	37,7 %
7	198 kg 495 g/St.	144 kg 360 g/St.	140 kg 350 g/St	482,0 kg	60,3 %
8	267 kg 667 g/St.	186 kg 468 g/St.	156 kg 390 g/St	609,0 kg	76,1 %
9	320 kg 800 g/St.	237 kg 593 g/St.	196 kg 490 g/St.	753,0 kg	94,1 %
10		283 kg 708 g/St.	228 kg 570 g/St.	511,0 kg	63,9 %
11		308,8 kg 772 g/St.	264 kg 660 g/St.	572,8 kg	71,6 %
12		313 kg 783 g/St.	296 kg 740 g/St.	609,0 kg	76,1 %
Neubesatz	24 kg 20 g/St.		324 kg 810 g/St.	348,0 kg	43,5 %

Im zweiten und allen folgenden Jahren erhöht sich die durchschnittliche Auslastung noch durch die in diese Jahre hineinreichenden Gruppen der langsam wachsenden Fische je nach Verkauf der Mittelgruppen. In diesem Beispiel werden 52 % der bei gestaffeltem Besatz möglichen Erträge erwirtschaftet (siehe folgende Tabelle mit monatlichem Besatz). Auch in diesem Beispiel wurden Verluste oder Ausfälle von Fischen außeracht gelassen um die Darstellung nicht unnötig zu komplizieren. Im „richtigen" Leben kann je nach Fischart ein jährlicher Verlust von 3-7 % des Bestandes als normal angesehen werden. Erhöhte Verluste sind vor allem möglich nach Neubesatz mit Tieren von außen, Handling (Umsetzen, Sortieren), Stress in jeder Form auch durch falsches Futter, Mängeln in der Wasserqualität, Ausfall der Technik oder bei Krankheiten.

Soll eine Anlage möglichst gleichmäßig belastet werden, ist ein monatlicher oder zumindest mehrmals jährlicher Besatz mit qualitativ passenden Setzlingen anzustreben. Mit der gleichen Anlage, die in unserem Beispiel nach obigen Tabellen 0,8 t oder 1,0 t zum Verkauf fertige Fische jährlich produziert, lassen sich durch gleichmäßigen/ häufigen Besatz mit Setzlingen 1.954 kg jährlich erzeugen, die mögliche Auslastung liegt, nachdem aus den Beständen die ersten Verkäufe getätigt werden können, rechnerisch bei 110 %, tatsächlich allerdings durch vorgezogene Verkäufe von Vorwüchsern – getrennte Haltung der Zuwachsgruppen oder zumindest deren frühzeitige Sortierung vorausgesetzt – nahe 100 % (siehe folgende Tabelle unten).

Der Ausstoß aus der Anlage beträgt bei 12 Gruppen die pro Jahr als Besatz in die Anlage kommen 12 x 163 kg = 1.956 kg pro Jahr ab dem zweiten Jahr der Produktion. Im ersten Jahr sind magere 163 kg zu erwarten. Die Finanzierung oder die Geldreserven müssen in der Lage sein das erste Jahr ohne nennenswerten Verkauf zu überbrücken.

Soweit die theoretische Betrachtung. Im „richtigen" Leben ist es meist schlimmer. Die in den ersten Jahren anfallenden Kosten sollten auch ohne zweifelhafte Erträge finanzierbar sein. Das Verhältnis Bestand zu Ausstoß beträgt in unserem Beispiel 1:2,2 was einen brauchbaren Durchschnitt für z. B. Aale darstellt. Deutliche bessere Werte werden selten und nur bei wenigen Fischarten oder Fischgrößen erreicht. Ein Verhältnis von bis zu 1:5 für schnell wachsende Fischarten ist möglich aber nicht die Regel.

Auslastung bei monatlichem Besatz (Werte in kg):

Zeit Monat	1	2	3	4	5	6	7	8	9	10	11	12	13	14	usw
Besatz	4	7	12	21	33	48	71	95	121	148	158	163			
usw		4	7	12	21	33	48	71	95	121	148	158	163		
usw			4	7	12	21	33	48	71	95	121	148	158	163	
usw				4	7	12	21	33	48	71	95	121	148	158	usw
usw					4	7	12	21	33	48	71	95	121	148	usw
usw						4	7	12	21	33	48	71	95	121	usw
usw							4	7	12	21	33	48	71	95	usw
usw								4	7	12	21	33	48	71	usw
usw									4	7	12	21	33	48	usw
usw										4	7	12	21	33	usw
usw											4	7	12	21	usw
usw												4	7	12	usw
usw													4	7	usw.
usw														4	usw.
Verkauf	-	-	-	-	-	-	-	-	-	-	-	163	163	163	usw
Bestand	4	11	23	44	77	125	196	291	412	560	718	881	881	usw	

9.3. Erläuterung zur Besatzplanung und Anlagenauslegung

Das vorgestellte Modell ist rein theoretische und lässt Sterblichkeit, Tage ohne Fütterung wegen Sortierung, Umsetzen oder Krankheiten wie schon weiter oben angemerkt außeracht. Es wurde mit einem mittleren Zuwachs gerechnet, der zu Beginn 2 %/d beträgt und zum Ende abnimmt auf unter 0,2 %/d. Je nach Fischart (täglichem Zuwachs) muss für eine reale Anlage ein gesonderter Besatzplan erstellt werden, in dem die realistisch zu erwartenden Zuwachsraten ebenso wie die zu erwartende Verluste der betreffenden Fischart berücksichtigt werden. Da Aale deutlich langsamer wachsen als z. B. Welse, Zander oder Störe, ist ein und dieselbe Baugröße einer Anlage fähig – selbst bei optimaler Belegung mit Setzlingen – 10 t Aale jährlich speisereif zu machen oder aber 15-20 t einer anderen, schneller wachsenden Fischart. Deshalb sollte man bei Angaben von Anlagengrößen immer klären, auf welche Fischart, welche Anfangsgewichte und welche Endgröße der Fische sich die Ausstoßmenge bezieht, da größere Fische prozentual langsamer wachsen als kleinere. Ein Besatzplan der durchgehend mit linearen Zuwachsraten arbeitet ist leicht zu erstellen, geht aber an den tatsächlichen Gegebenheiten weit vorbei. Die Angabe welche Futtermenge pro Tag verabreicht werden kann, ist eine weitere Kenngröße die mitgeteilt werden sollte. Wird sie nicht von vorneherein mitgeteilt, sollte in jedem Fall nachgefragt werden. In diesem Zusammenhang ist das zugeordnete Klärsystem in Klärleistung pro m^2 oder m^3 pro kg verabreichtem Futter zu beachten. Eine Aalanlage benötigt einen deutlich höheren Bestand an Fischen, um eine bestimmte Produktionsmenge zu erreichen, da diese Tiere langsamer wachsen (z. B. mit 0,8 %/d), als eine Anlage für Fische, die durchschnittlich z. B. 1,6 %/d wachsen.

Der Zuwachs der Tiere lässt sich mit Hilfe der Zinseszins Rechnung ermitteln. Ist der tägliche Zuwachs einer Fischart bekannt, lässt sich die nach einer bestimmten Anzahl Tage zu erwartenden Fischmasse berechnen. Wachsen z. B. Fische von 30 Gramm Anfangsgewicht 30 Tage lang mit 1,5 %/d, wiegen sie nach dieser Zeit 46,89 g.

Die Formel lautet: $Kn = Ko \times q^n$
Kn = Gewicht der Fische nach n Tagen
Ko = Anfangsgewicht in Gramm
n = Anzahl der Tage
q = 1 + p : 100
p = Zinssatz

$Kn = 30 \text{ (Anfangsgewicht) } \times 1{,}015^{30}$
$= 30 \times 1{,}56307$
$= 46{,}89$

Würde für die angenommenen 30 Tage mit linearem Zuwachs gerechnet betrüge das Endgewicht nur 43,5 g.

Um eine Anlage optimal zu nutzen ist es anzuraten, genügend Becken oder Beckenunterteilungen passender Größe zur Verfügung zu haben, um zunächst jeden Neubesatz an Setzlingen unterzubringen. Setzlinge benötigen aufgrund ihres geringen Gewichts auch weniger Platz (kleinere Becken) als dieselbe Anzahl (Stück) Speisefische. Da Fische recht stark auseinanderwachsen, müssen sie irgendwo sortiert und danach entsprechend der Sortiergrößen in mindestens zwei getrennten Becken untergebracht werden. Nur Anlagen mit genügend Möglichkeiten, sortierte Fische ihren Ansprüchen an Raum, Wasser und Umwelt entsprechend unterzubringen, sind in der Lage, praktikabel zu arbeiten.

Je häufiger eine Fischart sortiert werden muss, desto größer muss die Anzahl der für die getrennte Haltung nötigen Becken sein. Wenige, große Becken in einer Anlage liefern wohl das zur Fischaufzucht nötige theoretische Volumen, schränken aber die Möglichkeiten der Sortierung ein und verhindern unter Umständen einen wirtschaftlichen Erfolg der Anlage, da diese nicht optimal besetzt und damit betrieben werden kann. Beckenvolumen kostet nun einmal Geld und ist in großen Becken deutlich preiswerter als in kleinen zu realisieren. Zu starkes Sparen bei der Beckenanzahl hat schon manchen Anlagenbetreiber hinterher gereut, da beim Sortieren heftige Klimmzüge mit mehrfachem Umsetzen der Tiere gemacht werden müssen. Was der Wuchsfreude der Fische und der Arbeitsfreude der Mitarbeiter nicht unbedingt förderlich ist. Kompliziertes oder aufwendiges Sortieren verleitet dazu sich dieser Tätigkeit erst zuzuwenden wenn es gar nicht mehr anders geht. Die Fische sind dann oft bereits so weit auseinander gewachsen, dass die kleinen so gut wie kein Futter mehr erhalten und die großen unnötig fett geworden sind

Die gewählte Fischart spielt bei der Besatzstrukturierung eine wichtige Rolle. Je nach zeitlichen Verfügbarkeit von Fischbrut und -setzlingen der gewünschten oder geplanten Fischarten ist ein Besatz nur zu begrenzten Zeiten oder sogar nur einmalig pro Jahr möglich und die Anlage ist folglich nur zeitweilig voll besetzt. Der Aufbau eigener Brut- und Setzlingsanlagen, welche vom Volumen klein gewählt werden und bei nicht Benutzung leer stehen können, ohne große Kosten zu verursachen, wäre häufig sinnvoll und sicherlich zu empfehlen.

In der Praxis hat es sich bewährt getrennte Einheiten für verschiedene Entwicklungsstufen zu schaffen, da sich die Anforderungen an Umwelt und Besatzdichten mit fortlaufender Entwicklung ändern. Diese verschieden gestalteten Einheiten können dann für die jeweiligen Entwicklungsstufen optimiert werden. Eine räumliche Trennung der Systeme vereinfacht die angestrebte Optimierung und verhindert oder erschwert zumindest eine mögliche

Krankheitsübertragung. Es ist gängig zu unterscheiden nach: Elterntier- oder Laichfischhaltung, Brut- oder Erbrütungsanlage, Aufzucht von Setzlingen und Produktion von Speise- oder Kaviarfischen.

Brutanlagen werden relativ häufig mit Brunnenwasser im Durchlauf betrieben, da sie volumenmässig klein sind und nur wenig Wasser pro Zeiteinheit benötigen. Allerdings ist Brunnenwasser außer in Gebieten mit Thermalquellen in der Regel zu kalt. Ist wärmeres Wasser nötig, kann die Anlage auch im Teilkreislauf betrieben werden, so dass der für die Erwärmung des Wassers nötige Energieaufwand gering gehalten werden kann, was allerdings nur für höherwertigen Fisch ökonomisch Sinn macht. Der Einsatz eines Wärmetauschers der dem ablaufenden Wasser die Wärme entzieht und an das zulaufende abgibt ist denkbar und praktikabel.

Die Bezeichnung Mastanlage ist im gängigen Sprachgebrauch negativ besetzt. Verursacht wird dies durch immer wieder Bekanntwerden von Problemen in der Geflügel-, Schweine- und Rindermast. Die Tiere werden dort häufig unter stark überhöhten Besatzverhältnissen nur mit Hilfe von regelmäßiger Gabe von Impfstoffen und prophylaktischer Medikamentengabe großgezogen. Eine verantwortungsvolle Aufzucht und Haltung von Fischen sollte derartige Exzesse ausschließen.

Literatur:
Koops, 1991; Liewes, 1990;

10. TRANSPORT, SORTIERUNG, HÄLTERUNG

10.1. Transportieren

Es wird zwischen internem und externem Transport unterschieden. Der interne Transport erfolgt in der Regel über kurze Strecken etwa von einem Becken ins andere oder in die Hälterung und dauert daher nie besonders lange. Externe Transporte können durchaus mehrere Tage dauern. Egal welcher Transport durchgeführt wird, er ist für die betroffenen Fische anstrengend und Stress verursachend. Für einen Transport, der Fische möglichst geringem Stress aussetzt, sind Temperatur und vor allem Sauerstoff von herausragender Bedeutung. Ist der Sauerstoffgehalt im Transportwasser hoch, werden auch andere nicht optimale Bedingungen – die in der Regel hohe Besatzdichte, Ammonium, Kohlendioxid, Schleim, Lärm, Stress und Temperaturänderungen – gut ausgehalten. Ist der Sauerstoffgehalt zu niedrig treten unter sonst gleichen Bedingungen transportbedingte Schäden an den Fischen auf.

Werden Fische transportiert, muss ihr Verdauungstrakt leer sein, denn die Ausscheidungen würden das Transportwasser und damit die Fische belasten. Das bedeutet, dass je nach Temperatur, Fischart und Fischgröße 2-6 Tage vor dem Transport kein Futter verabreicht werden darf. Sind lange Transportzeiten zu erwarten (mehr als 12 Stunden), müssen große Fische bis zu 8 Tage ohne Futter gehalten werden.

Kammschupper, wie Barsche oder Zander, können sich bei dichtem Besatz aneinander reiben und mit den rauen Schuppen beschädigen. Die bei Zandern hervortretenden Augen können derart beschädigt werden, dass die Tiere blind werden. Blinde Zander finden, da sie auf Sicht fressen, kein Futter mehr und verhungern. Früher wurden derartigen Transporten minderwertige Weißfische wie Güster oder Blei als Pufferfische beigegeben. Aus Tierschutzgründen wird diese Praxis aber zunehmend abgelehnt.

Beim Transport von Plattfischen muss auf deren Eigenheiten eingegangen werden. Diese Tiere liegen ruhig am Beckenboden, auch gern übereinander, so dass Gedränge und mehrlagiges Liegen der Tiere beobachtet werden kann, wodurch ein Teil der Fische erstickt. Spezialisierte Betriebe haben mit dem Einbau von Etagen experimentiert. Die Schwierigkeit die dabei auftaucht ist, die Fische daran zu hindern „ihre“ Etage zu verlassen und sich in anderen Etagen auf andere Fische zu legen, mit den bereits erwähnten Folgen. Die beste Lösung zurzeit ist das Wasservolumen der meist einen Meter hohen Behälter soweit zu senken, dass die Tiere „einlagig“ transportiert werden können. Um Instabilität des Fahrzeugs durch schwappendes Wasser z. B. beim Anfahren, Bremsen oder in Kurven zu verringern hat es sich als günstig erwiesen auf der Wasseroberfläche großflächige Hartschaumplatten (Polystyrol) schwimmen zu lassen.

Ein Transport bestimmter Fischarten (z. B. Aale, Schleien, Störe), bestimmter Fischgrößen (z. B. Glasaale) und Entwicklungsstadien (z. B. befruchtete Eier von Lachsen, Zandern oder Stören) lässt sich auch ohne Wasser durchführen. Bei diesem Verfahren werden die Fische abgekühlt, um so den Sauerstoffbedarf und die Beweglichkeit zu reduzieren. Das Ganze ist recht aufwendig und damit teuer. Diese Art des Transports wird noch für asiatische Spezialitäten-Restaurants die unbedingt meinen lebende Fische auf der Karte haben zu müssen, für einzelne Zuchttiere und für wissenschaftliche Zwecke durchgeführt. Wegen der in den verschiedenen Ländern sehr speziellen Ansprüche und Gesetze werden diese Transportmethoden hier nicht weiter behandelt. Im Bedarfsfall sind die zuständigen Veterinärämter und Fischereiberatungsstellen zu fragen. Nur der Transport von befruchteten Salmoniden Eiern erfolgt routinemäßig ohne Wasser.

Transporte sollen mit kühlem Wasser erfolgen. Ist die Außentemperatur mehr als 10 °C höher oder deutlich niedriger als in der Fischzuchtanlage, sollten die Behälter isoliert sein. Ein hoher Sauerstoffgehalt im Transportwasser und in der Folge auch im Fischblut kann bei schnell steigender Temperatur zur Bildung von Mikroblasen im Blut der Fische führen, welche die sogenannte Gasblasenkrankheit verursachen (siehe auch Unterkpitel 3.19. Gassättigung).

Steigt die Temperatur im Transportwasser, steigt der Sauerstoffbedarf der Fische ebenfalls; aber das Sauerstoffaufnahmevermögen des Wassers sinkt. Die Fische geraten in Gefahr zu ersticken. Sinkt die Temperatur auf oder sogar leicht unter 0 °C, besteht die Gefahr einer Eisnadelbildung im Transportwasser. Die Eisnadeln verletzen Haut und Kiemen der Fische, so dass es noch längere Zeit nach Beendigung des Transportes zu erheblichen Ausfällen kommen kann.

Das Verhältnis von Wassermenge zu Fischmenge bei Transporten bis zu 10 Stunden ist folgender Tabelle zu entnehmen:

Art	Größe	Wasser	Fische
Forellen	klein	3/4 bis 7/8	1/4 bis 1/8
	groß	2/3 bis 4/5	1/3 bis 1/5
Karpfen	klein	1/2 bis 1/3	1/2 bis 2/3
	groß	1/3 bis 1/2	2/3 bis 1/2

Aale und Welse lassen sich in ähnlichen Besatzdichten wie Karpfen transportieren. Aale und Welse werden bei einigen Transporteuren statt mit Sauerstoff mit Luft versorgt, die über einen Siebboden ins Transportbecken gelangt, so dass die Luftversorgung über die gesamte Bodenfläche des Beckens erfolgt. Diese Methode wird für Aale deshalb gerne gewählt, weil diese dazu neigen, unter die Sauerstoffausströmer zu kriechen und sich mit den Ausströmerschläuchen zu verknäulen. Dabei können sie Befestigungen lösen und die Ausströmer mit ihren Körpern nach oben in Richtung der Wasseroberfläche drücken. Sie ersticken, weil die unten liegenden Tiere nicht mehr oder nicht ausreichend mit Sauerstoff versorgt werden können. Werden daher Sauerstoffausströmer eingesetzt, reicht es beim Transport von Aalen nicht, diese zu beschweren. Die Ausströmer müssen ganz besonders fest am Boden verankert sein oder in diesen eingelassen werden, um auf jeden Fall das Darunter kriechen der Aale zu verhindern.

Während des gesamten Transportes ist auf ausreichende Sauerstoffversorgung zu achten. Dies kann über motorgetriebene Kompressoren und Luft oder über reinen Sauerstoff aus Druckflaschen oder Flüssigsauerstoffbehältern erfolgen. Die gebräuchlichste Methode besteht darin, über poröse oder genadelte Schläuche, Kohle-, Bims- oder Keramikausströmer sowie gesinterte Metalle Sauerstoff in möglichst kleinen Blasen ins Wasser zu drücken.

Flexible Schläuche sind in der Regel preiswert und können lange verwendet werden, da sie recht wenig anfällig gegen Bruch oder andere Beschädigungen sind. Mehrfaches Einfrieren und wieder Auftauen vertragen sie allerdings schlecht. Sofern das Material genügend flexibel ist (nicht zu spröde, alte poröse Schläuche) öffnen die Perforationen (Löcher in den Schläuchen) erst, wenn ein ausreichend hoher Innendruck aufgebaut wird. Bei Unterbrechung der Sauerstoffzufuhr schließen sich die Poren und die Schläuche nehmen kein Wasser und keine Keime auf, so dass ein Verkeimen und in der Folge Verstopfen oder Beschädigen unwahrscheinlich ist. Scharfkantige Metallteile wie zum Beispiel Schlauchschellen können in die Ausströmerschläuche einschneiden und sie dadurch unbrauchbar machen. Scharfkantige Teile haben grundsätzlich aus Verletzungsgründen in Fischtransportbehältern nichts zu suchen. Treten vermehrt große Blasen aus den Schläuchen aus, sind die Schläuche umgehend zu ersetzen.

Starre Materialien setzen sich häufig nach einer gewissen Zeit in Folge des stetigen Gaseintrags von innen her mit Feinstaub zu und benötigen der Reinigung. Bei feuchter Lagerung verkeimen sie sehr leicht und fungieren als Bakteriensubstrat. Gegen mechanische Belastung sind sie recht empfindlich. Sie erfordern einen höheren Wartungsaufwand und sind anfälliger gegen Beschädigung durch Bruch, als Schläuche. Wegen dieser Eigenschaften sollten sie immer trocken und frostfrei gelagert werden. Ihr Vorteil ist, dass mit solchen Ausströmern deutlich kleinere Blasengrößen als mit den vorerwähnten Schläuchen erzielt werden können, wodurch die Effektivität der Sauerstoffausnutzung erheblich gesteigert wird. Werden starre Ausströmer verwendet sollte man in jedem Fall Ersatz bereithalten um im Bedarfsfall defekte Ausströmer reparieren oder austauschen zu können. Gesinterte Metalle sind gut und recht haltbar, aber sehr teuer.

Vor Beginn des Transportes ist die gesamte Ausrüstung aus was auch immer sie bestehen mag zu überprüfen und geeignete Ersatzteile sowie die für deren Einsatz benötigten Werkzeuge griffbereit im Transportfahrzeug unterzubringen. Prima Werkzeug im Betrieb nutzt nichts wenn man 200 km entfernt dringend einen Ausströmer richten muss.

Der Übergang von Sauerstoff ins Wasser kann nur an den Grenzflächen der Blasen mit dem Wasser erfolgen. Auch hier gilt: Je kleiner die Sauerstoffblase, desto besser/höher ist die Ausnutzung des eingesetzten Gases, da die Oberfläche im Verhältnis zum Volumen bei kleinen Körpern (Gasblase) größer ist als bei großen Körpern. Der Sauerstoffeintrag ins Wasser soll über eine möglichst große Fläche erfolgen, um eine gleichmäßige Sauerstoffkonzentration im Transportbehälter einzuhalten.

Lange Wege für die Gasblase vom Ausströmer zur Wasseroberfläche helfen wegen der längeren Kontaktzeit mit dem Umgebungswasser ebenfalls den Sauerstoffeintrag zu steigern, deshalb wird der Sauerstoff so tief wie möglich eingeblasen. Eine kleine Blase benötigt auf Grund des geringeren Auftriebs deutlich länger um an die Wasseroberfläche zu steigen als eine große Blase. Sie hat damit länger Zeit Sauerstoff an das umgebende Wasser abzugeben. Bei Einsatz von Luft ist der Tiefe des Eintrags wegen der Gefahr der Gasübersättigung Grenzen gesetzt. Im Rahmen von „normalen“ Transporten ist diese Gefahr aber zu vernachlässigen da diese Transportbehälter selten höher als 1,5 m sind.

Auch wenn heftige Blasenbewegungen an der Wasseroberfläche darauf hindeuten, dass genügend Sauerstoff vorhanden ist, sollte man sich im Klaren darüber sein, das derartige Sauerstoffblasen nicht mehr der Versorgung der Fische dienen können. Sie sind für den Zweck, die im Becken befindlichen Fische mit Sauerstoff zu versorgen, verloren, sie verbessern nur die Umgebungsluft.

Als Ergänzung zur Sauerstoffversorgung über Bodenausströmer und ein Ausgasen von Kohlendioxid sind ein Umpumpen des Transportwassers und ein Versprühen auf die Wasseroberfläche möglich. Werden wenige Fische transportiert, genügt es, zur Sauerstoffversorgung nur das Wasser umzupumpen. Durch das Versprühen von Wasser auf die Oberfläche des Transportwassers wird Sauerstoff eingetragen und eine übermäßige Schaumbildung verhindert; außerdem wird Kohlendioxid ausgegast.

Merke:
Bei einem Blasendurchmesser von 0,1 mm beträgt die Oberfläche aller in einem Liter Gas enthaltenen Blasen 60 m², bei 1 mm Blasendurchmesser noch 6 m² pro Liter und bei 5 mm nur noch 1,2 m².

Transportbehälter mit großer Schleuse zum Lebendtransport großer Fische. Foto: E. Fritschi

Armaturen für die Mengenmessung des Sauerstoffdurchflusses. Foto: E. Fritschi

Transporteure, die sehr lange Strecken von mehreren Tagen fahren, kombinieren manchmal mit gutem Erfolg Sauerstoffbegasung und Umpumpen. Unter Umständen wird eine zusätzliche Ammoniumentfernung mit Hilfe von Clinoptoliten eingesetzt. Clinoptolite sind natürlich vorkommende Minerale die in der Lage sind Ammonium aus dem Wasser zu filtern. Sind sie mit Ammonium aufgefüllt, können sie mit Natriumchlorid zurückgespült werden und sind wieder verwendbar. Sie werden auch Ceolit-Filter genannt.

Grundsätzlich darf aus einem Transportbehälter während des Transports nichts nach außen dringen, außer dem eingetragenen und nicht genutzten Sauerstoff. Schleim oder Schaum die auf ein nachfolgendes Fahrzeug sprühen, können zu Schadensersatzansprüchen führen. Auch Polizisten sind da meist recht eigen. Wenn kein Bußgeld verhängt wird, steht zumindest eine zeitaufwändige, genaue Inspektion des Fahrzeugs mit Prüfung der Papiere und des Gewichts bevor. Die Zugabe von etwas Milch (1/8 l auf 2 m³ Wasser) zum Transportwasser verringert die Schaumbildung. Kochsalz in einer Zugabe von 0,5 % im Transportwasser mindert den Stress der Tiere, stärkt die Kondition, verringert die Schleimabsonderung und bewirkt eine feinere Verteilung der Sauerstoffbläschen. Besonders Zander sind dankbar für eine derartige Zugabe (*Bohl, 1999*).

Sauerstoff wird normalerweise in Druckflaschen mit bis zu 300 bar gelagert, oder flüssig in einem Vakuumtank. In beiden Fällen muss der Druck des Sauerstoffgases, das zu den Fischen gelangt, geregelt werden. Normalerweise wird eine Armatur verwendet deren erstes Manometer über den angezeigten Druck Rückschlüsse zum Füllstand in der Flasche oder dem Tank zulässt. Das zweite Manometer gibt den Druck des in den Ausströmer gelangenden Gases wieder. Der Druck dieses Manometers ist regelbar. Er sollte aus Sicherheitsgründen etwa doppelt so hoch gewählt werden wie der zu erwartende Gegendruck des verwendeten Ausströmers (Druck der erforderlich ist die Poren des Ausströmers zu öffnen) plus Widerstand der Wassersäule. Die Einstellung der benötigten Sauerstoffgasmenge erfolgt über eine Mengenmesseinrichtung, die die momentan fließende Sauerstoffmenge über einen Durchflussmesser anzeigt.

Ist eine derartige Einrichtung nicht vorhanden, wird die Durchflussmenge wie folgt eingestellt: Die Mengenregulierschraube (Absperrhahn) an der Sauerstoffarmatur wird bei geschlossenem Hauptventil der Sauerstoffflasche geöffnet. Die Druckreduzierung wird ebenfalls ganz geöffnet. Deren Gewinde wird „falsch herum“ geöffnet und geschlossen. Drehung nach rechts, im Uhrzeigersinn, erhöht den Druck, Drehung nach links, gegen den Uhrzeigersinn, erniedrigt den Druck. Sind alle Ventile geöffnet, Hauptventil (an Flasche) und Mengenregelventil oder Absperrhahn, und ist der Druckregler nahe Null, wird der Druck langsam durch Betätigung der Druckregulierung erhöht. Der nötige Druck, bis aus dem Ausströmer Sauerstoff ins Wasser perlt, ist abhängig vom Typ (Material) des Ausströmers und dem Wasserstand.

Sind die ersten Sauerstoffperlen im Wasser zu sehen, wird der Druck noch einmal sehr langsam erhöht, um die für die zu transportierenden Fische richtige Menge einzustellen. Sehr langsam bedeutet: mehrere Minuten Pause nach jeder neuen Einstellung, da die porösen Schläuche Zeit benötigen, sich auf die veränderten Druck- und Mengenverhältnisse einzustellen. Die Einstellung der ausströmenden Sauerstoffmenge erfolgt, bevor die Fische eingeladen werden, da man nur so die Gleichmäßigkeit des Sauerstoffaustritts, die Menge und die Blasengröße beurteilen kann.

Defekte Ausströmer werden sofort ausgetauscht. Daher sollte man immer Werkzeug (Schraubendreher, Schraubenschlüssel, Bindedraht, Zange, Messer usw.) Ersatzschläuche (Ausströmer), Ersatzmanometer mit Druckreduzierung und Schlauchschellen mitführen, damit man sich im Notfall helfen kann.

Nach dem Laden der Fische ist wegen des durch die Zuladung im Behälter gestiegenen Wasserstandes das Blasenbild der Ausströmer erneut zu kontrollieren, da der Gegendruck des höheren Wasserstandes die Blasenbildung beeinflusst.

Nach etwa einer halben Stunde Transportdauer sollte man anhalten und kontrollieren, ob alle technischen Einrichtungen funktionieren und die Fische wohlauf sind. Da der tatsächliche Sauerstoffgehalt durch reine Inaugenscheinnahme von den Wenigsten sicher festgestellt werden kann, ist spätesten hier der Einsatz eines Sauerstoffmessgerätes anzuraten. Dieses ist selbstverständlich vorher auf Funktion, Füllstand der Batterien geprüft und auch geeicht. Werden Änderungen der Sauerstoff Durchflussmenge vorgenommen, muss man lange genug warten, um festzustellen, ob noch ausreichend Sauerstoff fließt. Häufiges Verstellen der Durchflussmenge, ohne abzuwarten, bis sich der Druck im Ausströmer auf die veränderten Verhältnisse eingestellt hat, führt leicht zu bösen Überraschungen beim nächsten Kontrollieren. Entweder der Sauerstoff ist wegen zu hoher Durchflussmengen verbraucht, die Kiemen der Fische sind verätzt, oder wenige überlebende Fische schnappen noch verzweifelt nach Sauerstoff. Egal ob zu viel oder zu wenig Sauerstoff, die Fische leiden und haben noch in den folgenden Tagen oder sogar Wochen mit den Folgen zu kämpfen sofern sie am Ende des Transports nicht bereits tot sind.

Bei längeren Transporten muss alle paar Stunden nach den Fischen gesehen werden, selbst, wenn vom Führerhaus des Lkw´s aus ablesbare Durchflussmesser den gleichmäßigen Fluss von Sauerstoff sicherstellen. Insbesondere schlechte Wegstrecken mit Kopfsteinpflaster oder Schlaglöchern oder auch unbefestigte Feldwege können ein Verstellen der Armaturen bewirken. Es kann immer mal ein Schlauch platzen, eine Schweißnaht reißen oder eine Schlauchschelle sich lösen, so dass zwar Sauerstoff fließt, aber nicht fein verteilt über den Ausströmer, sondern grobblasig durchs Wasser blubbert und damit durch die geringere Effektivität fast nutzlos für die Fische verströmt. Im Führerhaus angebrachte Ventile mit Durchflussmesser erleichtern zwar das Ablesen, erhöhen aber im Fall von Undichtigkeit, vor allem für Raucher, das Risiko, sich mit dem plötzliche Selbstentzünden von Gegenständen im fahrenden LKW auseinandersetzen zu müssen.

Geht der Transport über lange Strecken und mehrere Tage, ist in jedem Fall mehrfach das Transportwasser zu wechseln. Dabei muss vor Anritt der Fahrt auf die Verfügbarkeit von chlorfreiem Wasser ohne Krankheitserreger und Schadstoffe geachtet werden. Ebenso muss die Möglichkeit bestehen, das „verbrauchte“ Transportwasser schadensfrei und vor allem legal den jeweiligen Hygiene- und Seuchenverordnungen folgend loszuwerden. Die für die jeweiligen Länder gültigen Gesetze und Verordnungen für das Ablassen und Aufnehmen von Transportwasser sind einzuhalten. Verhängte Strafen sind zum Teil erheblich. Auch können Regressforderungen für das Einleiten von Wasser mit Viren, Bakterien oder Parasiten in Gewässer, Teiche oder Anlagen sehr teuer, aber in jedem Fall ärgerlich sein. Eine genaue und realistische Routenplanung mit der Auflistung der Möglichkeiten Wasser zu wechseln und vorgeschriebene Pausen einhalten zu können muss vor Antritt der Fahrt vorliegen und dem Fahrer nach Besprechung der Route übergeben werden, zusammen mit einem Plan B, falls die vorgesehene Route aus welchen Gründen auch immer nicht befahren werden kann oder sollte.

Zu viel Sauerstoff kann ebenso wie zu wenig die Fische schädigen. Zu viel Sauerstoff verursacht Verätzungen auf den Kiemenblättchen und greift die Schleimhaut an, so dass als Folge Schleimfäden im Transportwasser und dunkel verfärbte Kiemen auftreten. Werden Fische mit zu viel Sauerstoff transportiert, können nach dem Umsetzen in Wasser mit „normalem“ Sauerstoffgehalt Verluste auftreten. Die Fische springen und schießen umher. Nach kurzer Zeit treten dann Atemnot und Atemstillstand ein.

Sauerstoff darf unter keinen Umständen mit Ölen oder Fetten in Berührung kommen, da es durch Bildung explosiver Peroxide zur Selbstentzündung kommen kann. Ebenso ist darauf zu achten, dass Sauerstoffflaschen gegen Umfallen oder Beschädigungen der Ventile gesichert transportiert und aufbewahrt werden. In vollen Flaschen herrscht ein Druck von immerhin 150-300 bar was 1.500-3.000 m Wassersäule entspricht. Der Schaden, den eine mit 200 bar angetriebene, frei umher schießende Druckflasche mit abgerissenem Kopf verursachen kann, ist erstaunlich, sehr beeindruckend und sofern man es überlebt auf Dauer einprägsam.

Ungesicherte Sauerstoffflaschen (links) und feinperliger Ausströmer (rechts). Fotos: E. Fritschi

Tragekübel aus Kunststoff mit eingegossenem Griffrand aus Aluminium. Foto: E. Fritschi

Flüssiger Sauerstoff wird in isolierten Vakuumtanks gelagert. Da aus diesen ständig eine bestimmte Sauerstoffmenge verdampft – je nach Größe, Bauart und Wartungszustand täglich im Schnitt ca. 0,5 % der Lagermenge – muss mindestens diese Gasmenge ständig entnommen und genutzt oder gefahrlos abgeleitet werden. Die Größe des zu erwerbenden oder zu leihenden Tanks sollte derart angepasst werden, dass zumindest die anfallende Verdunstungsmenge ständig entnommen werden kann, ohne dass teuer gekaufter Sauerstoff in die Luft geblasen werden muss.

„Verlustfreie" Lagerung oder Bevorratung von Sauerstoff erfolgt als Gas in Druckflaschen. Mehrere Flaschen lassen sich zu Flaschenbündeln zusammenfassen, wobei alle Flaschen miteinander durch Rohrleitungen verbunden sind.

> Faustformel: Flaschenvolumen x Gasdruck = Gasvolumen
> Eine Flasche mit 50 l enthält bei 200 bar 10 m³ = ca. 14 kg O_2
> Eine Flasche mit 50 l enthält bei 300 bar 15 m³ = ca. 21 kg O_2

Nach dem Transport und vor dem Umsetzen in wärmeres oder kälteres Wasser muss eine sorgfältige Temperaturanpassung der Fische erfolgen, damit schädigende Temperatursprünge nach oben oder unten vermieden werden. Fachgerecht transportierte Fische beginnen bereits 3-4 Stunden nach dem Umsetzen in Becken oder Teiche zu fressen.

Beim Transport lebender Fische ist die Tierschutztransportverordnung zu beachten. Nur autorisierte Personen dürfen in Deutschland lebende Fische transportieren. Transporte lebender Fische, ganz besonders „überregionale" Transporte sind bei der Veterinärbehörde anmeldepflichtig. Der Transport muss am Fahrzeug sichtbar als Transport lebender Fische gekennzeichnet sein, z. B. ein Aufkleber hinten am Transportbehälter mit dem Wortlaut „Lebende Fische".

Erst wenn alle notwendigen Papiere beisammen sind, z. B. Gesundheitszeugnis, Grenzübergangspapiere, falls erforderlich CITES Exportgenehmigung (vor allem für Störe und Arapaima) und Fahrzeugpapiere und diese dem Fahrer mit den zum Verbleib an Kontrollstellen vorgesehenen Kopien ausgehändigt wurden, kann bzw. darf der LKW starten. Polizei-, Zoll-, Grenz- und Veterinärbehörden können bei fehlenden oder nicht den Richtlinien entsprechenden Papieren ausgesprochen zeitintensiv und unangenehm handeln.

Als Hilfsmittel zum Fangen der Tiere vor, während und nach dem Fischtransport dienen Kescher. Deren Maschenweite und die Garnstärke richten sich nach der Fischspezies und -größe. Auf keinen Fall dürfen Fische mit Kopf oder Kiemen in zu groß gewählten Maschen oder Löchern schadhafter Netze steckenbleiben. Im Zweifel immer die kleinere Maschengröße wählen, da nur so Schuppen- und Flossenschäden auf ein Mindestmaß reduziert werden können. Löcher und

Beschädigungen der Keschernetze werden sofort bei Auftreten beseitigt/ repariert. Die gern und häufig gewählte Methode mit Bindfaden oder Kabelbinder die Löcher zuzuziehen und zu verknoten ist allerdings kein Reparieren. Vor allem Aale finden jedes noch so kleine Loch und versuchen durch dieses aus dem Kescher zu entkommen. Kleine Löcher werden sehr schnell zu größeren, besonders beim Keschern von Stören und Karpfen. Die Reparatur wird aufwändig oder unmöglich, so dass ein neues Netz beschafft und an den Kescher montiert (angeschlagen) werden muss. Als Faustregel gilt: Fischlänge in cm = Maschenweite in mm.

Folgende Tabelle kann Richtwerte für die Netzauswahl liefern (Nm = g/m):

Fischgröße	Garnstärke	Maschenweite
Satzfische klein	Nm 20/15	5-10 mm
Satzfische groß	Nm 20/20	10-15 mm
Speisefische klein	Nm 20/24	15-20 mm
Speisefische groß	Nm 20/28	20-25 mm

Der interne Transport geringer Mengen Fische beim Be- und Entladen eines externen Transporters sowie beim Umsetzen innerhalb des Betriebes erfolgt möglichst in Tragekübeln mit eingegossenem Metallring, da normale Griffe mit der Zeit abbrechen und Kübel ohne Griff nicht mehr zum Tragen zu gebrauchen sind. Eimer zum Schöpfen von Wasser können sehr hilfreich sein, ebenso Eimer mit Deckel oder verschließbare Kühlboxen, um nach langen Transporten einzelne tote Fische aus den Behältern zu entfernen und dort sicher bis zur fachgerechten Entsorgung im Betrieb zwischenzulagern. Dies ist für die Erhaltung einer ausreichenden Qualität des Transportwassers wichtig. Die Entsorgung von Fischkadavern in auf Autobahnraststätten aufgestellten Müllbehältern ist unzulässig und wird geahndet. Wer schon mal einen 2-3 Tage toten Fisch, der möglichst noch in der Sonne lag, gerochen hat, kann nachvollziehen warum die Entsorgung der Tiere auf diese Art und Weise auch von sonst unbeteiligten Personen nicht toleriert wird.

Für den internen Transport lassen sich große Mengen Fische innerhalb von Anlagen auch mit Hilfe einer Hebevorrichtung, eines Aufzugs, einer Vakuumanlage, einer Fischpumpe oder einer Förderschnecke transportieren. Der Anschluss einer Rohrleitung mit passendem Querschnitt sowie einer Wiege- und/oder Zähleinrichtung ermöglichen das Abfischen, Umsetzen und Wiegen großer Fischmengen, ohne die Tiere mehrfach keschern oder selbst tragen zu müssen. Der gesamte Abfisch- und Transportvorgang ist in diesem Fall bei richtiger Ausführung der technischen Einrichtungen für die Fische mit weniger Stress und für den Fischer mit weniger körperlicher Anstrengung verbunden. Pro Zeiteinheit können bei Einsatz der passenden Hilfsmittel auch deutlich größere Fischmengen erfolgreich umgesetzt werden.

Behälter mit Hubwagen und Waage für den innerberieblichen Transport. Foto: P. Steinbach

Kopfstück einer Rohrleitung zum Abladen von Fischen über Rutsche vom LKW. Foto: P. Steinbach

Förderschnecke zur Beschickung einer Sortiermaschine. Foto: P. Steinbach

Zähleinrichtung (links) und Transportrutsche (rechts) nach der Sortierung. Fotos: P. Steinbach

Empfindliche Tiere wie junge und kleine Fische, sowie rauschuppige Arten wie z. B. Barsch oder Zander werden grundsätzlich mit Wasser gewogen und transportiert. Aale sowie Schleien, Welse, Störe oder Karpfen mit recht glatter Haut wurden früher ohne Wasser gewogen und zu den Fahrzeugen getragen. Nie sollten beim Abfischen die Kescher zu voll gemacht oder die Kübel zu stark gefüllt werden, da Schäden an Haut und Schwimmblase auftreten können. Fische sollen so kurz und so wenig wie möglich mit Keschern und Tragewannen in Berührung kommen. Wo möglich, werden die Fische mit Wasser über Rinnen, Schlauch- oder Rohrleitungen in genügender Weite von einem Ort zum anderen transportiert. Fischbrut lässt sich sehr gut mit einem Saugschlauch aus Behältern entfernen. Bei dieser Methode treten die geringsten Schäden an der Brut auf.

Auch wenn es schneller geht, da nicht jedes Mal die Tara neu eingestellt werden muss, sollten Fische, die nicht umgehend geschlachtet werden sollen, nicht trocken (ohne Wasser) gewogen werden. Stressarm abgeladene Tiere gewöhnen sich besser (verlustarm bis verlustfrei) an ihre neue Umgebung und beginnen bald zu fressen. Lieferanten, die beim Abladen und Wiegen Hektik und Hetze verbreiten, um unbemerkt den Fuß auf der Waage haben zu können oder einen leichten Tragekübel zur Ermittlung der Tara einzusetzen um später mit einem schwereren weiter zu wiegen, sollte man von der Liste der bevorzugten Lieferanten streichen.

Das Bereitstellen von Fischen für einen externen Transport sollte in jedem Fall mindesten einen Tag vorher stattfinden. Die Tiere werden dazu in einem separaten Verkaufs- oder Hälterbecken gesammelt und können sich dort bereits ein wenig vom innerbetrieblichen Sortieren, Umsetzen und Hin- und Herkarren erholen. Das Beladen des Transportfahrzeugs geht auch schneller, da die Tiere bereits gesammelt sind und auf kürzestem Weg verladen werden können.

Ein Fischtransport ist die Visitenkarte des durchführenden Betriebes. Zweckmäßige, gepflegte Ausrüstung, die an festen Plätzen vor und nach Benutzung untergebracht wird, nicht irgendwo auf der Ladefläche des LKW´s umherliegt und bei Bedarf unter allen möglichen auch noch vorhandenen Utensilien ausgegraben werden muss, erhöht das Vertrauen des Kunden in die Kompetenz der Transportdurchführung. Es gibt professionelle Transportunternehmen, die spezielle Fahrzeuge, geschulte Fahrer und ungeheure Erfahrung besitzen. Bei ihnen sind Transporte, vor allem von wertvollen Setzlingen oder anderen Fischen, in sicheren Händen. Im Falle eines Unfalls sind die Tiere versichert. Die Unternehmen haben feste Stationen in denen Wasser gewechselt werden kann und/oder Fahrzeuge, Behälter und Zubehör desinfiziert werden. Viele dieser Unternehmen besitzen mehrere Fahrzeuge, so dass die Fahrzeug- und Behältergröße an den zu transportierenden Fischbestand und die zu bewältigende Entfernung angepasst werden kann.

Ein Transport von Fischen zum Kunden sollte nie nach dem Grundsatz erfolgen: Es ist abgeladen, der Kunde hat nicht gemeckert, nichts wie weg, nach mir die Sintflut. Der Ruf eines Lieferanten kann sehr schnell nur schlecht zu reparierenden Schaden nehmen, wenn die Tiere auf dem Transport Schäden erleiden und der Kunde sehr lange benötigt diese Tiere wieder aufzupäppeln.

Erhält man selbst Fische von außerhalb, sollte man sich nicht zu sehr darauf verlassen, dass der Lieferant dieselbe Sorgfalt walten lässt wie man selbst es zu tun gewohnt ist. Sind die Tiere erst mal in der Anlage sind Reklamationen sehr schwer zu belegen und durchzusetzen. Hat man die Möglichkeit, sollte man vor oder sogar beim Beladen die Tiere inspizieren und wertvolle Fische auch kennzeichnen. Ist dieses nicht möglich, muss in jedem Fall vom Lieferanten ein amtstierärztliches Gesundheitszeugnis vorgelegt werden. Vor dem Abladen in jedem Fall Temperatur, pH und Sauerstoff in den Behältern messen und die ermittelten Werte schriftlich festhalten. Vor allem nach langen Transporten ist ein Schnelltest für Ammonium und Nitrit anzuraten.

Auffälligkeiten sollten protokolliert werden, als da sind: übermäßige Schaumbildung, ungewöhnlich viel tote Fische, auch solche die offensichtlich schon vor Beginn des Transporten gestorben waren, schlechter Allgemeinzustand der Fische z. B. Flossenschäden, abnormes Verhalten, auffällige Hell/Dunkelfärbung, Glotzaugen, usw., nicht dem Lieferschein entsprechende Größen, als Zugabe andere Fischarten als bestellt wie z. B. Stichlinge, Kaulbarsche oder Blaubandbärblinge, aber auch Schnecken, Egel, Karpfenläuse und andere Parasiten.

Ein Foto kann manchmal mehr aussagen als ein geschriebener Text. Fachkundige Personen (Fischwirt, Tierarzt) sind im Zweifel hinzuzuziehen; auf jeden Fall immer wenn Schäden oder Beanstandungen deutlich werden. Es kann auch sinnvoll sein vor dem Abladen eine Wasserprobe an den zuständigen Fischgesundheitsdienst oder eine andere zuständige Behörde oder Einrichtung (z. B. Universität, Hochschule) weiterzuleiten. Wird der Transport von Fremdfirmen durchgeführt, können Aufzeichnungen für Versender und Empfänger gleichermaßen wichtig sein oder unter Umständen werden. Es sollte immer, wenn möglich von einer neutralen Person, protokolliert werden, was in welchem Zustand unter welchen Bedingungen (der Zustand von LKW, Transportbehälter, Zubehör, Sauerstoffversorgung) transportiert wurde. Abzeichnen bzw. Unterzeichnen dieses Protokolls durch den Fahrer wäre wünschenswert, ist aber nicht immer durchsetzbar.

Professioneller Lastkraftwagen für den Lebendfischtransport. Foto: E. Fritschi

Auseinandergewachsener Störbestand der einer Sortierung bedarf. Foto: E. Fritschi

10.2. Sortieren

Ein Fisch ist ein Wirbeltier das zeitlebens wächst, im höheren Alter allerdings deutlich langsamer. Für die Aquakultur ist der Bereich interessant in welchem die Tiere gut und schnell wachsen, also in der Jugend. Um das vorhandene Wachstumspotential optimal nutzen zu können müssen die Fische in der Lage sein genügend Futter zu erhalten und eine Umwelt geboten zu bekommen die ihnen ermöglicht entsprechend ihrem Potential zu wachsen. Dabei wachsen sie zum Teil recht unterschiedlich schnell, wobei die stärkeren Tiere recht bald die schwächeren durch soziale Unterdrückung an ihrer optimalen Entwicklung hindern.

Fische sind ferner – anders als warmblütige Nutztiere – bisher relativ wenig züchterisch bearbeitet worden. Oft konnte, außer vielleicht bei Forellen und Karpfen, nur die Anzahl vermehrt werden, nicht aber nützlichen Eigenschaften gezielt gefördert werden. Bei manchen Arten wie z. B. bei Aalen besteht sogar eine völlige Abhängigkeit von Wildfängen. Gezielte Zucht und Selektion auf bestimmte Merkmale mit Herdbüchern und Herkunftsnachweisen wie bei der Zucht von Landtieren seit Jahrhunderten üblich, findet – außer bei Lachsen und Karpfen – erst zögerlich Eingang in die Fischzucht. Als Folge davon wachsen selbst gleichaltrige Vollgeschwister unter gleichen Bedingungen sehr unterschiedlich. Die Gründe liegen in der genetischen Variabilität. Diese lässt die Tiere sehr unterschiedlich auf Besatzdichten, Wasserparameter, Fütterung, Parasiten, Stress und Haltungsbedingungen reagieren.

Da etwa gleich große Fische am besten wachsen und in einem derartigen Falle alle dieselbe Futtergröße erhalten können, müssen die Tiere sobald sie auseinander gewachsen sind in die passenden Größengruppen sortiert werden. Verzichtet man darauf, neigen große Tiere dazu die kleineren vom Futter abzudrängen, so dass diese nach einer Weile nichts oder fast nichts zu fressen bekommen und im Zuwachs noch weiter abfallen.

Nach der Sortierung ist es oft erstaunlich wie schnell sogenannten „Kümmerer“ nachwachsen können. Wartet man zu lange mit der fälligen Sortierung, sind durch das Hungern der betroffenen Fische und die permanente soziale Unterdrückung bereits Schäden aufgetreten, die ein Erholen dieser Tiere unmöglich macht. Solche Fische leben unter Umständen noch recht lange, wachsen nie mehr und sind derart geschwächt willkommene Brutstätten für alle etwaig im Wasser vorkommenden Bakterien und Parasiten. Von diesen Kümmerern ausgehend verbreiten sie sich dann leicht auf den restlichen Bestand. Um die Gefahr die von diesen Tieren ausgehen kann zu minimieren, sind solche Fische, die nicht fressen und nicht wachsen im Rahmen passender Sortierungen aus den Bestand zu entfernen und auszumerzen.

Sortiertisch für größere Fische. Foto: E. Fritschi

Sortierwiege mit austauschbaren Rosten. Foto: P. Steinbach

Der passende Zeitpunkt für das Sortieren richtet sich nach der Entwicklung bzw. Größendifferenz der Fische. Üblich ist das Sortieren nach Größe, Geschlecht oder bei Zierfischen auch nach Farbe oder bei bestimmten Kunden nach deren eigenen Vorstellungen. Das Sortieren der Fische erfolgt entweder auf Sortiertischen, in Sortierkästen oder über Sortiermaschinen.

Ein Sortiertisch besteht aus einer Platte aus Metall, Holz, Kunststoff oder mit Kunststofffolien abgedecktem, anderem Material, so dass sich die Fische auf der Tischfläche nicht verletzen können. Die Platte besitzt einen Rand von 10-15 cm Höhe um ein unerwünschtes Herabfallen der Tiere zu vermeiden. In dem Rand sind mehrere Ausschnitte angebracht unter die mit Wasser gefüllte Behälter gestellt werden, in welche die zu sortierten Fische je nach Größe geschoben werden. Die Fische werden zu Beispiel mit einem Kescher auf den Tisch gebracht und dort von mehreren Helfern in die verschiedenen Behälter sortiert.

Sortierkästen gibt es mit verstellbarem Rostabstand oder mit starren Rosten, die je nach zu sortierender Fischgröße ausgewechselt werden müssen. Hierbei erfolgt eine Sortierung in zwei Größen: die kleinen Fische gelangen durch die Roste, und die größeren Fische, die nicht durch die Roste passen, werden in ein daneben stehendes zweites Becken entleert.

Man kann schwimmend und trocken sortieren. Beim trockenen Sortieren im Sortierkasten fallen die Fische durch den Rost in einen darunter stehenden Behälter. Beim schwimmenden Sortieren in einer Sortierwiege, die behutsam im Wasser auf- und ab bewegt wird, entfliehen die kleinen Fische der Enge oberhalb des Rostes und entkommen in den darunter liegenden ruhigeren Teil. Die nicht durch den Rost passenden größeren Fische werden über den Rand in ein anderes Becken gehoben.

Die Sortierkästen und -wiegen dürfen nicht zu stark gefüllt werden, da sonst die Fische übereinander liegen und die kleinen nicht an den großen vorbei durch die Roste gelangen können. Wird mit festen Rosten gearbeitet können sich Fische der Zwischengrößen feststecken und derart beim mühseligen „herauspulen“ und dem damit verbundenen Stress Schaden nehmen. Sortierkästen die eine einfache und schnell zu bedienenden Vergrößerung und anschließender erneuter Arretierung der Gitterabstände ermögliche sind für diese Arbeiten vorzuziehen.

In Fließkanälen besteht die Möglichkeit, Trennroste mit Stababständen einzusetzen, die nur kleinen Fischen erlauben durchzuschwimmen. Wird nach dem Einsetzen der Roste auf der Seite gefüttert auf der sich keine Fische befinden, lassen sich die kleinen Tiere auf diese Seite locken. Um genau dem Bestand angepasst füttern zu können sind allerdings mindestens die kleinen Tiere abzufangen, zu zählen und zu wiegen. Auf der Seite der verbleibenden großen Tiere wird nur eine Probeverwiegung gemacht. Anschließend kann auf den gesamten Bestand rückgeschlossen und passend gefüttert werden. Einen ähnlichen Sortiereffekt erzielt man indem man den Bestand mit Hilfe von Rosten mit definiertem Abstand einengt. Die kleineren Tiere schwimmen dann um der Enge zu entkommen in den freien Raum. Insgesamt ist diese Methode eine der schonendsten.

Aale können theoretisch mit Netzen sortiert werden. Ein 3 mm Netz hält Aale von mehr als 1 g zurück, 5 mm mehr als 5 g, 8 mm mehr als 10 g, 10 mm mehr als 17 g, 12 mm mehr als 27 g. Größere Aale sortiert man über Roste. In der Praxis hat sich das Netz-Verfahren nicht durchsetzen können, da Aale sich in den Maschen verknäulen sie „Weben". Die Tiere müssen mühsam aus den Maschen gepuhlt werden bevor man weitermachen kann. Verluste sind unausweichlich. Aale bis 1 Gramm können mit Edelstahl-Siebkörben sortiert werden. Speziell für Aale entwickelte Sortiermaschinen haben den Vorteil die Verluste durch den Sortiervorgang zu minimieren da diese Einrichtungen sehr schnell und effektiv arbeiten. Die hohen Preise derartiger Anlagen amortisieren sich daher schnell.

Zur Lösung der Sortierproblematik sind eine Vielzahl von unterschiedlichsten Maschinen zum Teil mit Wiegeeinrichtungen, Zählwerken und Längenmessungen entwickelt worden. Wer sich mit dem Erwerb einer solchen Anlage befasst, sollte eine oder mehrere Messen zu diesem Thema besuchen und sich gezielt beraten lassen. Derartige Messen finden in zahlreichen Ländern statt, vor allem im Mittelmeerraum, aber auch in Deutschland. Recht hilfreich ist es auch jemanden zu finden der eine derartige Maschine im Einsatz hat und bereit ist einem den Einsatz zu zeigen und auch über eventuelle Schwachpunkte zu reden. Heute übliche Sortiermaschinen haben gemeinsam, das natürliche Verhalten der unterschiedlichen Fischarten in das Verfahren einzubeziehen. Zum Beispiel das von Aale die auf feuchtem Untergrund kriechen um sich fortzubewegen oder das von Steinbutts deren ruhiges Liegen Wiegevorgänge sehr erleichtert.

Zur Feststellung der richtigen Einstellung von Rosten oder Maschinen ist eine Probesortierung mit einer ausreichenden Stückzahl Tiere durchzuführen. Nur so findet man die der Fischart und dem Korpulenzfaktor angepassten Sortiereinstellungen der jeweiligen Maschine. Grundsätzlich sollte immer dann sortiert werden, wenn mindestens 25 % des Fischbestandes in der Größe deutlich vom Durchschnitt zu unterscheiden sind.

Der Korpulenzfaktor ist definiert als das Verhältnis von Gewicht zu Länge eines Fisches. Er errechnet sich nach folgender Formel:

$$K \text{ (Korpulenzfaktor)} = \frac{100 \times G \text{ (Körpergewicht in g)}}{L^3 \text{ (Gesamtlänge in cm)}}$$

Vor allem Zander, Hechte, Barrmundi und Hausen (Störart) sind im Brutstadium in der Phase der Anfütterung äußerst kannibalisch. Sie fressen sehr schnell kleinere Geschwister oder versuchen es zumindest. Dabei bleibt der kleinere Fisch in der Regel im Maul des Größeren stecken, so dass letztendlich beide sterben. Diese Form des „Selbstsortierens" ist äußerst kostenintensiv. Mindestens die Hälfte der eingesetzten Fische verschwindet im Rachen der Großen. Die einzigen Methoden, die gegen dieses Verhalten helfen, bestehen in häufigem Herausfangen und separater Haltung der Vorwüchser sowie Anbieten von Futter über den Bedarf hinaus und Schaffung optimaler Umweltbedingungen für die Tiere durch peinlichste Sauberkeit im Fischbecken. Häufiges Füttern über den Bedarf hinaus verursacht sehr viel Schmutz im Becken. Um optimale Umweltbedingungen für die Fische zu bekommen und zu halten ist mehrmals täglich vorsichtiges, für die Fische stressfreies Säubern unabdingbar.

Stressvermeidung oder mindestens -einschränkung ist oberstes Gebot beim Sortieren. Mindestens 18 Stunden – bei Brut und sehr kleinen Setzlingen entsprechend weniger – vor der Sortierung darf kein Futter verabreicht werden. Kescher und Netze müssen in der passenden Größe und Ausführung bereitstehen. Der Aufenthalt der Fische außerhalb des genügend belüfteten Wassers sollte so kurz wie möglich sein. Nie Fische aus dem Kescher wie Kartoffeln oder Steine in trockene Behälter schütten. Zum Anfassen und Festhalten der Fische nie Handschuhe mit rauen Oberflächen verwenden. Vor allem Störe nicht zu sehr beim Herausheben biegen, da deren Knorpelskelett deutlich weniger Druck „verträgt" als das von anderen Knochenfischen. Zügig arbeiten, bei Pausen alle Behälter entleeren, um den Aufenthalt der Fische darin nicht unnötig zu verlängern. Fische beim Sortieren immer im Auge behalten.

Nach dem Sortieren müssen die Bestände besonders gründlich beobachtet werden, um durch den Sortiervorgang entstandene Schäden rechtzeitig zu erkennen und zu beheben. Frisch transportierte, umgesetzte oder sortierte Fische sind durch den vorhergegangenen Stress und nicht vermeidbare Schäden an der Schleimhaut besonders anfällig; sie benötigen daher immer mehrere Tage besondere Aufmerksamkeit.

Merke:
Zur Sortierung von größeren Fischmengen stehen Maschinen am Markt zur Verfügung, die Stundenleistungen von bis zu 10 t haben. Diese Maschinen lassen sich auf die zu sortierenden Fischarten und -größen einstellen.

10.3. Hältern

Hältern stellt eine Zwischenphase dar, z. B. zwischen Produktion und Verkauf, Produktion und Transport, Produktion und Schlachten, zwischen Produktion und Kaviargewinnung oder auch zwischen Produktion und Vermehrung.

Während der Hälterung werden Fische grundsätzlich nicht gefüttert, weshalb in der Hälterung Gewicht verloren wird. Aus diesem Grund wird die Hälterzeit so kurz wie möglich gewählt. Hältern wird grundsätzlich mit klarem, sauberem, kühlem und geschmacklich neutralem Wasser durchgeführt.

Hältern erfüllt wichtige Funktionen: Zum einen ist es das Nüchtern der Fische vor einer Kaviargewinnung, einer Vermehrung oder dem Verkauf. Es ermöglicht aber auch eine Vorratshaltung um ständig verkaufsfähige Fische zur Hand zu haben. Ein wichtiger Aspekt der Hälterung ist das Ausschwemmen unerwünschter Geschmacksbeeinträchtigungen wie etwa Geosmin oder Isoborneol den wichtigsten Ursachen des „Moselns“, einem unerwünschten modrigen, erdigen schlammigen Beigeschmack.

Stress ist in der Hälterung soweit als möglich zu vermeiden, da gestresste Fische schlechte Fleischqualität aufweisen, anfällig für Krankheiten werden, einen erhöhten Sauerstoffbedarf haben. Verletzungen, die beim Abfischen entstanden sind, heilen bei gestressten Fischen nicht oder nicht genügend aus.

Wichtige Stressoren sind vor allem: Schlechte Wasserqualität wie etwa hohe Ammoniak-, Kohlendioxid- oder Eisen-Werte, niedriger Sauerstoffgehalt, zu niedrige oder zu hohe pH-Werte, intensives Sonnenlicht oder starke Beleuchtung, schneller Wechsel von Licht und Schatten durch vorbei laufende Personen oder Fahrzeuge und nicht zuletzt Beunruhigung durch ständiges „Rumrühren„ mit Keschern im Becken um bestimmte, einzelne Fische zu fangen oder an die Becken klopfen um zu sehen ob die Fische auch „schön“ reagieren.

Beim Hältern der Fische in erforderlicher Weise klarem Wasser fehlt diesen Deckung, so dass sie sich in besonderer Weise unsicher fühlen. Sie reagieren noch stärker als sonst auf Schatten von vorbeigehenden Personen, Erschütterungen und Klopfen an den Wänden. Es ist zu überlegen, ob Publikumsverkehr grundsätzlich von der Hälteranlage fern gehalten werden kann, oder ob bestimmte Aktivitäten unbedingt direkt neben der Hälterung stattfinden müssen. Ist das nicht möglich kann eine bewegliche Abdeckung besonders sensibler Bereiche oder Fische Abhilfe schaffen.

Beim Umsetzen der Fische aus den Produktionsbecken in die Hälterung ist auf eine Temperaturanpassung zu achten (siehe Unterkapitel 3.17. Temperatur).

Um die Abfischung der Hälterbecken zu erleichtern sollten diese ein Gefälle von etwa 1-2 % zum Ablauf aufweisen. An der tiefsten Stelle des Beckens angebrachte Fördereinrichtungen wie etwa Hebekescher, Förderschnecken oder Fischpumpen können dann beim Entleeren und Beladen von Transporteinheiten eingesetzt werden.

Abfischen mit Kran und Hebekescher. Foto: P. Steinbach

Hälter- und Verkaufsanlage für Jung- und Kleinfische. Foto: E. Fritschi

10.3.1. Nüchtern der Fische

Obwohl die Tiere vor dem Sortieren und Abfischen mindestens einen Tag nichts gefressen haben sollten, ist der Darm nicht leer. Um diesen völlig zu entleeren sind in Abhängigkeit von Wassertemperatur, Alter der Fische und Futterqualität weitere 2-3 Tage nötig. Fisch, der über weite Strecken transportiert werden soll, muss in jedem Fall absolut „leer" sein. Nur so ist eine einigermaßen sichere und verlustfreie Ankunft möglich.

Vor allem in den ersten Tagen der Nüchterung muss ständig genügend Austauschwasser zur Verfügung stehen. Auf den nicht vermeidbaren Stress aufgrund des Abfischens, der Einengung im Netz, des Kescherns, des Transports und der Wiegung reagieren die Fische mit vermehrter Abgabe von Schleim, Kot, Urin und anderen Stoffwechselprodukten (NH_3, CO_2) die möglichst schnell aus der Hälterung zu entfernen sind.

Die Besatzdichte sollte bei 12 °C bis zu 250 kg/m³ für z. B. große Karpfen und Aale und 150 kg/m³ für große Störe und weitere empfindliche Fische nicht überschreiten. Ein Planungsziel von 150 kg/m³ für Karpfen und Aale und 100 kg/m³ für Störe und andere Fische ermöglicht eine stressarme und sichere Hälterung. An Wasseraustausch ist bei 12 °C mit etwa 10 m³ pro Tonne Fisch und Stunde zu rechnen. Die Ammoniakwerte (NH_3 nicht NH_4) im Ablauf der Haltungseinheiten sollten 0,02 mg/l nicht überschreiten.

Langstrombecken als Hälterung sind günstiger zu bewerten als Rundstrombecken, da in ihnen eine von vorn nach hinten gerichtete Pfropfen-Strömung entsteht, die von Einlauf zum Ablauf eine abnehmende Wasserqualität aufweist. Der Gehalt an O_2 sinkt, aber der Gehalt an NH_4 und CO_2 steigt. Dabei bilden sich Zonen guter, mittlerer und schlechterer Qualität, wobei die Fische, sofern die Besatzdichte nicht zu hoch gewählt wurde, die Möglichkeit haben der schlechten Qualität auszuweichen.

Rundstrombecken weisen eine gemischte Qualität ohne ausgeprägte Zonen auf, da Ausscheidungen der Fische, seien sie fest (Kot), flüssig (Urin) oder als Gas gelöst (NH_3, CO_2) im Becken mehrmals im Kreis geführt werden bevor sie das Becken verlassen können.

10.3.2. Entfernen unerwünschten Geschmacks

Fische aus Gewässern mit hoher organischer Belastung wie z. B. Kreislauf- und Teichanlagen aber auch Flussläufen mit schlammigem Boden, weisen häufig einen erdigen, moderigen, schlammigen, unter Umständen an faulige Kartoffeln und ungelüftete, feuchte Keller erinnernden Geruch und Geschmack auf. Der vielen bekannte Korkgeschmack beim Wein hat vergleichbare Ursachen. In seltenen Fällen ist dieser Geschmack auch in Quell- oder Brunnenwasser zu finden. Speisefische mit diesen Geschmackbeeinträchtigungen sind nicht oder nur bedingt vermarktungsfähig. Kunden die derartig schmeckende Fische bekommen haben werden diese wohl kein zweites Mal kaufen.

Die chemischen Verbindungen die diese Beeinträchtigungen hervorrufen sind vor allem Geosmin mit der chemischen Formel $C_{12}H_{22}O$ und Methylisoborneol (MIB) mit der Formel $C_{12}H_{20}O$, außerdem, aber deutlich seltener die Verbindungen Isoprophyl-Methoxypyrazin ($C_8H_{12}ON_2$), Isobutyl-Methoxypyrazin ($C_9H_{14}ON_2$) und Trichloranisol ($C_7H_5OCl_3$). In aller Regel sind aber Geosmin und Isoborneol die Verursacher der Geschmacksbeeinträchtigungen.

Diese den Geschmack störenden Substanzen werden von Mikroorganismen gebildet. Verursacher sein können Pilze (wie z. B. Actinomyceten), Bakterien (wie z. B. Cyanobakterien) und Algen (wie z. B. *Mycrocystis* oder *Synura*). Viele Menschen – vor allem Frauen und Kinder – können diese Verbindungen bereits im Nanogrammbereich (10-30 ng) schmecken. Ein Nanogramm entspricht 0,000000001 Gramm, ist mit anderen Worten recht wenig.

Fischgewebe (Fleisch, Ovarien, Fett) nimmt den Geschmack der störenden Substanzen aus dem umgebenden Wasser auf. Die Aufnahme aus dem Wasser in den Fisch erfolgt sehr rasch (wenige Stunden). Die Inhaltsstoffe werden vor allem in fettreichem Gewebe (unter der Haut und im Bauchraum) und den Eiern (Kaviar) gespeichert und ärgerlicherweise auch konzentriert. Nicht relevante Wasserkonzentrationen, die selbst für Spezialisten nicht zu schmecken sind, führen zu vergleichsweise heftigen Geschmacksbeeinträchtigungen im Fisch. Die Abgabe aus dem Fisch zurück ins Wasser erfolgt langsam und wird zudem durch niedrige Temperaturen und hohe Fettgehalte erschwert. Vermutlich erfolgt die Abgabe der eingelagerten Inhaltsstoffe vor allem durch Diffusion, daher beschleunigen hohe Wasseraustauschraten die Abgabe der unerwünschten Geschmackstoffe an das Umgebungswasser. Ist „nur“ das Fleisch betroffen erfolgt die Abgabe recht schnell (3-10 Tage), da das zwischen den Muskelschichten eingelagerte Fett einem schnelleren Stoffwechsel unterliegt als etwa Fett aus dem Bauchraum und den Gonaden. In Rundbecken ist nach eigenen Erfahrungen längere Hälterung nötig, da die in diesen Becken herrschende „Mischwasser-Qualität“ ein effektives Ausschwemmen der Geschmacksbeeinträchtigung erschwert.

Ist Kaviar z. B. vom Stör betroffen, sind auch 4-6 Wochen Hälterzeit nicht immer ausreichend, da die Eier sehr fettreich ist und zur Vermehrung erforderliche Reservestoffe wie in den Gonaden gelagertes Fett auf Grund des trägeren Stoffwechsel nur langsam und bei längerem Hungern mobilisiert wird. Noch komplizierter wird es infolge individuell unterschiedlicher Aufnahme und Abgabe von Geosmin und ähnlichen unerwünschten Inhaltsstoffen von Fisch zu Fisch.

Kann man bei einer Probeschlachtung in keinem Fisch mehr unerwünschten, untypischen Geschmack feststellen, sollte man zur Sicherheit 2-3 Tage zusätzliche Hälterzeit einkalkulieren, um auf der sicheren Seite zu sein.

Die Kontrolle im Fleisch wird mit einer Probe durchgeführt die ohne Salz und ohne anderen Gewürze gegart wird. Nur so ist der Geschmack unverfälscht wahrzunehmen. Sinnvollerweise sollte die Geschmacksprobe von einer Person vorgenommen werden, die in der Lage ist auch geringste Beeinträchtigungen zu schmecken. Etwa 30-40 % der Bevölkerung schmeckt Geosmin erst, wenn der Geschmack sehr stark ist. Wie bereits bemerkt, sind Frauen und Kinder besonders empfindlich gegenüber derartigem „Anlagengeschmack“. Mit zunehmendem Alter soll die Fähigkeit, diese Geschmacksbeeinträchtigungen wahrnehmen zu können, sinken. Auch Raucher gelten nicht als erste Wahl, wenn es gilt kleineste Beeinträchtigungen wahr zu nehmen.

Betreibt jemand seine Anlage bereits einige Zeit, weiß er in der Regel wie lange die Fische zu hältern sind, da sich ein bestimmter Level in der Anlage einstellt, der, sofern an der Anlagenführung nichts geändert wird, über lange Zeit etwa gleich bleibt.

In Barramundi- und Aalanlagen hat es sich bewährt die Tiere vor dem Verkauf einige Tage in Wasser zu halten, dem Viehsalz zugegeben wurde, so dass ein Salzgehalt von 3,5 ‰ erreicht wurde. Bei reinen Süßwasserfischen und bei solchen die hohe Geosminwerte im Fleisch oder den Eiern (Kaviar) aufweisen reicht eine derartige Behandlung nicht.

Steht nicht genügend Wasser in der benötigten Qualität für Hälterzwecke zur Verfügung, kann das Wasser nach Passieren der Becken aufbereitet und zur Hälterung zurück geführt werden. Diese Aufbereitung kann durch Oxidation (z. B. Ozon), Adsorption (z. B. Aktivkohle) oder biologische Aufbereitung der Inhaltsstoffe erfolgen. Nach der Hälterung aufbereitetes Wasser kann in der Kreislaufanlage, aus deren Modul die gehälterten Fische stammen, durchaus als Austauschwasser genutzt werden, so dass mehr Wasser zur Hälterung genutzt werden kann.

10.3.2.1. Oxidation

Die den unerwünschten, üblen Geschmack und Geruch verursachenden chemischen Verbindungen lassen sich durch Behandlung mit Ozon (O_3) und Wasserstoff-Peroxid (H_2O_2) zerstören. Chlor ist für diese Zwecke nicht brauchbar, weil die Struktur der für den modrigen Geschmack verantwortlichen Moleküle von Chlor nicht angegriffen wird, außerdem können aus anderen Wasserinhaltsstoffen unerwünschte Reaktionsprodukte (z. B. Amine) entstehen. Am effektivsten wirkt eine Kombination von Ozon (O_3) und ultraviolettem Licht (UV) oder eine Kombination von Ozon und Wasserstoff-Peroxid (H_2O_2).

Jedes Wasser hat auf Grund der sehr variablen Zusammensetzung von gelösten Bestandteilen seine eigenen Charakteristika, weshalb alle Behandlungsmöglichkeiten zunächst in einem Versuch getestet werden müssen. Erst nach Abschluss des Versuchs und Auswertung der Ergebnisse kann eine sinnvolle Wasserbehandlung geplant werden. Üblicherweise wird Ozon in Mengen von 0,5-7,0 mg/l eingesetzt, wobei der Zusatz von 0,2 mg/H_2O_2 pro mg Ozon die Effektivität um etwa 20 % steigert. Leider hat Ozon die Eigenschaft für Organismen innner- und außerhalb des Wassers in zu hoher Konzentration giftig zu sein. Der Einsatz erfolgt daher in von den Fischbecken getrennten Einheiten und meistens im Bypass (siehe auch Unterkapitel 7.7. Ozon).

10.3.2.2. Adsorption

Pulverisierte ebenso wie granulierte Aktivkohle besitzt eine sehr hohe nicht selektive Adsorptionsfähigkeit für organische und anorganische Moleküle. Adsorbieren = Gase oder gelöste Stoffe an der Oberfläche fester Körper anlagern.

Geosmin sowie Methylisoborneol (MIB) werden sehr schnell und effektiv durch Aktivkohle aus dem Wasser entfernt. Nachteilig sind der hohe Preis für Aktivkohle und das Nichtwissen, wann die Oberflächen der Kohle beladen sind und keine weitere Adsorption stattfindet. Werden zwei Adsorptionskolonnen hintereinander geschaltet und wird je nach Größe der Kolonnen und Wasserdurchfluss in wöchentlichen oder monatlichen Abständen zwischen den Kolonnen der Geosmin- und MIB-Gehalt gemessen, kann bei Durchbruch von Geosmin oder MIB durch Kolonne 1 die Fließrichtung umgedreht werden. Zuvor wird Kolonne 1 regeneriert oder die Aktivkohle wird gegen neue ausgetauscht. Fließrichtung ist anschließend von Kolonne 2 zu 1 bis erneute Umkehrung nötig wird.

Die Messung des Geosmin-Gehalts kann leider nur von einem darauf spezialisierten Labor vorgenommen werden. Hat man nach 2-3 Messungen ein Gefühl für die Belastung und die Zeiten bis zur Beladung der Kolonne bekommen, kann man auch einfach nach diesen Zeiten die Wechsel der Richtung und Regeneration vornehmen. Einsatz von Aktivkohle macht auch Sinn wenn sie einer Ozon- und/oder Wasserstoff-Peroxid-Behandlung als Sicherheit nachgeschaltet wird. Nicht vollständig oxidiertes Geosmin wird adsorbiert und eventuell überdosiertes oder überschießendes Ozon oder Wasserstoffperoxid werden eliminiert.

10.3.2.3. Biofiltration

Eine Reihe von Mikroorganismen wie z. B. *Bazillus cereus* und *Bazillus subtilis*, aber auch *Pseudomonas spp.* und Hefen *Candida spp.* sind in der Lage Geosmin und MIB abzubauen.

Langsamfilter mit Kontaktzeiten von mindestens 20-40 Stunden bis zu 7-14 Tagen Verweilzeit sind in der Lage den Lebensraum für die oben genannten Mikroorganismen zu bilden (siehe auch Punkt 11.3.1.4.2. Filtern).

Derartige Biofilter sind in der Lage, die Abläufe von Kreislaufanlagen soweit aufzubereiten, dass einer Wiederverwendung des Wassers nichts im Wege steht. In wasserarmen Gegenden lassen sich bei Einsatz dieser Technik Anlagen mit ausgesprochen geringem Frischwasserbedarf errichten und betreiben.

Literatur:
Bohl, 1999; Tucker, 2000: Vollmann-Schipper, 1975; Westhoff et al., 2006; Wnorowski, 1992;

11. WASSERAUFBEREITUNG

Bei der Wasseraufbereitung sind generell drei Bereiche zu unterscheiden:

1. Eine Aufbereitung des Wassers bevor es in der Anlage verwendet werden kann, damit es zur Fischhaltung geeignet wird. Zum Beispiel Wasser aus Brunnen, Bach, Fluss, See oder Meer.

2. Aufbereitung innerhalb von Kreisläufen um eine gleich bleibend gute, zur Fischhaltung geeignete, Wasserqualität zu sichern.

3. Aufbereitung des Wassers welches die Anlage verlässt, um es den behördlichen Vorgaben folgend in einen Vorfluter oder eine Kläranlage abgeben oder um es zur Bewässerung von Pflanzenkulturen verwenden zu können.

Unabhängig von der Herkunft des Wassers ist in der Regel eine behördliche Genehmigung für die Entnahme nötig, ebenso wie für die Abgabe nach Nutzung in der Anlage. Entnahme und Abgabe werden kontrolliert, wobei die jeweiligen Mengen über Mengenmesseinrichtungen erfasst und dokumentiert werden. Die Parameter welche das abgegebenen Wassers einzuhalten hat, werden je nach Standort der Anlage – meist in Abhängigkeit der Leistungsfähigkeit des Vorfluters – unterschiedlich festgelegt und behördlich überwacht.

Selbst wenn „nur" 10 % des Volumens einer Kreislaufanlage täglich durch Austausch- oder Frischwasser ersetzt werden, ist dies eine nicht unerhebliche Menge, die als Frischwasser zur Verfügung stehen und anschließen entsorgt werden muss. Eine Anlage, die etwa 100 t Speisefische jährlich bei einem Bestand von 30-50 t produzieren soll, hat je nach gewählter Fischart und Besatzdichte ein produktives Volumen von 400-800 m³. Werden auch nur 10 % dieses Volumens täglich gegen Frischwasser ausgetauscht, sind dies immerhin ca. 40-80 m³/d oder ca. 1,7-3,3 m³/h.

Eine Reduzierung der in Kreislaufanlagen benötigten Austauschwasser Menge bis auf 1 oder 2 % täglich ist technisch möglich, erfordert aber einen sehr hohen apparativen Aufwand, der kostenintensiv ist und sich in den seltensten Fällen rechnet. Verglichen mit konventioneller Fischproduktion ist die Menge allerdings sehr gering. Unter intensiven Bedingungen werden in einem Fließkanal zur Forellen-produktion für 100 t Jahresproduktion 600 m³/h benötig.

11.1. Aufbereitung des Zulaufwassers

Wasser zur Verwendung in Kreislaufanlagen kann aus verschiedenen Herkünften stammen. Die Wichtigsten sind:

- Grundwasser
- Naturgewässer wie Quellen, Bäche, Flüsse, Seen
- Uferfiltrat
- Trinkwasser von Kommunen oder Wasserversorgungsverbänden
- Abwasser aus Industrie wie Kühlwasser oder Prozesswasser

Je nach Herkunft des Wassers ist eine unterschiedlich weitergehende Aufbereitung nötig, bevor dieses Wasser in der Anlage Verwendung finden kann.

11.1.1. Grundwasser

Ist kein Brunnen vorhanden, muss zunächst einer gebohrt werden, wobei zwei Brunnen immer besser sind als nur einer, da Brunnenpumpen von Zeit zu Zeit gewartet oder ausgetauscht werden müssen. Auch können Brunnen nach einigen Jahren in ihrer Leistung nachlassen und müssen regeneriert werden.

Stünde kein zweiter Brunnen oder eine andere in der Qualität vergleichbare Wasserquelle zur Verfügung z. B. Stadt- oder Trinkwasser, wäre die Anlage für etwa 2-3 Wochen ohne Zulaufwasser. Die Folgen wären zumindest verringertes Wachstum der Fische (siehe auch Kapitel 13. Störfälle).

Die Nutzung von Grundwasser ist in Deutschland in der Regel genehmigungspflichtig. Je nach Standort und Bundesland fallen unterschiedliche Kosten für die Entnahme an.

Der erste Schritt sobald ein Brunnen gebohrt wurde, besteht in der Kontrolle der Wasserqualität und pro Zeiteinheit verfügbaren Menge. Hierzu sind Pumpversuche mit Mengenmessung und bei ausreichender Schüttung eine Vollanalyse nötig in welcher auch Kohlendioxid, Schwermetalle, Pestizide, Herbizide und Fungizide erfasst werden.

Das beste Wasser wäre eines, welches eine gute Pufferkapazität und kein Kohlendioxid aufweist und keine wie auch immer geartete Aufbereitung erfordert. Dieser Fall ist selten. An vielen Standorten enthält Grundwasser vom Neutralpunkt abweichende pH-Werte, hohe Kohlendioxidgehalte, wenig Sauerstoff und viele Metallionen; häufig vor allem Eisen und Mangan.

11.1.1.1. Belüftung und Kohlendioxidaustrieb

Beim Einsatz von Kaskaden (Stufenkaskaden, Schlitzkaskaden, Rohrgitterkaskaden oder Wellenbahnkaskaden), und Zwangsbelüftung (Druckluft) erfolgen parallel zum Sauerstoffeintrag eine Stickstoff (N_2) Ausgasung und eine physikalische Entsäuerung durch Kohlendioxid (CO_2) Ausgasung.

Bei einer Stufenkaskade fließt oder stürzt das zu behandelnde Wasser über Stufen. Die Stufen können einem Wasserfall nachbildend aus treppenartig versetzt angeordneten Trögen gebildet werden.

Bei einer Lochblechkaskade werden Lochbleche übereinander angeordnet, wobei das Wasser durch die Löcher von Blech zu Blech stürzt oder fließt. In einem Behälter untergebracht kann eine Zwangsbelüftung unterhalb der Lochbleche eingerichtet werden, wodurch die Effektivität steigt.

Bei einer Rohrgitterkaskade werden Gitterroste übereinander versetzt angeordnete, wobei das Wasser über diese stürzt.

Bei einer Wellenbahnkaskade fließt das Wasser über zahlreiche quer zur Strömung angeordnete wellenförmige Kunststoffflächen hinunter. Die Wellenbahnen sind am wirksamsten wenn sie in einem Winkel von 15° angeordnet werden. Anbohren der Wellenbahnen an der höchsten Stellen verbessert das Ergebnis. Der Wasserzufluss muss gleichmäßig auf die Platten verteilt werden.

In allen Kaskaden wird beim Durchströmen Luft mitgerissen, die sich als mehr oder weniger feine Blasen im Wasser verteilt. Die versetzte Anordnung der Kaskaden-Bauteile zueinander trägt zur Ausbildung von Turbulenzen bei, die ebenfalls den Gasaustausch fördern. Die Anzahl der Kaskaden beeinflusst deren Wirkungsgrad. Rohrgitterkaskaden lassen sich mit 250 m^3/m^2 Grundfläche/h belasten, Stufenkaskaden mit 50-150 $m^3/m^2/h$.

Die Sauerstoffeintragsleistung für Stufenkaskaden liegt unter der Voraussetzung von 1 m Fallhöhe, die vorher gepumpt werden muss, 20 °C Temperatur und einem Anfangssauerstoffgehalt von 4 mg bei 150 g O_2/kWh Energieeinsatz; Rohrgitterkaskaden liegen unter denselben Voraussetzungen bei einer Eintragsleistung von 145 g O_2/kWh und Wellenbahnen bei 250 g O_2/kWh.

Druckluft kann über verschieden geformte Ausströmereinrichtungen ins Wasser eingetragen werden. Ein Kubikmeter Luft wiegt je nach Höhenlage 1,29 kg und enthält zu etwa 21 % Sauerstoff. Der zu erreichende Eintrag an Sauerstoff oder dessen Ausnutzung ist abhängig von der Porengröße des Ausströmers, der Wassertiefe und damit der Kontaktzeit der Luft mit dem Wasser. Gemeinhin werden Ausströmer nach Größe der Ausströmöffnungen in grobblasig, mittelblasig und feinblasig eingeteilt.

Grobblasig bedeutet dass die Porenöffnungen größer als 3 mm sind und die dabei entstehenden Luftblasen einen Durchmesser von 10-15 mm aufweisen. Die Verstopfungsgefahr ist sehr gering. Die Sauerstoffausnutzung liegt im Bereich von 3-5 % bei 1 m Eintauchtiefe der Ausströmer, bei 2 Meter sind 8-11 % zu erwarten und bei 3 Meter 14-16 %.

Mittelblasig bedeutet, dass die Porenöffnungen 1,5-3,0 mm groß sind und die entstehenden Blasen 5-10 mm Durchmesser aufweisen. Auch bei dieser Porengröße besteht kaum Verstopfungsgefahr. Die Sauerstoffausnutzung liegt bei 4-6 % bei 1 m, 11-13 % bei 2 m und 16-18 % bei 3 m Eintauchtiefe.

Feinblasig bedeutet dass die Porenöffnungen kleiner als 1 mm sind. Je kleiner die Poren, desto höher die Gefahr der Verstopfung. Die Sauerstoffausnutzung liegt in Bereich von 8-10 % bei 1 m, 16-18 % bei 2 m und 20-25 % bei 3 m Eintauchtiefe.

Bei allen mit Druckluft arbeitenden Belüftungseinrichtungen kann die Verweilzeit der Luftblase im Wasser verlängert werden durch Anlegen oder Erzeugung einer seitwärts oder nach unten gerichteten Strömung, was mit Hilfe einer Pumpe oder eines Rührwerks bewerkstelligt werden kann.

HP-Lüfter oder Mammutpumpen können sowohl zum Sauerstoffeintrag als auch zur Förderung von Wasser eingesetzt werden. Je nach eingesetztem Gebläse können pro Kilowatt Leistung 210-390 g Sauerstoff eingetragen werden. Die optimale Leistung eines HP-Lüfters liegt bei einer Luftbeaufschlagung von 50 $m^3/h \times dm^2$ Steigrohrquerschnitt. Das optimale Verhältnis von Eintauchtiefe zu Förderhöhe beträgt 0,7-1,0:3,5. Bei Einhaltung der optimalen Luftbeaufschlagung und des Verhältnis von Eintauchtiefe zu Förderhöhe kann mit einem m^3 Luft 1 m^3 Wasser gefördert und mit Sauerstoff angereichert werden. Eine bestimmt Mindestluftmenge ist nötig um überhaupt Wasser zu fördern und eine Maximalmenge darf nicht überschritten werden, weil die Luft dann einen Kanal bildet der kein Wasser mehr fördert. Genauere Angaben zur Auslegung zum Betrieb und den erreichbaren Ergebnissen finden sich bei *Knösche & Rümmler, 1988.*

11.1.1.2. Enteisenung

Um Eisen zu entfernen, muss es durch Sauerstoffzufuhr von der zweiwertigen in die schwer lösliche dreiwertige Form überführt werden, die leicht aus dem Wasser gefiltert werden kann. Es entsteht Fe_2O_3 (Eisenhydroxid).

Um ein Milligramm zweiwertiges Eisen in die dreiwertige Form zu überführen, sind rechnerisch 0,15 mg Sauerstoff nötig. Hält man im zu behandelnden Wasser Sauerstoffwerte von 8 mg/l ein, werden auch große Eisenmengen sicher oxidiert. Liegt das Eisen in komplex gebundener Form vor, muss unter Umständen mit Zugabe von Oxidationsmitteln wie z. B. Kaliumpermanganat ($KMnO_4$) oder Ozon (O_3) gearbeitet werden.

Tiefbrunnenpumpe (links) und Sauerstoffmessgerät (rechts). Fotos: E. Fritschi

Enteisenung und nachgeschaltete Entmanganung. Foto: E. Fritschi

Die Oxidation von zweiwertigem Eisen (Fe^{++}) zu dreiwertigem (Fe^{+++}) lässt sich durch Einsatz von bereits eingearbeitetem Filtersand stark verbessern. Der mit einer dunkelbraunen Hülle von dreiwertigem Eisenhydrat überzogene Filtersand wirkt stark katalytisch. Ebenso fördern hohe pH-Werte (>7) die Oxidationsvorgänge. Die Filterschichthöhe in einem Eisen-/Manganfilter beträgt 1,5-2,5 m und die Filtergeschwindigkeit 10-15 m/h. Ein typischer Filtersand weist eine Körnung von 0,8-2,0 mm auf; die Flächenbelastung beträgt 1,0-1,5 kg Eisen pro m² Filterfläche und Filterlauf (Durchgang bis zum Rückspülen). Das Ziel ist, ein Wasser mit weniger als 0,05 mg/l zweiwertigem Eisen und 0,1 mg/l dreiwertigem Eisen zu erhalten.

11.1.1.3. Entmanganung

Mangan kommt im Grundwasser häufig in Verbindung mit zweiwertigem Eisen vor. Es lässt sich nach Oxidation des zweiwertigen Mangan-Ions zum vierwertigen Ion als Manganoxid (MnO_4) ausfällen. Zur Oxidation von 1 Gramm Mangan-Ionen sind 0,291 g O_2 nötig. Die Beaufschlagung des Filters sowie Dimensionierung erfolgt analog der Enteisenung. Eingearbeiteter Filtersand (Braunstein) beschleunigt die Oxidation katalytisch.

Katalysatoren sind Stoffe, die eine chemische Reaktion beschleunigen. Die Reaktionsgeschwindigkeit wird erhöht, ohne dass das Gleichgewicht der Reaktion verschoben wird. Katalysatoren werden bei der Reaktion nicht verbraucht, erfahren aber häufig eine vorübergehende Veränderung.

Bei Verwendung von Dolomit-Gestein als Filtermaterial, bildet sich Manganoxihydrat. Leicht basische pH-Werte verbessern den Wirkungsgrad einer Entmanganung.

Wird als chemisches Additiv Kaliumpermanganat ($KMnO_4$) zur Oxidation des Mangans eingesetzt, werden 2 mg $KMnO_4$ für 1 mg Mn^{++} Ionen dosiert. Dieser Wert sinkt nach der Einarbeitungsphase auf 1,2 mg $KMnO_4$ pro 1 mg Mn^{++} Ion.

Setzt man Ozon (O_3) als Oxidationsmittel des Mangans ein, entsteht Kaliumpermanganat. Dieses ist erkennbar an einer leicht violetten Färbung des Wassers. Das dann siebenwertige Mangan muss durch Filterung über Aktivkohle zum vierwertigen reduziert werden. Es wird dann als Manganoxihydrat abgefiltert.

11.1.1.4. Kombinierte Verfahren

Das so genannte „Fermanox“ Verfahren ist in der Lage die Enteisenung und Entmanganung unterirdisch im Bereich des oder der Brunnen durchzuführen. Ein Teil des geförderten Wassers wird mit Sauerstoff angereichert und über den

Brunnen zurück in die Grundwasser führende Schicht gepumpt. In diesem mit Sauerstoff angereicherten Bereich bildet sich eine Aufbereitungszone in welcher gelöstes Eisen und Mangan zu hochfesten Kristallen reagieren und sich im Porenraum des Grundwasserhorizontes an Sand, Kies und Geröll anlagern. Die gebildeten Kristalle sind sehr klein und im Volumen deutlich geringer als bei dem Fe III Schlamm der bei der seit langem üblichen oxidativen Enteisenung entsteht. Selbst nach jahrelangem Betrieb solcher nach dem Fermanox betriebenen Brunnen ist der Porenraum des Grundwasserhorizontes nur unwesentlich verringert. Die Kristallbildung findet am äußeren Rand der Aufbereitungszone statt, sobald Eisen und Mangan mit Sauerstoff in Berührung kommen. In Laufe des Betriebes bilden sich drei Aufbereitungszonen heraus.

In der ersten Zone, direkt um den Brunnen befindet sich reines aufbereitetes Wasser. In der zweiten Zone wird Mangan gebunden und in der dritten Zone, dort wo sauerstoffarmes Grundwasser auf den Bereich mit Sauerstoff angereichertem Wasser stößt, wird Eisen gebunden. Die kristallinen Oxide bilden sich folglich nur am äußersten Rand der Aufbereitungszonen. Sollten zusätzlich Ammonium und/oder Nitrit auftreten können diese in der sauerstoffreichen Zone zu Nitrat oxidiert werden.

Werden zwei Brunnen, die einen bestimmten Mindestabstand voneinander haben müssen, im Wechsel betrieben, fördert immer ein Brunnen aufbereitetes Wasser und das Wasser des zweiten wird in der Zwischenzeit durch die Zufuhr von sauerstoffreichem Wasser aufbereitet. Leider ist dieses Verfahren wegen der unterschiedlichen örtlichen Gegebenheiten nicht überall anwendbar.

11.1.2. Naturgewässer

Da in der Aquakultur große Mengen Wasser benötigt werden, ist dort die Nutzung von Naturgewässern allgemein üblich. Diese Gewässer unterliegen natürlichen Schwankungen in Hinblick auf Temperatur (Jahreszeit), zur Verfügung stehender Wassermenge (Regen, Schneeschmelze) und damit einhergehend unterschiedlicher Wasserqualität. Je nach Standort dieser Anlagen können noch Gefahren ausgehen von Oberliegern durch Krankheiten und Parasiten dort entkommener Tieren, in jedem Fall aber durch Belastung des Wassers mit Stoffwechselprodukten der Fische wie z. B. NH_4, NO_2, BSB, CSB und Schlamm aus abgelassenen Teichen.

Ebenso können von Wildfischen Gefahren ausgehen, sei es durch Krankheiten oder direkt, wenn Raub- oder auch Friedfische als Jungfische in die Anlage gelangen und dort ein Schlaraffenleben vorfinden, indem sie das angebotene Futter aufnehmen oder sich direkt an den eigentlich gehaltenen Fischen vergreifen. Die Futterverwertung liegt in solchen Fällen der „Fütterung“ mit Fischen z. B. bei Hechten oder Welsen im Bereich von 6-10:1.

Einlaufrechen zur Entfernung von Treibgut aus einem Bach. Foto: E. Fritschi

Überspannung gegen fliegende „Raubtiere“. Foto: P. Steinbach

Weiterer Schaden kann verursacht werden indem die Raubfische die eigentlich zu haltenden Fische verletzen oder Krankheiten übertragen. Auch menschliche Tätigkeiten verursachen Ärger, wie etwa Abwassereinleitung, unsachgemäß ausgebrachte Gülle oder andere Dünge- oder Pflanzenschutzmittel, oder einfach durch Diebstahl. Ist die Anlage nicht ausreichend gesichert zum Beispiel durch Zäune, Netze, Drähte oder Hallen können sich auch Vögel (Kormorane, Reiher) oder Vierbeiner (Otter, Waschbär) am Fischbestand bedienen.

Im Meer- und Brackwasser sind noch sessile Organismen wie Muscheln und Seepocken zu nennen. Sie passieren in den Jugendformen auf Grund der geringen Größe fast alle Siebeinrichtungen, setzen sich in Rohrleitungen fest und wuchern diese zu, so dass recht plötzlich der Wasserzulauf unterbrochen wird und die Anlage ohne Wasserversorgung ist. Gegen solchen Fälle helfen nur doppelt redundant aufgebaute Versorgungsleitungen welche in bestimmten vom zu erwartenden Bewuchs abhängigen Abständen gereinigt werden müssen.

Bei Nutzung eines Naturgewässers für Kreislaufanlagen sollte das Wasser niemals unbehandelt in der Anlage verwendet werden.

11.1.3. Uferfiltrat

Die Verwendung von Uferfiltrat gibt einige Sicherheit. Dabei werden in geringem Abstand von Gewässer flache Brunnen gebohrt. Die Bodenpassage vom natürlichen Gewässer zum Brunnen wirkt dabei wie ein Filter und verhindert weitgehend das Einschleppen von Fremdorganismen, gleichzeitig wirkt die Filterstrecke zusätzlich zur mechanischen Filtration durch seine Besiedlung mit Mikroorganismen wie eine biologische Reinigung des Wassers aus dem betreffenden Gewässer. Auch Sandfilter können zur Vorreinigung von Naturgewässern eingesetzt werden. Gegen Giftstoffe im Gewässer hilft die Filterung in der Regel aber nicht.

Nach der Filterung durch die Bodenpassage ist das Wasser mit ausreichend dimensioniertem UV-Licht zu behandeln, um Bakterien und Viren sowie etwaige sehr kleine Fremdorganismen sicher abzutöten. Besteht die Gefahr von weiteren Verunreinigungen wie z. B. Phenolen, Geosmin oder Ölrückständen ist der Einsatz von Ozon und/oder Aktivkohle anzuraten.

Werden Pumpen zur Entnahme des Wassers benötigt ist eine ausreichend dimensionierte und richtig platzierte (Hoch- oder Niedrigwasser), gegen unberechtigten Zugriff ausreichend gesicherte und redundant aufgebaute Pumpenstation für die Anlage von lebenswichtiger Bedeutung.

11.1.4. Trinkwasser

Qualitativ ausgezeichnetes Wasser erhält man mit Trinkwasser. Dieses ist bereits aufbereitet, aber manchmal leider mit Chlor versehen um Keimfreiheit des Leitungssystems zu sichern. Belüften über einige Tage, Filterung über Aktivkohle oder Zugabe von Natriumthiosulfat helfen das Chlor auszutreiben (siehe auch Unterkapitel 3.12. Chlor).

Nachteilig bei Einsatz von Trinkwasser ist der in der Regel hohe Preis, der eine Reduzierung der täglichen Wasseraustauschmengen in den Kreisläufen deutlich unter die allgemein üblichen 10 %/Tag nötig macht. Als alleinige Wasserquelle ist dieses Wasser nur für Brutanlagen hochpreisiger Fische vertretbar. Als Notbehelf im Falle des Ausfalls einer Brunnenpume allerdings ist es hervorragend geeignet, zumal die Trinkwasserleitungen mit einem Druck von 5-6 bar betrieben werden und ein extra Pumpen des Wassers an die benötigten Stellen in der eigenen Anlage somit entfällt.

In jedem Fall ist die Nutzung von Stadt- oder Trinkwasser als Notversorgung im Fall des Versagens der normalen Versorgung sinnvoll. Im Vorfeld ist es zu empfehlen mit dem Wasserlieferanten einen derartigen Notfall und die dann nötigen Wassermengen zu besprechen. Eine genügend dimensionierte Zuleitung die im Bedarfsfall ausreichend Wasser liefern kann dürfte dann kein Problem darstellen. Eine Notwasserversorgung über eine gängige Hauswasserleitung wäre außer bei einer Brutanlage wegen des geringen Querschnitts wenig hilfreich.

Die auch bei Trinkwasserleitungen über das Jahr unter Umständen stark schwankenden Temperaturen (etwa 8-19 °C; in südlichen Ländern auch deutlich höher) sollten in jedem Fall aber bei der Planung berücksichtigt werden. Um vor plötzlich unerwarteter Chlorzugabe einigermaßen sicher zu sein empfiehlt es sich mit dem zuständigen Wasserwerk in ständiger Verbindung zu sein und ein Abkommen zu treffen wonach eine Benachrichtigung erfolgt sobald Chlorung ansteht. Ein Chlorwächter im Anlagenzulauf oder eine vorgeschaltete Aktivkohle Filterung können zusätzliche Sicherheit schaffen.

11.1.5. Industriewasser

Im Rahmen der Stromerzeugung, aber auch in anderen Industriezweigen fällt manchmal für Aquakulturzwecke geeignetes „Abwasser“ in nicht unerheblicher Menge an. Derartige Standorte etwa RWE in Niederaussem, einige Kraftwerke in der ehemaligen DDR und das Klärwerk der Stadt Kiel haben nicht unerheblich zur Entwicklung der Kreislauftechnologie beigetragen.

Derartige Standorte bieten eine Reihe Vorteile:

- Wasser wird in der Regel ohne großen Aufwand in ausreichender Menge zu geringen Preisen oder sogar kostenfrei geliefert.
- Energie zum Heizen des Wassers entfällt häufig und die Aufzucht zumindest in unseren Breiten unüblicher Fische kann wirtschaftlich werden.
- Der Standort ist gut gegen Fremdeinwirkung geschützt, da in der Regel zum Firmengelände gehörig oder direkt daneben liegend.
- Gebäude und Flächen sind häufig preiswert zu pachten oder zu erwerben.
- Die technische Überwachung kann an den bestehenden Betrieb angeschlossen werden. Extra Kosten durch Wachdienste fallen meistens nicht oder nur in geringem Umfang an.
- Häufig kann die in solchen Betrieben gut bis hervorragend ausgerüstete Werkstatt im Bedarfsfall um schnelle und effektive Hilfe gebeten werden.

Nachteile bleiben bei den vielen Vorteilen naturgemäß nicht aus:

- Die Industrie ist das Maß aller Dinge. Im Fall von Störungen im Werk wird keine Rücksicht auf den Fischbestand genommen. Das Werk und seine Belange gehen vor.
- Routinemäßige Spülungen von Leitungen und Einsatz von Chemikalien werden in der Regel vorher bekannt gegeben und dieses kontaminierte Wasser muss dann um die Fische herumleitet werden.

Diese kurzzeitigen Auswirkungen sind in wenigen Stunden vergessen. Werden aber in Kraftwerken ganze Blöcke abgeschaltet, sinkt die Temperatur im Winter sehr schnell in für die Fische „ungemütliche“ oder sogar tödliche Bereiche. In jedem Fall reduziert sich die zur Verfügung stehende brauchbare Wassermenge. Auf derartige Vorkommnisse sollte man eingestellt sein. Zumindest einen Teilkreislauf, besser ein Vollkreislauf für Notfälle sind angebracht, beim Bau einzuplanen und ständig betriebsbereit zu halten.

11.2. Aufbereitung des Kreislaufwassers

Die Aufbereitung des Wassers zur Wiederverwendung in Kreisläufen erfolgt biologisch, mechanisch, biochemisch, chemisch oder physikalisch. In „normalen“ Anlagen finden sich vor allem biologische und mechanische/physikalische Verfahren, da pro Zeiteinheit große Wassermengen kostengünstig gereinigt werden müssen.

Es sollte in jedem Fall Wert auf eine Reinigung im Hauptstrom gelegt werden. Dabei wird das gesamte im Kreislauf befindliche Wasser in festgelegten Abständen gereinigt.

Bei ausschließlicher Reinigung im Nebenstrom wird permanent behandeltes und unbehandeltes Wasser vermischt. In der Folge wird dann eine schlechtere Wasserqualität als nötig in Kauf genommen. Immer wieder kann die Reinigung im Nebenstrom zu betreiben beobachtet werden. Gern auch um eine zu knappe Kalkulierung der Aufbereitung zu kaschieren.

Eine Ausnahme von der Regel der Hauptstromreinigung stellt die Denitrifikation dar. Sie wird immer im Nebenstrom (Bypass) betrieben, da anoxische (kein Sauerstoff im Wasser gelöst) Verhältnisse herrschen müssen um arbeiten zu können. Ozon wird aus Kostengründen in der Regel ebenfalls im Nebenstrom eingesetzt.

11.2.1. Biologische Reinigung

An der biologischen Reinigung sind vor allem Bakterien, aber auch andere Mikroorganismen beteiligt, die einen frei schwebenden Schlamm bilden oder in Form eines biologischen Rasens Trägermaterial besiedeln. Ebenso wie die Fischaufzucht erfordert die Erhaltung der Reinigungsleistung ein hohes Maß an Einsicht, Verständnis und Aufmerksamkeit. Ohne aktive „Biologie“ funktioniert keine Kreislaufanlage. Die Zahl der in Anlagen gehaltenen Fischspezies ist recht überschaubar, da nur wenige Arten umfassend; die Anzahl der im Begriff „Biologie“ erfassten Spezies ist hingegen immens, darüber hinaus beeinflussen diese sich gegenseitig in unterschiedlichster Art und Weise. Die Generationszeiten der Mikroorganismen können sehr kurz sein und bei passenden Bedingungen nur einige Minuten betragen.

Dabei gilt allgemein für alle biologischen Reinigungssysteme:

Viele Bakterien	=	viel Reinigungskapazität
Junge Bakterien	=	hohe Reinigungsleistung
Alte Bakterien	=	nachlassende Reinigungsleistung

Die im Klärtrakt vorhandenen Mikroorganismen werden von Einzellern, z. B. Wimperntierchen (Ciliaten) als Nahrung genutzt, diese wiederum von Rädertierchen (Rotatorien), oder sie dienen in verschiedenster Weise – direkt oder indirekt – über andere Organismen, Kleinstlebewesen wie Würmern und Kleinkrebsen und in Tropfkörpern sogar Milben und Insektenlarven als Nahrung. Es bilden sich komplizierte Beziehungsgeflechte zwischen Rasenbildnern, Weidegängern und Räubern in Miniaturform; man spricht von einer Biozönose. Die Ciliaten und Rotatorien dienen bei der Beurteilung der Schlammqualität und des Zustandes einer Kläranlage als Leitorganismen, da sich die Artenzusammensetzung und Häufigkeit in Abhängigkeit von der Belastung einer Anlage mit Schmutzstoffen und der Versorgung mit Sauerstoff verändert.

Der biologische Abbau aller Schmutzstoffe geschieht zunächst außerhalb der Zelle des Mikroorganismus durch Ausscheidung von „Exoenzymen". Diese spalten außerhalb des Bakterienkörpers hochmolekulare Verbindungen in niedermolekulare Bruchstücke, so dass diese in die Bakterienzelle aufgenommen werden können. Die enzymatische Zerlegung außerhalb der Zelle beim aeroben Abbau erfolgt ohne Sauerstoffverbrauch. Dieser ist erst bei der Verarbeitung der niedermolekularen Bruchstücke in der Zelle nötig. Neben Sauerstoff benötigen die im Klärteil lebenden Bakterien noch einen bestimmten, je nach Spezies unterschiedlichen, pH-Wert, eine optimale Temperatur, ausreichende Nährstoffversorgung und die Möglichkeit, sich anzusiedeln (Schlammflocke, Oberfläche der eingesetzten Trägermaterialien oder Substrate und sonstige mit dem Kreislaufwasser in Berührung kommende Flächen wie Wände und Rohre).

Bei allen biologischen Verfahren wird das zu reinigende Wasser mit sogenanntem „biologischem Rasen" in Kontakt gebracht. Dieser besteht, wie oben bereits ausgeführt, zum großen Teil aus Bakterien und Bakterien fressenden Ciliaten, die organische Stoffe entweder ganz oder nach Zerlegung in Bruchstücke ebenso wie andere Nährstoffe (z. B. P, NH_4, NO_2) aufnehmen und in ihrem Stoffwechsel verarbeiten. Durch diese Aufnahme in die Mikroorganismen und dortige Weiterverwendung oder Umwandlung findet die Reinigung des Wassers statt. Die von den Bakterien aufgenommene Nahrung ist dann nicht einfach weg, sondern wird in Biomasse, Energie und Kohlendioxid umgewandelt. Je nach Verfahren muss die sich bildende Biomasse kontinuierlich abgefiltert oder ausgespült, oder diskontinuierlich im Rahmen von Reinigungsarbeiten dem Kreislauf entnommen werden.

Die Leistungsfähigkeit der zur Besiedelung mit Mikroorganismen geeigneten Substrate wird danach bemessen, wie viel Fläche sie den Bakterien pro Volumeneinheit bieten können. Meistes wird in Quadratmetern Siedlungsfläche pro Kubikmeter Substrat gerechnet (m^2/m^3). Die Hersteller wetteifern mit möglichst viel m^2 Siedlungsfläche pro m^3 Substrat, um die Aufbereitungseinheiten möglichst klein zu halten. Besonders lohnend erscheinende Bauformen werden patentiert. Argwöhnisch wird darauf geachtet, dass niemand diese Patente verletzt.

Ist die pro Volumeneinheit bereit gestellte Fläche gering, z. B. 100-200 m^2/m^3, ist die Gefahr der Verstopfung durch gebildete Biomasse oder sich festsetzende Schwebstoffe und das als Folge Auftreten von Faulvorgängen nicht sehr hoch. Derartige Anlagen benötigen aber deutlich mehr Raum als solche mit 400, 600 oder sogar 800 m^2/m^3. Je größer die Anzahl der Quadratmeter pro Kubikmeter, desto schwieriger wird es derartige Substrate ausreichen zu durchströmen, mit Sauerstoff zu versorgen und frei von Verschlammung und Faulung zu halten.

In Festbetten eingesetzte Substrate sollten möglichst nicht mehr als 400 m^2/m^3 aufweisen. Sich ständig bewegende und aneinander reibende Substrate wie in Fließ- oder Bewegtbetten können, da sie durch die Bewegung und die sie erzeugende Strömung (Belüftung oder Pumpen) ständig frei gespült werden, deutlich höhere Flächen zur Besiedlung anbieten Derzeit übliche und in Bewegt- oder Fließbetten eingesetzte und gut beherrschbare Substrate weisen Flächen etwa 800-900 m^2/m^3 auf.

11.2.1.1. Tropfkörper

Bei diesem Verfahren wird das zu reinigende Wasser mit fest installierten Flächen in Kontakt gebracht, die von einem „biologischen Rasen“ bewachsen sind.

Ein Tropfkörper besteht aus einem turmähnlichen Gebilde oder Behälter, gefüllt mit Schlacke, Kies, Austernschalen, gebrannten Ton- oder Kunststoffkörpern, die als Siedlungsflächen für die Mikroorganismen dienen. Das Material kann lose geschüttet oder gestapelt in festen vorgefertigten Blöcken eingesetzt werden. Es sollen möglichst große Oberflächen pro Kubikmeter Volumen vorhanden sein, ohne dass es später zu Verstopfung oder Verschlammung und damit zu Faulvorgängen kommt.

Die Sauerstoffversorgung der Tropfkörper erfolgt über Zwangsbelüftung oder über den sogenannten Kamineffekt der in hohen, schornsteinähnlichen Bauwerken zu beobachten ist. Der Kamineffekt erzeugt ohne zusätzlichen Energieaufwand einen stetigen, von unten nach oben gerichteten Luftstrom durch den Tropfkörper, sofern unten Belüftungsöffnungen vorhanden sind und oben kein Deckel vorhanden ist. Eine Zwangsbelüftung, bei der durch Ventilatoren oder Gebläse Luft in den Tropfkörper eingeblasen oder durch ihn hindurch gesaugt wird, ist auf zusätzlichen Energieaufwand angewiesen. Im Sommer kann so eine unter Umständen erwünschte Kühlung (Verdunstungskälte oder adiabatische Kühlung) des Wassers erreicht werden. Im Winter ist zusätzliche Heizenergie notwendig um die Wassertemperatur zu halten.

Die Kreislaufführung der Luft z. B. Halle → Tropfkörper → Halle ist nur bedingt möglich und sinnvoll. Beim Kontakt der Luft mit dem Wasser im Tropfkörper findet nicht nur eine Sauerstoffanreicherung des Wassers mit einer Sauerstoffverminderung der Luft statt, sondern auch eine Abgabe von Kohlendioxid und Feuchtigkeit an die Luft. Das im Wasser gelöste CO_2 stammt sowohl aus dem Stoffwechsel der Fische als auch aus dem der Mikroflora der biologischen Wasseraufbereitung. Arbeiten in mit Wasserdampf gesättigter und mit Kohlendioxid angereicherter Atmosphäre ist auf Dauer nicht jedermanns Sache.

Die auf den Oberflächen des Tropfkörpers siedelnde Bakterienmasse muss immer genügend Sauerstoff und Nährstoffe zur Verfügung haben. Fehlt

Sauerstoff oder kann er nicht in alle Bereiche des Tropfkörpers gelangen treten Faulvorgänge auf, die den angestrebten aeroben Abbau hemmen, zumindest aber stören. Ein für die Fischzucht genügend dimensionierter Tropfkörper ermöglicht neben einem Kohlenstoffabbau (BSB_5-Abbau) auch eine Nitrifikation (Oxidation von Ammonium zu Nitrat). Zuwachsender Schlamm (Bakterienmasse) wird im angerstrebten Idealfall ständig ausgespült.

11.2.1.2. Belebtschlamm

Belebtschlamm besteht aus flockigen Zusammenballungen von Bakterien, die durch Belüftung oder Rührwerke frei im Wasser schwebend gehalten werden. Die Bakterien schaffen sich ihre Aufwuchsflächen durch Zusammenballung und Bildung von Flocken selbst. Der Reinigungseffekt des Schmutzwassers erfolgt durch Ausflockungen von kolloidal gelösten (in feinster Verteilung befindlichen Stoffen) und Anlagerung an die Schlammflocken, sowie durch aeroben Abbau der Wasserinhaltsstoffe durch die Tätigkeit der Bakterien.

Sauerstoff wird über Bodenausströmer, Oberflächenlüfter oder im Zulaufwasser gelöst zugeführt. Der Belebtschlamm muss ständig in Schwebe gehalten werden; Was durch die von der Belüftung erzeugten Turbulenzen oder speziell dafür eingesetzte Rührwerke erreicht wird.

Bevor das Wasser nach der biologischen Reinigung wieder in den Fischbecken benutzt werden kann, muss eine Trennung von Schlamm und Wasser in einer Sedimentation oder Nachklärung erfolgen. Der abgesetzte Schlamm wird der Biologie wieder zugeführt, der Überschussschlamm durch den Zuwachs der Bakterien wird kontinuierlich oder sobald ein kritischer Wert erreicht ist entfernt. Das vom Schlamm getrennte Wasser kann den Fischen nach Anreicherung mit ausreichend Sauerstoff wieder zugeleitet werden.

11.2.1.3. Andere Verfahren

Zusätzlich zu Belebtschlamm- und Tropfkörperverfahren gibt es eine Reihe anderer Verfahren, die eigenen Gesetzmäßigkeiten folgen und teilweise Kombinationen oder Modifikationen der Tropfkörper oder der Belebtschlammbecken darstellen. Hierzu lassen sich rechnen: Tauch- und Scheibentropfkörper, Wirbelschichtverfahren, Fließ- oder Bewegtbetten, Raumfilter und Festbetten.

Für den Einsatz in der Fischzucht kommen bei vernünftiger Auslegung alle Systeme in Frage, sei es allein für sich oder in Kombination miteinander. Zurzeit werden vor allem Tropfkörper und Fließbetten eingesetzt, vereinzelt auch Tauchtropfkörper. Bisher hat keines dieser Systeme ausreichend Vorteile vor den anderen, um als ausschließliches System für Fischzuchtzwecke herangezogen zu werden. Die Tendenz der letzten Jahre geht aber in Richtung Fließbetten.

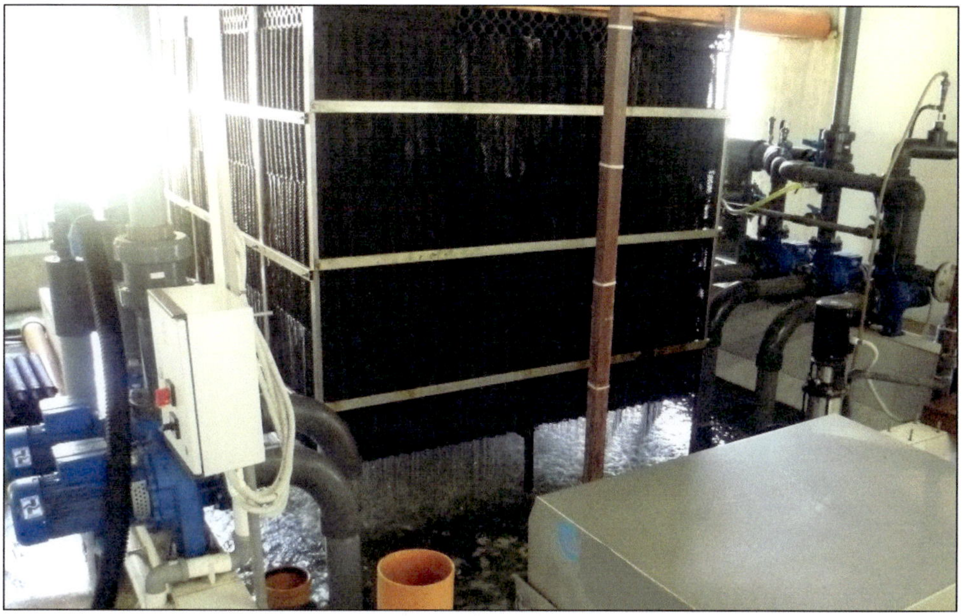

Tropfkörper aus Kunststoffböcken mit Wasserverrieselung. Foto: P. Steinbach

Festbett aus Kunststoffmaterial mit Wasserbelüftung. Foto: P. Steinbach

Belebtschlammanlage mit Belüftung. Foto: E. Fritschi

Denitrifikationsanlage mit Rührwerk. Foto: M. Belay

Anaerobe Verfahren haben in der Fischzucht keine Verwendung gefunden, da derartige Verfahren vor allem mit stark verschmutzten industriellen Abwässern erfolgreich arbeiten und ein niedriges Redoxpotential voraussetzen. Fische benötigen aber bei einem hohen Redoxpotential Sauerstoff in ausreichender Menge zum Leben. Anaerobe Verfahren funktionieren nur, wenn kein Sauerstoff im Wasser gelöst oder als Nitrat vorhanden ist. Anaerobe Wasseraufbereitung und Fischhaltung schließen sich aus.

11.2.1.4. Anfahren einer biologischen Wasserreinigung

Vor dem Besetzen einer Anlage mit Fischen muss die biologische Aufbereitung auf die durch die Ausscheidungen der Fische zu erwartende Schmutzfracht vorbereitet werden.

Es ist möglich dieses „Anfahren“ mit Fischbesatz durchzuführen. Dies hat den Vorteil, dass sich die bildende Bakterienflora gut auf die zu entwickelnde Wasserbelastung einstellt. Leider steht in der Praxis meisten die Zeit nicht zur Verfügung den Bestand in den erforderlichen Einzelschritten von jeweils maximal 10-20 % des Endbestandes aufzubauen. Zumal nach jedem Besatzvorgang abgewartet werden muss, bis sich stabile Wasserwerte eingestellt haben, bevor erneut besetzt werden kann. Ein sofortiger Vollbesatz ist nicht empfehlenswert da sehr risikoreich. Die eventuell gewonnene Zeit geht in der Regel durch Wasserqualitätsschwankungen, damit verbundene Futterreduzierung, schlecht bis gar nicht wachsende oder sogar sterbende Fische sehr schnell verloren. Unruhige Nächte und heftiges Nägel beißen sind in solchen Fällen normal.

Der Zweck des Anfahrens einer Anlage vor dem Besetzen mit Fischen besteht darin, die im Vergleich zu den heterotrophen (BSB abbauend) Bakterien sehr langsam wachsenden Nitrifikanten durch gezielte Förderung in der „Biologie“ anzureichern. Natürlicherweise kommen diese Bakterien überall in Staub und auf Oberflächen vor. In größeren Mengen gibt es sie in gut durchlüfteter Gartenerde, Kompost und aerob verrottetem Rindermist. Aus diesem Material wird über etwa 2-3 Wochen, bei ca. 15-20 °C Wassertemperatur, täglich durch Umrühren eine Suspension mit Wasser hergestellt und in die biologische Aufbereitung geleitet. Um die Suspension herzustellen werden 5-10 kg Mist oder Gartenerde in 40-50 l Wasser verrührt. Nachdem sich alle Schwebstoffe abgesetzt haben und etwaige Strohbestandteile von der Oberfläche entfernt wurden, wird der flüssige Teil dieser „Brühe„ in den Zulauf der biologische Aufbereitung gegossen. Um etwaig noch in der Suspension schwimmende Bestandteile zu entfernen erfolgt die Zugabe am besten in den Zulauf des mechanischen Filters. Die nicht verwendeten Teile, Bodensatz und Stroh, werden verworfen. Der Einsatz von speziell für diesen Zweck gezüchteter Bakterien an Stelle von Gartenerde ist ebenfalls möglich. Diese werden bereits für Abwasserkläranlagen, Gartenteiche und die Aquaristik im Handel angeboten.

Zur Ernährung erhalten die Bakterien Stickstoffverbindungen in Form von Ammoniak oder Ammoniumbikarbonat plus etwas Fischfutter um einen möglichen Mangel an Nähr- und Mineralstoffen für die Bakterien zu vermeiden. Die Zugabe von Ammoniak sollte in einer Menge erfolgen, die einen NH_4 Wert von 5-10 mg/l im Kreislaufwasser ermöglicht. Sobald die zugegebene Ammoniummenge durch einsetzende Nitrifikation auf Werte unter 1 mg/l abgebaut wurde, wird erneut in der doppelten Menge der ersten Zugabe dosiert. Nach Abbau des NH_4 auf unter 1 mg/l erneute Dosierung, bis die durch vollen Fischbesatz zu erwartende Ammoniumfracht erreicht ist. Nach dem Abbau von Ammonium wird zunächst Nitrit gebildet, welches von weiteren Bakteriengruppen zu Nitrat oxidiert wird. Diese Entwicklung sollte sorgfältig gemessen und protokolliert werden, dabei aber immer den pH im Auge haben.

1 kg Futter mit 45 % Rohprotein ergibt, wenn es von den Fischen gefressen und verdaut wird, eine tägliche Belastung von ca. 40-50 g zu oxidierendem Stickstoff. Dieser wird vor allem als Ammonium über die Kiemen ins Wasser abgegeben. Der über Harnstoff abgegebene Stickstoff ist deutlich geringer.

Die biologische Aufbereitung einer Anlage mit 20 t Fischbestand der mit 300 kg/Tag (1,5 %/d) gefüttert wird, muss in der Lage sein 12-15 kg Stickstoff täglich zu oxidieren. Erst wenn die biologische Aufbereitung an den zu erwartenden Fischbestand angepasst ist, werden die Fischbecken mit Fischen besetzt. Dabei vor allem bei Zandern und Stören darauf achten, dass der Nitratgehalt des Kreislaufwassers nicht mehr als ca. 200 mg/l NO_3 beträgt.

Die gesamte Trockenfuttermenge, die täglich in einem mit Fischen besetzten Kreislauf verfüttert wird, darf nicht um mehr als 5 %/d gesteigert werden, weil sonst die Bakterien nicht in der Lage sind, die erhöhte Last zu verarbeiten. Es treten Ammonium- und später nachfolgend Nitrit-Spitzen auf, die je nach Höhe den Fischbestand gefährden können.

Eine erfolgreiche Anfahrphase dauert zwischen 6 und 12 Wochen, in kaltem Wasser (<15 °C) auch schon mal 6 Monate. Je nach Herstellungsverfahren und Zusammensetzung des Kunststoffmaterials für die Biologie-Trägermaterialien, können die Oberflächen sehr glatt und/oder wasserabweisend sein. Ursächlich für die Wasserabweisung sind häufig Trennmittel, welche eingesetzt werden um den Kunststoff von den Austrittsdüsen der Werkzeuge zu trennen. Eine Lagerung des Materials vor dem Einbau außerhalb des Gebäudes in der Sonne und Besprühen mit Wasser (Rasensprenger) können helfen die Oberflächen anzurauen und damit die Möglichkeiten der Besiedlung mit Mikroorganismen sehr zu verbessern und zu beschleunigen. Hierdurch wird die benötigte Anfahrphase erheblich verkürzt.

Kunststoffsubstrat mit geringer (rechts) und großer (links) Oberfläche. Fotos: E. Fritschi

Besprühen von Substrat mit Wasser vor dem Einbau in die Anlage. Foto: P. Steinbach

Merke:
Je kälter das Wasser ist, desto länger dauert die Anfahrphase. Die Temperatur beim Anfahren sollte der Optimaltemperatur der später zu haltenden Fischart entsprechen. Die Futtermenge ist immer der Wassertemperatur anzupassen. Das Wasser muss täglich auf Ammonium, Nitrit, Nitrat, pH-Wert und Temperatur untersucht werden.

11.2.1.5. Berechnung der nötigen Substratflächen

Um einen Überblick über die zur erfolgreichen Wasserreinigung nötigen Substratmengen zu geben sind zunächst einige grundlegende Annahmen zu definieren und näherungsweise festzulegen, zum Beispiel:

- Es wird ausschließlich Trockenfutter eingesetzt.
- Dieses weist einen Rohroteingehalt von 45 % auf.
- Der Staubanteil (Abrieb) ist unterhalb von 1 %.
- Das gesamte Futter wird von den Fischen gefressen und verdaut.
- Die Tiere werden nahe ihres Temperaturoptimums gehalten.

Ermittlung von Substrat abhängig von Futtermenge, Temperatur und Fischart:

Fischart	Afrik. Wels	Bunt-barsch	Aal Karpfen	Europ. Wels	Stör Zander	Lachs Forelle	Saibling
Optimale Wassertemp. °C	28-32	24-28	22-26	20-24	18-22	14-18	12-16
Futter g/d/m² Substrat	16-20	12-14	10-12	8-10	8	8	6
NH_4-N/m²/d (in g)	0,65-0,82	0,49-0,65	0,41-0,49	0,32-0,41	0,32	0,32	0,25
m² Substrat (je 10 kg Futter)	620-500	830-710	1000-830	1250-1000	1250	1250	1670
Nötiges Filtersubstrat (in m³)							
Tropfkörper (150 m²/m³)	4,1-3-3	5,5-4,7	6,7-5-5	8,3-6,7	8,3	8,3	11,1
Festbett (250 m²/m³)	2,5-2,0	3,3-2,8	4,0-3,3	5,0-3,3	5,0	5,0	6,7
Fließbett (700 m²/m³)	0,9-0,7	1,2-1,0	1,4-1,2	1,8-1,4	1,8	1,8	2,4
Nötiges Filtervolumen (in m³)							
Fließbett (50 % Füllung)	1,8-1,4	2,4-2,0	2,8-2,4	3,6-2,8	3,6	3,6	4,8
Tropfkörper (40 % Reserve)	5,7-4,6	7,7-6,6	9,3-7,7	11,7-9,4	11,7	11,7	15,5

Für Salzwasserfische wie etwa Steinbutt und Wolfsbarsch sowie die meisten Garnelen (Shrimps) beträgt der optimale Temperaturbereich 20-30 C°; für anfälligere Arten 14-15 °C. Die Belastung mit Futter ist, da im Salzwasser von der Bakterienflora nicht dieselben Abbauraten wie im Süßwasser erreicht werden können, deutlich geringer und beträgt für wenige empfindliche Arten 5 g Futter/m² x d für anfälligere 3 g/m² x d; die Ammoniumbelastung pro Quadratmeter Substrat ist dann auch entsprechend geringer und beträgt 0,2 beziehungsweise 0,18 g NH_4/m² x d.

Zur Ermittlung der benötigten Substratmengen werden die zu haltende Fischart und die tägliche Futtermenge festgelegt. Die pro Kubikmeter vorhandene Oberfläche des zum Einsatz kommenden Substrats wird abhängig von der zu haltenden Fischart zum Futter ins Verhältnis gebracht. Es sind zum Beispiel 100 kg Futter pro Tag an Europäische Welse zu füttern: 100.000 g Futter/d:10 g Futter/m²/d = 10.000 m² Fläche im „Normalfall". Wird die Berechnung auf Grund möglicher oder zur Sicherheit der Fische angestrebter niedriger Haltungstemperaturen auf 8 g Futter/m² x d bezogen, sind bereits 12.500 m² Fläche nötig. Für diese Fläche wird ein Tropfkörper benötigt, welcher bei einer reaktiven (nötigen) Oberfläche von 150 m²/m³ ein Volumen von 83 m³ plus einer Reserve (siehe unten) von 40 % = 117 m³ umfasst, was einer Grundfläche von z. B. 6 x 6 m und 3,3 m Höhe entspricht. Ein Fließbett mit 700 m²/m³ benötigt dagegen ein Volumen von 18 m³ Trägermaterial in einem Behälter von 36 m³. Hierzu ist z. B. ein Behälter mit den Maßen 4 x 4 m bei 2,5 m Tiefe ausreichend, in welchem das Trägermaterial in Bewegung gehalten wird. Steht Substrat mit 870 m²/m³ zur Verfügung, reduziert sich das benötigte Volumen auf 29 m³.

Die Einbeziehung von Reserven hat sich bewährt. Dazu wird in Festbetten und Tropfkörper mit einem Abschlag in der Abbauleistung von 20-40 % gerechnet, da sie in der Regel auf Dauer nicht optimal durchströmt werden. Nur optimal durchströmte Substrate können optimale Leistung erbringen. Die exakte und gleichmäßige Verteilung des zu reinigenden Wassers innerhalb der Reinigungseinheit ist sehr schwierig. Ungleichmäßige Verteilung führt zu nachlassender Reinigungsleistung und auftretende Verschlammung zum Aufbau von anaeroben/anoxischen Bereichen innerhalb der Reinigungseinheit.

11.2.2. Mechanische Reinigung

Die meisten Systeme (außer Belebtschlamm, der neben der biologischen Reinigung auch als Sedimentfalle wirkt) erfordern zwingend eine mechanische Reinigung des von den Fischbecken kommenden Wassers, um partikuläre Wasserinhaltsstoffe wie etwa ungelöster Schmutz, Kot, Schlammflocken und Futterreste aus dem Kreislauf zu entfernen. Bei mechanischen Verfahren werden Parasiten nicht entfernt, da sie die Reinigungsstufe umgehen können.

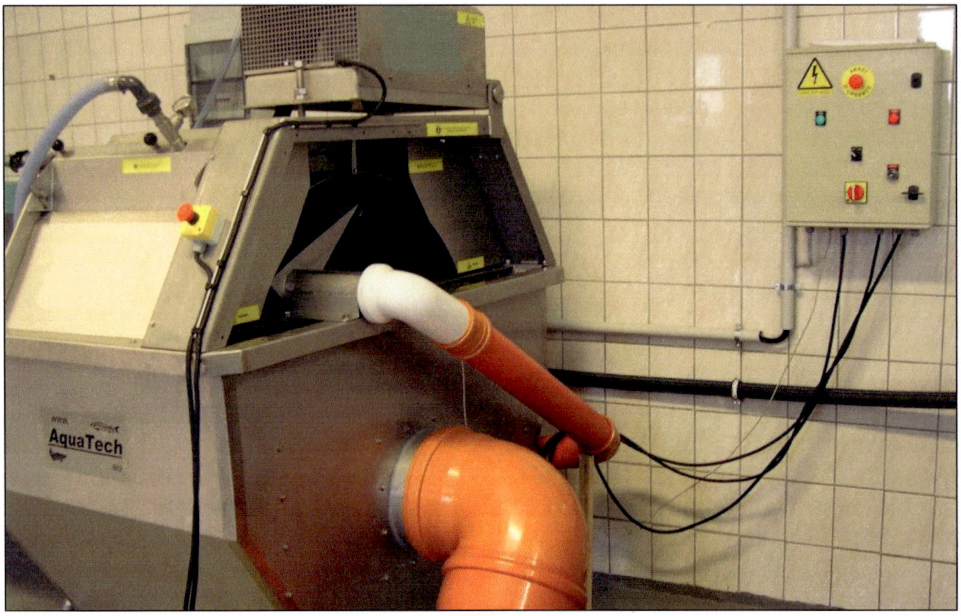

Trommelfilter mit Einbautank und Schaltschrank. Foto: M. Hochleithner

Bogensieb mit Sammelbehälter für Filtergut. Foto: M. Belay

Membranfilter mit Röhrenmembranen (links) und Plattenmembranen (rechts). Fotos: P. Steinbach

Lammellenseparator (links) und Sandfilter (rechts). Fotos: P. Steinbach

Nur durch deren Entfernung wird eine Überlastung der Biologie vermieden, eine Anreicherung dieser Stoffe in Fischbecken oder als Schlamm in Rohrleitungen und biologischer Aufbereitung verhindert und überflüssige Bakterienmasse wie etwa ausgespülter Tropfkörperrasen aus dem Kreislauf entfernt.

Zurzeit werden für diese Zwecke vor allem Filter unterschiedlicher Bauart eingesetzt: Trommel-, Scheiben- oder Bandfilter, Bogensiebe, Sandfilter, Filterkartuschen und Membranfilter. Außerdem sind in Gebrauch: Schrägflächenklärer oder Lamellenseparatoren, Wirbelseparatoren, Absetzbecken mit oder ohne Schlammräumung und Flotationen verschiedenster Ausführungen.

Alle technischen Einrichtungen zur mechanischen Reinigung des Abwassers besitzen für den jeweiligen Einsatzzweck Vor- und Nachteile. Sie müssen auf das zum Einsatz kommende Abwasserreinigungssystem, den Verwendungszweck und die Ansprüche der zu haltenden Fischart abgestimmt sein, um ihren Zweck optimal erfüllen zu können. Unter Umständen ist ihr Einsatz im Nebenstrom (Bypass) sinnvoll und angebracht.

11.2.3. Chemische Reinigung

Durch Zusatz chemisch wirksamer Stoffe (Additive) werden im Wasser gelöste Stoffe derart verändert, dass sie danach durch physikalisch mechanische Verfahren aus dem Anlagenwasser entfernt werden können. Anders als in der kommunalen Klärtechnik, ist der Einsatz von Chemikalien zur Wasserreinigung – außer zur pH-Regulierung – bisher in der Fischaufzucht in Kreislaufanlagen nicht oder zumindest nicht häufig üblich.

Ein mögliches Anreichern der in höherer Konzentration meist fischgiftigen Additive im Kreislauf und die Unkenntnis ab welcher Konzentration diese Anreicherung negativ für Fische und/oder Reinigungsbakterien sein könnte stehen einer breiten Anwendung im Weg. Um die Fragen bezüglich Konzentration und Auswirkung auf den Fischbestand befriedigend beantworten zu können ist noch viel Forschung nötig.

Schwierigkeiten, Zulaufwasser zu enteisen und/oder zu entmanganen oder Austauschwasser mit hohen Phosphatwerten in Vorfluter abzuleiten, zwingen uns dazu, sich auch mit der chemischen Wasserreinigung zu beschäftigen. Vor allem Phosphor im Ablaufwasser und Kohlendioxid, Eisen sowie Mangan im Zulauf müssen häufig aus dem Wasser entfernt werden. Hingegen ist eine Enthärtung in der Regel für die Fischzucht nicht nötig.

Bei der chemischen Wasserbehandlung werden echt gelöste, kolloidal gelöste und fein verteilte (disperse) Wasserinhaltstoffe oxidiert, an Flockungs- oder Fällmittel gebunden und abgesetzt, flotiert oder gefiltert.

Der Einsatz von Chemikalien kostet Geld. Die zukünftige Entwicklung der Wasser- und Wasserabgabepreise kann aber den vermehrten Einsatz sinnvoll machen oder sogar erzwingen.

11.2.3.1. Fällung und Flockung

Bei der chemischen Fällung werden durch Einsatz von Flockungs-und Fällmitteln gelöste oder fein verteilt im Wasser schwebenden Teilchen in größere und damit mit vertretbarem Aufwand abscheidbare Zusammenballungen oder Flocken umgewandelt.

Flockung und Fällung sind in der Praxis schwer gegeneinander abgrenzbar, da sie je nach Rahmenbedingungen ineinander übergehen. Bei einer Fällungsreaktion werden als Ionen vorliegende Stoffe durch das Fällmittel abgeschieden. Die Fällmittelzugabe erfolgt stöchiometrisch, das bedeutet der Wertigkeit folgend. Gleichartige elektrische Ladung von im Wasser befindlichen Teilchen (Ionen) hindert diese daran, zu größeren Aggregaten zusammen zu gehen, da sich gleichartige elektrische Ladungen abstoßen. Durch Zugabe von Fäll- und Flockungsmitteln wird diese Potentialschwelle destabilisiert, so dass fällbare oder filtrierbare Flocken entstehen.

Fällung und Flockung erfolgt in der Regel in einem oder mehreren separaten Behältern. Sie kann im Hauptstrom erfolgen, wobei die gesamte fließende Wassermenge behandelt wird – z. B der Ablauf einer Wasseraufbereitungsanlage – oder im Nebenstrom, wobei nur bestimmte begrenzte Wassermengen im Nebenstrom (Bypass) behandelt werden.

In Belebtschlammanlagen kann eine Simultanfällung erfolgen, wobei das Fällmittel in die Belebungsstufe dosiert wird. Separate Reaktions- und Abtrennbehälter für den Schlamm sind in diesem Fall nicht nötig. Wird der Belebtschlamm aber zur Denitrifikation benötigt und genutzt, ist mit teilweiser Rücklösung des gefällten Phosphors in der Denitrifikation zu rechnen.

Als Fäll- oder Flockungsmittel werden vor allem Aluminium- und Eisensalze sowie Kalk eingesetzt. Um die Flockung zu unterstützen, können auch synthetische Polymere sowie Polyacrylamide als Flockungshilfsmittel eingesetzt werden.

Die in der Fischhaltung mit Kreislauftechnologie vor allem interessierende Phosphoreleminierung kann durch Fällung des PO_4^{---} Ions mit Hilfe von Eisen (II), Eisen (III), Aluminium oder Kalzium Ionen erfolgen.

In den meisten Fällen muss Wasser, das aus der Fischzuchtanlage abgeleitet wird, einen Phosphorgehalt von 2 mg/l unterschreiten. Wird in einer Kreislaufanlage ständig im Nebenstrom Phosphor gefällt, ist es sicherlich möglich, den Phosphorgehalt in der Anlage unterhalb von 5 mg/l PO_4 zu halten, so dass bei Bedarf mit einer Nachfällung oder mit einer Pflanzenkläranlage der Grenzwert von 2 mg/l vor Einleitung in einen Vorfluter eingehalten werden kann.

Die einfachste Handhabung ist wohl bei Aluminium- oder Eisensalzen zu erwarten. Folgende Verfahrensschritte sind aber einzuhalten, egal, ob im Nebenstrom oder als Nachbehandlung des aufbereiteten Abwassers der Anlage:

- Sicheres Speichern, Lagern, Ansetzen und Lösen des Flockungsmittels; dieser Schritt ist abhängig von der Handelsform des Mittels.
- Dosierung und Mischung mit dem zu behandelnden Wasser. Hierzu ist eine schnelle und homogene Verteilung in der Regel durch hohe Turbulenzen nötig, z. B. durch Rührwerke oder statische Mischer.
- Entstabilisierung der elektrischen Ladung. Diese kann gleichzeitig mit dem Mischen im Mischbehälter erfolgen.
- Bildung der Mikroflocken. Keine Einflussnahme möglich.
- Ausbildung von Makroflocken: Hierbei geht es darum, aus den Mikroflocken durch reduzierten Energieeintrag (z. B. leichtes Rühren mit Verweilzeiten von 2-30 min.) große Flocken zu formen. Dieser Vorgang lässt sich durch Flockungshilfsmittel Zugabe in einer Menge von 0,1-1,0 g/m³ verbessern.
- Abtrennung der gebildeten Flocken durch Sedimentation, Filtration oder auch Flotation.

Die Oberflächenbeschickung von Sedimentationen liegt bei 2 m³/m² x h; Kompaktanlagen mit Plattenabscheidern können auch mit bis zu 30 m³/m² x h belastet werden. Flotationen werden mit einer Steiggeschwindigkeit von 3-18 m/h beschickt. Da jedes Anlagenwasser unterschiedlich zusammengesetzt ist, sind für eine sichere Funktion in jedem Fall Vorversuche und eine anschließende genaue Dimensionierung erforderlich.

11.2.3.1.1. Fällung mit Aluminiumsalz

Bei Fällung mit Aluminiumsalz $Al_2(SO_4)_3$ sollte der pH-Wert zwischen 6,0 und 7,2 liegen, um den Aluminiumgehalt im Reinwasser unter 0,1 mg/l zu halten. Es muss auch berücksichtigt werden, dass durch die Aluminiumsalzzugabe der pH-Wert sinkt, da Alkalität zerstört wird.

Für die vollständige Phosphatelemination sollte das Verhältnis Al:P etwa 2:1 betragen. Je nach pH-Wert, Alkalität, Härte, Trübung, Anteil an gelösten organischen Stoffen und Dosierung kann der tatsächlich durch Vorversuche zu ermittelnde tatsächlich nötige Wert im Bereich von 1,5-3,0:1 schwanken.

Bei der Phosphatelemination laufen zwei konkurrierende Fällungsreaktionen ab:

1. $Al_2(SO_4)_3 \times 18\ H_2O + 2\ PO_4^{---} = 2\ AlPO_4 \downarrow + 3\ SO_4^{--} + 18\ H_2O$
Aluminiumphosphat ($AlPO_4$) fällt aus.

2. $Al_2(SO_4)_3 \times 18\ H_2O + 6\ H_2O = 2\ Al(OH)_3 \downarrow + 6\ H^+ + 3\ SO_4^{--} + 18\ H_2O$
Aluminiumhydroxid ($Al(OH)_3$) fällt aus.

Die 6 Wasserstoff-Ionen reagieren weiter: $6\ H^+ + 6\ HCO_3^- = 6\ CO_2 + 6\ H_2O$

Bei der Hydrolyse von 1 mg Al^{+++}/l entstehen 4,9 mg CO_2/l, wodurch Alkalität in einer Menge von 5,5 mg $CaCO_3$/l zerstört wird. In gering gepufferten Wässern kann der pH-Wert unter 6 sinken, so dass an die Phosphatfällung anschließend eine pH-Anhebung durch Natronlauge (NaOH) oder Kalkmilch $Ca(OH)_2$ erfolgen muss. Gut bewährt hat sich die Zugabe von Natriumhydrogencarbonat ($NaHCO_3$) oder Kalziumcarbonat ($CaCO_3$) direkt vor der Fällstufe, ohne dass nachteilige Wirkungen auf den Fällvorgang auftreten.

11.2.3.1.2. Fällung mit Eisensalzen

Grundsätzlich können zwei- und dreiwertige Eisen Ionen aus Eisen (II) Sulfat $FeSO_4$, Eisen (III) Sulfat $Fe_2(SO_4)_3$ oder Eisenchlorid $FeCl_3$ zur Fällung von Phosphor herangezogen werden. Eisen (II) Sulfat ist sehr billig, bildet aber schlecht oder nicht absetzbare Flocken. Das für die Reaktion günstige pH-Optimum liegt zwischen 7,5-8,5.

Dreiwertiges Eisen Fe^{+++} bildet schwer lösliches Eisenphosphat $FePO_4$. Eisen (III) Chlorid ($FeCl_3$) erzielt die besten Ergebnisse. Die Reaktionen der dreiwertigen Eisen Ionen entsprechen chemisch denen des Aluminiums. Es entsteht Hydroxid $Fe(OH)_3$ und Eisenphosphat $FePO_4$.

Das Molverhältnis zur vollständigen Phosphatelimination beträgt Fe:P = 2:1; das Gewichtsverhältnis 1,8:1. Die minimale Löslichkeit des gefällten Phosphats liegt bei Eisensalzen als Fällmittel bei pH 5 und bei Aluminium bei pH 6. Die Fällungsreaktion erfasst nur die als PO_4 (Orthophosphat) vorhandenen Ionen. Polyphosphate und organische Phosphate lassen sich aber trotzdem entfernen, da sie glücklicherweise durch Adsorptionsvorgänge an die Oberflächen der neu gebildeten Flocken gebunden werden.

11.2.3.1.3. Kalk-Phosphat-Fällung

Die Vorgänge bei der Fällung von Phosphat durch das Calcium Ion (Ca++) sind nicht völlig bekannt.

Man geht von folgenden chemischen Reaktionen aus:

$$2\ Ca(OH)_2 = 2\ Ca^{++} + 4\ OH^-$$

$$2\ Ca^{++} + HPO_4^{--} + 4\ OH^- = Ca_2HPO_4(OH)_2 + 2\ OH^-$$

Man nimmt an, dass der sekundäre Säurerest HPO_4 der Phosphorsäure H_3PO_4 zunächst zu Calciumhydrogenphosphat $CaHPO_4 + H_2O$ reagiert; dieses geht nach einiger Zeit in das stabilere Apatit $Ca_{10}(PO_4)_6(OH)_2$ über.

$$4\ Ca_2HPO_4(OH)_2 + 2\ Ca^{++} + 2\ HPO_4^{--} = Ca_{10}(PO_4)_6(OH)_2 + 6\ H_2O$$

Apatit fällt aus.

In einer weiteren Reaktion findet noch eine Enthärtung des Wassers durch Ausfällung von Calciumkarbonat $CaCO_3$ statt:

$$Ca^{++} + HCO_3^- + OH^- = CaCO_3 + H_2O$$

Die Calciumphosphatfällung setzt erst ein, nachdem 60-80 % des möglichen Calciumkarbonats gebildet wurden. Störend wirkt auch das Vorhandensein von Magnesium-Ionen, die als Magnesiumhydroxid $Mg(OH)_2$ ausgefällt werden. Mit einer Kalk-Phosphat-Fällung lassen sich Phosphatwerte von unter 1 mg/l bei pH-Werten von 9,5-10 erreichen.

11.3. Verfahren der Abwasserreinigung

Wasser, in dem größere Mengen Fische gehalten und gefüttert werden, wird ständig durch Futterreste und Stoffwechselprodukte verunreinigt. Übersteigt diese Verunreinigung einen bestimmten, je nach Fischart und -alter unterschiedlichen Level, muss dem System Frisch- oder Austauschwasser zugeführt werden. Dieselbe Menge die zugegeben wird muss irgendwann wie auch immer abgeleitet werden. Das abgegebene Wasser gilt unabhängig vom Verschmutzungsgrad als Abwasser.

Auch Wasser, das die Anlage als Spül-, Austausch- oder Frischwasser verlässt ist laut Definition Abwasser, das vor Einleitung in einen Vorfluter, wie z. B. einen Graben, Bach, Kanal, See oder Fluss, den behördlichen Vorgaben entsprechend gereinigt werden muss. Selbst die Ableitung in eine unabhängige Kläranlage bedarf der Einhaltung von örtlich verschiedenen Grenzwerten. Meistens ist selbst dann zumindest einer Vorreinigung nötig. Befindet sich in oder bei der Anlage eine Verarbeitung in der Fische geschlachtet und für den Verzehr vorbereitet werden, entsteht ebenfalls Abwasser das einer den Vorgaben der zuständigen Behörden folgenden Reinigung bedarf.

Die Vorgaben, wie und wie weit gereinigt werden muss, sind an jedem Standort verschieden. Vor dem Kauf – in jedem Fall aber noch vor dem Bau der Anlage – muss mit den zuständigen Behörden geklärt werden in welchem Ausmaß das einzuleitende Abwasser gereinigt werden soll und welche Methoden in welcher Ausführung dafür in Frage kommen, beziehungsweise genehmigungsfähig sind. Vor allem aber welche Kosten die jeweils geforderte Reinigung verursacht und wer diese Anlage baut oder zumindest projektiert.

Abwasser enthält je nach Herkunft/Ursprung in wechselnden Mengen echt und kolloidal gelöste, schwebende und absetzbare Stoffe. Diese können organischer oder anorganischer Natur sein. Um das Ausmaß von Belastungen zu standardisieren und vergleichbar zu machen wurden Maßeinheiten geschaffen wie zum Beispiel Biologischer Sauerstoffbedarf (BSB), Chemischer Sauerstoffbedarf (CSB), Schweb- oder Trübstoffe, Ammonium-, Nitrit- oder Nitratstickstoff (NH_4-, NO_2-, NO_3-N).

Pro Kilogramm Fischbestand der mit Futter versorgt wird, kann mit einer durchschnittlichen Fracht von 2-6 g BSB_5, 6-10 g Schweb- oder Trübstoffen und 0,4-0,8 g NH_4-N gerechnet werden. Die Schwankungen ergeben sich aus teilweise erheblich unterschiedlichen Futtermengen (% pro Tag), Futterquotienten (FQ 1:?) und Futterqualitäten (% Protein, Fett, Kohlenhydrate, Rohfaser, außerdem noch Verdaulichkeit, Vermahlunsgrad, Art der thermischen Behandlung, Herkunft und Art der Futterkomponenten).

Nicht gefressenes Futter, also auch Abrieb und Staub belasten – sofern sie nicht über die mechanische Reinigung entfernt werden – die biologische Aufbereitung mit BSB_5 etwa 10-mal und mit Ammonium etwa doppelt so stark als wäre dieselbe Futtermenge von den Fischen gefressen und verdaut worden, da die Nährstoffe im Fisch zum Wachstum und Aufrechterhaltung aller Lebensvorgänge genutzt werden und damit die Klärstufe nicht mehr belasten können.

Ein Belastungsstoß durch BSB wird dank der Robustheit der beteiligten Bakterien relativ schnell abgefangen, ein Belastungsstoß durch Ammonium allerdings deutlich weniger, zumal die Nitrifikanten in einem solchen Fall von den auf die erhöhte BSB Fracht reagierenden BSB abbauenden Bakterien überwachsen und verdrängt werden. Weniger in der Aufbereitung verfügbare zur Nitrifikation befähigte Bakterien müssen dann in der Folge mehr Ammonium und Nitrit abbauen.

Zur Abwasserreinigung gibt es verschiedene Verfahren, die entweder vor allem gelöste oder ungelöste Inhaltsstoffe aufarbeiten oder beseitigen. Nach ihrer Funktion werden die Verfahren eingeteilt in (siehe auch Unterkapitel 11.2. Aufbereitung des Kreislaufwassers):

- Mechanische Verfahren, die mit Absetzbecken, Flotation, Schaumbecken, Fettfang, Sieben oder Filtern arbeiten und vorwiegend ungelöste Stoffe entfernen;
- Biologische Verfahren, die gelöste, halb gelöste oder fein suspendierte Stoffe aerob, anoxisch oder anaerob beseitigen oder an Schlammflocken anlagern;
- Chemische Verfahren, bei denen Inhaltsstoffe an eine Chemikalie (Fällmittel) gebunden, als Flocke ausgefällt und damit mechanisch entfernbar werden.

Mit diesen Verfahren werden Kolloide und nicht absetzbare Schwebstoffe erfasst. Kolloide sind meist elektrisch geladen. Da sie an den Oberflächen die gleiche elektrische Ladung besitzen, stoßen sie sich gegenseitig ab. Wird die elektrische Ladung aufgehoben oder zerstört, kann das Kolloid ausflocken. Aluminium- oder Eisen-Ionen sind in der Lage, durch ihre negative Ladung (Kationen) die meist positive Ladung organischer Kolloide aufzuheben und sie auf diese Art und Weise auszufällen und damit mechanisch entfernbar zu machen.

11.3.1. Mechanische Verfahren

Zu den mechanischen Verfahren zählen die Absetzverfahren, die Lamellen- oder Plattenseparatoren (Abscheider), die Flotations- oder Schwimmverfahren und die Siebverfahren. Stoffe die nicht echt im Wasser gelöst sind und in ihren Eigenschaften vom umgebenden Wasser abweichen, lassen sich mit diesen Verfahren entfernen. Sie sind mechanischen Verfahren zugänglich. Angriffsgrößen dieser Verfahren sind spezifisches Gewicht, Teilchengröße, Anziehungs- und Abstoßungskräfte (Bildung von Agglomeraten) und Aufbau (Sperrigkeit).

11.3.1.1. Absetzverfahren

Bei dieser Art der Abwasserreinigung sinken Inhaltsstoffe durch ihr spezifisches Gewicht, das dazu logischerweise höher sein muss als das von Wasser, auf den Boden von Absetzbecken.

Ist der Schlamm (Schwebstoffe) körnig (Sand), ist der Vorgang des Absetzens einfach und schnell durchzuführen, und die nötigen Becken können klein gewählt werden. Ist der Schlamm fein verteilt und leicht, müssen die Becken groß genug sein, um ihre Aufgabe zu erfüllen. Vom Absetzbecken müssen zwei Aufgaben gleichzeitig erfüllt werden:

1. Absetzung möglichst vieler Schwebstoffe aus dem Wasser.
2. Entfernung des angesammelten Schlamms aus dem Becken.

Das Absetzen von Schwebstoffen wird durch eine Reihe von Faktoren beeinflusst, wie z. B. Größe, Form und Gewicht der Einzelflocke, Temperatur und Salzgehalt des Wassers, Strömung oder Turbulenzen.

Die Entfernung des Schlamms muss ohne wieder aufgerührt zu werden möglich sein und ohne dass sich durch biologischen Prozesse Bläh- oder Schwimmschlamm bilden. Denitrifikation, Gärung, Oxidation, Reduktion verändern das spezifische Gewicht des Schlamms unter Umständen bereits in wenigen Minuten und der sich eigentlich gut absetzende Schlamm gelangt in den Klarlauf und damit zu den darüber nicht erfreuten Fischen.

Absetzbecken werden daher immer etwas größer bemessen als eigentlich nötig, um diese Unsicherheiten auszuschließen und möglichen Schwankungen dieser Parameter zu begegnen. Die Bemessung/Auslegung von Absetzbecken erfolgt über die Oberflächenbelastung oder Flächenbeschickung und die Absetzzeit.

Bei horizontal oder waagerecht durchflossenen Becken errechnet sich die Oberflächenbelastung aus Kubikmeter Abwasser pro Quadratmeter Beckenoberfläche je Stunde = m^3/m^2 x h. Bei senkrecht oder vertikal von unten nach oben durchflossenen Becken errechnet sich die Belastung in Meter Steiggeschwindigkeit pro Stunde = m/h.

Die Absetzzeit ist die rechnerische Aufenthaltszeit des Abwassers im Becken in Stunden. Je nach vorherrschender Funktion wird ein Sedimentations- oder Absetzbecken in vier Zonen eingeteilt:

1. Klarwassserzone
2. Trennzone
3. Speicherzone
4. Eindickzone

Die Klarwasserzone ist eine Sicherheitszone mit 0,5 m Mindesttiefe. Durch sie werden die von einer Abflußwehrkante ausgehenden Sogwirkungen gemildert ebenso wie Einflüsse durch Wind, Dichteunterschiede und nicht gleichmäßige Flächenbeschickung. Ihre Größe ist weitgehend unabhängig von der pro Zeiteinheit durch das Absetzbecken fließenden Wassermenge festgelegt.

In die Trennzone wird das Schlamm-Wasser-Gemisch aus der biologischen Aufbereitung eingeleitet. In ihr finden Flockungsvorgänge statt, bei denen sich Flocken bilden, große Flocken aus Vereinigung kleiner entstehen und kleine Flocken aktiv durch unterschiedliche elektrische Ladung an größere oder andere kleine Flocken angelagert werden. Die Durchflusszeit bezogen auf das freie Wasservolumen durch diese Zone beträgt 0,5 h. Die Größe der Zone wird durch die pro Zeiteinheit durchfließende Wassermenge bestimmt.

Die Speicherzone stellt eine Vergrößerung der Trennzone dar und wirkt bei schwankenden Zulaufmengen dem Verlust von Belebtschlamm durch Ausspülvorgänge entgegen. Die Bemessung erfolgt dahingehend, dass sie in der Lage sein muss, 1,5 h lang zusätzlich zufließenden Schlamm mit einer Konzentration von etwa 500 l Schlamm pro m³ oder 500 ml/l Wasser aufzunehmen. Die Schlammenge (in ml/l) wird in einem Imhoff-Trichter von 1 l Volumen bestimmt. Nach einer halben Stunde Absetzzeit erfolgt das Ablesen des Schlammvolumens der Schlamm-Wasser-Mischung auf der Skala des Trichters. Bei schlecht absetzbaren Schlämmen, oder solchen die zur Bildung von Blähschlamm neigen, kann es angebracht sein im Abstand von etwa 5 Minuten den Trichter kurz hin und her zu drehen, wodurch das Absetzverhalten positiv beeinflusst wird.

In der Eindickzone (auch Räumzone) erfolgt die Konzentrierung des abgesetzten Schlamms. Der hier befindliche Schlamm besitzt den höchsten Trockensubstanzgehalt. Die Eindick- und Lagerzeit darf in mit Belebtschlamm beschickten Sedimentationen 2 h nicht überschreiten, da sonst durch Denitrifikationsprozesse (Bildung von Stickstoffbläschen) Schwimmschlamm entstehen, sowie Phosphor aus Verbindungen gelöst und in das Ablaufwasser gelangen kann, wodurch der Ablauf entweder mit Schwebstoffen, mit Phosphor oder im ungünstigsten Fall mit beiden belastet wird.

11.3.1.1.1. Horizontal durchflossene Absetzbecken

Bei Rechteckbecken treten in der Einlauf- und der Auslaufzone hydraulische Störungen durch Bildung von Turbulenzen und Kurzschlussströmungen auf. Bei der Ermittlung der für einen speziellen Bedarfsfall nötigen Beckenlänge, bleiben diese beiden Zonen (Einlauf- und Auslaufzone) unberücksichtigt, sie werden nicht in die Berechnung der erforderlichen Beckenlänge einbezogen. Die Beckentiefe entspricht ungefähr der Länge dieser Störzonen. Ein 2,5 m tiefes Becken weist 2 Störzonen á 2,5 m = 5 m auf, die der erforderlichen Baulänge hinzuzufügen sind. Günstig sind Beckenlängen über 30 m aber unter 60 m.

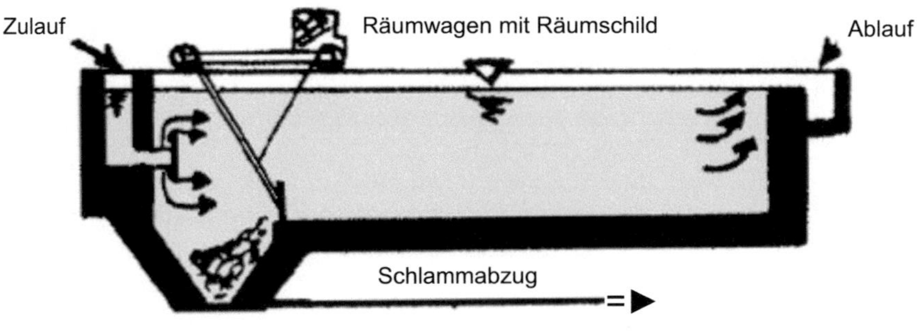

Horizontal durchströmtes Rechteckbecken. Gezeichnet: nach Brettschneider

Bei Rundbecken sind Beckengrößen von 30-50 m Durchmesser optimal. Sind Becken im Durchmesser kleiner oder größer ist der hydraulische Wirkungsgrad nicht optimal. Sind die Becken kleiner als 20 m im Durchmesser, sollten sie wie vertikal durchströmte Becken berechnet werden. Becken größer als 50 m unterliegen Einflüssen durch den Wind. Es entstehen Strömungen und Turbulenzen, die die Absetzeigenschaften verschlechtern.

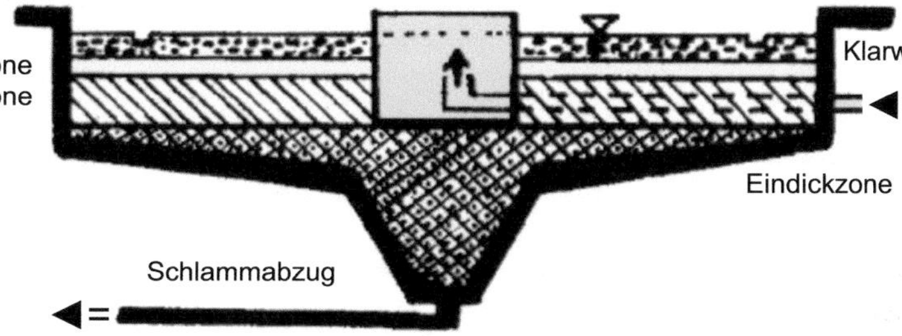

Horizontal durchströmtes Rundbecken. Gezeichnet: nach Brettschneider

Die Zuläufe sind so zu gestalten, dass von der Strömung keine Luftblasen mitgerissen werden können und dass etwaiges Aus- oder Entgasen von mit Gasen übersättigtem Abwasser vor dem Einlauf in das Absetzbecken erfolgen kann. Dazu sind etwa 3-5 min. Verweilzeit im Einlaufbauwerk ausreichend.

Das dem Absetzbecken zufließende Abwasser-Schlamm-Gemisch besitzt eine höhere Dichte als der Klarlauf (vom Schlamm befreites Wasser). Dieses dichte (schwere) Gemisch kann aber eine Strömung bis zum Beckenrand (Ablauf) ausbilden, so dass ungeklärtes Wasser abfließt. Eine gleichmäßige Verteilung und Verlangsamung der Strömung in den Zuleitungen lässt sich durch den Einbau von Tauchwänden, Schlitzwänden oder Leitlamellen erreichen.

Die Abläufe wie Überfallwehr, Überfallrinne oder Überfallschwelle sollten bei einseitiger Beschickung (der Zufluss erfolgt hierbei nur von einer Seite der Rinne) mit weniger als 10 m³/m Schwelle und Stunde beschickt/beaufschlagt werden. Wird die Rinne von beiden Seiten angeströmt, darf die Zuflussmenge nicht mehr als 6 m³/m x h von jeder Seite betragen, also maximal 12 m³/m x h für beide Seiten. Sind zur Einhaltung dieser Zuflussmenge pro Meter Rinne mehrere Rinnen nötig, muss der Abstand der Rinnen untereinander mindestens der Beckentiefe an dieser Stelle entsprechen. In jedem Fall muss der Ablauf aber gleichmäßig über die gesamte Länge der Ablaufkonstruktion erfolgen.

Mögliche und bewährte Ablaufkonstruktionen sind:

- Rinnen mit gezahnten oder gezackten Überfallkanten,
- in das Becken vorgezogene Ablaufrinnen für die beidseitige Nutzung,
- radial in das Becken eingebrachte, getauchte und gelochte Rohre.

Vorgezogene Rinnen und getauchte Rohre begünstigen durch die flächige Abnahme des Wassers den hydraulischen Wirkungsgrad der Nachklärung oder Sedimentation durch Umlenkung der Grundströmung entlang der Beckensohle (horizontale Strömung) in eine vertikale Strömung. Feine Schlammflocken werden auf diese Art und Weise nicht in den Ablauf transportiert.

Tauchwände können Schwimmstoffe und Schwimmschlamm effektiv zurückhalten. Die Tauchwände sollen nur so tief ins Wasser eintauchen, wie zur Zurückhaltung des Schwimmschlamms erforderlich ist. Ein minimaler Abstand von 30 cm zur Überfallkante und 20 cm Eintauchtiefe sind ausreichend. Möglicherweise auftretender Schwimmschlamm wird durch eine permanent umlaufende Abzugsvorrichtung entfernt, durch Besprühen der Wasseroberfläche mit Wasser zum Absinken gebracht oder durch aufgeblasene, gerichtete Luftzufuhr in einem bestimmten Bereich konzentriert und dort abgesaugt.

Rechteckbecken werden normalerweise mit flacher Sohle gebaut, die mit Hilfe eines längsbewegten Saugräumers vom Schlamm geräumt werden oder in denen ein Räumwagen oder eine andere Räumeinrichtung den Schlamm mit einem Räumschild in einen Schlammtrichter befördert. Außer bei Absetzbecken mit Leerausräumung wird der Schlamm aller übrigen Becken kontinuierlich abgesaugt. Eine Räumereinrichtung fördert in diesem Fall Schlamm in einen Schlammtrichter, aus dem der Schlamm in die Biologie zurückgefördert (Rücklaufschlamm) oder aus der Anlage entfernt (Überschussschlamm) und weiterverarbeitet wird, z. B. als Dünger mit oder ohne vorheriger Entwässerung, zur Ausfaulung oder zur Verbrennung.

11.3.1.1.2. Vertikal durchflossene Absetzbecken

Die Definition besagt, dass das Verhältnis der Vertikalkomponente des Fließweges zur Horizontalkomponente mehr als 0,5 beträgt. Die Becken sind tiefer/höher als breit; sie können rund oder rechteckig ausgebildet sein.

Trichterbecken (auch Dortmundbecken) begünstigen im unteren Bereich die Bildung von Turbulenzen, welche die Entstehung absetzfähiger Flocken fördern. Nach oben hin wird durch die sich erweiternde Trichterform die Strömung gleichmäßig, wodurch ein stabiler Flockenfilter entstehen kann. In dem Bereich, in dem die aufwärts gerichtete Strömung gleich der Absetzgeschwindigkeit der Schlammflocken ist, bildet sich ein Schwebefilter, in dem die Flocken weder sinken noch aufsteigen. Die schwebenden Flocken lagern kleine (Mikro) Flocken an, werden dadurch schwerer und sinken ab. Der Schwebefilter kann auf diese Art und Weise sehr kleine Flocken, die bei der herrschenden Strömungsgeschwindigkeit nicht sedimentierbar sind, einfangen und aus dem Wasser entfernen. Je nach Material und Oberflächenbeschaffenheit der Wände sind Trichterneigungen von 1,7:1 bis 1,4:1 möglich. Wird die Trichterneigung bis zum Schlammabzugspunkt fortgeführt, kann auf einen maschinellen Schlammräumer verzichtet werden. Der Schlamm kann direkt aus der Trichterspitze gepumpt werden. Die Tiefe der Eindickzone sollte mindestens ein Drittel der Gesamtwassertiefe besitzen. Die Oberflächenbeschickung bzw. Steiggeschwindigkeit des zulaufenden Wassers im Becken beträgt je nach Schlammart/-alter 1-3 m/h.

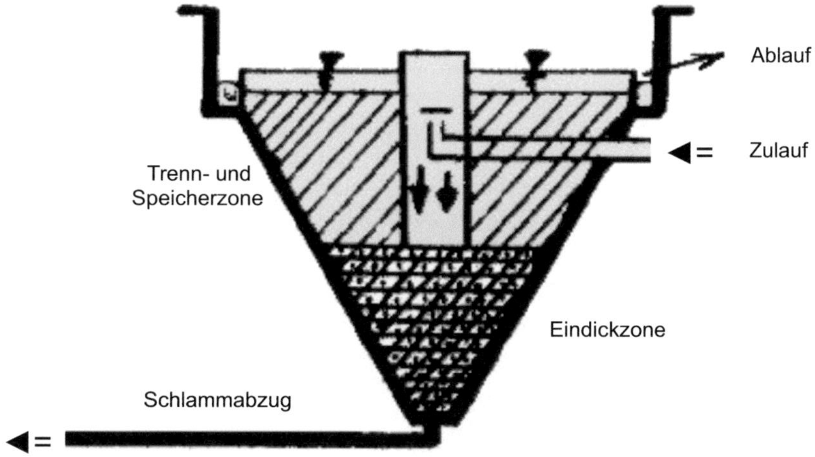

Vertikal durchströmtes Trichterbecken. Gezeichnet: nach Brettschneider

Der Schlammsammelraum besteht aus Eindickzone und Schlammbereich. Durch die Trichterform, deren Neigung mindestens 60° betragen muss um ein Festsetzen des Schlamms an den Wänden zu verhindern, ist eine Räumeinrichtung nicht erforderlich.

Der Zulauf erfolgt in Trichterbecken durch ein zentrales Bauwerk mit Tauchzylinder. Die Unterkante des Einlaufbauwerks wird zweckmäßigerweise oberhalb der Eindickzone etwa in der Mitte der Speicherzone angeordnet. Der Durchmesser des Mittelbauwerks soll etwa 16-20 % des Durchmessers der Beckenoberfläche betragen.

Der Ablauf folgt bei vertikal durchströmten Absetzbecken denselben Gesetzmäßigkeiten wie bei horizontal durchströmten.

11.3.1.1.3. Weitere Formen von Absetzbecken

Je nach örtlichen Gegebenheiten, Art, Menge und Entstehungsort und -art des aus dem Wasser zu entfernenden Schlamms, werden weitere Formen von Sedimentations- oder Absetzeinrichtungen errichtet.

Zweistöckige Absetzbecken (auch Emscherbecken) sind Absetz- und Faulbecken. Hierzu ist unter dem Absetzraum ein Schlammraum angeordnet. Ohne maschinelle Räumvorrichtung rutscht der Schlamm dabei durch Schlitze in den unteren Raum. Durch die Bauform können aufsteigende Gasblasen und Schwimmschlamm nicht an die Oberfläche des Beckens gelangen. Der gelagerte Schlamm unterliegt einer Faulung und damit einer Volumenverminderung der Schlammmasse. Diese Becken werden als einfache, leicht zu bedienende Kläranlagen gebaut, wo leistungsfähige Vorfluter zur Verfügung stehen, denen das biologisch nur ansatzweise geklärte Abwasser nicht schadet. Sie können zur Nachbehandlung von Überschussschlamm aus der „normalen“ Klärung verwendet werden.

Sickerbecken werden sehr flach gebaut. Sie werden mit Abwasser gefüllt und der Schlamm sammelt sich am Boden. Das vom Schlamm befreite Wasser sickert durch den Boden und Sickerrohre ab. Anschließend lässt man den Schlamm trocknen, um ihn im trockenen Zustand zu entsorgen. Erst nach Entfernung des getrockneten Schlamms steht das Becken wieder zur Verfügung. Für eine permanent funktionierende Anlage ist daher eine ganze Reihe von Becken nötig, da nach jeder Füllung mit Schlamm dessen Trocknung abgewartet werden muss. Sickerbecken sind zur Behandlung von Überschussschlamm brauchbar.

Auflandungsteiche stellen Absetzbecken einfachster Bauart dar; in ihnen bleibt der abgesetzte Schlamm liegen. Er wird nie geräumt. Durch wiederholte Beschickung wird der Teich schichtweise langsam immer voller (aufgelandet). Ist er voll, wird ein neuer Teich gebaut. Diese Form der Abwasserreinigung ist besonders für nicht oder wenig Gas entwickelnde sowie mineralische Schlämme (z. B. mineralisierter Überschussschlamm) geeignet. Voraussetzung ist, das ausreichend Flächen zum Bau der Teiche zur Verfügung stehen und die Behörden diese Form der Schlammbeseitigung erlauben.

Abwasserteiche wirken sowohl als biologische Systeme der Abwasserreinigung als auch als Absetzbecken. Der Schlamm wird bei Bedarf entfernt, sobald ein Absetzen weiteren Schlamms nicht oder nicht ausreichend möglich ist, und die biologische Klärleistung des Teiches nachlässt. Abwasserteiche lassen sich zur Nachbehandlung (Schönungsteich) des geklärten Anlagenablaufs vor Einleitung in den Vorfluter sehr gut verwenden.

Mehrkammergruben oder Mehrkammerausfaulgruben werden eingesetzt, wenn wenig Wasser pro Zeiteinheit vom Schlamm befreit werden muss. In der vorderen von 3 oder 4 Kammern einer Mehrkammergrube wird die größte Schlammenge abgelagert; aus diesem Grund entspricht ihr Volumen etwa dem doppelten der folgenden Kammern. Je nach Schlammanfall wird mehrmals pro Jahr (2-4 mal) der Schlamm entfernt. Eine weitere Bedienung oder Wartung ist nicht nötig. Das aus der letzten Kammer ablaufende Wasser kann je nach Auflagen der Wasserbehörden in einen Vorfluter geleitet, versickert, verrieselt oder vor der Ableitung in einer biologischen Anlage (z. B. Pflanzenkläranlage) weiter aufbereitet werden.

Mehrkammerausfaulgruben bewirken neben der Schlammentfernung und Sammlung eine teilbiologische Reinigung des Abwassers. Der Schlamm wird nur etwa einmal jährlich entfernt und unterliegt durch den längeren Aufenthalt einer Faulung (= anaerober Abbau) organischer Inhaltsstoffe. Das System ist für die Aufbereitung von Überschussschlamm einsetzbar.

11.3.1.2. Lamellen- oder Plattenseparatoren

Durch Einbau von Lamellen in Absetzbecken lässt sich der Absetzvorgang optimieren. Der Absetzvorgang von Schlammpartikeln hängt von ihrer Sinkgeschwindigkeit und von der Flächenbelastung ($m^3/m^2 \times h$) des Sedimentationsbeckens ab.

Der Einbau der Flächen von Lamellen oder Rohrbündeln muss mindestens im Winkel von 60° oder steiler erfolgen, um ein sicheres Abgleiten des angelagerten Schlamms zu ermöglichen. Bei flacherem Winkel kann es zu Störungen durch aufschwimmenden Schlamm kommen oder zu Verstopfungen, weil der Schlamm nicht in den unter den Flächen befindlichen Schlammsammelraum rutscht.

Durch die Platten sollen zwei Wirkungen erreicht werden:

1. Der Wasserstrom wird laminar, das heißt ohne Turbulenz geführt. Schwebende Teilchen lagern sich unter den Bedingungen einer laminaren Strömungsführung leichter/schneller auf den Oberflächen der Lamellen oder Rohrbündel ab, und sie können von diesen durch die Schrägstellung der Flächen zum Schlammsammelraum abrutschen.

2. Der Sinkweg wird verkürzt; absinkende Teilchen erreichen bereits nach sehr kurzem Sinkweg (wenige Zentimeter) eine feste Unterlage (Oberfläche der Platte oder Röhre).

Lamellenabscheider oder Rohrbündel können aufgrund dieser Eigenschaften mit sehr viel mehr Wasser pro Stunde belastet werden als Sedimentationen oder

Absetzbecken. 10 m² Platten lassen sich bei einem Abstand von ca. 8 cm der Platten untereinander in Abhängigkeit von Absetzverhalten der Schlammpartikel in der Fischzucht mit etwa 2,5-3,0 m³ Abwasser/h (0,25-0,3 m³/m² x h) beschicken. Mit Schlamm aus Abwasseranlagen beschickte Lamellenseparatoren müssen, um einer Verstopfung durch den viel „dickeren“ Schlamm vorzubeugen, mindestens 10 cm Plattenabstand aufweisen, können aber mit 0,4-0,6 m³/m² und Stunde beschickt werden.

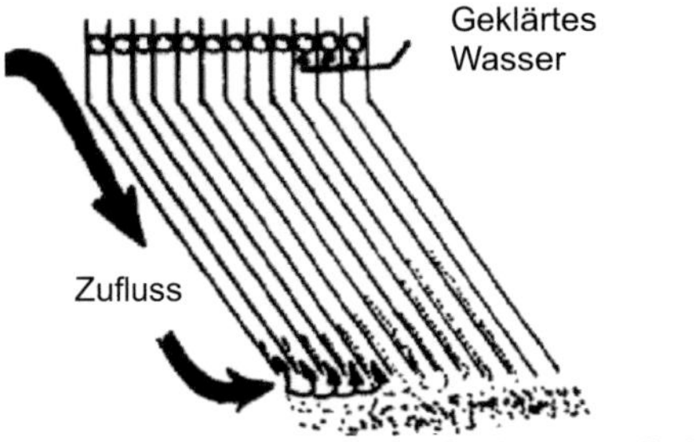

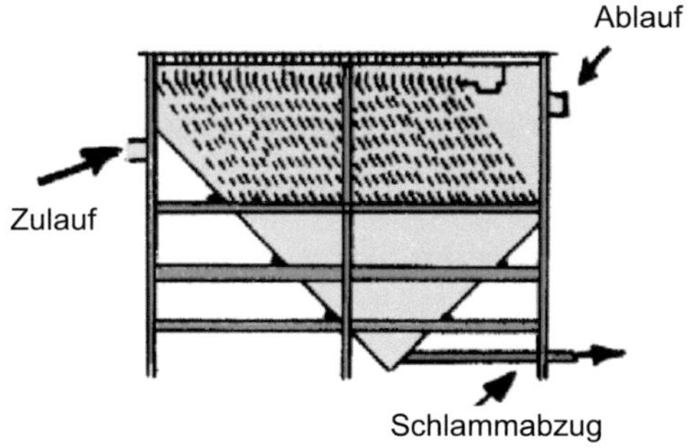

Lamellenseparator mit Funktion (links) und Aufbau (rechts). Gezeichnet: nach Prospekt

11.3.1.3. Flotations- oder Schwimmverfahren

Auch diese Reinigungsverfahren folgen in ihrer Funktion dem Prinzip der Schwerkraft, allerdings sinken die hierbei entfernten Stoffe nicht auf den Boden sondern steigen auf. Öle und Fette sind leichter als Wasser, sie schwimmen von daher leicht auf. Aber auch Partikel mit einem höheren spezifischen Gewicht als Wasser können durch Ein- und Anlagerung von Gasblasen leichter als Wasser gemacht werden. Das aufsteigende Gemisch aus Luft, Feststoffen und Flocken fängt auf dem Weg nach oben Suspensa (feinste Schwebeteilchen) und Kolloide (bei geeigneter elektrischer Ladung) wie ein Schwebefilter ein. Da die Gasblasen an der Oberfläche nicht entweichen können – über ihnen befindet sich ja bereits eine Flotationsschicht aus Feststoffen, die vorher aufgestiegen sind – heben die Gasblasen diese Flotatschicht über die Wasseroberfläche. Das freie Wasser zwischen den Schlammteilen kann abfließen, und es bildet sich auf der Oberfläche schwimmend ein recht feststoffreicher Flotatkuchen, der leicht abgeschöpft werden kann. Der Feststoffgehalt dieses Schlamms kann 6-16 % betragen, je nach Ausgangsmaterial/Schlamm. Die Länge zu Breite einer typischen Flotation beträgt 5:1 bis 8:1. Sie ist 1,2-3,0 m tief und kann auch abhängig vom Gesamtvolumen mit 3-18 m³/m²/h beschickt werden

Fett- oder Ölabscheider werden nach Volumen (zu erwartender Fettmenge) und Art des abzuleitenden Schmutzwassers bemessen. Die Größe des Abscheiders errechnet sich aus der Dichte des Fettes, der Temperatur, der Menge an Spül- und Reinigungsmitteln, dem Wasserdurchfluss und der Masse an Fett. Derartige Abscheider werden einer Fischverarbeitung nachgeschaltet; nicht aber innerhalb von Kreisläufen zur Fischzucht.

Die Wirkung von Abscheidern lässt sich durch Einbau von parallelen Platten erhöhen. Die Fette und Öle steigen dabei zur Oberfläche, das gereinigte Wasser verlässt den Abscheider im unteren Bereich. Diese Form des Abscheidens wird eingesetzt, wenn das Wasser Öle, Benzin oder Mineralöl enthält.

Flotationsverfahren nutzen Gasblasen zur An- oder Einlagerung von/an Partikel oder Flocken. Dazu sind unterschiedliche Verfahren gebräuchlich: Druck- und Entspannungsfloatation, Druckluft- und Turboflotation.

Bei der Druckluft- und Turboflotation wird eine Feinverteilung von Luft durch Injektoren, schnell laufenden Rührwerken oder feinstporigen Belüftungseinrichtungen erzeugt. Die erreichbare Blasengröße beträgt etwa 2 mm. Der Luftbedarf und der Energieaufwand (etwa 1 kW/m^3 zu behandelndem Abwasser) zum Austragen der Trübstoffe sind erheblich höher als bei der Druck- und Entspannungsflotation.

Druck- und Entspannungsflotation arbeitet mit unter Druck gelöstem Gas, das durch schlagartiges Abfallen lassen des Drucks zum Ausgasen gebracht wird. Der Vorgang von durch Entspannung auftretende Gasblasen kann sehr gut beim Öffnen einer Sprudelflasche beobachtet werden. Mischt man diesen Sprudel-/ Mineralwasser mit schwebstoffhaltiger Flüssigkeit z. B. frisch gepresstem Orangensaft, wird sofort eine Flotation des Fruchtfleisches der Orangen zu beobachten sein. Fruchtfleischschaum bildet sich und steigt zur Oberfläche.

Eine Entspannungsflotation benötigt etwa 0,1-0,3 kW/m^3 zu behandelndem Wasser an Energie, die erreichbare Blasengröße beträgt weniger als 0,5 mm, und der Luftbedarf entspricht einem Bruchteil der für Druckluftflotation nötigen Menge. Kreislaufwasser aus der Fischhaltung variiert abhängig von Fütterung, Besatz- und Umsetzungsvorgängen in seiner physikalisch Zusammensetzung und damit Reaktion. Hierdurch treten Probleme auf, die einen wirklich dauerhaften Einsatz der Flotation in der Fischzucht überwachungsintensiv gestalten.

Wird in Kreislaufanlagen Wasser durch Flotation gereinigt, sollte immer die Gesamtgassättigung des nach der Flotation zu den Fischen gelangenden Wassers im Auge behalten werden, um Schäden an den Fischen durch Gasblasenkrankheit ausschließen zu können. Zur Sicherheit und Kostenersparnis ist es besser, die Flotation nur mit etwa 20-40 % der umlaufenden Wassermenge, also im Teilkreislauf zu betreiben, um derartige Schäden weitgehend auszuschließen.

Mit Hilfe von Flotationsanlagen lassen sich auch sehr feine Schwebstoffe, die sich vor allem in Wirbelschicht-, Fließbett- oder Tropfkörperanlagen ohne UV-Anlagen anreichern können, sicher und effektiv entfernen. Die Schlamm- oder Flotatentsorgung lässt sich mechanisieren oder doch einfach gestalten, um den Wartungsaufwand zu verringern. Der Austauschwasserbedarf ist durch den hohen Trockensubstanzgehalt des Flotats (Schlamms) zu vernachlässigen. Durch Sedimentation produzierte Schlämme enthalten deutlich mehr Wasser, das beim Abführen dem Kreislauf verloren geht und ersetzt werden muss. Nachteilig ist wie bereits bemerkt neben der Gefahr einer Gesamtgasübersättigung der relativ hohe Bedarf an Elektroenergie.

11.3.1.4. Sieb- und Filterverfahren

Durch Wachsen und Absterben von Bakterien sowie die Fütterung und Verdauung der Fische in Kreislaufanlagen gelangen feste Stoffe ins Wasser wie z. B. Kot, Futterreste oder Bakterienmasse. Derartige Stoffe stellen für die biologischen Systeme eine Belastung dar. Reichern sie sich in den Fischbecken an, können sie durch Abdeckung des Kiemenepithels den nötigen Gasaustauch verringern und die Kiemen der Fische durch Reizung erheblich schädigen. Durch Schwebstoffe vorgeschädigte Kiemen werden sehr leicht von Bakterien und Parasiten befallen, durch welche die Fische zusätzlich geschädigt werden. Es hilft in solchen Fällen wenig nur die Parasiten zu bekämpfen. Wenn nicht gleichzeitig die Ursachen beseitigt werden, müssen die Tiere immer und immer wieder gegen neue Infektionen behandelt werden. Die Ursachen derartiger durch Schwebstoffe verursachten Schäden sind verminderter Sauerstoffgehalt im Fischbecken, Freiwerden und Entstehung oder Bildung von Ammonium, Nitrit, Schwefelwasserstoff etc.

Durch möglichst hohe Wasseraustauschraten und strömungsgünstig gebaute Becken sollen Schwebstoffe möglichst schnell ausgespült werden. Sobald sie das Becken verlassen haben, können sie mit Sieben oder Filtern aus dem Wasser entfernt werden. Je schneller Schwebstoffe aus dem Kreislaufwasser entfernt werden, desto besser für die Fische und die biologische Aufbereitung.

11.3.1.4.1. Sieben

Die in der Wasseraufbereitung eingesetzten Siebe werden im allgemeinen Sprachgebrauch der Aquakulturbranche als Bogensieb, Trommel-, Scheiben-, Band- oder Triangelfilter bezeichnet. Trommel-, Scheiben-, Band- und Triangelfilter sind von ihrer Funktion Siebe und keine Filter. Sie werden aber nun mal im täglichen Sprachgebrauch als Filter bezeichnet, daher wird diese Bezeichnung im Weiteren auch so, obwohl eigentlich falsch, beibehalten. Aus der Klärtechnik bekannte Verfahren wie z. B. Muldensiebe und Siebschnecken finden in der Fischzucht kaum Verwendung.

Muldensiebe haben eine mit Schlitz- oder Lochplatten ausgekleidete Mulde, durch welche das zu reinigende Wasser strömt. Das Siebgut bleibt auf der Platte liegen und wird durch ein Bürstensystem über den Muldenrand befördert. Das gereinigte Wasser wird unter der Siebfläche gesammelt und kann wieder verwendet werden. Die kleinstmögliche Maschenweite beträgt 120 µm (Mikrometer), die Höhendifferenz von Einlauf zu Auslauf beträgt ca. 30 cm.

Siebschnecken werden eingesetzt um gröberes Rechengut aus dem Wasser zu entfernen und anschließend mit Hilfe einer integrierten Siebgutpresse zu entwässern. Derartige Anlagen werden gern im Zulauf von Fischzuchten eingesetzt die aus Oberflächengewässern gespeist werden. Kleinstmögliche Maschenweite und Höhendifferenz entsprechen den bei Muldensieben machbaren.

Bogensiebe werden von oben mit Abwasser beschickt. Das Abwasser fließt über eine nach vorn und unten gebogene oder schräg gestellte Siebfläche. Dabei strömt das Wasser durch die Siebfläche, die Feststoffe rutschen auf der Siebfläche nach unten und können in einem Behälter aufgefangen werden. Die derart gesammelten Feststoffe sind relativ trocken. Bogensiebe benötigen etwa 1-2 m Höhenunterschied von Einlauf zu Auslauf, verbrauchen also eine ziemliche Menge an mit Hilfe von Pumpenenergie zu erzeugender Höhe. In der Regel ist eine Maschenweite von ca. 120 µm die unterste Grenze. Feinere Partikel lassen sich mit derartigen Sieben nicht entfernen. Bogensiebe sind ähnlich wie Muldensiebe als Vorreinigung von Wasser aus Oberflächengewässern oder Nachreinigung des die Anlage verlassenden Wassers vor Einleitung in die nach geschaltete Abwasserklärung einsetzbar.

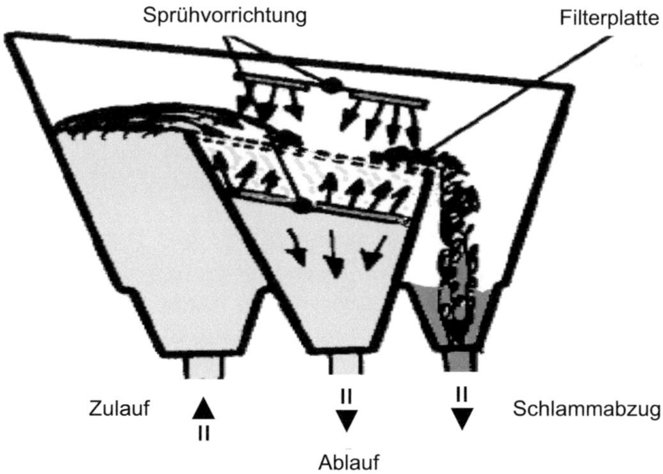

Triangelfilter. Gezeichnet: nach Prospekt

Bandfilter finden häufiger in offenen Teichanlagen oder deren Zuläufen als in Kreisläufen Verwendung. Das zu reinigende Wasser wird dabei über eine schräge Siebfläche geführt, die in einem Winkel von mehr als 10° zur Fließrichtung des Wassers angeordnet ist. Das Band wird oben (oberhalb der Wasseroberfläche) und unten am Beckenboden über je eine Rolle geführt. Das Filterband wird als Endlosband über die beiden Rollen geführt. Es wird bei Anstieg des Wasserspiegels über einen Motor weiter gedreht und mit der Sprühvorrichtung gereinigt. Diese Siebe lassen sich auch mit geringer Maschenweite von <50 µm gut betreiben; der Höhenverlust ist gering. Die Mechanik derartiger Siebe ist aufwändiger als z. B. bei Trommelfiltern. Daher sind sie bei vergleichbarer Durchsatzleistung häufig teurer als Trommeln, in jedem Fall aber störanfälliger. Bandfilter werden gern eingesetzt um nach einer Phosphatfällung den Phosphatschlamm vom Wasser zu trennen.

Scheibenfilter (auch Diskfilter) wurden zuerst eingesetzt, um feines Plankton bestimmter Größe zu ernten, das an Jungfische (Salzwasser) verfüttert wurde. Der Diskfilter mit stehender Scheibe ermöglicht bei gleicher Grundfläche wie ein Trommelfilter eine größere Siebfläche, wird doch der Trommelfilter sozusagen in senkrecht stehende Scheiben (Disks) geschnitten und die auf diese Art entstehenden Seitenflächen werden als zusätzliche Siebflächen genutzt. Derartige Diskfilter haben in der Zwischenzeit einigen Erfolg in der Filterung von Abwasser in Kreisläufen aufzuweisen. Von Nachteil kann ihr doch erheblicher Durchmesser sein, der über 2 m betragen kann. Hinzu kommen die höhere Empfindlichkeit gegenüber mechanischen Beschädigungen und ein aufwändiges Reinigen. Scheibenfilter mit liegender Filterscheibe werden benutzt, Abläufe verschiedener Trommelfilter weiter zu konzentrieren, um auf diese Art und Weise den Wasserverlust der Kreisläufe durch Spülwasser weiter einzuschränken.

Trommelfilter sind aus der Aquakultur kaum noch wegzudenken. Sie bestehen aus einer sich nur bei Bedarf oder permanent drehenden Trommel, die mit einem Loch-, einem Spaltsieb oder einer Gaze bespannt ist. In der Fischzucht sind vor allem Mikrosiebe mit einer Maschenweite von 40-80 µm im Einsatz, in besonderen Fällen, vor allem in Brutanlagen, auch 20-30 µm. Das verschmutze Wasser wird innen in die Trommel geleitet. Es passiert die Siebfläche, und die Feststoffe bleiben in und auf den Maschen hängen. Bei langsamer Drehung der Trommel bleibt der Schmutz am Sieb haften und wird so aus dem Wasser gefördert. Jetzt kann der innen an der Gaze haftende Schmutz mit Spülwasser durch Sprühdüsen von außen in einen Auffangtrichter befördert und über einen Ablaufkanal oder eine Rohrleitung aus dem System entfernt werden. Trommelfilter dieser Bauart haben eine hohe stündliche Durchsatzleistung bei recht geringer Höhendifferenz von Einlauf zu Auslauf (5-30 cm). Sie sind recht kompakt gebaut, und Trommeln von 1 m Durchmesser und 1,2 m Länge können bespannt mit einer Gaze von 50–60 µm pro Stunde etwa 100 m³ Kreislaufwasser filtern.

Trommel-, Scheiben-, Band- und Triangelfilter besitzen unterschiedlich geformte Siebflächen. Ihnen gemeinsam ist, dass sie Partikel entfernen, die größer sind als die Sieblöcher (Durchmesser der Öffnungen im Sieb). Doch diese feinen Siebflächen haben auch Nachteile.

Der wichtigste ist der hohe Verbrauch an Spülwasser für die Reinigung der Siebe. Wird Frischwasser verwendet, ist dieses häufig kalt, was zu einer Temperaturabsenkung des Spülgutes führen kann. Futterreste, dort vor allem Fette verkleben (verestern) das Sieb, wodurch der Spülwasserbedarf steigt, oder aber kalkhaltiges Wasser verstopft die Siebflächen. Das Sieb muss zur Reinigung außer Betrieb genommen und mit Hilfe von Säuren (gegen Kalk auf den Siebflächen) oder Laugen (gegen Fett auf denselben) gereinigt werden. Im laufenden Betrieb ist dieses nur bedingt möglich da Schäden durch pH-Verschiebungen im Kreislauf nicht auszuschließen sind. Der bei der Behandlung entstehende Sprühnebel von Laugen und Säuren erfordert unbedingt das Tragen geeigneter Schutzkleidung (Schutzanzug, Atemmaske) für das Personal.

Zur Vermeidung derartiger Schwierigkeiten wird in der Regel gefiltertes Kreislaufwasser als Spülwasser eingesetzt. Zur Filterung des dem Kreislauf entnommene Spülwassers werden ausreichend dimensionierte Filterkerzen eingesetzt, die routinemäßig ausgetauscht werden, um ein Verstopfen der Spüldüsen und ein Überlaufen des Filters zu verhindern. Kleine Filterkerzen können sicherlich deutlich billiger als ausreichend dimensionierte erworben werden. Der Einsatz ist aber nur solchen Betreibern empfohlen, die nachts sowieso schlecht schlafen und gern in der Anlage Filterkerzen reinigen.

Ein weiterer Nachteil ist der hohe Druck den das Spülwasser aufweisen muss um den Schmutz effektiv zu entfernen. Den hohen Anteil an Spülwasser einzuschränken ist mit Hilfe eines nachgeschalten Plattenseparators mit wenig Aufwand machbar. Der Separator wird mit dem Spülwasser des Filters betrieben. Der Klarlauf wird vor dem Filtersieb in den Kreislauf zurückgeführt. Der Schlamm kann ein- oder mehrmals täglich von Hand abgezogen werden. Etwa 80-90 % des eingesetzten und zur Spülung verwendeten Wassers lassen sich so zurückgewinnen. Fischzuchtanlagen in Dänemark setzen diese Verfahrensweise häufig ein um die Spülwassermenge zu reduzieren. Weist die Anlage mehrere Kreisläufe auf, ist es auch möglich das gesammelte Spülwasser z. B. mit Hilfe einer Flotation zentral aufzubereiten. Allerdings ist dieses Wasser vor Wiederverwendung in den Kreisläufen mit UV oder Ozon zu entkeimen.

Die Wahl der zur Reinigung des Wassers eingesetzten Maschenweite stellt immer einen Kompromiss dar. Feinere Gaze ermöglicht ein deutlich schwebstoffärmeres Wasser in den Fischbecken als die gröbere, benötigt aber erheblich mehr Spülwasser um diese feine Gaze frei zu spülen. Wegen der feineren Lochung ist der pro Zeiteinheit zu erzielende Wasserdurchsatz ebenfalls deutlich geringer. Bei gleichem Wasserdurchsatz pro Zeiteinheit muss ein Trommelfilter mit der feinen Gaze daher 2-3-mal größer und damit teurer sein, als der mit der gröberen Gaze. Ist aus was für Gründen auch immer ein besonders „klares" Wasser von Nöten, lassen sich durchaus 2 Filter mit unterschiedlich großer (80-100 µm vor 20-30 µm) Bespannung hintereinander schalten.

11.3.1.4.2. Filtern

Beim Filtern wird ein Flüssigkeits-Feststoff-Gemisch getrennt. Das eingesetzte Filtermittel ist für die Flüssigkeit – bei Fischen Wasser – durchlässig, der Feststoff wird zurück gehalten.

In der Fischzucht werden Filter vor allem für zwei Anwendungsfälle benutzt. Erstens, um Wasser vor Verwendung für die Fische zu behandeln z. B. im Rahmen einer Enteisenung oder Entmanganung und zweitens, um für sehr anfällige kleine Fischbrut (vor allem Salzwasserfische) das Wasser völlig frei von Schwebstoffen bis hin zu Bakterien zu machen. Der Energieaufwand für diese Feinstfilterung ist recht hoch, und die Durchsatzleistung pro Zeiteinheit ist deutlich geringer als bei Sieben. Von daher werden sie in der Fischzucht nur bei speziellem Bedarf eingesetzt. Zum Beispiel Filterung von Zuläufen aus Oberflächengewässern vor der anschließenden UV-Behandlung, Zuläufe für sehr empfindliche Fischarte oder Feinfiltration der Abwasserfracht vor Einleiten in einen Vorfluter bei sehr niedrigen Einleitbedingungen für Phosphor.

Je nach Bauart/Betriebsweise und physikalischer Funktion werden die Filter eingeteilt in: Raum- und Flächenfilter, Überstau- und Trockenfilter (ohne Überstau), sowie Zentrifugal- und Flockungsfilter.

Raumfilter besitzen Porenöffnungen, die größer sind als der Durchmesser der zu entfernenden Wasserinhaltsstoffe. Es erfolgt keine Absiebung, sondern meist eine Adsorption (Anlagerung), daneben treten aber auch chemische (z. B. Manganentfernung) und biologische Wirkungen (z. B. Stickstoffoxidation) auf.

Zur Wasseraufbereitung verwendete Raumfilter werden je nach Einsetzungs-, Verfahrens- oder Betriebsweise nach verschiedenen Kriterien eingeordnet, unterschieden und beschrieben:

- Nach dem einzusetzenden Druck und nach der Filtergeschwindigkeit, z. B. offene und geschlossene Schnell- oder Langsamfilter.
- Nach dem inneren Aufbau der Filterschichten, z. B. Einschicht- oder Mehrschichtfilter.
- Nach der Fließrichtung des zu filternden Wassers, z. B. Aufstrom- oder Abstromfilter.
- Nach der Betriebsweise, z. B. Ein- oder Mehrstufenfilter.

Weitere Unterscheidungen sind möglich und üblich, z. B. in rückspülbare oder nicht rückspülbare Filter, in stehende oder liegende, in kontinuierlich oder diskontinuierlich gespülte Filter.

Wird eine kompakte Bauweise verlangt, die eine möglichst hohe Beaufschlagung des Filters (Filtergeschwindigkeit von 3-15 $m^3/h \times m^2$ Oberfläche) möglich macht, wird meistens eine Kombination von Schnellfilter mit mehreren unterschiedlichen Filterschichten eingesetzt.

Ein derartiger Filter besteht aus verschiedenen Teilen: Filterbehälter, Filterboden, Filtermaterial. Dem Filterbehälter, der, sofern der Filter als Druckfilter gebaut ist, aus einem runden Stahlbehälter (bis ca. 5 m Ø) mit Mannlöchern (verschließbare Zugangsöffnungen für Kontroll- und Wartungszwecke) besteht. Ist der zur Anwendung kommende Druck nicht zu hoch werden derartige Filter auch aus gewickeltem GFK hergestellt. Offene Filter werden aus rechteckigen Betonbecken mit max. 3 m Breite und max. 20 m Länge gebaut. Der Filterboden besteht aus Beton oder Metall mit Verteildüsen oder -platten. Die Düsen müssen ein sicheres Zurückhalten auch feiner Bestandteile des Filtermaterials sicherstellen. Das Filtermaterial besteht aus Quarzsand, Anthrazit, Blähton, Bims oder Kunststoffteilen. Leitungen, Armaturen, Sammel- und Verteileinrichtungen zum Betrieb, dem Rückspülen und Entleeren vervollständigen zusammen mit Meßeinrichtungen für Volumenströme (Luft, Schlamm, Wasser) die Liste der Bestandteile eines Filters.

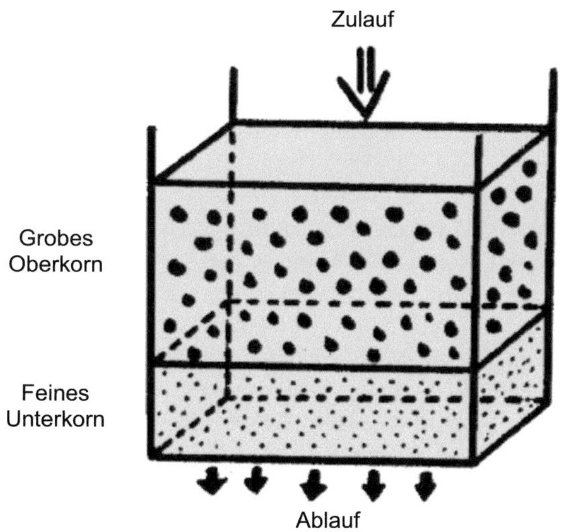

Zweischicht Schnellfilter (Raumfilter). Gezeichnet: nach Mutschmann & Semmelmayr

Bei Einschichtfiltern wird normalerweise nur Quarzsand eingesetzt. Bei Mehrschichtfiltern richten sich das eingesetzte Material und die Korngröße nach der Zusammensetzung des zu reinigenden Wassers. Die Qualitäten der Filtermaterialien werden in der DIN 19623 geregelt.

Je nach eingesetzten Filtermaterialien können zusätzlich zur Rückhaltung durch Adsorption chemische, katalytische und biologische Wirkungen auftreten. Dolomit oder Kalkschotter können zur pH-Anhebung des Wassers eingesetzt werden. Bei der Enteisenung z. B. beschleunigt bereits mit Eisen III-Oxidhydrat überzogener Filtersand aus bereits eingearbeiteten Filtern durch katalytische Wirkung die mögliche Enteisenungswirkung erheblich. Soll Mangan aus dem Wasser entfernt werden, ist der Effekt noch stärker; ohne eingearbeiteten Filterkies ist in den ersten Monaten so gut wie keine Manganentfernung möglich. Vor allem Langsamfilter lassen sich auch zur biologischen Reinigung des Wassers einsetzen. Da durch das Wachstum der Bakterien und die An- und Festlegung von Schwebstoffen Rückspülungen erforderlich sind, bei denen auch große Teile der zuwachsenden Bakterienmasse entfernt werden (müssen), schwankt die biologische Reinigungsleistung stark. Der Betrieb mehrerer Filter parallel zueinander, von denen in mehrtägigem Abstand nur einer gespült wird, kann die verminderte biologische Reinigungsleistung des rückgespülten Filters ausgleichen. Eine Anlage, die zur biologischen Wasserreinigung mit derartigen Filtern ausgestattet ist, ist – zumindest im biologischen Teil – vor allem bei der Rückspülung aufwändig zu handhaben und zu überwachen.

Die Filtergeschwindigkeit beträgt nur 0,1-0,2 m/h oder anders ausgedrückt: 1 m² Filterfläche – Oberfläche des Filters, nicht der Filtermaterialien – kann pro Stunde mit 100-200 l Wasser beschickt werden. Ist man bereit, diese Nachteile (hoher Flächenbedarf zur Wasserbehandlung) auf sich zu nehmen, sind auch Langsamfilter gute biologische Reinigungssysteme in der Fischzucht. Sie sind sehr gut dazu geeignet unerwünschte Geschmacksbeeinträchtigungen des Wassers zu beseitigen z. B. Geosmin und Isoborneol die einen schlammigen, erdigen Geschmack/Geruch aufweisen und diesen an die Fische weitergeben. Langsamfilter sind auch gut geeignet das die Anlage verlassende Austauschwasser so weit aufzubereiten, dass es in der Anlage wiederverwendbar wird

Abhängig von der Menge an Schwebstoffen und vom eingesetzten Druck werden Raumfilter mehr oder weniger häufig rückgespült, um die angesammelten Schwebstoffe zu entfernen. Nur der gemeinsame Einsatz von Luft und Wasser zu Spülzwecken ermöglicht eine Auflockerung der Schichten und eine sichere Entfernung aller An- und Einlagerungen. Wird nur mit Wasser rückgespült, können sich Verklumpungen bilden, die erhebliche negative Auswirkungen auf die Filterleistung haben. Derartige Filter können mit der Zeit völlig zuwachsen.

Einschichtfilter lassen sich erfolgreich nach folgendem System spülen: Zunächst wird das Filterbett durch 2 min. Spülen mit 60-90 m^3 Luft/m^2 x h aufgebrochen. Anschließend werden die Schmutzstoffe durch 5 min. gleichzeitigen Einsatz von Luft (60-80 m^3/m^2 x h) und Wasser (10-15 m^3/m^2 x h) aus dem Filterbett ausgewaschen. Ausgespült werden die losgelösten Schmutzstoffe und die im Filter festgesetzte Luft durch 5 minütige Spülung mit Wasser 10-20 m^3/m^2 x h.

Mehrschichtfilter brechen das Filterbett durch 2 min. Spülen mit Luft (60-80 m^3/m^2 x h) auf, die Schmutzstoffe werden 3 Min. lang mit einem Luft- (60 m^3/m^2 x h) Wassergemisch (10 m^3/m^2 x h) vom Filtermaterial abgelöst und mit 40-90 m^3/m^2 x h Wasser 5 Min. lang ausgespült. Bei automatisch gespülten Filtern laufen diese Vorgänge ab, sobald der Filterwiderstand zu hoch wird.

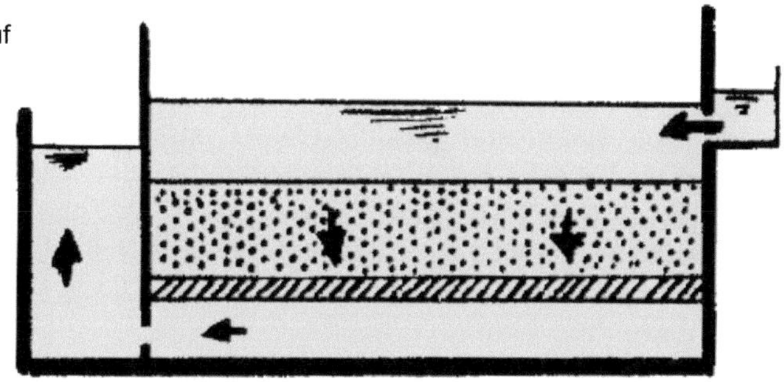

Oberflächenfilter. Gezeichnet: nach Jost

Zentrifugalfilter ebenso wie Dekanter versetzten das Wasser zusammen mit den Schwebstoffen in eine sehr schnelle kreisförmige Bewegung. In der Trennkammer erfolgt eine starke Beschleunigung des schwebstoffhaltigen Wassers, so dass die Feststoffe, die schwerer als Wasser sind, durch die Zentrifugalkraft an die Wandung der Trennkammer gedrückt werden. Dort gleiten sie langsam nach unten und können abgesaugt werden. Das von Schwebstoffen befreite Wasser wird dem Filter mittig entzogen. Mit Zentrifugalkraft arbeitende Filter sind wegen der zum Betrieb erforderlichen Elektromotoren recht energieaufwändig und finden daher in der Fischzucht kaum Verwendung. Mit ihnen lässt sich aber aus der Wasseraufbereitung stammender Überschussschlamm auf 10-15 % Trockensubstanz konzentrieren.

Zentrifugen oder sehr schnelle Zentrifugalfilter nutzen ebenfalls das Gewicht der Partikel, die in einer Trommel in sehr schnelle Drehung versetzt werden. Durch die Fliehkraft werden die Teile, die schwerer als Wasser sind, an die Wände der Trommel gedrückt und können dort permanent abgezogen werden. Zentrifugen arbeiten in der Schlammaufbereitung mit einer Drehzahl von 1000 bis 6000

Umdrehungen pro Minute. Werden Flockungshilfsmittel eingesetzt, kann eine Trockensubstanz des Schlammes von 20-30 % erwartet werden. Der Einsatz von Zentrifugen ist energieaufwendig und in der Regel nur zur Konzentration von Überschussschlamm großer kommunaler Belebungsanlagen wirtschaftlich.

Wirbelseparatoren (auch Swirl-Separatoren oder Vortex-Filter) werden in der Teichwirtschaft eingesetzt. Dabei wird durch tangentiale Zuleitung in einem trichterförmigen Rundbecken eine Kreisströmung erzeugen, durch welche die Schmutzstoffe der Massenträgheit folgend nach unten absinken, wo sie abgezogen werden. Ein konischer Boden mit mehr als 60° Neigung sorgt dafür, dass der Schlamm ohne sich festzusetzen an der tiefsten Stelle in einem Trichter gesammelt wird, von wo er permanent oder über eine optische Sonde periodisch gepumpt oder abgeleitet werden kann.

Derartige Wirbelsparatoren können ca. 60-80 % der Schwebstoffe aus dem Wasser entfernen. Eine Einheit von 1,4 m Durchmesser kann mit max. 20 m³/h beaufschlagt werden. 1 m³/h wird dabei ständig als Schlammkonzentrat vom Boden abgeführt, am besten in eine zweite Aufbereitung (z. B. Lamellen-separator, Bogensieb), zur weiteren Konzentrierung. Ein Wirbelseparator ist, sieht man von der Kontrolle des Schlammabzugs ab, ein sehr wartungsarmer Dauerläufer. Der Höhenverlust für den Klarlauf ist mit wenigen Zentimetern gering.

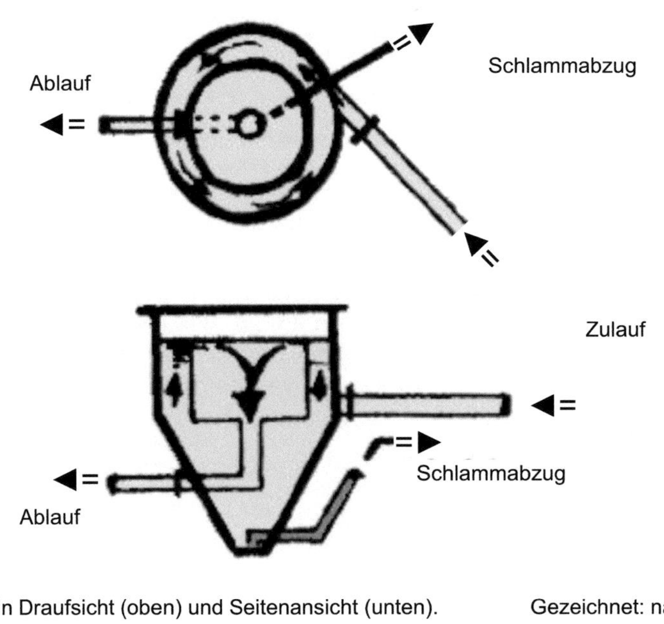

Wirbelseparator in Draufsicht (oben) und Seitenansicht (unten). Gezeichnet: nach Prospekt

Dyna-Sand-Filter wurden in Schweden entwickelt. Da der Filterkörper ständig gespült wird, ist keine Unterbrechung der Wasserreinigung durch den Spülvorgang nötig. Schwankende Leistung der Reinigungswirkung ist nicht zu erwarten. Mit zusätzlicher Belüftung ist der Filter sogar wie ein Fließbett- oder Wirbelschichtverfahren zur äußerst effektiven biologischen Wasserreinigung einsetzbar. Das Prinzip dieses Filters besteht darin, dass das zu reinigende Wasser von unten her in das Filterbett einströmt und aufwärts durch das Filterbett (Sand) zum Überlauf gelangt. Die Verunreinigungen werden im Sandbett festgehalten. Eine mittig im Behälter angebrachte Mammutpumpe fördert den verschmutzten Sand vom Beckenboden zum Sandwäscher, in dem der verschmutzte Sand durch einen Teilstrom des filtrierten Wassers gewaschen wird. Der gereinigte Sand wird dem oberen Teil des Filterbettes zugeführt, das durch diese Verfahrensweise in ständiger Bewegung ist. Die Filtergeschwindigkeit beträgt 5-8 m/h. Das ablaufende Schlammwasser kann mit geeigneten Mitteln wie etwa Lamellenseparatoren weiter aufkonzentriert werden.

Membranverfahren eignen sich wenn besonders reines Wasser benötigt wird, wie z. B. für einige Brutanlagen von Süß- oder Salzwasserfischen. Hier sind „normale" oder gängige Filter nicht mehr ausreichend und man greift zu aufwändigeren Verfahren, die mehr Energie benötigen als die sonst oder bisher üblichen und die deutlich teurer und wartungsintensiver sind. Hierzu gehören z. B. Mikrofiltration, die mit 0,5-3,0 bar Überdruck arbeitet, die Ultrafiltration (1-10 bar Überdruck), die Umkehrosmose (20-100 bar Überdruck) oder die Elektrodialyse, die mit einem elektrischen Feld arbeitet.

Umkehrosmose und Ultrafiltration unterscheiden sich vor allem durch den jeweils aufzubringenden Druck. Die Anlagen bestehen aus einem Feinfilter, einer Pumpe und der Membran. Da bei der Umkehrosmose auch niedermolekulare Substanzen (z. B. NaCl) gefiltert werden, die einen höheren osmotischen Druck besitzen als höhermolekulare Substanzen (z. B. Benzin), die bereits durch Ultrafiltration entfernt werden, muss bei der Umkehrosmose mit höherem Druck gearbeitet werden, um z. B. Kochsalz (NaCl) aus dem Wasser zu entfernen. Mittlerweise sind allerdings Membranen auf dem Markt die mit wenigen Zentimetern Druckunterschied hochreines, fast steriles Wasser bereitstellen. Diese Membranen weisen Öffnungen von 0,04-0,01 µm auf und werden mittlerweile auch erfolgreich in der Reinigung von Fischzuchtabwasser eingesetzt.

Membrananlagen können unterschiedlich betrieben werden. Im ersten Fall wie eine „normale" Belebtschlammanlage, also mit einer Schlamm Biozönose in welcher heterotrophe wie auch nitrifizierende Bakterien vorhanden sind und das hohe Schlammalter eine gewisse Mineralisierung zulässt. Endprodukte des Abbaus sind in diesem Fall CO_2, NO_3, SO_4, Wasser, Energie und nur relativ geringe Mengen zuwachsende Biomasse oder Überschussschlamm. In diesem können dann z. B. Schwermetalle, Mineralstoffe und Phosphor gebunden oder eingelagert sein. Die Dimensionierung derartiger Membranfiltrationsanlagen erfolgt bezogen auf Beschickung, Belüftung, Sauerstoffbedarf, Trockensubstanzgehalt, Schlammbelbelastung und Schlammalter analog zu Belebtschlammanlagen (siehe auch Punkt 11.3.6. Belebtschlamm).

Die zweite Betriebsweise arbeitet völlig ohne Nitrifikation. Die gesamte Nährstofffracht, einschließlich NH_4, NO_2, NO_3 (falls vorhanden) und Phosphor wird in Bakterienmasse verwandelt oder inkorporiert. Da die Nährstoffkonzentration in dem Abwasser einer Kreislaufanlage nicht ausreichend ist eine derartige Menge an heterotrophen Bakterien zu erhalten und die zur Umwandlung in maximal zuwachsende Bakterienmasse nötigen Nährstoffe zu liefen, wird bei einer derartigen Betriebsweise die externe „Zufütterung" einer Kohlenstoffquelle z. B. mit Essigsäure oder Methanol nötig. Der Zuwachs (Bakterienmasse) wird häufig abgeschöpft damit ständig neue Bakterien wachsen können. Die Auslegung derartiger Anlagen erfolgt nach Angaben des Herstellers, da es für diese Betriebsweise bisher keine allgemein gültigen Regeln gibt. Der Überschussschlamm (Trockensubstanz <1 %) kann mit einer kleinen Flotation auf etwa 6-8 % Trockensubstanz eingedickt werden. Die bei dieser Betriebsweise anfallende Schlammmenge ist deutlich größer als bei der ersten, da ständig zuwachsender Schlamm mit sehr geringem Schlammalter (wenige Tage) entfernt werden muss.

Membrananlagen können ohne die lästige, weil einiges an teurem Raum beanspruchende und manchmal etwas schwierig zu handhabende Sedimentation betrieben werden, da Schlamm und Wasser bereits in der Belebungsstufe getrennt werden. Der zeitweise in Abhängigkeit von Menge und Alter nötige Schlammabzug erfolgt direkt aus dem Belebungsbecken. Zum Einsatz kommen Röhren- und Plattenmembranen. Das mit Hilfe der Membranen gewonnene Permeat (gereinigtes Wasser) ist keimarm und kann nach UV-Behandlung durchaus wieder als Austauschwasser in Produktionsbecken dienen. Röhrenmembranen sind wegen ihrer filigranen Struktur deutlich störanfälliger als die neueren und auf Grund der Konstruktion robusteren Plattenmembranen.

Um trotz der permanenten Belüftung vorkommende Verstopfung und Zuwachsen der Öffnungen in den Membranen zu verhindern oder zu beseitigen werden diese, in bestimmten vom Nährstoffgehalt des Wassers abhängigen Zeitintervallen, gespült. Zusätzlich ist es erforderlich 1-4-mal pro Jahr – wiederum abhängig von der Wasserqualität – die Blöcke mit den Membranen zu ziehen und außerhalb des Belebungsbeckens mit Chlorbleichlauge oder anderen vom Hersteller vorgeschriebenen oder empfohlenen Desinfektions- und Reinigungsmittel zu behandeln. Nach der Behandlung sind die Membranen wieder einsatzfähig, selbstverständlich nach ausreichender Spülung mit Wasser um etwaig verbliebene Reste der Reinigungs- und/oder Desinfektionsmittel zu entfernen.

Die Elektrodialyse arbeitet durch Anlegen eines elektrischen Feldes. Dieses Verfahren wird genutzt, um z. B. Metalle aus Lösungen zurückzugewinnen. Es wird dabei die Wanderung der Kationen zur Kathode und der Anionen zur Anode nach Anlegen eines elektrischen Feldes genutzt. Um eine Rückdiffusion von einem Teil der Anlage (z. B. Anode) zum anderen (z. B. Kathode) zu verhindern, werden eine oder mehrere Membranen eingebaut (z. B. Anionen- oder Kationen-austauscherharze), die nur noch eine Ionenart passieren lassen. Denkbar wäre der Einsatz zur Reduzierung von Schwermetallen (z. B. Zink, Kupfer, Cadmium) wenn deren Konzentration in Überschussschlamm Grenzwerte überschreitet, damit dieser landwirtschaftlich verwertet werden kann.

11.3.2. Biologische Verfahren

Wasserinhaltsstoffe aus dem Stoffwechsel der Fische, aus Futter, abgestorbenen Organismen, die gelöst sind und nicht oder zumindest nicht mit vertretbarem Aufwand (Kosten) filtrierbar sind, müssen – sofern ein ausreichender Wasseraustausch, um sie aus dem System zu spülen, nicht vorhanden oder verfügbar ist – anderweitig aus dem Wasser entfernt oder zumindest in nicht fischgiftige Verbindungen umgewandelt werden. Verschiedene biologische Verfahren haben sich im Laufe der letzten 30-50 Jahre für diese Zwecke bewährt.

In allen biologischen Reinigungssystemen gelten dieselben Gesetzmäßigkeiten. Je nach Nährstoffangebot können die Lebewesen in den Systemen ihren Erhaltungsbedarf decken, so dass sie leben, aber nicht an Anzahl und Größe zunehmen, oder die Nährstoffe sind ausreichend für zusätzliches Wachsen. In einem derartigen Fall entsteht Überschussschlamm.

Zu wenige Nährstoffe führen zunächst zu einem Nachlassen der Enzymaktivität und anschließend zum Altern und Absterben der Bakterien. Trifft eine solche unterbelastete Anlage ein Belastungsstoß (Erhöhung von Futtermenge oder Fischbesatz), können die Mikroorganismen nicht durch erhöhte Abbauraten reagieren, da die zum Abbau nötigen Enzyme erst gebildet werden müssen. Die Wasserqualität in der Aufbereitungsanlage verschlechtert sich so lange, bis entsprechend der Belastung ausreichend Enzyme gebildet wurden und/oder bis neue Bakterien durch Teilung entstanden sind, die diese Enzyme bilden können.

Im Gegensatz zu einer kommunalen Kläranlage ist die Population der Mikroorganismen nicht auf hohe und auch immer wieder im Tagesverlauf stark schwankende Nährstoffzufuhr eingestellt. Die Population ist eher auf die speziellen Bedingungen eines Fischkreislaufs eingerichtet, wie: relativ niedriger BSB, hohe Nitrifikationsleistung bei geringer NH_3/NH_4, NO_2 Konzentration und niedriger Nährstofffracht. Mit anderen Worten und etwas überspitzt ausgedrückt, beginnen Fischkreislaufanlagen mit ihrer Reinigung dort wo kommunale Anlagen häufig bereits aufhören.

11.3.2.1. Grundlagen des biologischen Abbaus

Organische Substanzen oder Substanzen organischen Ursprungs enthalten ein Kohlenstoffgerüst, in welchem unterschiedliche Verbindungen und Elemente miteinander verknüpft sind. Alle diese Verbindungen enthalten Energie, die von Bakterien im Laufe des Ab- und Umbaus freigesetzt, zum größten Teil aber für deren eigene Bedürfnisse genutzt wird. Endstufen des biologischen Abbaus sind energiearme, mineralisierte Produkte, die in der Regel erst durch erneuten Energieeinsatz wieder zu Kohlenhydraten, Fetten oder Eiweiß aufgebaut werden können.

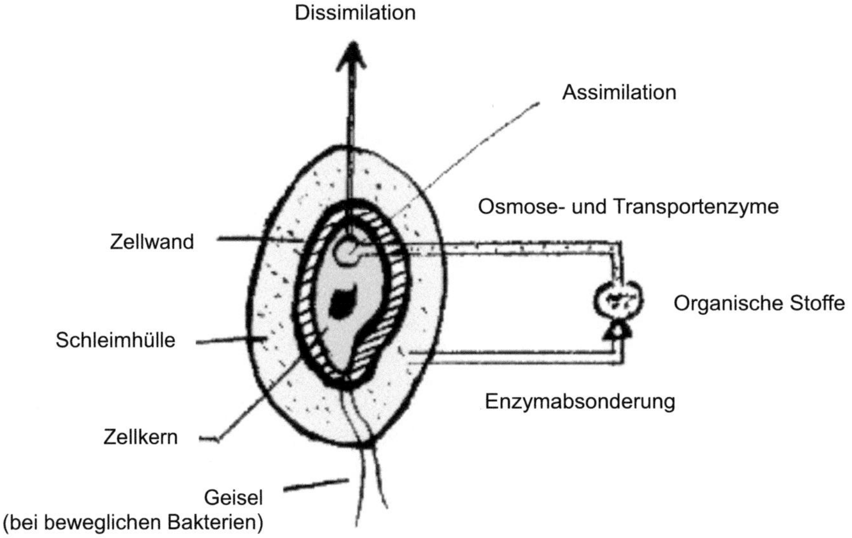

Bakterienzelle und Ernährung. Zeichnung: nach Steinbach

Die Vermehrung von Bakterien erfolgt in der Regel durch Teilung. Die dazu nötige Zeit – die Generationszeit – kann in Abhängigkeit von Bakteriengattung, Nahrungsangebot und Temperatur wenige Minuten bis zu mehreren Stunden, Tagen oder Monaten dauern. Bakterien nehmen ihre Nahrung über die Zellgrenzschichten auf. Diese Schichten lassen kleine oder Mikromoleküle und Ionen passieren, halten aber große oder Makromoleküle zurück. Durch die Ausscheidung von Enzymen in die Umgebung der Bakterien erfolgt ein Zerlegen dieser großen Moleküle, deren Bruchstücke dann über die Zellgrenzschichten in die Bakterienzelle aufgenommen werden können. Je nach Ernährungsweise lassen sich die für unsere Betrachtung der Wasseraufbereitung relevanten Bakterien nachfolgend in unterschiedliche Gruppierungen einteilen.

Heterotrophe Bakterien oder Organismen decken ihren Kohlenstoffbedarf aus organischen Verbindungen. In diese Gruppe gehören die meisten für uns interessanten Bakterien. Ihre Tätigkeit geht mit einer Reduzierung des BSB_5 einher. Auch Denitrifikanten zählen zu dieser Gruppe. Heterotroph wird abgeleitet vom griechischen Wort heteros = fremd oder anders und trophe´ = Ernährung.

Autotrophe Bakterien besitzen ähnlich wie Pflanzen die Fähigkeit anorganische Mineralsalze und Kohlendioxid zum Leben und Aufbau von Zellsubstanz zu nutzen. Zur weiteren Unterscheidung werden autotrophe Bakterien nach der Art der Energiegewinnung, der benutzten Kohlenstoffquelle und nach dem Lieferanten von Elektronen (Elektronendonator) weiter unterteilt. Autotroph kommt wiederum aus dem griechischen und bedeutet autos = selbst und trophe´ = Ernährung.

Chemotrophe Bakterien nutzen die Reduktions-/Oxidationsreaktion an den als Nährstoff dienenden Substanzen zur Energiegewinnung.

Lithotrophe Bakterien besitzen die Fähigkeit, anorganische Wasserstoffdonatoren (H_2, NH_4, H_2S u. a.) zu nutzen. Lithos bedeutet im Griechischen Stein. Lithotrophie also Ernährung aus oder mit Hilfe von Steinen. Stein wird dabei im Sinne von anorganischer Materie benutzt.

Nitrifikanten sind als Chemolithotrophe autotrophe Bakterien einzustufen (siehe auch Unterkapitel 3.6. Stickstoff). Da die Generationszeit von nitrifizierenden Bakterien selbst unter günstigen Bedingungen 5-12 Stunden beträgt, die der kohlenstoff-abbauenden, heterotrophen Bakterien aber nur etwa 20 Minuten, ist das Hauptaugenmerk bei Kreislaufanlagen auf die Förderung der Nitrifikanten zu legen. Möglichst schnelles Entfernen von Kot und Futterresten (organische Masse) durch Filtern und/oder Sieben aus den Fischbecken hilft, die BSB_5 Belastung in der biologischen Aufbereitung niedrig zu halten. Bei BSB_5 Werten oberhalb von 20 mg/l werden Nitrifikanten schnell und leicht von heterotrophen Bakterien überwachsen, beziehungsweise verdrängt. Es müssen daher im Reinigungsteil der Kreislaufanlagen genügend große Bereiche vorhanden sein, in denen niedrige BSB_5 Werte ein Gedeihen der empfindlichen und langsam wachsenden Nitrifikanten ermöglichen. Der Kohlenstoffabbau (BSB) erfolgt rasch; aufgrund der kurzen Generationszeit reagieren die dazu befähigten Bakterien relativ schnell auf schwankende Belastung. Nitrifikanten haben dann oft das Nachsehen.

11.3.2.1.1. Abbau von Kohlenhydraten

Kohlenhydrate liegen vor, wenn der betreffende Stoff mindestens eine Aldehyd- oder Ketogruppe und mindestens zwei Hydroxygruppen besitzt. Kohlenhydrate sind anders als ihr Name aussagt keine Hydrate, sie wurden fälschlich von Carl Schmidt (1844) so benannt und der irreführende Name wurde beibehalten.

Aldehyde enthalten eine endständige Aldehydgruppe. Sie bestehen aus einem Kohlenstoffatom welches über eine Doppelbindung verbunden ist mit einem Sauerstoffatom, einem Wasserstoffatom mit Einfachbindung und über eine weitere Einfachbindung mit einem Rest, bestehend aus einem Atom wie z. B. Wasserstoff oder einem organischer Rest.

Methanal mit einem Kohlenstoff Atom und der Summenformel HCHO ist das einfachste Aldehyd. Es ist besser bekannt unter seinem Trivialnamen Formaldehyd (Formalin). Es wird in großen Mengen als hoch wirksames Desinfektionsmittel, Konservierungsmittel und als Rohstoff in der Chemischen Industrie zur Herstellung von Kunststoffen genutzt. Früher oft auch in billigen Pressspanmöbeln, deren lang anhaltende beißende Geruch vielen noch bekannt sein dürfte.

Strukturformel Methanal:

```
   O
   II
   C
  / \
 H   H
```

Äthanal mit zwei Kohlenstoff Atomen und der Summenformel CH_3CHO und dem Trivialnamen Acetaldehyd ist einigen von uns zumindest in seiner Wirkung bekannt. Es entsteht beim Alkoholabbau im Körper und verursacht den sogenannten Kater.

Strukturformel Äthanal: H_3C – CHO oder

```
C     O
I    //
H – C – C
I    \
C     H
```

Eine Hydroxygruppe (auch Hydroxylgruppe genannt) besteht aus einem Sauerstoff Atom, einem Wasserstoff Atom und einem unterschiedlichen Rest (R). Die Summenformel lautet: R – OH.

Die Strukturformel:

```
   O
  / \
 R   H
```

Langkettige Kohlenhydrate mit vielen Kohlenstoff Atomen wie z. B. Stärke werden in mehreren Schritten unter Einsatz von Exoenzymen, die von den Bakterien/ Mikroorganismen in das Umgebungswasser abgegeben werden, zu Glucose (Einfachzucker, auch als Traubenzucker bekannt) $C_6H_{12}O_6$ zerlegt.

Der anschließende weitere Abbau der Glucose geht wie folgt vor sich: Die in der Glucose gespeicherte (gebundene) Energie wird freigesetzt und als ATP (Adenosintriphosphat) in der Bakterienzelle gespeichert, die Kohlenstoffkette (C_6) wird in kleinere C-Bruchstücke zerlegt, die nach Aufnahme in die Zelle dem Zellstoffwechsel dienen. Die Zerlegung von Glucose ($C_6H_{12}O_6$) erfolgt schrittweise: Zunächst entstehen unter Energiegewinnung aus einem Glucose Molekül 2 Pyruvat (C_3) Moleküle. Ein Pyruvat ist ein Salz oder Ester der Brenztraubensäure, einer Carbonsäure (Carbon = Kohlenstoff). Die Summenformel lautet $C_3H_4O_3$. Dieser Abbauschritt ist sowohl beim aeroben als auch beim anaeroben Abbau gleich. Die weiteren Abbauschritte verlaufen im aeroben Bereich unterschiedlich zum anaeroben.

Beim aeroben Abbau, der oxidativen Decarboxylierung, wird das Pyruvat in aktivierte Essigsäure (CH_3COOH) umgewandelt. Als Decarboxylierung wird eine chemische Reaktion bezeichnet, bei der aus einem Molekül (z. B. dem Pyruvat) unter Mithilfe vieler Coenzyme ein Kohlenstoff Atom abgespaltet wird. Gleichzeitig werden zwei Elektronen auf einen Wasserstoffakzeptor übertragen. Der Vorgang stellt einen typischen Oxidationsvorgang dar, weshalb man von einer oxidativen Decarboxylierung spricht. Aus der aktivierten Essigsäure werden im Zitronensäurezyklus schrittweise C-Atome und Wasserstoff abgespalten. Endprodukte sind CO_2 und H_2O, zwei energiearme Verbindungen. Etwa 60 % der bei diesen Reaktionen entstehenden Energie wird als Wärme frei, 40 % der Energie stehen für biologische Prozesse (Aufbau, Abbau, Umbau) zur Verfügung.

Der Zitronensäurezyklus ist der wohl bedeutsamste Kreislauf biochemischer Reaktionen im aeroben Stoffwechsel von fast allen Lebewesen zur Gewinnung von Energie und Bereitstellung von Zwischenprodukten für weitere Biosynthese. Er geht der Endoxidation in der Atmungskette voraus. Der Zitronensäure- oder Citrat-Zyklus kann als dritte von vier Stufen des Kohlenhydratabbaus (Katabolismus) angesehen werden. In ihm werden auch das bei dem Fett Katabolismus gebildete Acetyl-CoA und die beim Protein Katabolismus gebildeten Alpha Aminosäuren oxidiert. Als Atmungskette wird eine Reihe von nacheinander ablaufenden Redoxreaktionen bezeichnet, die der Energiegewinnung dienen. Die gewonnene Energie wird genutzt um aus energiearmem Adenosindiphosphat (ADP) energiereiches Adenosintriphosphat (ATP) zu bilden.

Beim anaeroben Abbau werden neben Kohlenhydraten auch Eiweiß und Fett zu Säuren und/oder Alkoholen abgebaut (vergoren). Methanbakterien können aus ihnen Methan (CH_4) und Kohlendioxid (CO_2) bilden. Die Endprodukte des anaeroben Abbaus sind – im Gegensatz zu denen des aeroben Abbaus – noch energiereich. Methan als Hauptbestandteil von Biogas kann z. B. zu Heizzwecken oder zum Betrieb von Gasmotoren genutzt werden. Anaerober Abbau ist durch Fäulnisvorgänge gekennzeichnet und im Bereich der Fischhaltung unerwünscht, da ausgesprochen schädlich, je nach Umfang auch tödlich, für den Fischbestand. Das die Anlagen verlassende Wasser, vor allem aber wässriger Schlamm und Spülwasser der Trommel- oder sonstigen Filter, kann gut anaerob gereinigt werden.

11.3.2.1.2. Abbau von Fetten

Der aerobe Abbau von Fetten erfolgt in zwei Schritten. Im ersten Schritt werden durch Aufspaltung einer Verbindung oder eines Moleküls mit Hilfe von Wasser (Hydrolyse) Glycerin und Fettsäuren gebildet. Glycerin ist ein Zwischenprodukt des Glukoseabbaus. Es ist ein Zuckeralkohol und der einfachste dreiwertige Alkohol. Der weitere Abbau erfolgt analog dem Abbau der Glukose.
Fettsäuren werden in mehreren Schritten oxidiert. Bei jedem Schritt werden ihre Kohlenstoffketten um 2 C-Atome verkürzt, und es entsteht aktivierte Essigsäure, die sofort in den Zitronensäurekreislauf eingeschleust werden kann. Jede Verkürzung der Fettsäuren um 2 C-Atome ermöglicht die Bildung von 5 ATP (Adenosintriphosphat) Molekülen in der Atmungskette. Die aktivierte Essigsäure liefert im Zitronensäurezyklus weitere Energie, die sich in ATP umsetzen lässt. Diese Vorgänge sind immer an den Zellstoffwechsel gebunden.

Beim anaeroben Abbau werden Fette und Proteine zunächst durch Hydrolyse (Spaltung von Verbindungen unter Mitwirkung von Wasser) in Bruchstücke gespalten. In der anschließenden Versäuerungsphase werden durch verschiedene Bakterien kurzkettige organische Säuren, Alkohole, Essigsäure, H_2 und CO_2 gebildet. In der Phase der Säurebildung entsteht Acetat (Essigsäure) das von Methanbakterien zu Methan (CH_4) umgewandelt wird.

11.3.2.1.3. Abbau von Proteinen

Unterschiedliche Anbindung von Aminosäuren in langen Eiweißketten charakterisieren die Art, Funktion und Wirkung spezifischer Eiweißstoffe. Zum einen kann der Aufbau neuer Eiweißstoffe wie etwa Enzyme aus Atomen und Kleinstmolekülen erfolgen, was ein relativ energieaufwendiger Vorgang ist. Da Energie in Lebewesen möglichst effektiv eingesetzt wird, werden zum anderen alte, ihrer vorangegangenen Bestimmung entzogene, Eiweißstoffe, zerlegt und der neuen Bestimmung entsprechend wieder zusammengefügt. Das Zerlegen und Neuzusammenfügen vorhandener Eiweißstoffe ist weniger energieaufwändig als die völlige Neusynthetisierung aus Atomen oder Kleinstmolekülen und daher der bevorzugte Weg. Die Menge an Eiweißstoffen, die den Bedarf für Um- und Aufbauvorgänge übersteigt, wird zur Energiegewinnung oxidiert.

Der Abbau der Proteine erfolgt – innerhalb und außerhalb der lebenden Zelle – durch Hydrolyse. Es entstehen zunächst größere Bausteine, die Peptide, die weiter zu kleineren, den Aminosäuren, zerlegt werden. Eine Aminosäure kann universell beim Aufbau von Eiweißstoffen unterschiedlichster Zusammensetzung genutzt werden. Sie besteht aus einem Molekül mit einer Aminogruppe (NH_2) und einer Carboxylgruppe (organische Säure). Die Anbindung weiterer Atome und Atomgruppen ist ebenfalls möglich. Die Carboxylgruppe ist an die erste Kohlenstoffgruppe gebunden, die Aminogruppe (NH_2) an die zweite.

Die Aminosäure Valin hat die Summenformel $C_5H_{11}NO_2$ und die Strukturformel:

```
          H
          I
      H – C – H
          I
      H   I   H    O
      I   I   I   //
  H – C – C – C – C
      I   I   I    \
      H   H  NH2   OH
```

Aminosäuren werden durch Decarboxylierung oder Transaminierung (Umstellen der Carboxylgruppe oder Aminogruppe) umgebaut und durch Desaminierung abgebaut. Bei der Desaminierung wird die Aminogruppe (NH_2) abgespalten und als Ammoniak (NH_3) ausgeschieden. Neben Ammoniak entsteht α-Ketosäure, die im Zitronensäurezyklus zur Energiegewinnung (ATP) genutzt wird. Durch Transaminierung wird die Aminogruppe durch das Enzym Transaminase auf die Ketosäure übertragen. Die dabei entstehende Verbindung kann im Zitronensäurezyklus weiter verarbeitet werden. Bei der Carboxylierung entstehen durch die Abspaltung von Carboxylgruppen primäre Amine, die wichtige Vorstufen spezieller Eiweißstoffe sind z. B. Coenzyme. Bakterien und Mikroorganismen ebenso wie Pflanzen sind in der Lage, alle Aminosäuren selbst herzustellen (synthetisieren). Sie sind nicht wie Tiere auf Zufuhr essentieller Aminosäuren mit der Nahrung angewiesen.

11.3.2.2. Nitrifikation und Denitrifikation

Der Kohlenhydratabbau ist in der Wasseraufbereitung von Kreislaufsystemen in der Regel kein die Fischproduktion begrenzender Faktor, sofern man einige einfache Regeln berücksichtigt.

Die wichtigste lautet: Effektive Nitrifikation kann erst stattfinden, wenn –

- der BSB_5 möglichst deutlich unter 20 mg/l liegt,
- die Temperatur ein Wachstum ermöglicht und
- die Bakterien genügend Sauerstoff, Zeit und Fläche zum Wachsen haben.

Die biologischen Aufbereitungsanlagen müssen folglich groß genug sein, neben den heterotrophen Bakterien (BSB-Abbau) auch Nitrifikanten in ausreichender Menge Platz zu bieten. BSB allein ist in weiten Bereichen nicht giftig für Fische, eher schon die mit ihm verbundenen Auswirkungen wie Sauerstoffmangel, Schwefelwasserstoffbildung, pH-Verschiebungen durch Bakterientätigkeit und erhebliche Mengen von Bakterien wie etwa *Escherichia coli*. Ein lästiger Begleiter hoher BSB-Werte ist auch der sogenannte Abwasserpilz, der allerdings ein fadenförmiges Bakterium ist, wissenschaftlich *Spaerotilus natans*. Er bildet einen watteartigen sehr voluminösen Aufwuchs und kann innerhalb kurzer Zeit kleine Rohrquerschnitte und Fittings ebenso wie Tropfkörper und Festbetten so stark bewachsen, das dies zu nicht unerheblichen Problemen durch nachlassende Reinigungsleistung und verstopfte Rohre führen kann.

Die Abbauprodukte des Eiweißstoffwechsels (NH_3, NO_2) hingegen wirken bereits im Milligramm Bereich deutlich giftig auf Fische. Die für Fische ungiftigste Form dieser Abbauprodukte ist das Nitrat (NO_3). Aus diesem Grund bemüht man sich, möglichst schnell, möglichst viel des von den Fischen ausgeschiedenen Ammoniums in Nitrat zu verwandeln. Dieser Vorgang wird als Nitrifikation bezeichnet. Denitrifikation ist die Zerlegung von Nitrat (NO_3) mit Hilfe von Bakterien in gasförmigen Stickstoff, Sauerstoff und Energie. Die Bakterien nutzen bei diesem Abbau den im Nitrat gebundenen Sauerstoff für die Atmung, die gewonnene Energie im eigenen Stoffwechsel und der nun nicht weiter benötige Stickstoff entweicht als Gas (N_2), Die Grundbedingung für das Zustandekommen einer Denitrifikation ist das Vorhandensein einer sauerstofflosen (anoxischen) – oft fälschlich auch anaerob genannten – Phase.

Anoxisch bedeutet, es ist zwar Sauerstoff vorhanden, aber nicht frei im Wasser gelöst, sondern ausschließlich in gebundener Form. Dieser ist aber für die Atmung der denitrifizierenden Bakterien (Denitrifikanten) verfügbar wenn er im Nitrat (NO_3) gebunden ist. Im Wasser (H_2O) gebundener Sauerstoff ist für die Bakterien nicht nutzbar.

Anaerob bedeutet, es ist kein chemisch gebundener Sauerstoff außer in Wassermolekülen verfügbar. Anaerobe Bedingungen herrschen z. B. bei der Gärung.

11.3.2.2.1. Zwischen- und Endstufen des Eiweißabbaus

Der Eiweißabbau erfolgt über mehrere Stufen durch heterotrophe Bakterien. Nach *Helmer & Sekoulov* (1977) ist folgender Ablauf zu beobachten:

Eiweiß → Peptone → Polypeptide → Aminosäuren → Ammonium
↓
Harnstoff → Ammonium

Der Vorgang wird als Desaminierung bezeichnet. Bei der Harnstoffhydrolyse liegt eine hydrolytische Desaminierung vor. Sie läuft nach *Schlegel* (1976) folgendermaßen ab:

$$H_2N\text{-}CO\text{-}NH_2 + H_2O \xrightarrow[\text{Heterotrophe Bakterien}]{\text{Enzym Urease}} = 2NH_3 + CO_2$$

Außer Ammonium und Kohlendioxyd fallen noch Schwefel und Phosphat als Abbauprodukt des Eiweißes an. Eine Zersetzung schwefelhaltiger Aminosäuren (Cystin, Cystein, Methionin) kann im anoxischen oder anaeroben Bereich, z. B. während der Denitrifikation, zur Bildung von Schwefelwasserstoff (H_2S), einer sehr fischgiftigen Verbindung führen. H_2S kann aber auch aus der Desulfurikation oder Reduktion von Sulfat ($SO_4^{\text{Säurerest-}}$) und Sulfid (S^{2--}) stammen. In Anlagen mit Denitrifizierung ist daher verstärkt auf die Anwesenheit von Sulfid als Reduktionsprodukt von Sulfat zu achten. Im aeroben Bereich (bei Anwesenheit von reichlich Sauerstoff) wird Schwefelwasserstoff recht schnell entweder chemisch oder durch Bakterien über mehrere Zwischenprodukte zum unschädlichen Sulfat oxidiert. Die bei der H_2S-Oxidaditon gewinnbare Energie wird von einigen chemolithotrophen Bakterien zur Reduktion von CO_2 genutzt (*Schlegel, 1976*).

Die größte Menge des bei der Eiweißverdauung im Fischkörper anfallenden Stickstoffs, welche nicht zum Aufbau von Körpereiweiß genutzt wird, gelangt als Ammoniak über die Kiemen ins Kreislaufwasser. Nur der Rest wird in Form von Harnstoff, Harnsäure oder Kreatin vor allem im Urin ausgeschieden.

Bei der Nitrifikation wird Ammonium durch die Bakteriengattung *Nitrosomonas* nach neueren Erkenntnissen vor allem aber durch *Nitrospira* Verwandte zu Nitrit oxidiert. Die Gattung *Nitrobakter* oxidiert das entstandene Nitrit zu Nitrat (*Spieck et al., 2014*).

Die Ammoniumoxidation läuft wie folgt ab:

$$NH_4^+ + 1{,}5\ O_2 \rightarrow NO_2^- + H_2O + 2H^+ + 76\ \text{kcal}$$

Die bei dieser Reaktion gewonnene Energie wird von den Bakterien zur Reduktion von Kohlendioxid und damit zur Produktion von organischer Masse benutzt. Um 1 mg NH_3-N zu NO_2-N zu oxidieren, sind 3,43 mg O_2 nötig. Außerdem werden 0,11 mg H^+ Ionen frei, welche die Wasserstoffionenkonzentration erhöhen und damit die Umgebung ansäuern. Innerhalb kurzer Zeit können Werte von pH 5,5 erreicht werden. Nitrifizierende Anlagen mit einem Anteil von Austauschwasser unter 15 % pro Tag oder sehr weichem Wasser müssen in Abhängigkeit von der Futtermenge täglich Alkalität in Form von Calcium, Bikarbonat oder Natronlauge zugeben, um den pH-Wert im für die Fische und Bakterien optimalen Bereich zu halten.

Das bei der Ammoniumoxidation entstehende Nitrit wird von der Bakteriengattung *Nitrobakter* entsprechend der folgenden Gleichung zu Nitrat oxidiert:

$$NO_2^- + 0{,}5\ O_2 \rightarrow NO_3^- + 15 - 24\ \text{kcal}$$

Für diesen Schritt der Nitrifikation werden 1,14 mg O_2 benötigt.

Die Oxidation von 1 mg Ammonium zu Nitrat erfordert rechnerisch fast 4,6 mg Sauerstoff. Sind im Klärtrakt der Anlage weniger als 2 mg O_2/l vorhanden, wird die Nitrifikation sehr schnell unvollständig; sie bleibt bei der Bildung von Nitrit stecken. PH-Werte von unter 7,0 und über 8,5 führen schnell zu einem Nachlassen der Nitrifikationsleistung. Ein pH von 6,0 ermöglicht nur noch 50-60 % der vollen Leistung. Ergebnisse aus dem Betrieb von Aalanlagen zeigen allerdings, dass Nitrifikanten durchaus in der Lage sind sich über einen längeren Zeitraum an sehr niedrige pH-Werte von etwa 5,5 anzupassen und dabei in der Reinigungsleistung kaum nachzulassen. Die Anpassung muss aber ausgesprochen langsam über mehrere Monate erfolgen. Ein schneller pH-Abfall innerhalb weniger Tage führt umgehend zu steigenden Ammoniumwerten, die auf Grund des niedrigen pH-Wertes von den Fischen eine Weile toleriert werden, auf Dauer aber zu Schäden führen können. Da Parasiten in ihrer Lebensfähigkeit bei niedrigen pH-Werten eingeschränkt sind, so dass die Fische deutlich weniger befallen werden, betreiben einige Aalmäster ihre Anlagen mit möglichst niedrigen pH-Werten.

Bei der Denitrifikation sind viele heterotrophe Bakterien in der Lage, den im Nitrat vorhandenen Sauerstoff zur Atmung zu nutzen. Das Enzym Nitratreduktase eröffnet den betreffenden Bakterien diese Möglichkeit. Die Anwesenheit von mehr als 0,5 mg im Wasser gelöstem Sauerstoffs hemmt/inaktiviert das Enzym. Die erneute Aktivierung, sobald der Sauerstoffgehalt unter 0,5 mg/l gesunken ist, dauert etwa 2-3 h. Eine Denitrifizierung kann folglich nur eintreten, wenn das Abwasser, das die Bakterien umspült, seit mindestens 2 Stunden frei von Sauerstoff ist oder der Sauerstoff nicht bis zu den Bakterien gelangt (dicker Tropfkörperrasen, das Innere von Belebtschlammflocken) und genügend

Nährstoffe (Kohlenstoff als BSB) vorhanden sind, die den Bakterien das Veratmen des Nitratsauerstoffs ermöglichen. Der Bereich, in dem Denitrifikation stattfinden soll, muss anoxisch sein.

Als Nahrung benötigt die Bakteriengruppe der Denitrifikanten Kohlenstoff (z. B. Essig, Alkohol, Stärke, Glyzerin). Die Nährstoffe sollten in Form von organischen Kohlenstoffverbindungen vorliegen, welche als Elektronendonatoren wirken. Weitere Elektronendonatoren können Schwefel und Wasserstoff sein. Mit derartigen Donatoren betriebene Systeme sind kompliziert, arbeitsaufwendig und schwer steuerbar, sie werden daher in der üblichen Kreislauftechnologie nur sehr vereinzelt mit zum Teil mäßigem Erfolg eingesetzt. Methanol (CH_3OH) und Essigsäure (CH_3COOH) werden häufig als Elektronendonator eingesetzt, wenn der Schlamm nicht genügend organische Kohlenstoffverbindungen enthält, weil sie billig sind und schnell vollständig abgebaut werden.

Die Denitrifikantion läuft nach *Helmer & Sekoulov* (1977) wie folgt ab:

$$5\ CH_3OH + 6\ NO_3^- \rightarrow 3\ N_2 + 5CO_2 + 6\ OH^- + 7\ H_2O - 180\ kcal$$

Bei dieser Reaktion entstehen außer N_2 noch CO_2 sowie OH^- Ionen (Hydrolyse). OH^- Ionen bewirken eine leichte Erhöhung der Alkalität.

$$5\ CO_2 + 6\ OH^- \rightarrow 5\ HCO_3^- + 1\ OH^-$$

In Anlagen, die sowohl nitrifizieren als auch eine gut funktionierende Denitrifikation unterhalten, bleibt der pH-Wert häufig auch bei geringen Wasseraustauschraten (hartes Wasser als Ersatz) von unter 5 % stabil. Wird Essigsäure verwendet ist in jedem Fall mit einem Sinken des pH-Wertes zu rechen und es muss ein pH-Ausgleich geschaffen werden, z. B. durch Zugabe von Kalk, Soda oder Natronlauge.

Belebtschlamm ist in der Lage, pro Gramm organischer Trockensubstanz 4 mg NO_3-N täglich zu denitrifizieren. Die ATV (Abwasser Technische Vereinigung) Richtlinien zur Auslegung von Kläranlagen gehen von einer Denitrifikationskapazität von 140-70 g NO_3-N täglich pro kg abgebautem BSB_5 aus. Mit einer Zugabe von einem Kilogramm BSB_5 z. B. in Form von Methanol (enthält bis zu 1120 mg BSB_5/g) lassen sich maximal 140 g NO_3-N aus dem Wasser entfernen. 1 kg NO_3-N entspricht ca. 4,4 kg NO_3. Rechnerisch werden 1,9 Gramm Methanol pro Gramm Nitrat-Stickstoff benötigt.

Je nach Anlagentyp, Schlammgehalt, Betriebsweise der Anlage, Menge an gelöstem Sauerstoff und bereits vorhandenem BSB-Gehalt kann dieser Wert erheblich schwanken, z. B. wenn Teile des Methanols benötigt werden, um durch aeroben Abbau den Sauerstoffgehalt in der Denitrifikationsstufe soweit zu senken bis eine Denitrifikation möglich wird. Weitere Stoffe, die sich als Elektronendonatoren bei der Denitrifikation eignen sind: Glucose, Zucker, Melasse, aber auch Kot und Futterreste. Von der Industrie werden fertig konfektionierte Mischlösungen wie etwa Acetol auf Essig-Alkohol Basis angeboten, welche wohl recht kostspielig sind. Sie lassen sich aber bezüglich der nötigen Aufwandsmenge gut kalkulieren und da sie nicht als Gefahrenstoff eingestuft sind auch sicher transportieren, handhaben und lagern.

Um die Bildung von Ammonium (NH_4) aus Nitrat (NO_3) die sogenannte Nitratammonifikation zu verhindern, sollte das Verhältnis von Kohlenstoff zu Stickstoff oberhalb von 1 liegen. In Belebtschlamm- oder Kombinationsanlagen, mit Schlammrückführung von Sedimentation zur Biologie, können die Bakterien auch zellulären Kohlenstoff nutzen, den sie vorher unter aeroben Bedingungen gespeichert haben. In derartigen Fällen kann es zu Schwimmschlamm oder Schlammauftrieb in der Sedimentation kommen, da sich die gebildeten Stickstoffbläschen an die Schlammflocken anheften und diese wie in einer Flotation an die Oberfläche heben. Dieser Vorgang setzt ein, sofern der Sauerstoffgehalt im Bodenbereich der Nachklärung niedriger ist als 0,5 mg/l und die Verweilzeit des Schlamms ausreicht (>1,5 h) die Hemmung des Enzyms Nitratreduktase durch gelösten Sauerstoff aufzuheben.

In den letzten Jahren sind Substrate entwickelt worden, in welchen Nährstoffe gebunden sind. Diese können von heterotrophen Bakterien (Denitrifikanten) genutzt werden, so dass weitere Elektronendonatoren wie Essig oder Methanol nicht nötig sind. Die Substrate verbrauchen sich durch die Nutzung der in ihnen enthaltenen Nährstoffe und müssen daher von Zeit zu Zeit ersetzt werden. Der Auslauf einer derartigen Denitrifikation sollte in jedem Fall durch einen Trommelfilter oder eine andere Siebeinrichtung von den Reststücken des „aufgebrauchten“ Substrats befreit werden, bevor dieses in die Fischbecken gelangen und dort von den Fischen für Futter gehalten und gefressen werden können. Die Substrate sind derzeit noch relativ teuer, aber durch das Einsparen von anderen Elektronendonatoren soll sich der Aufwand rechnen. Es ist sicherlich lohnend die weitere Entwicklung dieser Substrate im Auge zu behalten, da sie das Potential besitzen, die Steuerung der Nitratgehalte in den Kreisläufen sehr zu vereinfachen.

11.3.2.3. Festbett

In einem Festbettreaktor werden Bakterien/Mikroorganismen Oberflächen angeboten, auf denen diese siedeln können. Diese Oberflächen sind fest installiert und werden vom Wasser umspült. Je mehr Oberfläche pro m^3 Volumen des Festbettes zur Verfügung gestellt wird, desto höher ist die theoretische Abbau- oder Reinigungsleistung. In der Praxis hat sich gezeigt, dass ein Wert von 250 bis 400 m^2/m^3 die obersten Grenzen für Festbetten bildet. Wird das

Flächenangebot weiter erhöht, ist ein Zuwachsen mit von Bakterien und Mikroorganismen gebildeter Biomasse und damit Zuschlammen der Filterflächen wegen der immer kleiner werdenden Zwischenräume nicht mehr sicher zu verhindern.

Festbetten werden in der Regel von oben nach unten durchflossen. Sie werden auch als Abstrom- oder Downstream-Anlagen bezeichnet. Auf den Oberflächen des Festbetts bildet sich ein Bakterienrasen, der vom Abwasser überströmt wird. Ist aufgrund der Belastung oder zum Gasaustausch eine Belüftung nötig, erfolgt diese im Gegenstrom von unten nach oben.

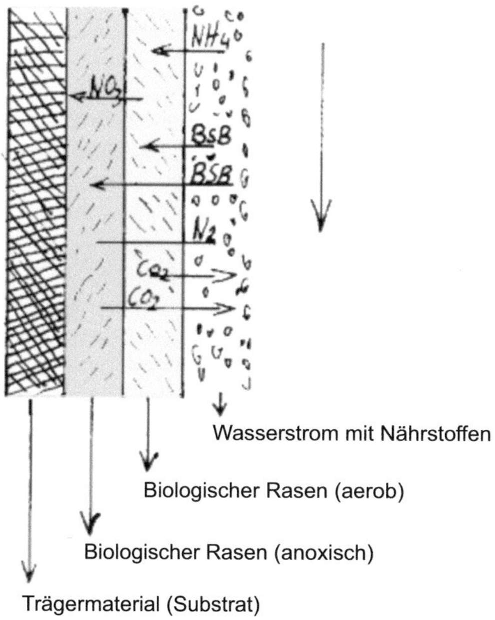

Schema eins Bakterienrasens. Zeichnung: P. Steinbach

Tropfkörper auch Riesel- oder Tricklingfilter, sind trocken aufgestellt. Das aufzuarbeitende Wasser wird oben auf dem Filter möglichst fein und gleichmäßig verteilt. Es rieselt oder tropft dann durch und über das Filtermaterial oder Substrat nach unten, wo es aufgefangen und zurück zum Kreislauf gepumpt werden kann. Ein Tropfkörper mit Luftbeschickung wird streng aerob betrieben. Die Sauerstoffversorgung der Bakterien erfolgt durch frei über Öffnungen an den Seiten passiv einströmende Luft (Kamineffekt) oder durch Gebläse im Fall von Zwangsbelüftung. Wird zur Belüftung die Luft aus dem Gebäude benutzt ist auf den Kohlendioxidgehalt der Luft (Anreicherung) zu achten.

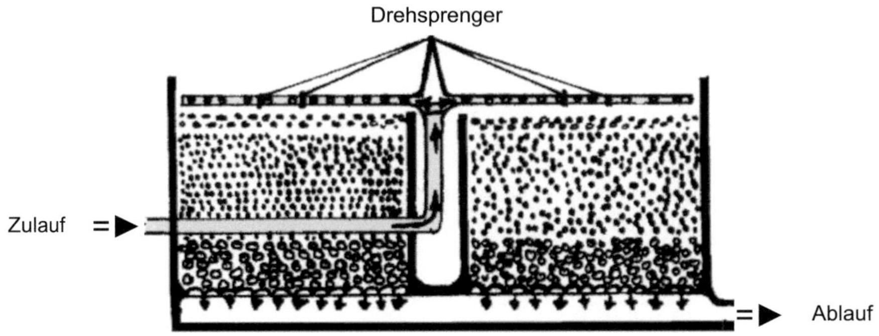

Tropfkörper. Gezeichnet: nach Brettschneider

Das Tropfkörpermaterial kann bestehen aus: grobem Sand, Kies, Schlacke, Blähton, Kunststoffabschnitten, -füllkörpern oder -blöcken mit oder ohne durchgehende Kanäle. Mit (zu) feinem Schüttgut ausgestattete Rieselfilter verstopfen je nach Material und Porenvolumen in unterschiedlich langen Intervallen und müssen dann rückgespült oder anderweitig gereinigt werden. Diese lästigen aber leider nötigen Reinigungen können sehr aufwändig sein. Sie sind in jedem Fall aber mit mehr oder weniger langen Betriebsunterbrechungen verbunden. In der Praxis haben sich verschieden strukturierte Filtersubstrate durchgesetzt, die gut und gleichmäßig durchströmt werden und deren Biomassezuwachs permanent sicher ausgespült wird. Ungeregelte und häufig unvollständige Denitrifizierung durch Verstopfung oder nicht ausreichende Sauerstoffwerte des biologischen Aufwuchses kann zu Nitritanstieg und unkontrollierten pH-Schwankungen führen. Rieselfilter die korrekt unter Verwendung von geeignetem Filtermaterial betrieben werden, reinigen sich zumeist selbst, da die von den Mikroorganismen gebildete Biomasse ständig ausgetragen wird. Diese Biomasse muss an geeigneter Stelle aus dem Kreislauf entfernt werden (siehe auch Punkt 11.3.1.4. Sieb- und Filterverfahren).

Getauchte Filter (Tauchtropfkörper) werden zumeist im Aufstrom von unten nach oben betrieben (Upflow-Filter oder geflutete Biofilter). Diese Bauform neigt wegen der geringen nach oben gerichteten Strömung besonders zum Zuwachsen, da die Strömungsgeschwindigkeit des durchgepumpten Wassers nicht ausreicht genügend Turbulenzen zu erzeugen, um überschüssige Bakterienmasse auszuspülen. Sammelt sich diese am Boden des Reaktors, kann sie in regelmäßigen Abständen durch Rohrleitungen entfernt werden, sofern diese eingeplant und auch installiert wurden. Sammelt sie sich im Inneren des Reaktors in oder zwischen dem Tropfkörpermaterial, ist es möglich eine Spülung mit Hilfe von reichlich Luft durchzuführen. Dazu wird der Reaktor unter ständiger Beaufschlagung mit Luft entleert – das Tropfkörpermaterial bleibt dabei selbstverständlich im Behälter – und falls erforderlich wird im entleerten Zustand von

Oben mit Wasser nachgespült. Sind zwei parallel zu betreibende Filter im Einsatz wird der „normale“ Betreib aufrechterhalten. In einem solchen Fall wird nur ein Filter gespült während der Zweite weiterhin in Betrieb bleibt. Nach einer Weile ist der zweite Filter mit Spülung an der Reihe und der erste hält den Betrieb aufrecht; und so weiter.

Eine verbesserte Bauform arbeitet mit ständiger Belüftung, so dass die nötigen Reinigungsintervalle deutlich weiter gewählt werden oder völlig unterbleiben können. Es kann sinnvoll sein einem gefluteten Biofilter einen Tropfkörper nachzuschalten, da derart das Wasser nur einmal gepumpt werden muss. Dem Upflow-Filter in welchen gepumpt wird, folgt in einem solchen Fall ein Tropfkörper, durch welchen das Wasser anschließend im freien Gefälle strömt und in einem Pumpensumpf zur erneuten Verwendung im Kreislauf gesammelt wird. Denitrifikationsanlagen werden oft als geflutete Biofilter, dann allerdings selbstverständlich ohne permanente Belüftung gebaut. Luft wird nur zur Spülung eingesetzt. Etwa zwei Stunden nach dem Spülvorgang, sobald der Sauerstoffgehalt durch Bakterientätigkeit ausreichend gesenkt und die Hemmung des Enzyms Nitratreduktase aufgehoben ist, arbeitet der Filter wieder als Denitrifikation.

Je nach Nährstoffangebot und Temperatur wächst der Tropfkörperrasen schnell oder langsam. Schnell wachsender Rasen (hoch belastete Anlagen z. B. in der kommunalen Klärtechnik) wird häufig ausgespült. Der entstehende Schlamm ist hoch aktiv und fäulnisfähig und damit recht geruchsintensiv (er stinkt). Zur Abtrennung aus dem Wasser ist eine Sedimentation oder ein Filter nötig. Langsam wachsender Rasen (wenig oder gering belastete Anlagen z. B. in der Fischzucht) liefert geringe Mengen eines weitgehend stabilisierten Schlammes, der kaum fault und bei Abtrennung leicht lagerbar ist (er stinkt kaum oder gar nicht). Eine Sedimentation oder Filterung ist in der Regel nicht erforderlich.

Zu geringe Abstände der Besiedlungsflächen voneinander, ungleiche Wasserverteilung oder nicht ausreichende Turbulenzen im Tropfkörper sowie Schneckenhäuser sind die häufigsten Ursachen für Verschlammung. Derartige Systeme werden besser durch Wirbelschichtsysteme oder Fließbetten ersetzt.

Die Schichtdicke des Tropfkörperrasens nimmt in Abhängigkeit vom Nährstoffangebot, der Strömungsgeschwindigkeit, der Umfangsgeschwindigkeit bei Tauchtropfkörpern und der Reibung der Trägermaterialien aneinander bei Fließbetten zu oder ab. Bis zu einer Schichtdicke des Rasens von etwa 3 mm ist eine ausreichende Versorgung der Bakterien mit Nährstoffen und Sauerstoff möglich. Wird der Tropfkörperrasen dicker, erfolgt durch anaerobe Vorgänge, z. B. Faulung oder Gärung, ein Ablösen des Rasens von der besiedelten Fläche. Zu dicke Rasen werden nach der Lösung vom Substrat ausgespült. Ist ein derartiges regelmäßiges, bedarfsgerechtes Ausspülen nicht möglich, verschlammen die Systeme. Es kommt in größeren Bereichen der Anlage zu anoxischen bis anaeroben Umsetzungen, die Anlage kippt im ungünstigsten Fall in den anaeroben Bereich. Denitrifikationsvorgänge setzen unkontrolliert ein und bleiben oft unvollständig, wobei sich häufig giftiges Nitrit bildet (siehe auch Punkt 13.2.2. Auftreten von Nitrit).

An jeden Tropfkörper – gleich welcher Bauart – ist die Forderung zu stellen, dass ein Ausspülen von Überschussschlamm/Bakterienmasse störungsfrei und möglichst permanent möglich ist. Je nach Menge und Struktur dieser Bakterienmasse muss diese vor der Verwendung des Wassers als Zulauf zu den Fischbecken von diesem Wasser getrennt werden. Wenige, relativ große Teile werden von den Fischen als Futter genutzt und können im Kreislauf verbleiben. Viele kleine Schwebstoffe sollten allerdings entfernt werden, da Störungen im gesamten Kreislauf auftreten können (Beschädigung der Fischkiemen, Ablagerungen und Fäulnis in Rohrleitungen).

Die Lebewesen des Tropfkörperrasens bestehen vor allem aus Bakterien und Pilzhyphen, die einen schleimigen Belag bilden. Hinzu kommen je nach Belastung, Strömungsgeschwindigkeit und Sauerstoffgehalt unterschiedliche Protozoen, Rädertierchen oder sogar niedere und höhere Würmer (Faden- und Borstenwürmer), Schnecken und Insektenlarven. Wirbelschichtsysteme sind allerdings wegen der Reibung der Einzelteile des Wirbel- oder Fließbettes und daraus folgender geringen Schichtdicke des biologischen Rasens völlig oder weitgehend frei von derartigen Besiedlungen. Eine nennenswerte Besiedelung kann nur in den geschützten Innenbereichen erfolgen. Für Schnecken ist ein Wirbelschichtsystem zu unruhig sie können sich darin nicht halten. Ein Aufenthalt dieser Tiere ist dann „nur" in Rohrleitungen, Rinnen und den Fischbecken möglich, was eine effektive Bekämpfung erleichtert. In Systemen die mit Stören besetzt sind, werden Schnecken, die ins Fischbecken gelangen, sofort von den Fischen gefressen.

Sind Tropfkörpersysteme frei von Schlammablagerungen und werden alle Anlagenteile frei und gleichmäßig vom Abwasser umströmt, kann pro Quadratmeter Tropfkörperfläche mit einer Umsetzung von 2 g BSB_5, 10-20 g Futter oder 0,3-0,8 g NH_4-N pro Tag gerechnet werden. Die Variationsbreite erklärt sich aus der Höhe der zugelassenen/vertretbaren Werte (je nach Fischart), wie:

- des Ammoniumlevels = je höher, desto höher die Abbaurate,
- der Temperatur = je höher, desto schneller der Umsatz,
- dem Sauerstoffangebot = je höher, desto schneller der Umsatz,
- der Wasserverteilung = je gleichmäßiger, desto besser der Abbau,
- der Rasendicke = je dünner/jünger, desto höher die Abbaurate,
- und dem BSB_5 = je niedriger, desto besser der Abbau.

Im Salzwasser ist mit deutlich geringeren Abbauraten von Ammonium zu rechnen. Neuere Erkenntnisse lassen Abbauraten von 0,15 bis maximal 0,30 g NH_4-N pro m² Tropfkörperfläche und Tag erwarten. Um einen einigermaßen sicheren Betrieb der Anlagen zu gewährleisten, sollte man für die Auslegung einer Salzwasseranlage in keinem Fall mit einer Abbaurate von mehr als 0,2 g NH_4-N/m² x d rechnen.

11.3.2.4. Tauchkörper

Tauchkörper sind Biofilter, bei denen die mit Bakterien bewachsenen Oberflächen in der Regel durch Drehbewegung abwechselnd mit dem Abwasser und der Luft in Kontakt gebracht werden. Die Nährstoffversorgung der Mikroorganismen erfolgt beim Eintauchen in das Abwasser, die Sauerstoffversorgung beim Auftauchen und bei der Drehung durch die Luft. Die Dicke des Bewuchses auf den Flächen wird durch die Drehzahl pro Zeiteinheit und die Nährstoffkonzentration geregelt, beziehungsweise gesteuert. Zum Einsatz kommen Scheiben (Scheibentauchkörper), oder aus verschiedenen Materialien gebildete oder mit ihnen gefüllte Trommeln (Trommeltauchkörper), und Schlauchwickel. Je nach Fähigkeit der Systeme, durch Hohlkörper zusätzliche Luft in das Abwasser einzutragen, kann sich als weitere Biozönose Belebtschlamm entwickeln. Derartige Verfahren werden als Kombinationssysteme bezeichnet. Je mehr Fläche zur Besiedlung vorhanden ist und je besser der Belabtschlamm einer Anlage mit Sauerstoff versorgt wird, desto größer ist die Klärleistung des Systems.

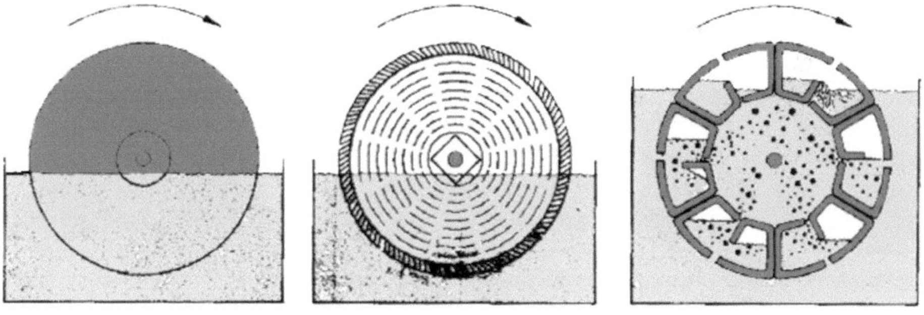

Verschiedene Tauchkörper (Scheiben, Trommel, Hohlkörper). Zeichnung: nach Stähler

Werden Tropfkörpermaterialien unter Wasser, also submers, fest eingebaut und von unten belüftet, spricht man von getauchten Festbetten. Je nach Belastung mit Abwasser, Betriebsweise und Art sowie Form des Festbett-Materials kann auch dieses System wahlweise als Festbett- oder Belebtschlammanlage genutzt werden.

Festbetten sind meist schlecht oder nur mit hohem Aufwand zu reinigen. Es ist aber, wie schon weiter oben bemerkt, zeitweise nötig. Sollten sich Wasserschnecken angesiedelt haben, die sehr häufig mit dem Fischbesatz von außen eingeschleppt werden, können diese sich sehr gut in den Festbetten niederlassen, da sie hervorragende Lebensbedingungen vorfinden. Sie finden Biorasen zum Abweiden vor, permanenten Sommer durch gleich bleibende Temperatur und mit genügend Sauerstoff versehenes Wasser. Die Reinigungsleistung der biologischen Aufbereitung sinkt, da der Aufwuchs durch die Besiedelung mit Schnecken abgefressen wird. Mangels Masse an Reinigungsbakterien (Aufwuchs) verhungert in der Folge ein Teil der Schnecken und zersetzt sich. Die frei werdenden Nährstoffe können dann die Wasserwerte sehr schnell auf für Fische untragbare Werte treiben. Die dann „leer stehenden“ Schneckenhäuser verstopfen kleine Rohrleitungen und Ventile. Sind Schnecken in der Anlage müssen sie möglichst effektiv bekämpft werden, zumal sie häufig Zwischenwirte von Parasiten sind. Weitere ungeliebte Gäste in Festbetten sind Milben, die sich bei massenhafter Vermehrung aus dem Festbett entfernen und Haut sowie Kiemen der Fische besiedeln. Auch pathogene Keime und mehrzellige Parasiten können sich in Festbetten ansiedeln und von dort auf die Fische übergehen. Aus den genannten Gründen ist es angebracht, Festbetten von Zeit zu Zeit zu reinigen. Dazu muss die betreffende Anlage stillgelegt und gesäubert werden. Bis die volle Leistungsfähigkeit der Anlage wieder erreicht ist, können schon mal, vor allem wenn mit Reinigungs- und oder Desinfektionsmittel gearbeitet wurde, 2-3 Wochen vergehen.

11.3.2.5. Fließbett

Werden in einem Behälter schwimmende oder durch Strömung in den Schwebezustand versetzbare Kunststoffteilchen, Keramikkörper, Aktivkohle, Sand usw. eingesetzt, entspricht dieses System dem Wirbelschichtreaktor, Moving-bed (im Gegensatz zum vorher beschriebenen festen Bett jetzt ein bewegtes Bett) oder Fließbett.

Das eingesetzte Trägermaterial/Substrat muss durch Strömung oder Lufteintrag in Bewegung gehalten werden können. Es können recht kleine Substrate zur Besiedelung durch Bakterien eingesetzt werden. Bis zu 900 m^2/m^3 sind bisher möglich und praktikabel. Die eingesetzten Schwebekörper müssen stabil genug sein, das ständige Aneinander reiben zu ertragen ohne zu zerbrechen. Aktivkohle und Keramikkörper sind daher relativ ungeeignet. Sand besitzt eine sehr große Oberfläche pro m^3 Material, erfordert aber auf Grund seines spezifischen Gewichtes erheblichen Energieeinsatz um in Schwebe gehalten zu werden. Er wird daher nur als Festbett zur Vorreinigung von Zuflüssen zu Brutanlagen oder bei hohen Anforderungen an möglichst geringe Schwebstofffracht zur Nachreinigung von Abflüssen der Kläranlagen von Fischzuchtanlagen eingesetzt.

Die Kunststoff-Aufwuchskörper in Wirbelschichtsystemen werden mittlerweile so geformt, dass geschützte Bereiche im Inneren vorhanden sind, die nicht einer ständigen Reibung aneinander ausgesetzt sind. In diesen Bereichen können sich langsamer wachsende Bakterien ebenso wie Ein- und Mehrzeller ansiedeln, die sich positiv auf die Reinigungsleistung des Filters auswirken. Ein Zuwachsen dieser Bereiche wird durch die im Fließbett herrschenden Turbulenzen und damit einhergehenden Strömungen weitestgehend verhindert. Sollten die Trägerkörper doch einmal Tendenzen zum Zuwachsen zeigen, kann durch Reinigung des Materials außerhalb des Reinigungsteils der Anlage gegengesteuert werden. Dabei wird immer nur ein geringer Teil des Materials entnommen und nach der Reinigung wieder in die Anlage zurückgegeben. Die Reinigungsleistung der Gesamtanlage bleibt so erhalten.

Nachteilig an Systemen mit sehr kleinen Aufwuchskörpern ist deren Tendenz, bei nicht genau eingepassten Trenneinrichtungen der Substratkörper von den Pumpen, Rohrleitungen und Fischbecken, die Biologie zu verlassen und überall in der Anlage aufzutauchen. Pumpen, Ansaugleitungen, Drosselventile und Siebe können dann leicht verstopfen und zu Schäden nicht unerheblichen Ausmaßes führen. Werden diese herumschwimmenden Substratkörper in größerem Umfang über die mechanische Reinigung aus dem System entfernt, fehlt deren Siedlungsfläche. Unerklärliche und zunehmend nachlassende Reinigungsleistung kann ihren Ursprung durchaus im langsamen Verschwinden des nötigen Substrats haben.

Die Behörden sehen das Auftauchen der Substrate außerhalb einer Anlage, z. B. in Vorflutern, als Umweltverschmutzung durch Kunststoff zunehmend kritischer. Sie ahnden diese Verschmutzung. Da sich die speziellen Substrate sehr leicht dem Verursacher zuordnen lassen, ist es, um unnütze Kosten und Ärger zu vermeiden, angeraten das „Entkommen“ des in der Anlage dringend benötigten Substarts möglichst effektiv zu verhindern.

Ein Wirbelschichtreaktor wird zu maximal 60 % mit Substrat gefüllt; beim Fließbett kann die Füllung auch bis zu 70-80 % betragen. Wirbelschichtreaktoren sind weitestgehend wartungsfrei, da durch die Reibung des Aufwuchssubstrates aneinander eine ständige Selbstreinigung erfolgt. Alle bisher angesprochenen Systeme arbeiten mit sessilen – also fest auf einer Oberfläche angesiedelten – Mikroorganismen.

11.3.2.6. Belebtschlamm

Auch beim Belebtschlammsystem versucht man möglichst viele Mikroorganismen in einem Behälter zu konzentrieren. Die Besiedelung durch die Organismen erfolgt aber nicht auf festen Oberflächen wie beim anderen

Biofiltern, sondern frei schwebend auf und in Schlammflocken, dem sogenannten Belebtschlamm.

Da die Biomasse frei im Behälter schwimmt, muss sie bei Verlassen desselben zurückgehalten und zurückgeführt werden um die gewünschte Schlammkonzentration aufrecht halten zu können. Dies geschieht, da die Flocken schwerer als Wasser sind, normalerweise mit Hilfe einer Sedimentation oder Nachklärung. Die Größe der Nachklärung muss an den zu erwartenden Durchfluss angepasst sein, damit die Belebtschlammflocken sicher zurückgehalten werden können. Die Auslegung/Planung einer Belebtschlammanlage erfordert also immer, außer in einer Membranfiltrationsanlage (siehe Punkt 11.3.1.4.2. Filtern), auch eine Sedimentation.

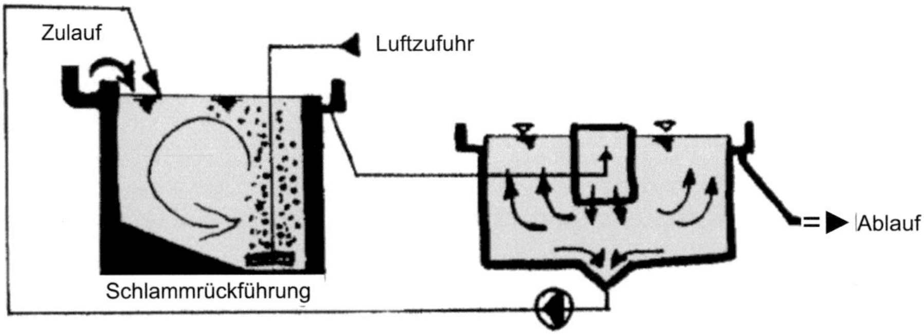

Belebtschlammanlage mit Sedimentation. Gezeichnet: nach Brettschneider

Da eine Belebtschlammanlage wie ein Flockenfilter wirkt, ist sie, anders als andere Biofilter, nicht auf eine feine mechanische Vorreinigung angewiesen, da sofern die Sedimentation richtig ausgelegt und betrieben wird, feine und auch feinste Flocken sicher im Belebtschlamm festgehalten oder angelagert werden. Um Belebtschlammflocken in Schwebe zu halten, werden sie gerührt (z. B. bei einer Denitrifikation). Die beim aeroben Abbau zur Sauerstoffversorgung nötige Belüftung erfüllt den gleichen Zweck. Belüftet wird durch Eintrag von Druckluft am Boden des Belebungsbeckens z. B. durch Schläuche, Ausströmer, Rohre oder Membranen, von der Oberfläche her mit Kreiseln, Rotoren, Bürsten oder Walzen oder bei Kombisystemen durch Trommeln, Schlauchwickel oder andere drehende Hohlkörper. Die durch die Belüftungseinrichtungen eingetragene Bewegungsenergie reicht in diesen Fällen (hoffentlich) aus, den Schlamm in Schwebe zu halten.

Belebtschlamm besteht aus unregelmäßig geformten Gebilden in Form von Flocken. Diese entstehen durch Zusammenballung von Bakterien, Protozoen, Pilzen, oder Besiedelung bereits vorhandener Agglomerate wie z. B. Kalkkörnern aus der pH-Regulierung, weitestgehend unverdaulichen Futterbestandteilen wie Getreidespelzen oder Mineralstoffen wie Carbonate und Phosphate, oder toter organischer Masse wie Mikroorganismen. Das spezifische Gewicht der Flocken ist größer als 1, wodurch eine Sedimentation der Flocken möglich wird. Die Flocken besitzen einen Durchmesser von 0,05 bis über 1 mm. Die Sauerstoffversorgung großer Flocken ist im Inneren nicht mehr möglich, Nährstoffe allerdings dringen tief genug ein, so dass bereits ab 0,2 mm Durchmesser parallel zum aeroben Abbau deutliche Denitrifikationsvorgänge auftreten.

Aus der Besiedelung der Belebtschlammflocken wie auch des Tropfkörperrasens mit Flagellaten (Geißeltierchen), Amöben (Wechseltierchen), Ciliaten (Wimperntierchen), Suctorien (Sauginfusorien) und Rotatorien (Rädertierchen) lassen sich der Zustand der biologischen Aufbereitung und deren Belastung abschätzen.

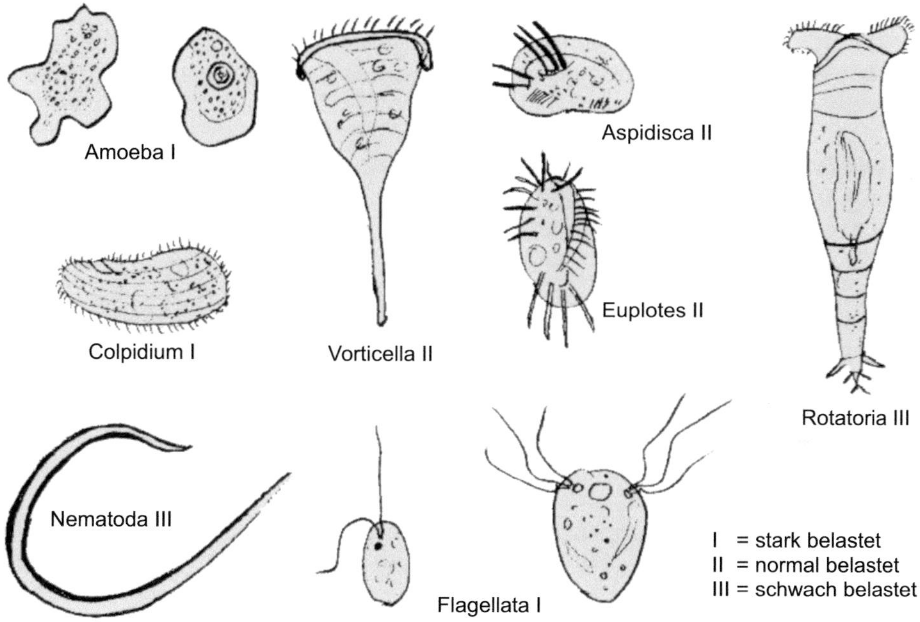

Mikroorganismen die als Leitorganismen dienen können. Gezeichnet: nach Klee

Stark belastete Anlagen, vor allem in der Anfahrphase, aber auch bei Überlastung haben kräftig entwickelte Flocken mit sternförmigen Auswüchsen. Ansonsten sind außer Bakterien und Pilzen nur Amöben und Flagellaten vorhanden, deren Anzahl sehr hoch ist. Die Artenvielfalt ist gering.

Normal belastete kommunale Kläranlagen mit ausreichender Sauerstoffversorgung beinhalten kompakte Flocken. Außer Bakterien und Pilzen finden sich nur noch vereinzelt Flagellaten und Amöben, aber sehr viele verschiedene Ciliaten. Vor allem *Vorticella* (Glockentierchen) und frei schwimmend Arten wie etwa *Aspidisca costata* und *Euplotes affinis* fallen auf.

Schwach belastete Anlagen und unterbelastete Anlagen also typische Fischkreislaufanlagen, zeigen kleine Bakterienflocken, die durch Ablagerungen im Inneren dunkel gefärbt sind. Es treten viele verschiedene Arten von Protozoen in geringer Stückzahl auf. Rotatorien, Ciliaten und Nematoden lassen sich ebenfalls finden.

Die Färbung des Belebtschlamms ändert sich von hell braun bis beige zu dunkel braun bis rötlich braun. Schwarzbrauner Schlamm hat Farbstoffe eingelagert oder ist tot, es findet keine aerobe Wasseraufbereitung statt. Bevor derartige Anlagen wieder eine vertretbare Reinigungsleistung aufweisen können, muss die gesamte (organische) Masse der Schlammflocken beseitigt werden. Künstliche Flocken, die mit Hilfe von Aluminiumsalzen oder Kalk aus dem Anlagenwasser gebildet werden können, werden relativ schnell zuerst von heterotrophen Bakterien und später in Abhängigkeit von der Belastung von Nitrifikanten besiedelt. Der „Neuaufbau“ einer funktionierenden Biozönose kann bis zu 4 Wochen dauern. In dieser Zeit ist der Fischbestand mit höchster Aufmerksamkeit zu beobachten. Eine Anlage mit vollem Fischbestand wieder auf Volllast zu bringen, ohne Verluste an Fischen, ist nichts für Nervenschwache und erst recht nicht für Anfänger.

Die Leistung einer Belebtschlammanlage hängt ab von der Masse an biologisch aktivem Schlamm in der Biologie und von der Nährstoffkonzentration des zulaufenden Wassers. Je mehr Nährstoffe, umso mehr kann abgebaut werden, ausreichende Sauerstoffversorgung vorausgesetzt. Im Fall hoher Belastung und hoher Abbauraten steigt die Konzentration dieser Stoffe im Ablauf der Anlage, da hohe Abbauraten von der Bakterienmasse nur bei hoher Nährstoffkonzentration im Becken und damit auch im Auslauf erbracht werden können. Fische sind auf niedrige Schadstoffkonzentrationen angewiesen, um guten Zuwachs bei hoher Vitalität zu zeigen. Kläranlagen in der Fischzucht müssen auf möglichst niedrige Konzentration von Schadstoffen (BSB_5, NH_4, NO_2) ausgelegt werden. Funktionierende Fischzuchtanlagen sind daher in jedem Fall schwach belastete Anlagen.

Belebtschlammanlagen werden nach der Schlammbelastung und/oder der Raumbelastung ausgelegt/geplant. Die Schlammbelastung gibt die Belastung z. B. in BSB_5 an, die ein Kilogramm organische Trockensubstanz (getrockneter Belebtschlamm) pro Tag verarbeiten kann. Als Trockensubstanz wird in der Regel von 4 kg/m³ Belebtschlamm ausgegangen. In Abhängigkeit von der Belastung wächst die Bakterienmasse die als Schlammvolumen messbar ist. Als Folge steigt der Trockensubstanzgehalt. Steigt er auf über 6 kg/m³ an, wird die Trennung von Schlamm und Wasser zunehmend schwieriger. Der überschüssige

Schlamm muss in diesem Fall möglichst schnell als Überschussschlamm aus der Anlage entfernt werden.

Die Raumbelastung bezieht den BSB_5 auf das Volumen der vorhandenen oder zu planenden Kläreinheit. Belebungsanlagen in der Fischzucht arbeiten sicher mit einem Schlammgehalt von 3,5-5,0 kg Trockensubstanz/m³, einer BSB_5 Raumbelastung von 0,20-0,25 kg BSB_5/m³ x d und einer Schlammbelastung von 0,05 kg BSB_5/kg Trockensubstanz x d. Derartig betriebene Anlagen weisen im Ablauf der Sedimentation einen BSB_5-Wert von 5-15 mg/l auf, der eine sichere Nitrifizierung ermöglicht. Belastungsstöße durch Umsetzen oder Futterveränderungen werden recht gut vertragen.

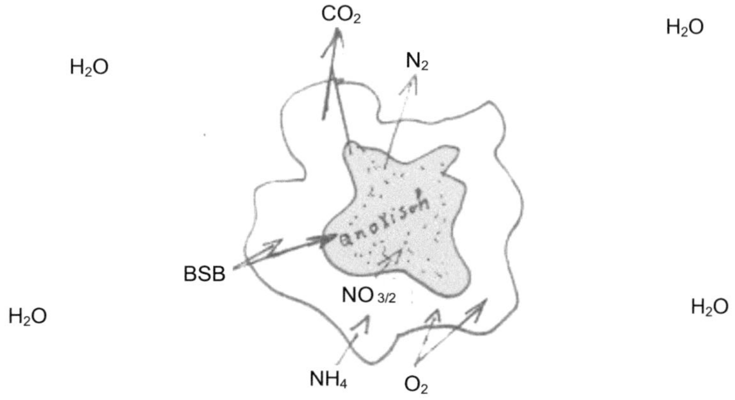

Schema einer Belebtschlammflocke. Zeichnung: P. Steinbach

Wird ein mit Nährstoffen gut versorgter Belebtschlamm z. B. durch Rührwerke in Schwebe gehalten, ohne dass Sauerstoff eingetragen wird, kann er den im Nitrat enthaltenen Sauerstoff veratmen. Gasförmiger Stickstoff wird dabei frei und entweicht. Große Belebtschlammflocken können in ihrem Inneren aber bereits bei 2-3 mg O_2 an ihrer Oberfläche denitrifizieren, da der Sauerstoff nicht weit genug in die Flocke eindringen kann, die Nährstoffe (NO_3, BSB_5) aber doch. Man spricht dann von einer simultanen Denitrifikation. Voraussetzung ist aber immer ein ausreichendes Nährstoffangebot in Form von Kohlenstoff (BSB_5).

Trotz ihrer guten Reinigungsleistung und der Fähigkeit mehr als 90 % pathogener Keime aus dem Wasser zu entfernen haben sich Belebtschlammanlagen in der Fischzucht nicht durchsetzen können. Der Grund liegt in ihrer, verglichen mit Tropfkörpern und Fließbetten, komplexeren Steuerung.

Aus Kostengründen wird angestrebt maximal 30 % der teuren Gebäudefläche für die Wasserklärung zu verwenden. Eine erfolgreiche Fischhaltung erfordert einen möglichst schnellen Wasserwechsel in den Fischbecken, die Nachklärung einer Belabtschlammanlage hingegen ist bezogen auf die pro Zeiteinheit durchfließende Wassermenge stark begrenzt. In der Folge überschreiten Belebtschlammanlage zusammen mit der erforderlichen Nachklärung sehr schnell die geforderten maximalen 30 % Flächen- oder Raumbedarf.

Zur Reinigung des Überschusswassers von Kreislaufanlagen vor Einleitung oder Abgabe in einen Vorfluter sind ausreichend dimensionierte Belebtschlammanlagen recht brauchbar, da sie bei geschickter Aufteilung Nitrifikation, Denitrifikation und simultane Phosphatfällung in einem Behälter ermöglichen und der pro Stunde nötige Wasserdurchsatz, der eben nur aus dem Austauschwasser besteht vergleichsweise gering ist.

11.3.3. Teichverfahren und Bodenfilter

In den meisten Fällen sind Teichverfahren für Kreislaufanlagen nicht anwendbar, da sie erhebliche Flächen benötigen, den Schwankungen der Außentemperatur und den Einflüssen des Klimas unterliegen und auch das Sonnenlicht (Sauerstoff Produktion durch Algen) an der Reinigungsleistung beteiligt ist. Teichanlagen sind aber gut geeignet, aus Kreislaufanlagen abfließendes Austauschwasser so weit zu reinigen, dass ein problemloses Einleiten in Vorfluter oder ein Versickern möglich wird. Teichverfahren lassen sich einteilen in: Absetzteiche, unbelüftete und belüftete Abwasserteiche, sowie Schönungs- und Schilfteiche.

Absetzteiche dienen vor allem der Abscheidung von Schwebstoffen z. B. vor Ableitung des Überschusswassers einer Fischzucht in einen Vorfluter. In ihnen beträgt die Abnahme an BSB_5 etwa 20-50 % und die Verweilzeit des Wassers einen Tag. Die Sauerstoffzehrung ist höher als die Sauerstoffaufnahme z. B. aus Luft, durch Wind, Regen und Wellenschlag. Der Wasserkörper und der Teichboden sind anaerob. Derartige Teiche neigen zur Geruchsentwicklung und damit Geruchsbelästigung. Sie sind nur zu empfehlen wenn keine oder nur sehr sanftmütige und nicht besonders geruchsempfindliche Nachbarn vorhanden sind. In diesen Teichen wird ein Teil des Nitrats abgebaut. Eine Phosphorreduzierung ist nicht zu erwarten, etwaig im Boden gebundener Phosphor wird sogar gelöst und ins Wasser abgegeben, so dass der Ablaufwerte des Teiches höher liegen kann als der Zulauf.

Unbelüftete Abwasserteiche werden nur so stark belastet, dass der Wasserkörper aerob bleibt. Die Sauerstoffaufnahme durch die Teichoberfläche (Luft, Wind, Regen, Wellenschlag) ist größer als die Zehrung. Derartige Teiche sind 1,0-1,5 m tief, die Verweil- oder Durchflusszeit beträgt etwa 20 Tage, die BSB-Abnahme kann 80-90 % betragen. Werden mehrere Teiche hintereinander geschaltet, überwiegen im ersten Teich heterotrophe Mikroorganismen, im zweiten Phytoplankton und im dritten Zooplankton das sich vom Pflanzenplankton ernährt. Unbelüftete Teiche werden nach der Oberfläche bemessen. Die Belastung beträgt max. 8 g BSB_5/m^2 x d. In Abhängigkeit vom BSB wird ein mehr oder weniger großer Teil des Nitrats im ersten Teich denitrifiziert. In Teich Zwei und Drei wird ein Teil des Phosphors gebunden (Pflanzen und Plankton) und, solange im Wasserkörper aerobe Verhältnisse herrschen, im Sediment festgelegt.

Belüftete Abwasserteiche werden meistens mit einer Tiefe von 2-3 m eingerichtet. Die Belüftung schafft die Möglichkeit, Belebtschlammflocken in einer Menge von 50 g TS/m^3 zu erhalten. Wasserkörper und Schlammoberfläche (Bodenschlamm) sind aerob, eine Rücklösung von Phosphor (P) aus dem Sediment wird verhindert. Erst, wenn anaerobe Verhältnisse an der Schlammoberfläche des Teichbodens herrschen, kann P aus dem Sediment gelöst werden. P geht dann in den Wasserkörper über und steht als Pflanzennährstoff (Algen) zur Verfügung. Belüfteten Teichen mit ca. 7 Tagen Durchflusszeit wird in der Regel um Schwebstoffe zurückzuhalten ein unbelüfteter Teich nachgeschaltet mit 2-3 Tagen Durchflusszeit. In einer derartigen Anlagenkombination ist eine BSB-Reduzierung von etwa 85-95 % möglich. Die Raumbelastung beträgt max. 25 g BSB_5/m^3 x d. Mit einer erheblichen Abnahme des Nitratgehaltes ist nicht zu rechnen. Begrenzte Denitrifikation findet innerhalb der Schlammflocken und im Sediment statt. Die Abnahme des Phosphors ist gering.

Schönungsteiche werden häufig konventionellen Kläranlagen nachgeschaltet. Sie werden normalerweise als unbelüfteter Teich mit einer Duchflusszeit von ca. 2 Tagen betrieben. Der BSB kann noch einmal um 50-70 % gesenkt werden, der CSB um 40-60 %. Eine Bepflanzung des Ablaufbereichs mit Schilf und/oder Binsen kann die Austragung von Schwebstoffen (Entengrütze/Wasserlinsen, Algen, Schlammflocken) vermindern. Durch Einbindung in Algen und Pflanzen wird der Phosphorgehalt gesenkt.

Schilfteiche können ebenfalls zur Abwasserklärung herangezogen werden. Genauere Auslegungsdaten liegen nicht vor. Die Reinigungswirkung liegt zwischen Schönungsteich und belüftetem Teich. Im Winter ist mit starkem Rückgang der Reinigungsleistung zu rechnen. Mit Pflanzen wie z. B. Rohr oder Schilf bewachsene Teiche oder Gräben und in Teichen schwimmende, bewachsene Roste bilden den Übergang zu Pflanzenkläranlagen.

Bodenfilter nutzen die Reinigungskraft des Bodens; sie werden als bewachsene und unbewachsene Filter eingesetzt. Bewachsene Bodenfilter werden als Pflanzenkläranlagen bezeichnet. Diese kann man nach Art des eingesetzten Bodensubstrats und der Fließrichtung charakterisieren: z. B. ein bewachsener vertikal oder horizontal durchströmter bindiger oder nicht bindiger Bodenfilter. Nicht bindige Böden sind z. B. Sand, Kies, Geröll und ihre Mischungen. Bindige Böden sind z. B. Ton und seine Mischungen, aber auch Lehm und Mergel.

Vertikal durchströmte, unbewachsene Bodenfilter gehören zu den ältesten Verfahren der Abwasserbehandlung. Bei diesem Verfahren werden eingedeichte, unbewachsene Bodenflächen täglich 5-15 cm mit Abwasser überstaut, das im Laufe des Tages versickert. Im Winter ist die Leistung eingeschränkt. Die BSB_5 Abnahme beträgt 90-95 %, die der Bakterien 95-98 %. Pro m² und Tag können etwa 30-75 l Abwasser versickert werden. Der Boden muss aus Sand bestehen, Grundwasser darf nicht anstehen, und die einzelnen Beete sollten nicht größer als 0,4 ha sein. Im Boden liegen Drainagerohre (1 m tief mit 10 m Abstand zueinander), die das gereinigte Abwasser sammeln und abführen.

Horizontal durchströmte, bewachsene Bodenfilter (Pflanzenkläranlagen) werden permanent vorwiegend horizontal vom Abwasser durchflossen. Je nach Bodenart und Aufbau, Durchwurzelung und Abwasserbeschaffenheit wechseln aerobe, anoxische und anaerobe Bereiche ab, in denen sehr komplexe Reinigungsprozesse ablaufen. Sowohl Nitrat als auch Phosphor können recht effektiv reduziert werden.

Bewachsene, bindige Bodenfilter arbeiten mit dem natürlich vorhandenen Boden, bis etwa 1 m Tiefe. Muss der Untergrund abgedichtet werden, wird der Boden in der entsprechenden Tiefe entfernt, der Untergrund wird gedichtet (Folie, Betonit), und der Boden wird wieder eingefüllt. Die Bepflanzung der Oberfläche erfolgt mit Schilf (*Phragmites*) oder auch Rohr (*Typha*). Beschickung und Reinigungsleistung sind abhängig von der Durchlässigkeit des zur Anwendung kommenden Bodens.

Bewachsene, nicht bindige Bodenfilter werden unter der Verwendung von Kies, Schotter, Split oder Sand in einer Mächtigkeit von 0,3-1,0 m auf einem gedichteten Untergrund erstellt. Die Bepflanzung erfolgt ebenfalls mit Schilf und Rohr, aber auch Binsen und andere Sumpfpflanzen sind möglich.

Pro EGW werden 3,5-10 m² Pflanzenfläche benötigt. Ein Einwohnergleichwert (EGW), also die Verschmutzung, die ein Einwohner täglich produziert, beträgt nach ATV (Abwasser Technische Vereinigung): 60 g BSB_5, 120 g CSB, 11 g N, 2,5 g P und 70 g abfiltrierbare Stoffe. Auf Fischhaltung bezogen entspricht ein EWG je nach Fütterungsintensität einem Fischbestand von 15-30 kg.

11.3.4. Schlammbehandlung

Bei allen mechanischen, chemischen und biologischen Reinigungsverfahren fällt Schlamm an, der in irgendeiner Form gelagert und letztendlich entsorgt werden muss. Um die zu behandelnden Mengen möglichst gering zu halten kann der Schlamm entwässert werden. Diese Entwässerung kann mechanisch (Siebband-Kammerfilterpressen und Zentrifugieren) erfolgen. Durch nachfolgende Trocknung wird die Menge weiter bis auf etwa 70 % T.S. reduziert.

Die meisten Systeme zur Schlammbehandlung kommen aus der kommunalen Abwasserklärung und sind auf sehr große zu behandelnde Schlammmengen ausgelegt. Der Schlammanfall in der Fischzucht hingegen ist im Vergleich dazu gering, so dass sich der Einsatz von Kammerfilterpressen und Zentrifugen nur bei sehr großen Anlagen ökonomisch lohnt.

Schlamm aus Fischzuchten kann auf Trockenbeeten entwässert werden. Trockenbeete sind überdachte oder nicht überdachte langgestreckte Becken, deren Boden mit einer Sandschicht bedeckt ist. Unterhalb der Sandschicht befinden sich eine oder mehrere Drainageleitungen. Überdachte Becken können etwa 14-20-mal pro Jahr mit Schlammwasser beschickt werden, nicht überdachte je nach vorherrschender Witterung 7-10 Mal. Die Trockenbeete oder -becken werden mit Schlammwasser aus mechanischer oder biologischer Reinigung ca. 20 cm überstaut und ruhen gelassen. Das durch die Sandschicht gefilterte Wasser wird über die Drainageschicht abgeführt. Dieses Wasser besitzt noch einen hohen BSB ebenso wie hohe Stickstoff- und Phosphorwerte. Vor Ableitung in einen Vorfluter ist es in jedem Fall in einer Kläranlage zu reinigen.

Ist der Schlamm abgetrocknet, was an Trocknungsrissen festzustellen ist, wird das Becken erneut überstaut. Es dauert etwa 3-4 Wochen bis das Beet erneut beschickt werden kann. Es ist vorteilhaft mehrere Becken zu betreiben, um den Schlamm nicht zu lange zwischenlagern zu müssen und ein gefülltes Beet in Ruhe räumen zu können. Wenn die Kapazität des Trockenbeetes erschöpft ist, muss es geräumt werden. Der Schlamm hat dann eine Trockensubstanz von ca. 20-30 % und ist stichfest. Es ist möglich den Schlamm landwirtschaftlich zu verwerten. In einem solchen Fall immer die Klärschlammverordnung beachten.

Schlammteiche werden zweigeteilt angelegt. Ein Abteil wird beschickt während das andere trocknet. In jedem Abteil befinden sich eine Sickersohle und ein Ablaufschacht zum Abführen des Sickerwassers. Derartige Teiche werden in Deutschland heutzutage nur noch selten bis gar nicht von den zuständigen Behörden genehmigt.

Eine Weiterführung der Schlammteiche ist eine Vererdung des Schlammes. Stabilisierter Schlamm mit 1-5 % Trockensubstanz wird auf Beete geleitet die mit Schilf und/oder Gras bewachsen sind. Schilf ist für diese Zwecke deutlich besser geeignet als Gras, da es durch seine Luftleitgewebe (Aerenchym) in der Lage ist Luftsauerstoff in den wurzelnahen Bereich des Bodens zu leiten. Dieser kann von Mikroorganismen zur stofflichen Umsetzung genutzt werden. Anfallendes Drainagewasser wird zurück zur Klärstufe geleitet.

Im Laufe der Vererdung werden organische und anorganische Bestandteile des Schlammes aufgespalten. Die organischen Anteile werden weitgehend mineralisiert und veratmet, was mit einer deutlichen Verringerung der Masse verbunden ist. Als Endprodukt entsteht eine krümlige Erde, deren Trockensubstanz bei der Räumung im Bereich von 30-40 % liegt. Wird die geräumte „Erde“ in Mieten verbracht und von Zeit zu Zeit umgesetzt sind Trockensubstanzgehalte von 70 % erreichbar. Rechtlich ist diese neu entstandene „Erde“ immer noch Klärschlamm und unterliegt der Klärschlammverordnung.

Eine weitere Möglichkeit den in den Anlagen anfallenden Schlamm zu verwerten besteht in der Nassausfuhr zur Verwendung als Dünger in der Landwirtschaft. Der Schlamm wird dazu in einem Schlammsammelbehälter gespeichert, in dem sich ein Rührwerk befindet welches den Schlamm zeitweilig rührt. Dabei trennen sich Schlamm und Wasser ebenso wie Gase die durch einsetzende Denitrifikation eventuell auch durch Gärung entstehen. Der Überstand an Wasser der sich nach der Trennung bildet wird in die Kläranlage zurückgeführt.

Überschussschlamm sowie Schlachtabfälle und/oder tote Fische können unter Umständen auch zur Gewinnung von Biogas genutzt werden. Bisher sind aber noch keine Versuche in dieser Richtung unternommen worden, wohl auch deshalb, weil es doch erheblicher Mengen an Abfallstoffen bedarf, die der Biogasanlage zudem noch möglichst regelmäßig zugeführt werden müssen. In letzter Zeit gelingt es hin und wieder Überschussschlamm in Biogasanlagen unterzubringen. Die dazu (eigentlich) erforderliche behördliche Genehmigung ist allerdings nicht immer zu erhalten. Aus was für Gründen auch immer.

Da im Schlamm je nach Zusammensetzung (Futterreste, Kot) und Herkunft aus Trommelfilter, Tropfkörper oder nachgeschalteter Wasserreinigung des Anlagenüberlaufs noch teilweise erhebliche Umsetzungsvorgänge stattfinden, ist es schwierig eine Mengenangabe der zu erwartenden Schlammfrachten zu geben.

Als Beispiel aus einer produzierenden Anlage mögen folgende Daten dienen: Pro Tag werden in dieser Anlage an 6 Tagen pro Woche täglich etwa 500 kg Futter verabreicht. Der Anlage ist eine eigene Belebtschlamm Kläranlage mit Denitrifikation nachgeschaltet um als Direkteinleiter in den Vorfluter anerkannt zu werden. Das gesamte Abwasser der Fischanlage einschließlich Verarbeitung (Schlachtung, Kaviarherstellung), aber ohne Sanitärabwasser wird über diese Kläranlage geleitet. Das Abwasser aus der Verarbeitung läuft über einen Fettfang. Partikuläre Inhaltsstoffe wie Gräten, Schuppen und Fleischteile werden mit einem Bandfilter (60 µm) entfernt und separat entsorgt. Der in der Kläranlage anfallende Überschussschlamm wird in einem Sammelbehälter mit 80 m^3 Volumen gelagert und mit einem Rührwerk zeitweise gerührt. Das Rühren entfernt durch Denitrifikationsprozesse oder Gärung entstehendes Gas, verhindert die Bildung von Schwimmschlamm und erhöht die Trockensubstanz des Schlammes. Das Überstandswasser aus dem Sammelbehälter wird in die Kläranlage zurück-geleitet. Unter diesen Bedingungen fallen ca. 240 m^3 Klärschlamm jährlich an, die entsorgt werden müssen. Die Entsorgung erfolgt landwirtschaftlich. Der Schlamm wies bei einer der behördlich vorgeschriebenen Proben folgende Parameter auf: Trockensubstanz (TS) 6-7 %; organische Substanz 1,7 % im Frischschlamm; gesamt Stickstoff 0,21 %; Phosphat als P_2O_5 0,55 %. Außerdem wurden noch Schwermetalle nachgewiesen: Zink (812 mg/kg TS), Kupfer (62 mg/kg TS), Chrom (18 mg/kg TS), Nickel (10 mg/g TS), Blei (5 mg/kg TS), Cadmium (0,7 mg/kg TS) und Quecksilber (0,1 mg/kg TS). Dieser Schlamm lag in allen gemessenen Parametern mindestens eine Zehnerpotenz unter den behördlich erlaubten Grenzwerten für die Ausbringung als Klärschlamm. Die gemessenen Abweichungen in der Zusammensetzung der Inhaltsstoffe des gelagerten Schlammes im Verlauf mehrerer Jahre, sind recht gering und bewegen sich bei etwa 10-15 %.

Literatur:
Bretschneider et al., 1982; Gruhler, 1977; Helmer & Sekoulov, 1977; Hörstgen-Schwark & Puckhaber, 1996; Imhoff & Imhoff, 1976; Knösche & Rümmler, 1988; Kunz, 1990; Mudrack & Kunst, 1991; Mutschmann & Stimmelmayr, 1995; Spieck et al., 2014;

12. GEBÄUDETECHNIK

12.1. Gebäudelüftung und Klimatisierung

Im Laufe der biologischen Wasserreinigung und durch den Stoffwechsel der Fische entsteht CO_2 Gas (Kohlendioxid), das ins Wasser abgegeben wird. Dieses Gas kann sich im Wasser soweit lösen, bis für den Fischbestand gefährliche Konzentrationen erreicht werden (siehe auch Unterkapitel 3.18. Kohlendioxid).

Pro Milligramm von Fischen und/oder Mikroorganismen verbrauchtem/veratmetem Sauerstoff werden etwa 1,4 Milligramm CO_2 erzeugt und ins Wasser abgegeben. CO_2 Werte unterhalb von 10 mg/l gelten für alle zurzeit in der Aquakultur gehaltenen Fischarten als sicher. Oberhalb dieser Werte werden die Tiere in Abhängigkeit von der Spezies zunächst unruhig; steigen die Werte weiter, zeigen die Tiere erschwerte Atmung, dann Taumeln und darauf folgend vorübergehende Seitenlage, gefolgt von andauernder Seitenlage und Sterben. Forellen gehen z. B. bei etwa 150 mg/l CO_2 ein; Amerikanische Welse bei 140 mg/l, selbst wenn ausreichend Sauerstoff vorhanden ist. Ein erhöhter CO_2 Gehalt des Wassers setzt die Erstickungsgrenze für Fische herauf. Da es die Affinität des Blutes zu Sauerstoff senkt, ersticken die Fische eher.

Die Giftwirkung von Kohlendioxid ist von verschiedenen Faktoren abhängig. In Ruhe ertragen Fische eine höhere Konzentration als bei Aktivität, da bei Bewegung auch der Sauerstoffbedarf der Fische höher ist. Niedrige pH-Werte erhöhen die Giftwirkung von CO_2. In Wasser mit einem neutralen pH-Wert wird von Regenbogenforellen doppelt so viel CO_2 schadlos ertragen wie bei pH 5,5. Brut und Jungfische sind deutlich empfindlicher gegenüber erhöhten Werten als erwachsene Tiere.

Das im Fischbecken und der biologischen Aufbereitung gelöste Kohlendioxid wird durch Turbulenzen wie etwa Belüftung oder großflächige Verrieselung wie z. B. in Tropfkörpern solange aus dem Wasser ausgetrieben, bis der dem Partialdruck entsprechende Sättigungspunkt erreicht ist (siehe auch Unterkapitel 3.19. Gassättigung). Unter Normalbedingungen bei 20 °C sind etwa 0,51 mg CO_2/l im Wasser gelöst zu erwarten.

Um eine Rücklösung des Kohlendioxids aus der Umgebungsluft zu vermeiden und um Gesundheit Schäden beim Personal zu verhindern sollte der CO_2 Gehalt der Luft in der Anlage nicht mehr als 0,8 Volumen-Prozent betragen. Normalerweise sind etwa 0,039 Volumen-Prozent in der Umgebungsluft zu erwarten. Intensive Fischzucht in Gebäuden erfordert eine effektive Raum Be- und Entlüftung. Die Messung von CO_2 in der Luft ist recht einfach und preiswert technisch zu lösen und lässt sich daher gut mit einer automatisierten Be- und Entlüftungseinrichtung kombinieren.

Im Rahmen der Belüftung von Fischbecken, Biologie und Entgasung einer Anlage werden Luft und Wasser sehr effektiv vermischt. Dabei findet an den Grenzschichten von Luft und Wasser in Abhängigkeit vom Partialdruck ein Gasaustausch statt. Wellen und Verwirbelungen erhöhen den Stoffaustausch, verglichen mit einer ruhenden Wasseroberfläche.

Sauerstoff befindet sich in der Regel im Minimum und geht daher aus der Gasphase ins Wasser über. Stickstoff, Kohlendioxid oder andere nicht im Gasgleichgewicht befindliche Gase gehen aus dem Wasser in die Gasphase über. Außerdem wird die eingeblasene Luft mit Feuchtigkeit (Wasser) beladen, so dass in der Anlage immer eine Luftfeuchtigkeit herrscht, die höher ist als in der Außenluft.

In flüssigem Wasser werden die Moleküle durch Bindungskräfte zusammengehalten, bewegen sich aber umeinander in Abhängigkeit von der Temperatur; je wärmer, desto heftiger die Bewegung der Moleküle umeinander. Einzelne Moleküle verlassen durch diese Bewegungen ständig den Wasserkörper und gelangen in die Luft solange die Bindungsenergie – welche die Moleküle im Wasserkörper hält – geringer ist als die kinetische Energie (Bewegungsenergie). Aber ebenso können Wassermoleküle wieder von der Wasseroberfläche eingefangen werden, sie kondensieren. Der Umfang dieses Stoffaustauschs wird beeinflusst durch:

- die Größe der Oberflächen und Turbulenzen,
- die Temperatur des Wassers und der Luft,
- die Sättigung der Luft mit Wasser.

Solange die Luft nicht mit Wasser gesättigt ist, gelangen mehr Moleküle aus dem Wasser in die Luft als umgekehrt. Bei Sättigung herrscht ein Gleichgewicht von Verdunstung (Moleküle springen in die Luft) und Kondensation (Moleküle aus der Luft gelangen zurück ins Wasser). In Abhängigkeit von Sättigungs- und Temperaturdifferenz, Turbulenzen und Verweilzeit der Luft im Wasser weist die zur Belüftung eingeblasene Luft beim Verlassen des Wassers eine rel. Luftfeuchte von 85 bis 100 % auf.

Die Sättigungskonzentration wird ausschließlich von der kinetischen Energie (Bewegungsenergie) der Wassermoleküle bestimmt, also der Temperatur der verdunstenden Oberfläche, nicht aber von der Lufttemperatur. Dieser Effekt ist gut an einem Kochtopf mit heißem Wasser zu sehen. Da die Wasseroberfläche heiß ist, verdunstet Wasser obwohl die umgebende Luft deutlich kühler ist. Das verdunstete Wasser kondensiert sofort und wird als Wasserdampf direkt in der Luft oder als Wassertropfen an Fenstern oder andern kühlen Flächen sichtbar. Dunstschwaden an kühlen Abenden im Herbst über wärmerem See- oder Flusswasser sind ebenfalls gute Beispiele für diese Vorgänge.

12.1.1. Gebäudebe- und -entlüftung

Um Erscheinungen wie Nebelbildung, Kondensation von Wasser an Gebäudedach und -wänden in Kreislaufanlagen zu verhindern bemüht man sich in der Heizperiode die Lufttemperatur immer ungefähr 2-3 °C oberhalb der Wassertemperatur zu halten. Kondensation kennt jeder Brillenträger der im Herbst oder Winter von draußen kommend das Gebäude einer Fischzuchtanlage oder Badeanstalt betritt. Die Sicht ist schlagartig gleich Null.

Für Gebäude von Kreislaufanlagen für die Fischhaltung sind bisher keine Richtlinien über Luftwechselraten bekannt. Es ist sicherlich möglich, in Anlehnung an Stallungen zu verfahren, in denen 1-3 Luftwechsel pro Stunde vorgesehen sind. Im Winter bei tiefen Temperaturen lassen sich die Wechselraten reduzieren. Ausschlaggebend ist dann in jedem Fall der CO_2 Gehalt der Innenluft.

Um abschätzen zu können wie viel Feuchtigkeit oder Wasser in unserer Umgebungsluft enthalten ist, bedient man sich meistens der einfach zu messenden „relativen Luftfeuchtigkeit“. Sie ist ein Maß dafür, in wie weit die Luft mit Wasser gesättigt ist. Eine relative Luftfeuchtigkeit von 60 % gibt an, dass diese Luft zu 60 % mit Wasser gesättigt ist und noch 40 % zusätzlich aufnehmen kann, bis die der momentanen Temperatur entsprechende Sättigung erreicht ist. Die Sättigung ist temperaturabhängig; je wärmer die Luft ist desto mehr Wasser kann sie aufnehmen, je kälter sie ist, desto weniger. Wird die Sättigung von 100 % überschritten, entsteht Nebel oder die überschüssige Wassermenge kondensiert an kalten Flächen. In diesem Zusammenhang ist die sogenannte Taupunkttemperatur oder auch einfach der Taupunkt wichtig.

Der Taupunkt bezeichnet die Temperatur, bei der auf einem Gegenstand eine Kondensation beginnt. An diesem Punkt wird die Sättigungskapazität der Luft überschritten. Ist z. B. die Raumluft bei einer Temperatur von 20 °C zu 50 % gesättigt (rel. Luftfeuchte 50 %) beginnt eine Kondensation auf Gegenständen (Gebäudekonstruktion, Wänden, Fenster) sofern diese eine Temperatur von 9,3 °C oder weniger aufweisen. Beträgt die rel. Luftfeuchte 95 % wie z. B. in manchen Kreislaufanlagen setzt die Kondensation bereits bei 19,2 °C ein. Eine effektive Raumheizung oder Senkung der relativen Luftfeuchtigkeit im Winter und den kühlen Übergangszeiten von Frühjahr und Herbst, sowie ausreichende Belüftung können diesen lästigen Effekt der Kondensation verhindern oder zumindest auf ein Minimum beschränken. Um Mauerwerk oder Wandkonstruktionen davor zu schützen, dass die Kondensation von eingedrungener Luftfeuchtigkeit innerhalb des Mauerwerks stattfindet, sind derartige Gebäudeteile mit einer wirksamen Dampfsperre zu versehen, welche ein Eindringen von Feuchtigkeit verhindert.

Bei einem Gebläse entsteht durch den Betrieb des Elektromotors, die Kompression der Luft und die Reibung beim Passieren des Gebläsekörpers Wärme, die sowohl an die Umgebungsluft, als auch an die das Gebläse passierende Luft abgegeben wird. Etwa 80 % der zum Betrieb eines Gebläses eingesetzten Energie wird als Wärme in die Umgebung abgegeben. Eine Erwärmung der angesaugten Luft um ca. 20 °C entspricht in etwa der Norm in modernen Gebläsen. Eine um diesen Wert erwärmte Luft kann deutlich mehr Wasser aufnehmen als die „normale„ Umgebungsluft. Wird die Luft z. B. bei 10 °C Außentemperatur angesaugt, enthält sie bei 100 % relativer Luftfeuchtigkeit 9,4 g Wasser. Wird diese Luft auf 30 °C erwärmt, z. B. durch Erwärmung im Gebläsekörper, kann dieselbe Luft bereits 30,4 g Wasser aufnehmen. Kühlt diese Luft auf 10 °C ab, wird der Überschuss von 20 Gramm Wasser wieder frei, er kondensiert.

Nicht oder schlecht isolierte Gebäude neigen im Winter zur Nebelbildung über dem Wasser, wenn die Raumluft kälter als das Anlagenwasser wird. In derartigen Gebäuden kondensiert das Wasser an nicht oder nicht ausreichend isolierten Kaltwasserleitungen (z. B. Frischwasser- oder Brunnenleitung), Außenwänden, der Dachkonstruktion und etwaigen Kältebrücken wie Teilen der Gebäudekonstruktion die Verbindung nach außen haben und nicht separat isoliert sind. Derartige Gebäude gleichen im Winter Tropfsteinhöhlen. Die Stahlkonstruktionen korrodieren und die Lebensdauer dieser Gebäude sinkt sehr schnell, Futter schimmelt zum Teil bereits in den Futterautomaten, was man anfasst ist feucht und klamm, in der Nähe von Lichtquellen (Fenster, Beleuchtung) wachsen Algen und Moose an den Wänden und Schimmelpilze erscheinen. Verzinkte Stahlteile der Gebäudekonstruktion verlieren den Korrosionsschutz, da das Zink von dem durch CO_2, welches aus dem Stoffwechsel von Fischen und Mikroorganismen stammt, sauren Kondensat gelöst wird und in die Fischbecken und/oder Wasseraufbereitung tropft (siehe auch Unterkapitel 3.14. Zink). Eine auf Dauer erfolgreiche Tierhaltung ist unter solchen Bedingungen schwierig oder sogar ausgeschlossen.

12.1.2. Gebäudeklimatisierung

Gelingt es die von der Gebläseluft zusätzlich aufgenommene Wassermenge abzuführen, kann im Sommer die in diesem Wasser enthaltene Energie zur Kühlung dienen. Die Verdampfungsenthalpie beträgt bei 20 °C ca. 2453,4 kJ/kg. Enthalpie ist ein Maß für die Energiegehalt eines thermodynamischen Systems. Mit anderen Worten ist eine Energie von etwa 2453 kJ/kg aufzuwenden um 1 kg Wasser zu verdunsten. Diese Energie ist dann in dem verdunsteten Wasser enthalten, sie wird dem Wasserkörper entzogen und kühlt diesen dadurch um diesen Wert ab. Bei der Kondensation derselben Wassermenge wird die Energie wieder frei.

Bei Einsatz einer adiabatischen Kühlung (einfache Klimaanlage) nutzt man diesen Effekt. Diese Art der Kühlungen kann mit deutlich weniger Energie betrieben werden als eine Kompressionskühlung (wie in einem normalem Kühlschrank/einer normalen Klimaanlage) sofern die relative Luftfeuchtigkeit der Außenluft weniger als etwa 60 % beträgt. Bei höherer Luftfeuchtigkeit nimmt die Effektivität ab.

Eine adiabatische Klimaanlage (nutzt Verdunstungskälte) kann direkt oder indirekt betrieben werden. Beim direkten Betrieb wird die mit Feuchtigkeit beladene und dadurch gekühlte Luft direkt in den zu kühlenden Raum geblasen. Sofern die Luftfeuchtigkeit anschließend unter 75 % bleibt ist das Raumklima gut auszuhalten. Indirekter Betrieb ist anzuraten wenn die Luftfeuchte im Raum niedriger als etwa 70 % sein soll. In diesem Fall wird die gekühlte angefeuchtete Luft über einen Wärmetauscher geleitet und gibt dabei seine Kühle an die ebenfalls über den Wärmetauscher geleitete Raumluft ab. In diesem Fall wird die Raumluft nicht mit zusätzlicher Feuchtigkeit beladen.

Eine relativ primitive Kühlung ist möglich, wenn Wasser unter Druck über Düsen vernebelt und zur besseren Verteilung in 2-3 m Höhe mit Ventilatoren in den Raum geblasen wird. Je kleiner die erzeugten Tröpfchen, desto höher wegen der größeren Oberfläche die Verdunstung und damit der zu erreichende Kühleffekt.

Auch der Einsatz von Wärmepumpen kann sich lohnen. Dabei kann je nach Ausführung pro Kilowatt eingesetzter elektrischer Energie eine Heiz- oder Kühlleistung von 4-5 kW erreicht werden.

In vielen Fällen ist es lohnend, die Wärme des aus der Anlage ablaufenden Wassers im Winter zur Heizung zu nutzen. Sei es ganz einfach, indem Zu- und Ablaufwasser über einen Wärmetauscher geleitet werden, und das Zulaufwasser dadurch deutlich wärmer wird, da es Wärme aus dem Ablaufwasser aufnimmt. Oder sei es, indem durch den Einsatz einer Wärmepumpe dem Ablaufwasser die Wärme entzogen und der Anlage zugeführt wird.

Auch der Einsatz eines Blockheizkraftwerkes kann je nach Standort von Nutzen sein, wobei sowohl der erzeugte Strom, als auch die bei der Stromerzeugung entstehende Abwärme genutzt werden können. In solchen Fällen können sich auch Fische, die recht hohe Temperaturen zum optimalen Zuwachs benötigen, wie etwa Barramundi, Tilapia oder Afrikanische Welse, erfolgreich aufziehen lassen.

Die teuerste Lösung ist in jedem Fall eine Kompressionsklimaanlage. Sie hat den höchsten Energiebedarf und rechnet sich nur, wenn es gelingt, die produzierten Fische sehr teuer zu verkaufen.

Korrosionsschaden an einer Trägekonstruktion verursacht durch Kondensation. Foto: P. Steinbach

Betonabplatzung an einer Bewehrung verursacht durch fehlende Dampfsperre. Foto: E. Fritschi

Ungeeignete Leitungsmaterialien (links) und energieaufwendige Rohrführung. Fotos: P. Steinbach

Welche Lösung auch immer angestrebt wird, sie erfordert eine genaue Berechnung durch Institutionen, Firmen oder Personen, die mit Fischzuchtanlagen Erfahrung haben und auch bereit sind, unkonventionelle Lösungen ins Auge zu fassen.

Die zur Temperaturregelung eingesetzten Anlagen müssen nicht die Wassertemperatur innerhalb eines Tages um 2-3 °C nach oben oder unten verschieben können. Ein oder ein halbes Grad pro Tag ist ausreichend und wird von den Fischen gut und gerne toleriert. Einflussgrößen die in die Berechnung der Klimatisierung (Heizung/Kühlung) der Anlage und des Wassers eingehen sind sowohl Zufuhr als auch Abtransport von Energie:
Zufuhr von Energie in die Anlage geschieht über: Die Abwärme aller Pumpen, Motoren und elektrischen Geräte, auch der Beleuchtung, die Sonnen- oder Wärmeeinstrahlung über die Fenster, die Türen, die Wände, das Daches, die Temperatur an der Außenhaut des Gebäudes und des Bodens, Dämmung der Außenhaut des Gebäudes, das Zulaufwasser, die Temperatur der Zuluft sowie deren rel. Luftfeuchte. Oft wird die im Futter enthaltene Energie vergessen, obwohl im Futter, wie den Beschriftungen auf den Säcken zu entnehmen ist, erhebliche Mengen Energie enthalten sind, die nicht völlig in Fischfleisch umgewandelt werden.

Abtransport von Energie aus der Anlage erfolgt durch: Das gesamte Abwasser, allen Schlamm, die rel. Luftfeuchte der Abluft sowie deren Temperatur, alle Fische welche die Anlage tot oder lebend verlassen, die Abstrahlung über die Außenhaut des Gebäudes, des Daches, der Wände, des Boden, der Fenster und der Türen.

12.2. Rohrleitungen

Um sowohl Wasser als auch Luft von Pumpen oder Gebläsen zu den Bedarfsstellen zu befördern, werden Rohrleitungen oder Schläuche, für Wasser auch offene Rinnen eingesetzt. Um die benötigten Mengen an Luft oder Wasser wirtschaftlich und damit energiesparend dorthin zu befördern wo ein Bedarf herrscht, müssen die Leitungsquerschnitte der Rohre oder Rinnen an die jeweilige durchfließenden Mengen angepasst werden.

Die Berechnung der erforderlichen Querschnitte erfolgt mit Hilfe mehr oder weniger komplizierter Formeln, Tabellen und Nomogramme. Die Verwendung von Nomogrammen ermöglicht das Ablesen der Werte mathematischer Funktionen.

Der Buchstabe D wird in der Regel zur Beschreibung des Rohrquerschnitts verwendet, normalerweise ist der Außendurchmesser gemeint. Der Innendurchmesser wird mit einem kleinen d bezeichnet. Bei der Kennzeichnung von Kunststoffrohren allerdings dient die Bezeichnung DN für das Maß des

Innendurchmessers und d zur Bezeichnung des Außendurchmessers. DN 100 z. B. hat innen 100 mm und außen 110 mm Durchmesser.

Zur Berechnung der jeweils benötigten lichten Weite eines Rohres kann folgende Formel verwendet werden:

d = 18,8 x Quadratwurzel aus Q1 : v

d = Rohrinnendurchmesser in mm;
Q1 = Durchflussmenge in m^3/h;
v = Fließgeschwindigkeit in m/s.

Soll in Litern pro Sekunde gerechnet werden, wird in die Zahl 35,7 an Stelle von 18,8 eingesetzt. Q1 wird durch Q2 ersetzt, wobei Q2 die Durchflussmenge in l/s ist. Die Umrechnung von häufig benutzen Angaben l/s in m^3/h erfolgt durch Multiplizieren mit 3,6. 1 l/s entspricht 3,6 m^3/h.

Bis zu dieser Formel ist es noch recht einfach, obwohl durchaus Schwierigkeiten bestehen, die für die Berechnung nötige Fließgeschwindigkeit zu bestimmen. Um die tatsächliche das Ende einer Leitung erreichende Menge zu bestimmen sind zusätzlich zu berücksichtigen: die Rohrleitungslänge, die Beschaffenheit ihrer Oberflächen, Bögen und deren Radius, etwaige Abzweige und Fittings und die Höhendifferenz von Pumpe zu Zapfstelle. Eine genaue Dimensionierung der Rohrleitungen ist wegen dieser schwer zu erfassenden Einflussgrößen besser einem darauf spezialisierten Personenkreis zu überlassen.

Um allerdings eine überschlägige Berechnung und Kontrolle vorhandener Leitungssysteme zu ermöglichen, sind einige Tabellen angehängt die dankenswerter Weise vom Ingenieurbüro Winkler aus Bürstadt unter Verwendung der Fließformel von Prandtl-Colebrook erstellt wurden.

12.2.1. Leitungsmaterialien

Allgemein zu Rohrleitungen und ihren Einsatz ist zu sagen, dass nur möglichst glattes Material verwendet werden soll um die Reibung niedrig zu halten und Bewuchs zu erschweren, wie etwa Kunststoffe aus PVC, PP, PE sowie Edelstahl oder beschichtete Betonrohre. Unbehandelter Stahl oder Eisen (Gefahr von Rost), Kupfer, Messing, verzinkte Rohre oder andere Buntmetalle als Leitungsmaterial kommen wegen der möglichen Giftwirkung nicht in Frage.

Möglichst den passenden Werkstoff für den angestrebten Zweck einsetzen. Kunststoffrohre werden auf Grund ihrer relativ leichten Verlegbarkeit recht häufig gewählt. Sie haben allerdings auch ihre Tücken oder speziellen Eigenschaften die man im Auge behalten muss. PVC-U oder Polyvinylchlorid ohne Weichmacher, PE oder Polyethylen, PP oder Polypropylen und Polytetrafluorethylen (z. B. Teflon) sind häufig in der Fischzucht eingesetzte Kunststoffe. Gängige metallische Werkstoffe sind Kupfer, Gusseisen, Messing und Edelstahl.

Alle Materialien dehnen sich bei Erwärmung aus und ziehen sich bei Kälte wieder zusammen, was bei der Verlegung der Rohrleitungen beachtet werden muss, indem ausreichend Raum dafür vorgesehen wird. Pro Grad (Celsius) beträgt die Längenänderung z. B. bei Stahl 0,012 mm, bei PVC 0,08 mm, bei PP 0,15 mm und bei PE 0,20 mm.

PVC kann bis zu einem maximalen Druck von 16 bar (Trinkwasser, oder sonstige Druckleitungen, Sauerstoff und Ozon in geringer Konzentration) eingesetzt werden, häufig verwendete KG oder Kanalgrundrohre sind nur in einem niedrigeren Druckbereich (siehe Datenblatt der jeweiligen Lieferfirma) für Wasserablaufleitungen oder Luftleitungen verwendbar. Der Temperaturbereich der PVC-Leitungen liegt bei -10 bis +60 °C. In warmen Gegenden ist daher anschließend an ein Gebläse die Verwendung von Gusseisen anstelle von PVC anzuraten. Erst wenn ein Teil der Wärme die im Gebläse erzeugt wurde in die Umgebung abgestrahlt wurde kann man PVC-Leitungen einsetzen. PVC lässt sich kleben und Stecken (Muffen mit Gummidichtung). Gängige DN Bereiche für Armaturen sind DN 6-250. Darüber hinaus gehende Größen sind Sonderanfertigungen und entsprechend teuer.

PP wird in Druckbereiche bis 10 bar eingesetzt und in einem Temperaturbereich von -10 bis +80 °C. Gängige Armaturen sind erhältlich in DN 10-250. Verarbeitet wird das Material mit Muffen, Stumpf- und Elektroschweißung.

PE wird in Druckbereiche bis 10 bar eingesetzt und in einem Temperaturbereich von -50 bis +60 °C. Fittings sind erhältlich mit einem Durchmesser von 20-225 mm, die Verarbeitung erfolgt außer durch Verschraubung mit Hilfe von Muffen-, Stumpf- und Elektroschweißung.

Teflon ist recht teuer und wird aus diesem Grund eigentlich immer zur Führung von Ozon höherer Konzentration verwendet, Edelstahl bei mittlerer und PVC bei niedriger (siehe auch Unterkapitel 7.7. Ozon).

Kupfer und Edelstahl sind die Rohrleitungsmaterialien der Wahl bei Sauerstoff. Edelstahl ist auch bei Trinkwasserleitungen geeignet. Ist Edelstahl einigermaßen preiswert zu bekommen, ist es ausgezeichnet für sämtliche Rohrleitungen einsetzbar. Kupfer welches neben Zink häufig in Hauswasserleitungen zu finden ist sollte für Fischzuchten wegen einer möglichen Giftwirkung nicht verwendet werden (siehe Unterkapitel 3.14. Kupfer und Zink). Die Verarbeitung erfolgt durch Klemmen, Verschrauben oder Löten (Kupfer). Sie sind in weiten Temperaturbereichen mit Drücken von 10-25 bar (Stahl) einsetzbar.

Gusseisen ist schwer verarbeitbar, in der Regel erfolgen Verbindungen mit Hilfe von Flanschen. Es besitzt eine gute Wärmeleitfähigkeit und eignet sich daher gut als direkt an Gebläse anschließendes Material, um einen Teil der durch das Gebläse erzeugten Wärme abzustrahlen, bevor die weitere Rohrleitungsführung mit PVC-Rohren (KG Rohre) erfolgt.

Metallrohre sind recht schwer und bedürfen daher besonders haltbarer Unterstützungen, aber auch die im leeren Zustand nicht so schweren Kunststoffrohre weisen mit Wasser gefüllt ein beachtliches Gewicht auf. Das Wasser in einem Meter Rohr DN 200 wiegt etwa 31 kg Wasser plus Gewicht des leeren Rohres was je nach Hersteller im Bereich von 2 kg liegt. Es versteht sich von selbst oder sollte es zumindest, dass alle Rohrleitungen genügend fest befestigt werden, sei es mit Rohrschellen oder Unterstützungen oder Verschraubungen. Werden die Unterstützungen und Befestigungen nicht ordnungsgemäß platziert verlaufen derartige Leitungen zunehmend in „hübschen" girlandenförmig nach unten hängenden Bögen.

Von allen Herstellern von Kunststoff Rohren, Bögen, Formstücken und Armaturen werden umfangreiche Lieferprogramme und recht genaue, leicht zu verstehende Montage- und Verarbeitungsanweisungen geliefert, die auf möglicherweise auftretende Schwierigkeiten und in jedem Fall zu beachtende Verfahrensweisen bei der Verlegung hinweisen.

Bögen, und Krümmer mit möglichst großem Radius wählen. Je kleiner der Radius desto höher der Druckverlust. Auch ein eventuell nötiges Spülen von Leitungen, um unter Umständen auftretenden Bewuchs mit Hilfe von Bürsten oder Molchen zu beseitigen ist dann deutlich leichter. Die Gefahr des Steckenbleibens und Abreißens des Spülkopfes ist so gut wie ausgeschlossen. In allen Rohrleitungen die mit Kreislaufwasser oder Wasser welches Nährstoffe enthält beschickt werden, bildet sich in Abhängigkeit von der Nährstoffdichte früher oder später ein Bewuchs mit Biorasen aus. Seine Dicke ist von der Fließgeschwindigkeit abhängig. Wo immer es geht T-Stücke vermeiden. Y-Stücke und tangential in abgeflachten (z. B. 45°) Winkeln in die Hauptleitung einmündende Zuführungen weisen deutlich geringere Leitungsverluste auf.

Abzweige von Hauptleitungen immer nach unten abführen damit mögliche Ablagerungen wie von der Pumpe geförderte Schwebstoffe, abgerissener Bewuchs oder Kondenswasser entfernt werden können, ohne durch Verstopfung von Ventilen Schäden am Fischbestand zu verursachen.

Alle Rohrleitungen an den Enden mit Reinigungsöffnungen versehen, um ein Spülen und das bei Luftleitungen immer nötige zeitweilige Entwässern zu ermöglichen. In Luftleitungen bildet und sammelt sich immer Kondenswasser, das abgeleitet werden muss. Wird es nicht abgeleitet, kann nach einer Weile zunächst zunehmend weniger später in den betreffenden Rohrabschnitten gar keine Luft mehr fließen. Im Normalbetrieb sind die Reinigungsöffnungen selbstverständlich immer fest verschlossen. Derartige Öffnungen lassen sich als bei Bedarf leicht zu öffnende Schraubverbindung, verschraubte Reinigungs- und Inspektionsklappen oder auch mit Hilfe eines Ventils/Kugelhahns darstellen. Nach dem Spülen ist daran zu denken möglicherweise gelösten Bewuchs oder sogar aufgetretener Faulschlamm nicht in Fischbecken, sondern direkt in die Wasseraufbereitung abzuleiten.

Steckverbindungen an KG-Rohren neigen dazu, sich ungeplant zu ungünstigen Zeiten, gerne nachts oder an Sonn- und Feiertagen, zu lösen. Sie sollten daher möglichst vermieden oder mindestens mit durch die Muffe in die betreffende Kappe gehende Schrauben gesichert sein. Steckverbindungen mit Dichtring haben die unangenehme Eigenschaft sich nach einiger Zeit nur noch mit Gewalt oder speziellen Abziehern entfernen zu lassen. Das führt in der Regel dazu, dass die eigentlich nötige Inspektion und Reinigung immer wieder verschoben wird auf einen Zeitpunkt der „besser“ passt.

12.2.2. Leitungsquerschnitte

Großzügig ausgelegte Rohrleitungsquerschnitte erhöhen die Investitionskosten, reduzieren aber die Energiekosten zum Betrieb von Pumpen und Gebläsen. Für alle Pumpen und Gebläse werden vom Hersteller Diagramme geliefert, welche Auskunft darüber geben bei welchem Druck mit welcher Menge zu rechnen ist.

In Fischzucht- oder Kreislaufanlagen wird die Fließgeschwindigkeit für Prozesswasser üblicherweise im Bereich von 1-2 m/s gewählt. Um den Energieaufwand durch Pumpen möglichst gering zu halten, sind als Auslegungsplanung 1,0-1,25 m/s besser, da solchermaßen Reserven für Erweiterungen oder zum Ausgleich etwaiger Fehler vorhanden sind.

Um den von der Pumpe aufzuwendenden Druck abzuschätzen, gibt die Hubhöhe einen ersten Anhalt. Ist die eingesetzte oder einzusetzende Pumpe nur gerade eben in der Lage diese Höhe mit der erforderlichen Menge zu liefen, ist diese Pumpe mit Sicherheit zu klein, etwaige über längere Rohrleitungen zu beliefernde Fischbecken mit der erforderlichen Wassermenge zu versorgen.

In den beiden folgenden Tabellen „Rohr mit 80 % Wasserfüllung“ und „Offene Wasserrinne“ fließt das Wasser drucklos, aber mit dem angegebenen Gefälle. Die Durchflussmenge im Rohr mit 80 % Wasserfüllung ist die höchste Menge die drucklos durchfließen kann. Bei 100 % Füllung reduziert sich der Durchsatz, weil dann größere Flächen des Rohres benetzt sind, wodurch eine größere Reibung verursacht wird, so dass die mögliche Leistung sinkt. Bei 0,2% Gefälle beträgt der Höhenunterschied auf 100 m 20 cm.

Maximale Durchflussmengen von drucklosen Wasserleitungen:

Rohr mit 80 % Wasserfüllung					
Durchmesser	**Gefälle**	**0,20 %**	**0,60 %**	**0,80 %**	**1,00 %**
10 mm	m³/h	0,0117	0,019	0,023	0,027
	m/s	0,049	0,089	0,104	0,117
20 mm	m³/h	0,081	0,142	0,165	0,185
	m/s	0,089	0,158	0,183	0,206
40 mm	m³/h	0,549	0,968	1,121	1,256
	m/s	0,152	0,27	0,31	0,35
60 mm	m³/h	1,663	2,918	3,375	3,782
	m/s	0,204	0,36	0,41	0,46
80 mm	m³/h	3,63	6,36	7,36	8,32
	m/s	0,25	0,43	0,51	0,57
100 mm	m³/h	6,6	12	13	15
	m/s	0,29	0,51	0,59	0,66
125 mm	m³/h	12	21	24	27
	m/s	0,34	0,60	0,69	0,77
150 mm	m³/h	20	34	40	45
	m/s	0,39	0,68	0,78	0,87
200 mm	m³/h	43	74	86	96
	m/s	0,47	0,82	0,95	1,06
250 mm	m³/h	77	134	155	174
	m/s	0,55	0,95	1,09	1,23
300 mm	m³/h	125	218	252	282
	m/s	0,62	1,07	1,24	1,39
400 mm	m³/h	269	468	541	605
	m/s	0,74	1,29	1,49	1,67
500 mm	m³/h	486	844	976	1091
	m/s	0,86	1,49	1,73	1,93

Maximale Durchflussmengen von offenen Wasserrinnen:

Offene Wasserrinne							
	Breite	**10 cm**		**30 cm**		**60 cm**	
Höhe	**Gefälle**	**0,10 %**	**0,20 %**	**0,10 %**	**0,20 %**	**0,10 %**	**0,20 %**
10 cm	m³/h	10	14	45	64	105	148
	m/s	0,28	0,40	0,42	0,59	0,49	0,69
20 cm	m³/h	23	32	115	162	287	406
	m/s	0,32	0,45	0,53	0,75	0,67	0,94
30 cm	m³/h	36	51	191	269	500	707
	m/s	0,33	0,47	0,59	0,83	0,77	1,09
40 cm	m³/h	49	70	270	381	729	1030
	m/s	0,34	0,48	0,62	0,88	0,84	1,19
50 cm	m³/h	62	88	350	495	967	1367
	m/s	0,35	0,49	0,65	0,92	0,89	1,27
60 cm	m³/h	76	107	431	609	1211	1712
	m/s	0,35	0,50	0,66	0,94	0,93	1,32
70 cm	m³/h	89	126	512	680	1459	2064
	m/s	0,35	0,50	0,67	0,96	0,97	1,37
80 cm	m³/h	102	145	594	841	1711	2420
	m/s	0,36	0,50	0,69	0,98	0,99	1,40
90 cm	m³/h	115	163	676	957	1965	2779
	m/s	0,36	0,51	0,70	0,99	1,01	1,43
100 cm	m³/h	129	183	759	1073	2220	3140
	m/s	0,36	0,51	0,70	0,99	1,03	1,45

In der folgenden Tabelle wird Wasser mit Hilfe von durch Pumpen erzeugten Druck gefördert, die Rohrleitungen sind zu 100 % gefüllt. Die Abnahme des mit steigendem Druck erforderlichen Durchmessers der Rohre erfolgt wegen der mit höherer Geschwindigkeit steigenden Reibungsverluste nicht linear.

Um abschätzen zu können ob eine vorhandene oder geplante Rohrleitung in der Lage ist, die benötigte Wassermenge energiegünstig zu befördern, kann die folgende Tabelle hilfreich sein. Werden zum Beispiel stündlich 10 m³ Wasser benötigt und weist die vorhandene oder geplante Leitung einen Querschnitt von weniger als 30 mm auf sollte man sich über die zugrunde liegende Auslegung Gedanken machen.

Minimale Innendurchmesser für Prozesswasser:

m/s	0,75	1,00	1,25	1,50	1,75	2,00	2,25	2,50
m^3/h	mm	mm	mm	mm	mm	mm	mm	mm
1	22	19	17	15	14	13	13	12
2	31	27	24	22	20	19	18	17
4	43	38	34	31	28	27	25	24
6	53	46	41	38	35	33	31	29
8	61	53	48	43	40	38	35	34
10	69	59	53	49	45	42	40	38
15	84	73	65	59	55	52	49	46
20	97	84	75	69	64	59	56	53
25	109	94	84	77	71	67	63	59
30	119	103	92	84	79	73	69	65
35	129	111	100	91	84	79	74	70
40	137	119	106	97	90	84	79	75
50	154	133	119	109	101	94	89	84
60	168	146	130	119	110	103	97	92
70	182	157	141	129	119	111	105	100
80	194	168	150	137	127	119	112	106
90	206	178	160	148	135	126	119	113
100	217	189	168	154	142	133	125	119
110	228	197	176	161	149	140	132	125
120	238	206	184	168	156	146	137	130
130	248	214	192	175	162	152	143	136
140	257	223	199	182	168	157	148	141
150	266	230	206	188	174	163	154	146
160	275	239	213	194	180	168	159	150
170	283	245	219	200	189	173	164	155
180	291	252	226	206	191	178	169	160
190	299	259	232	212	196	183	173	164
200	307	266	238	217	201	183	177	169
210	315	273	244	223	206	193	182	172
220	322	279	250	228	211	197	186	176
230	320	285	255	233	216	202	190	180
240	337	291	261	238	220	206	194	184
250	343	297	266	243	225	210	198	188
260	350	303	271	249	229	214	202	192
270	357	309	276	252	234	219	206	196
280	303	315	282	257	238	223	210	199
290	370	320	287	262	242	227	214	203
300	376	326	291	266	246	230	217	206
350	406	352	315	287	266	249	235	223
400	434	376	337	307	284	266	252	238
450	461	399	367	326	302	282	266	252
500	486	421	376	343	318	297	280	266

Minimale Innendurchmesser für Prozessluft:

m/s	2	3	4	5	6	7	8	9
m^3/h	mm	mm	mm	mm	mm	mm	mm	mm
1	13	11	9	8	8	7	7	6
2	18	15	13	12	11	10	9	9
3	23	19	16	15	13	12	12	11
4	27	22	19	17	15	14	13	13
5	30	24	21	19	17	16	15	14
10	42	34	30	27	24	22	21	20
15	52	42	36	33	30	28	26	24
20	59	48	42	38	34	32	30	28
30	73	59	52	46	42	39	36	34
40	84	69	59	53	49	45	42	40
50	94	77	67	59	54	50	47	44
60	103	84	73	65	59	55	52	49
70	111	91	79	70	64	59	56	52
80	119	97	84	75	69	64	58	56
90	126	103	89	80	73	67	63	59
100	133	109	94	84	77	71	67	63
125	149	121	105	84	86	79	74	70
150	163	133	115	103	94	87	81	77
175	176	144	124	111	102	94	88	83
200	188	154	133	119	109	101	94	89
250	210	172	149	133	121	112	105	99
300	230	188	163	146	133	123	115	109
350	240	203	176	157	144	133	124	117
400	266	217	188	168	154	142	133	125
450	282	230	200	178	163	151	141	133
500	297	243	210	188	172	159	149	140
600	326	266	230	206	188	174	163	154
700	352	287	249	223	203	188	176	166
800	376	307	206	238	217	201	188	177
900	399	326	282	252	230	213	200	188
1000	421	343	297	266	243	225	210	198
1200	461	376	326	291	266	246	230	217
1400	499	406	352	315	287	266	249	235
1600	532	434	376	337	307	284	266	251
1800	564	461	399	357	326	302	282	206
2000	595	486	421	376	343	318	297	280
2500	665	543	470	421	384	355	333	314
3000	729	585	515	461	421	389	364	343
3500	787	643	556	498	454	421	393	371
4000	841	687	595	532	486	450	421	397
4500	892	729	631	564	515	477	446	421
5000	941	768	665	595	543	503	470	443

Prozessluft oder von Gebläsen gelieferte Luft wird üblicherweise mit 5-6 m/s Fließgeschwindigkeit dimensioniert. Höhere Geschwindigkeiten verursachen häufig unangenehme Pfeifgeräusche und wegen des zu ihrer Erzeugung erforderlichen Drucks höhere Energiekosten. Darüber hinaus erfordern sie Maschinen, welche diesen Druck auch erzeugen können. Etwa 80 % der vom Gebläse aufgewendeten Energie ist Wärme, die sich unter Umständen, zumindest im Sommer, schwer von der Anlage fern halten lässt, zumal sie allzu gerne über den Luftstrom an die Rohre und von dort in das Gebäude abgegeben wird. Im Fall von Warmwasserfischhaltung ist es zumindest in unserer Klimazone eine brauchbare aber auch recht teure Heizenergie. Deutlich langsamere Fließgeschwindigkeiten erfordern unverhältnismäßig höhere Investitionskosten. Projektierte Fließgeschwindigkeiten vom 3-5 m/s sind ein brauchbarer Kompromiss, der Investitionskosten und Betriebskosten im Rahmen hält und auch das spätere Zuschalten einer weiteren Maschine ohne weitere Umbaumaßnahmen ermöglicht.

Zur Gebläseauslegung ist es hilfreich zu wissen in welcher Wassertiefe die Luft eingetragen wird. Zusätzlich zur Wassertiefe ist der Öffnungswiderstand der Belüftungseinrichtung oder des Ausströmers zu berücksichtigen. Die Summe dieser beiden bildet den Mindestdruck den das Gebläse erzeugen muss. Zur genauen Auslegung der erforderlichen Gebläseleistung bezogen auf Druck und Menge sind folgende Kenntnisse nötig: Luftmenge für Fische und/oder Wasseraufbereitung, Höhe der Wassersäule, Öffnungswiderstand der Belüftungseinrichtung und Widerstand oder Reibungsverluste von Rohrleitungen (Bögen, Krümmern, Abgängen und Fittings etc.).

12.3. Stromversorgung und Lichtklima

12.3.1. Schaltschränke

Die Planung einer Anlage beinhaltet eine recht genaue Berechnung des zu erwartenden Strombedarfs, um abklären zu können ob vor Ort die für die Anlage benötiget Leistung erbracht werden kann oder ob und in welcher Höhe Kosten für das Heranführen einer entsprechend dimensionierten Leitung mit der zugehörigen Trafostation anfallen. Es hat sich als angebracht erwiesen die berechneten Bedarfszahlen um 15-20 % zu erhöhen, um späteren bösen und teuren Überraschungen bei Nachrüstungen und Anlagenvergrößerungen aus dem Weg zu gehen.

Auch bei dem in jeder Anlage nötigen Notstromaggregat ist eine knappe Auslegung, um Geld zu sparen, selten weise. Das häufig vorgeschlagene knappe Auslegen, da ja „nur“ die wichtigen Geräte in Gang gehalten werden müssen, hat seine Tücken wenn man die Benennung der wichtigen Geräte zu eng fasst.

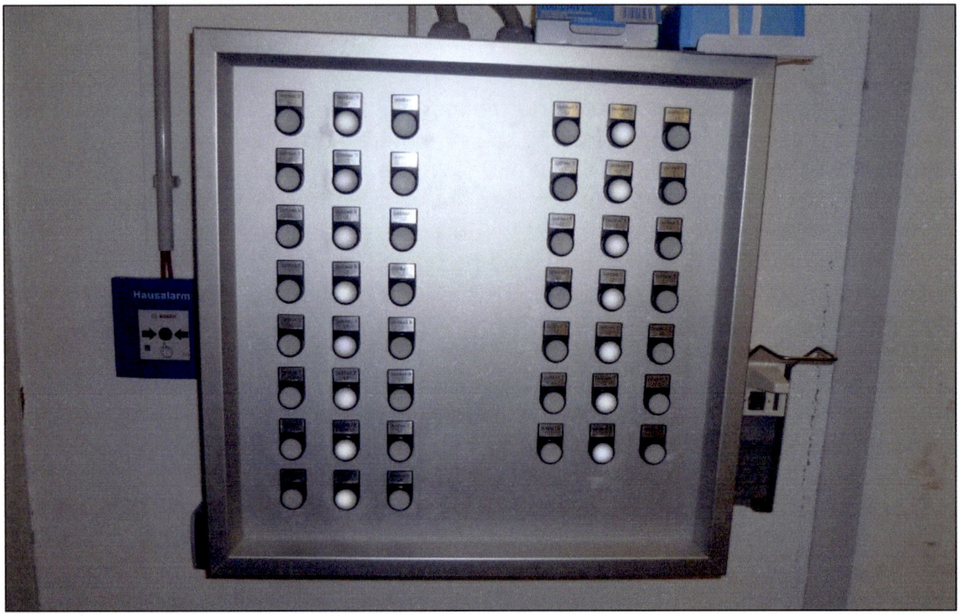

Schaltschrank mit beschrifteten Kontrolleuchten. Foto: P. Steinbach

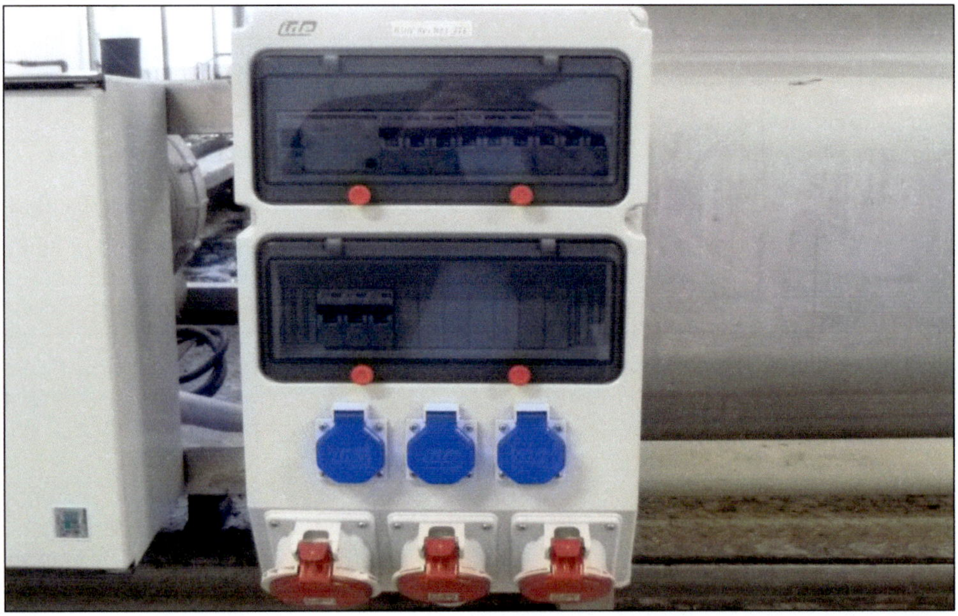

Steckdosen zum Anschluss von Ersatzgeräten an einen zweiten Stromkreis. Foto: P. Steinbach

Sicherlich muss eine Klimaanalage nicht unbedingt laufen wenn der Stromausfall innerhalb von 1-2 Tagen behoben werden kann. Ein Aggregat mit einer Leistung von 30 % über dem errechneten Bedarf hat genügend Reserven auch mit der Anlauflast größerer Geräte fertig zu werden. Selbst wenn diese Geräte in Stern/ Dreieck Schaltung angeschlossen sind, ist der Anlaufbedarf deutlich höher als im Normalbetrieb. Gebläse benötigen in der Regel eine Anfahrentlastung, da sie gegen den anstehenden Leitungsdruck nicht anlaufen können. Eine Blindstrom Kompensation ist dringend zu empfehlen, da sich diese positiv auf den angezeigten und verrechneten Stromverbrauch auswirkt.

Schaltschränke müssen, so sie denn in der Anlage stehen, für Feuchträume geeignet sein und möglichst auch Spritzwasser aushalten. Da in den Schränken durch Schalter sowie Regel- und Steuerungseinheiten ständig Wärme entsteht, muss diese durch eine ausreichend dimensionierte Lüftung permanent entfernt werden, damit der Schrank nicht überhitzt mit den dann sehr unangenehmen Folgen. Zunächst Ausfall aller in dem Schrank untergebrachten Schalter, Sicherungen sowie Steuer- und Betriebssysteme, und wenn man dann zusätzliches Pech hat, auch noch Feuer in der Anlage.

Elektronik und die daran angeschlossenen Geräte ändern sich heutzutage sehr schnell, weshalb sehr zu empfehlen ist von allen wichtigen (eventuell auch unwichtigen) Schaltern, Steuerungselementen und sonstiger Elektrik oder Elektronik genau beschriftetet Ersatzteile bereit zu halten; auch in mehrfacher Ausfertigung. In einem modernen Schaltschrank blinken ständige irgendwelche Dioden rot oder grün. Häufig kann man den Ausfall eines derartigen Teils an nicht mehr blinken einer Diode in der richtigen Farbe feststellen. Ohne eine genaue Beschriftung (auch auf dem Gerät im Schaltschrank) weiß der Elektriker vor Ort häufig auch nicht was wodurch zu ersetzen ist, da er diese Teile nicht führt oder kennt und falls doch die Beschaffung durchaus einige Wochen oder sogar Monate dauern kann, weil der ursprüngliche Hersteller das Produkt aufgegeben hat und irgend ein anderer ein ähnliches und funktionsgleiches herstellt, was man dann zunächst einmal finden muss.

Alle Elektroden (pH, Sauerstoff, Level, Alarme) sollten vor Ort eichbar sein, da sonst die in Zeitabständen nötige Eichung wegen des hohen Aufwands (hin-und herrennen oder zwei Personen mit Funksprecher, oder Mobiltelefon „gerne“ unterbleibt. Es ist von Vorteil wenn auch in der Anlage mit Mobilgeräten telefoniert werden kann, um unnötiges Suchen „verschollener“ Mitarbeiter auf ein Minimum zu beschränken.

12.3.2. Steckdosen

Zunächst einmal sollten genügend Steckdosen der unterschiedlichen Stromstärken (Lichtstrom, Kraftstrom verschiedener Absicherung) an möglichst vielen gut zu erreichenden Stellen in der Anlage platziert und für jeweiligen Einsatzmöglichkeiten gekennzeichnet werden, damit nicht ständig lange Kabel in der Anlage rumliegen, welche beim Transport von Fischen, Geräten oder Materialien hindern. Solange keiner schaut werden die Kabel häufig nicht angehoben um darunter durch zu fahren, nach dem Motto einmal drüberfahren wird schon nicht schaden. Eine Weile machen die Kabel das je nach „Innenleben" mit. Der Zeitpunkt, wann sie das nicht mehr machen und still vor sich hin schmoren oder durch Kurzschluss Sicherungen ansprechen lassen, ist nicht vorherzusagen. Im schlimmsten Fall ist es dann, wenn man nachts allein in der Anlage steht und versucht eine Ersatzpumpe oder sonstige Maschine mit Hilfe dieses Kabels in Gang zu setzen.

Die besten Plätze für Steckdosen sind immer dort, wo sie durch eine Säule geschützt oder direkt an eine Wand montiert angebracht werden können. Die Zufuhr der Kabel erfolgt dabei von oben. Die Kabelquerschnitte der Zuführungsleitungen zu Elektrogeräten oder Maschinen sind immer so zu wählen, dass diese bei Anschluss eines dafür geplanten Geräts nicht als „Heizkabel" wirken.

Steckdosen die im Fall des Ausfalls eines Gerätes für das dann sofort benötigte Ersatzgerät dienen, dürfen auf keinen Fall an dem Stromkreis des Ausfallgeräts angeschlossen sein. Je nach Ursache des Ausfalls ist nämlich der betreffende Stromkreis betroffen und eine denselben Stromkreis nutzende Steckdose würde keine Hilfe bringen können.

12.3.3. Beleuchtung

Fische benötigen im Allgemeinen nicht besonders viel Licht. Allerdings lassen sich mit der täglichen Beleuchtungsdauer die Entwicklung der Geschlechtsprodukte und das Ablaichen beeinflussen. Eine Beleuchtung über 8-12 Stunden mit 100-120 Lux auf der Wasseroberfläche ist sicherlich ausreichend für die meisten Fischarten. Aale, Störe und Welse sind auch bei 60-80 Lux gut zu halten. Werden Arbeiten an den Becken durchgeführt (z.B. Sortieren, Abfischen) ist für die Dauer dieser Arbeiten eine Erhöhung auf 200-300 Lux anzuraten. Modular aufgebaute Beleuchtungssysteme die einfach zu- oder abschaltbar sind, eignen sich gut für diese Zwecke.

In Brutanlage wird mit so wenig Licht wie möglich gearbeitet, da die Eier der meisten Fischarten lichtempfindlich sind, hier sind 20-40 Lux ausreichend. Werden Arbeiten durchgeführt die mehr Licht erfordern, werden die Eier in dieser Zeit abgedeckt. Die Beleuchtung bei geschlüpfter Brut und Setzlingen richtet sich nach der Fischart. Fischarten die auf Sicht fressen (jagen) benötigen selbstverständlich mehr Licht als solche die ihr Futter mit Hilfe anderer Sinneseindrücke (Geruch, Geschmack) suchen.

Heutzutage werden meistens Lampen mit Leuchtdioden (LED = Light Emitting Diode) eingesetzt, welche auf Grund ihrer geringen "Heizleistung" einen deutlich geringeren Stromverbrauch als Leuchtstoffröhren aufweisen. Sie sind zwar teurer als Leuchtstoffröhren, besitzen aber eine deutlich bessere Energieausnutzung und eine sehr viel längere Lebensdauer. Egal welche Leuchtmittel in der Anlage eingesetzt werden, sie müssen wie auch alle Steckdosen und Schalter für Feuchträume geeignet und spritzwassergeschützt sein.

Die Anlagenbeleuchtung kann automatisiert werden, wobei eine manuelle Steuerung aber immer mögliche sein muss. Einige Fischarten (vor allem auf Sicht fressende) sind dankbar wenn das Licht dimmbar oder mindestens in Gruppen geschaltet wird, so dass die Halle nicht plötzlich hell oder dunkel ist. Die Lichtfarbe sollte die natürlichen Farben der Fische und Gegenstände erkennen lassen. Vor allem bei den Tieren lassen sich so Änderungen in der Körperfarbe erkennen, was eine Reaktion auf etwaig damit zusammenhängende Probleme ermöglicht. In Anlagen zur Haltung und Vorbereitung von Elterntiere auf die Laichzeit kann es sinnvoll sein mit vorprogrammierter Beleuchtungsintensität und -dauer zu arbeiten.

Die Notbeleuchtung muss häufig auf Funktion und Füllstand der zugehörigen Batterien oder Aggregate überprüft werden, genau wie Taschenlampen die besser auch leuchten, wenn man sie benötigt. Nichts ist ärgerlicher als wenn man sich mit einer trüben Funzel oder sogar ohne Licht außer der Lampe des mobilen Telefons in der Anlage durchtastet.

12.3.4. Fenster

In Kreislaufanlagen wird den Tieren ein permanenter Sommer suggeriert um sie zu optimalem Fressen und schnellstmöglichem Zuwachs zu bewegen. Jahreszeitlich schwankende Tageslichtlängen würden dabei stören. Aus diesem Grund werden Intensivanlagen gern ohne alle Fenster gebaut. Fenster haben außer höheren Kosten im Vergleich zu einer durchgehenden Wand den zusätzlichen Nachteil, dass ihre Isolierung geringer ist als die der Wände. In der Folge kondensiert im Winter ständig Wasser an ihnen, welches den Bewuchs mit Moos und Algen ermöglicht. Fenster haben den Nachteil, dass über sie im Winter Energie verloren geht und im Sommer Energie eingetragen wird. Wo es auf Grund von Behördenvorschriften nicht möglich ist eine Anlage ohne Fenster zu bauen, ist es möglich mit Rollladen den unerwünschten Lichteinfall zu verhindern. Eine gewisse Isolier- oder Dämmwirkung ist auch von ihnen zu erwarten.

Literatur:
Fischer, 1994; Ihle et al., 1996;

13. STÖRFÄLLE

Werden intensive Becken- oder Kreislaufanlagen zur Mast oder Aufzucht von Fischen betrieben, können durch Fehlverhalten des Personals, durch Ausfall von Maschinen oder aus zunächst ungeklärten Ursachen Störungen auftreten. Die Folgen dieser Störungen auf das Wohlbefinden des Fischbestandes und die Tätigkeit der Mikroorganismen wirken sich unterschiedlich aus und erfordern verschiedene aber wohl überlegte Reaktionen. So banal es klingen mag: Wichtigste Voraussetzung des Erkennens von Störungen ist die Kenntnis des Normalzustandes.

Ein nicht zu knapp geführtes Tagesprotokoll kann helfen den langsamen Aufbau einer Störung zu erkennen, so dass ein rechtzeitiges Gegensteuern schadlos für Fische und Geldbeutel eingeleitet werden kann. Ein hoffentlich vom Hersteller erstelltes und zu jeder Anlage gehörendes Handbuch nebst Betriebsanweisung gibt Auskunft über den Betrieb der Anlage und besonders wichtige und damit häufiger zu kontrollierende Daten. Dieses Handbuch sollte auch ein Muster für einen Vordruck eines Tages-, Wochen-, Monats- und Jahresprotokolls enthalten. Im Handbuch sollte klar beschrieben sein, wann was wo wie oft kontrolliert, ersetzt oder gewartet werden muss. Die Maschinenausrüstung (z. B. Pumpen, Gebläse, Messinstrumente, Elektroden, Motoren) wird den Vorgaben bezüglich Pflege und Wartung der verschiedenen Hersteller betreut.

Die Überwachung der Wasserqualität und die Erfassung der relevanten Wasserparameter der Kreisläufe ebenso wie die der Abwasseranlage erfolgt in Absprache oder nach Vorgabe der zuständigen Behörden. Leider ist das nicht immer selbstverständlich. Ein regelmäßig geführtes und eingetragenes Tages-, Monats- oder Jahresprotokoll, welches nicht erst nach einiger Zeit aus dem Gedächtnis nachgetragen wird, stellt einen anerkannten Nachweis dar, falls es zu Reklamationen gegenüber einer Behörde oder Lieferanten von technischen Geräten kommt. Ein gutes Protokoll bleibt lebendig, es entwickelt sich mit der Anlage und dem Betriebsführer und seinem Personal.

Haken in Kästchen auf Protokollformblättern verführen dazu, einfach abzuhaken, ohne genau hingesehen zu haben, vor allem bei Werten, die über längere Zeit stabil geblieben sind. Es sollen derartige Haken auch schon vom Schreibtisch oder von zu Hause gemacht worden sein, ohne vor Ort geschaut zu haben.

Die ermittelten Daten sollten nicht einfach nur eingetragen und anschließend schnellstens vergessen werden. Den einen oder anderen Gedanken sollte man sich schon machen und vor allem die Ergebnisse der Messungen und deren möglichen Auswirkungen aufeinander bedenken. Es ist erstaunlich und beeindruckend wie schnell einige Protokollanten (damit ist durchaus nicht nur der „kleine“ Mitarbeiter gemeint) vergessen, was sie noch vor ein paar Minuten gemessen und sogar aufgeschrieben haben. Es soll Kandidaten geben, welche ungerührt, ohne die eigentlich nötige Reaktion einen Wert eintragen, welcher für den davon betroffenen Fischbestand durchaus „unangenehm“ werden kann. Derartige „Träumer“ sind höchst gefährlich für den erfolgreichen Betrieb einer Anlage und somit nur für nachgeordnete „tragende“ Beschäftigungen, wie etwa Futter und Kalk heranschaffen, mit entsprechender anschließender Kontrolle des Vollzugs einsetzbar.

Im Fall von Krankheit oder Ausscheiden eines Mitarbeiters ist es für den Ersatzmann bzw. Nachfolger sehr hilfreich eine genaue und auch stimmende Dokumentation vorzufinden die ein problemloses oder zumindest problemarmes schnelles Einarbeiten ermöglicht.

An Hand von häufig auftretenden Störfällen wird im Folgenden versucht, mögliche Auswirkungen auf die Anlage ebenso zu bewerten, wie die zur Behebung der Störung verbleibende Reaktionszeit. Die vorliegende Liste ist nicht vollständig, gibt aber einen Ausblick auf möglicherweise zu erwartende Schwierigkeiten und deren Behebung. In jedem Fall, vor jedem wie auch immer geartetem Eingriff, zunächst abschätzen was passiert ist, welche Reaktion erforderlich scheint und wie dieser Eingriff sich auf das Geschehen in der Gesamtanlage auswirken könnte.

Vor allem Keine Panik, denn sinnloser Aktionismus und kopfloses Hin- und Herrennen verhindern sinnvolles Handeln. Rechtzeitiges vertraut machen mit der für den jeweiligen Anlagentyp gültigen Betriebsanweisung und das Einhalten von Wartungsvorschriften sind eine Grundvoraussetzung. Damit ist nicht das bloße Lesen gemeint, sondern das gedankliche Durchdringen und Verstehen, was in der Anlage vor sich geht. Auch wiederholtes Üben von möglichen Störfällen ist Garant einer erfolgreichen Fischzucht, nicht nur in Kreislaufanlagen.

Ein nicht oder nicht richtig gewartetes Notstromaggregat, ohne für mindestens einen Tag ausreichender Tankfüllung, kann genauso wenig eine Katastrophe verhindern, wie eine nicht funktionierende weil abgeschaltete oder nicht gewartete Alarmanlage, eine Sauerstoffnotversorgung ohne genügend Sauerstoff für den Notfall oder ein im Notfall nicht anwesender oder nicht erreichbarer Mitarbeiter.

Das Kennenlernen einer Anlage wird durch Betrachtung der folgenden Organigramme eventuell erleichtert. Die Zusammenhänge verschiedener Abläufe ist in ihnen nachvollziehbar, da zu erkennen ist oder sein sollte, was wo wie warum passiert und wohin bestimmte Wasserströme fließen. Zur besseren Übersicht folgen drei Organigramme in denen die jeweils vorherrschende Verfahrensweise für eine „fast perfekte“ Kreislaufanlage dargestellt wird. Sie sollten sich an jeden Anlagentyp anpassen oder erweitern lassen.

- Organigramm Zulaufwasser, also Wasser vor Einleitung in eine Anlage, mit der je nach Herkunft und Betrieb nötigen oder empfohlenen Behandlung.
- Organigramm Kreislaufwasser und seine je nach Nutzung und örtlichen Gegebenheiten erforderliche und anzuratende Behandlung.
- Organigramm Abwasser welches in der Regel die Anlage verlässt, mit den je nach Gesetzgebung und Verwendung Verwendungsmöglichkeiten.

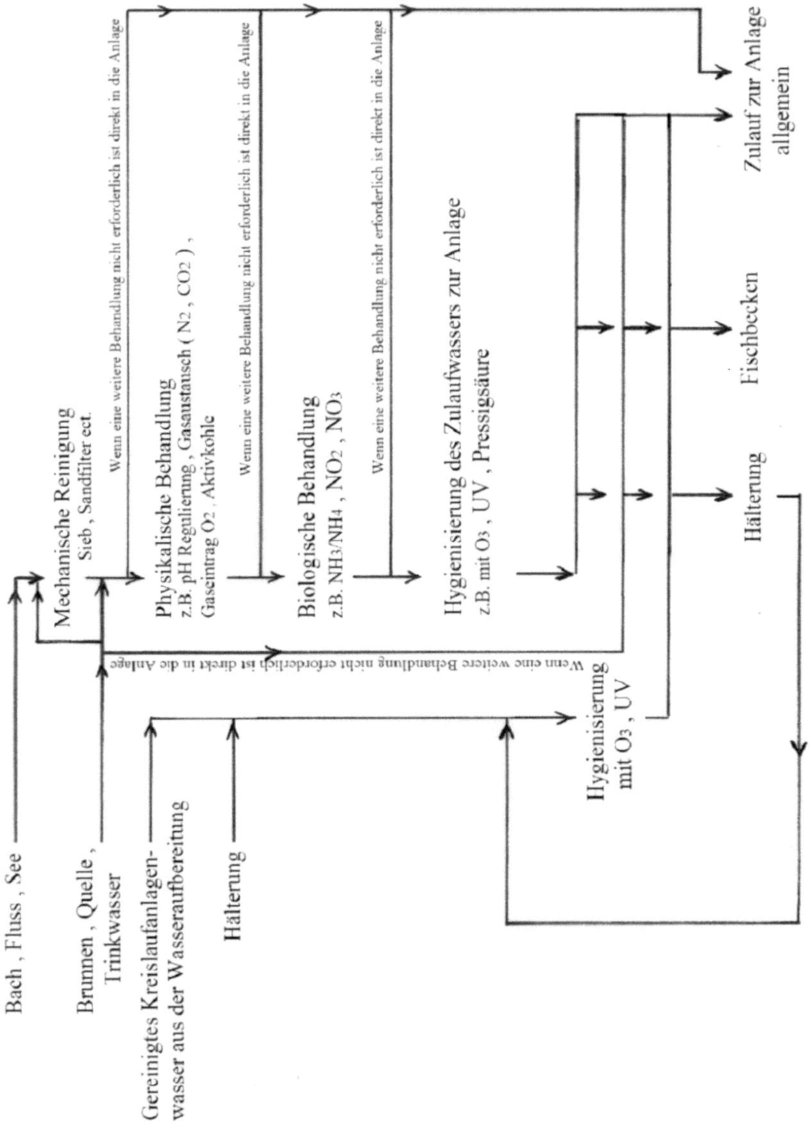

Zeichnung: P. Steinbach

Organigramm der Zulaufwasserbehandlung.

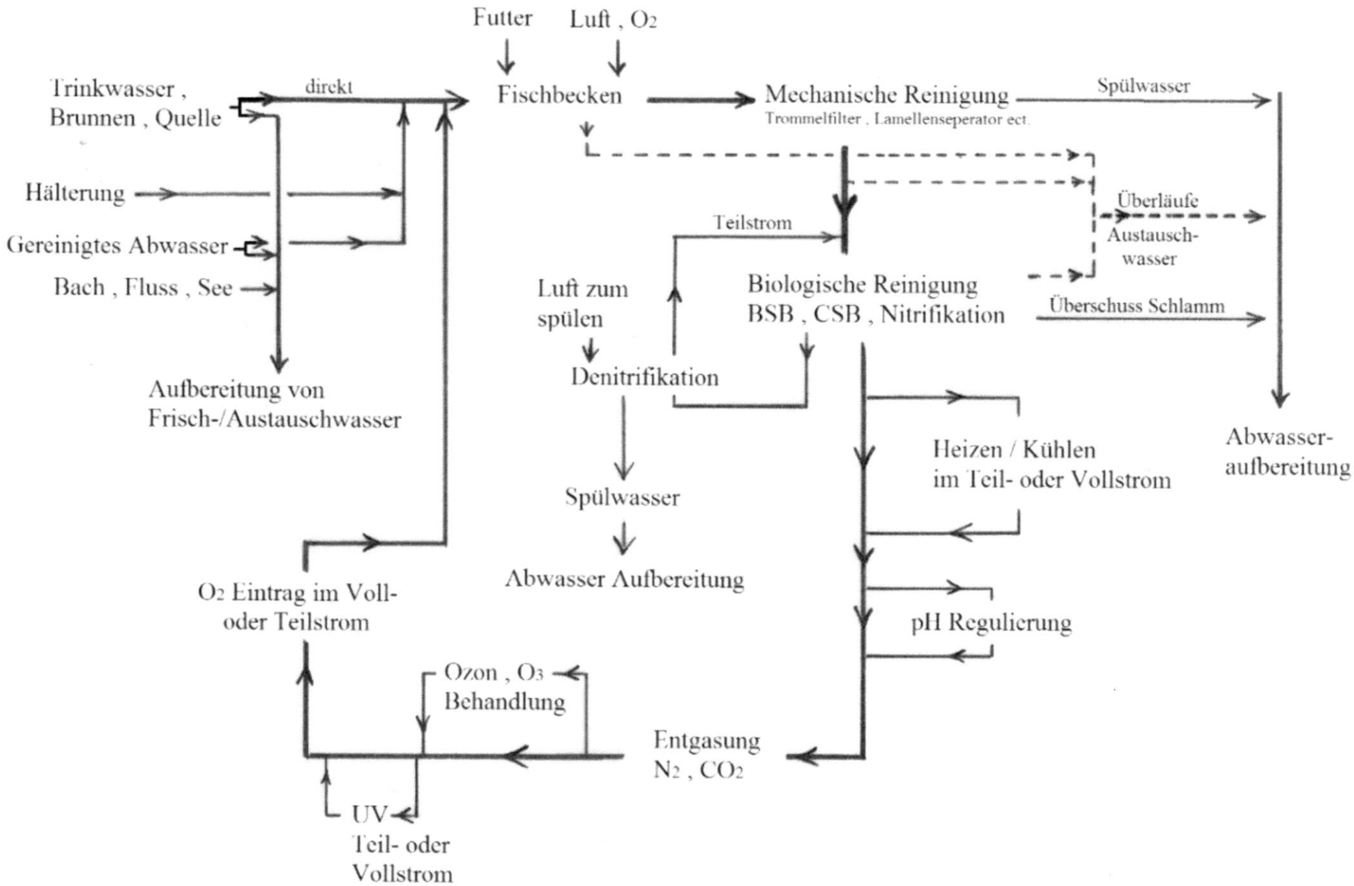

Organigramm einer Kreislaufangale.

Zeichnung: P. Steinbach

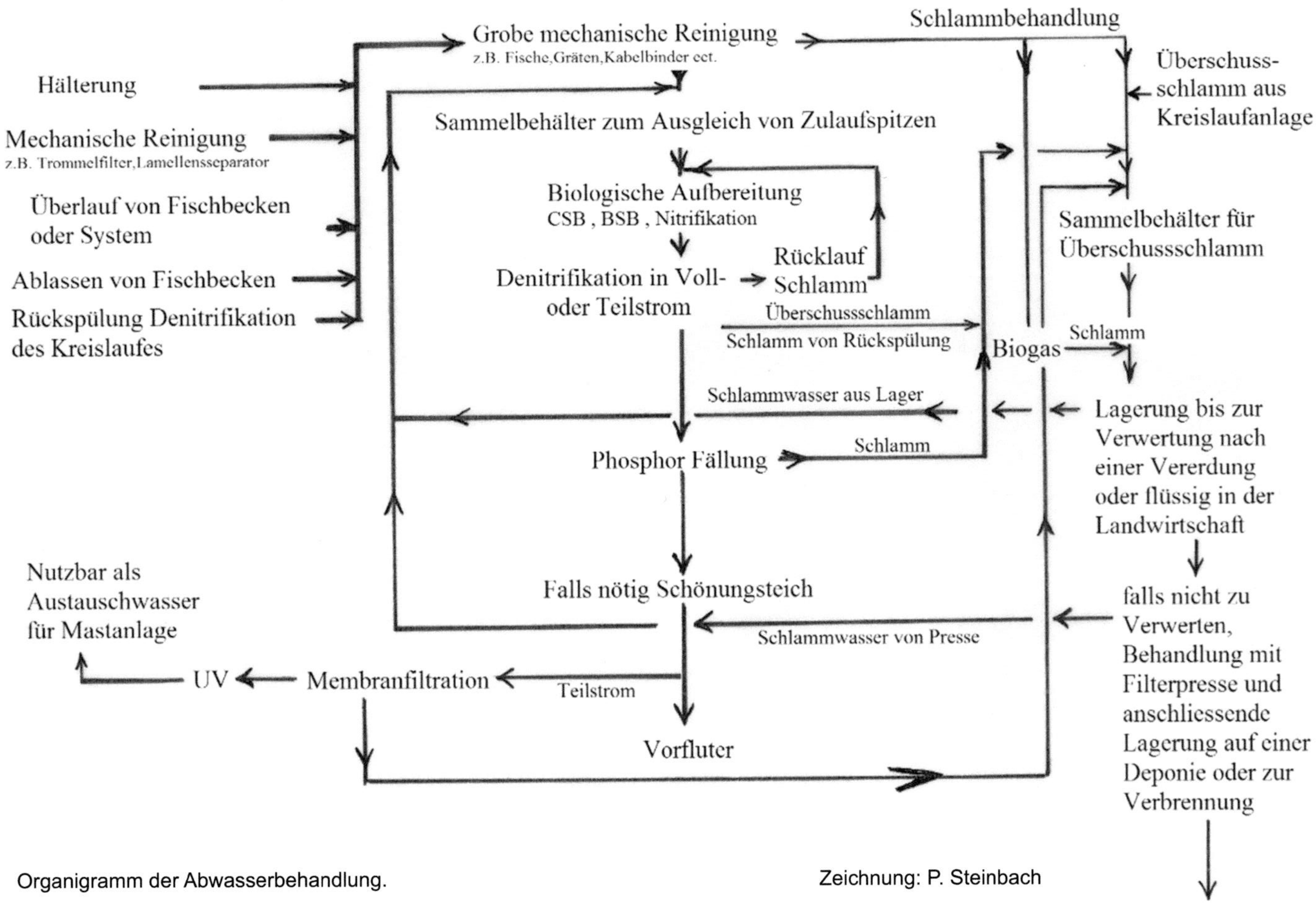

Organigramm der Abwasserbehandlung.

Zeichnung: P. Steinbach

13.1. Maschinelle Störfälle

Werden bei der täglichen Kontrolle, bei Wartungsarbeiten oder durch Alarmmeldung Störfälle erkannt, sind diese sofort zu beseitigen, um weiterhin die einwandfreie Funktion der gesamten Anlage zu gewährleisten. Aus diesem Grund ist es empfehlenswert, die wichtigsten Bauteile aller Geräte als Ersatzteil zu bevorraten, einen Wartungsplan aufzustellen und ihn vor allem auch zu befolgen, sowie Spezialwerkzeug, das für den Einbau der Ersatzteile nötig ist, bereit zu halten. Muss es erst besorgt werden, wenn der Störfall aufgetreten ist, kann es sein, dass es nicht mehr benötigt wird, weil die Fische bereits tot sind. Das Zauberwort heißt „Redundanz“.

13.1.1. Ausfall der Gebäudebelüftung

Im Sommer erfolgt ein Anstieg der Luftfeuchtigkeit, der Temperatur und des Kohlendioxidgehaltes der Luft. Dies ist einige Tage ohne nachteilige Folgen für den Fischbestand zu verkraften. Steigt die Wassertemperatur aber über das Optimum der Fische, rechtzeitig die Fütterung einstellen und den Fehler schnellstens beheben. Ein lebendiger hungriger Fisch ist besser als ein satter toter.

Im Winter ist viel später mit negativen Auswirkungen auf den Fischbestand zu rechnen. Im Gebäude steigen allerdings der CO_2 Gehalt der Luft ebenso wie die relative Luftfeuchtigkeit.

13.1.2. Ausfall von Heizung oder Kühlung

Es ist eine Änderung der Wassertemperatur über einen Zeitraum von mehreren Tagen zu erwarten. Der Grad der Änderung, sowie die Geschwindigkeit sind abhängig von der Isolierung des Gebäudes, der Außentemperatur, der täglich verabreichten Futtermenge und der Menge und Temperatur des zugeführten Frischwassers. Ein Abfall der Wassertemperatur des Kreislaufs führt zu Reduzierung der Futteraufnahme der Fische sowie einer verringerten Leistung der Reinigungsbakterien.

Bei hohen oder sehr niedrigen Außentemperaturen möglichst schnell den Fehler beheben, um ein Verlassen des Optimalbereichs mit den daraus resultierenden negativen Einflüssen auf den Ertrag der Anlage zu vermeiden. Generell lässt sich ein Abkühlen der Temperatur in weiten Bereichen besser vertragen als zu starke Erwärmung. Das hat viel mit dem Sauerstoffgehalt zu tun, der, wie wir wissen bei kalter Wassertemperatur höher ist als bei warmer. Ebenso ist der Stoffwechsel der Tiere bei kaltem Wasser langsamer und damit weniger belastend für den Fisch als bei warmem Wasser. In jedem Fall rechtzeitig die tägliche Futtermenge den veränderten Verhältnissen anpassen. Falls nötig Fütterung völlig einstellen.

Müssen die Fische wegen suboptimaler Temperaturen länger in der Hälteranlage verbleiben, erhöht sich deren Gewichtsverlust. Direkte Wärme- oder Kälteschäden treten erst bei Verlassen der Toleranzbereiche der betreffenden Fischarten auf. Völliges in Ruhe lassen der Fische (kein Beunruhigen durch Keschern oder Umsetzen) kann Schäden verhindern oder zumindest mindern. Bei sehr warmem Wasser ist der erhöhte Sauerstoffbedarf der Fische zu decken.

13.1.3. Ausfall von Sicherungen und Automaten

Je nachdem, welches Gerät von dem Ausfall betroffen ist, bleiben 5 Minuten bis mehrere Tage Reaktionszeit, bevor Schäden an den Fischen oder der biologischen Aufbereitung auftreten. Die jeweils sinnvolle und nötige Reaktion kann unter der Beschreibung der von Ausfall betroffenen Geräte und Anlagenteile abgelesen werden.

Der Fehler ist aber in jedem Fall möglichst schnell zu suchen und zu beheben. Unter Umständen das betroffene Gerät oder die betroffene Sicherung austauschen. Bis dies geschehen ist, die Sauerstoffversorgung der Fische sicherstellen und eventuell durch den Geräteausfall verloren gegangenes Wasser (Pumpensumpf, Fischbecken, Ausgleichsbecken o.ä.) ersetzen.

Eine defekte Sicherung ist häufig oder sogar meistens ein Warnzeichen um das entsprechende Gerät vor Überlastung und daran anschließenden irreparablen Schäden zu schützen. Man sollte immer sicherstellen, dass die Ursache für den Ausfall einer Sicherung dauerhaft beseitigt ist. Das gern geübte „Höherdrehen" einer Automatiksicherung, ohne vorher durch einen Fachmann abzuklären ob das angeschlossenen Gerät dieses auch aushält, macht selten Sinn und wurde schon von manchem später bitter bereut.

13.1.4. Ausfall der Stromversorgung

Ohne Strom (Elektrizität) funktionieren weder Gebläse zur Sauerstoffversorgung (Biologie, Fisch- und Entgasungsbecken), noch wird Wasser umgepumpt. Die Sauerstoffversorgung der Fische über technischen mit Hilfe von Maschinen im Wasser gelösten Sauerstoff fällt aus, der Trommelfilter bleibt ebenso stehen wie jede andere mit Elektrizität betriebene Maschine/Gerät (Pumpen, UV, Ozon, Mess- und Regelelektroden). Die Beleuchtung funktioniert ebenfalls nicht mehr, so dass es schwierig werden kann, die Ursache der Störung zu finden. In solchen Fällen sind eine funktionierende Notbeleuchtung sowie Taschenlampen mit gefüllter Batterie oder geladenem Akku und ausreichender Leuchtkraft unbedingt erforderlich. Das Suchen nach funktionierenden Taschenlampen oder deren Batterien kann unter Umständen genau die Zeit in Anspruch nehmen die zur Rettung des Bestandes nötig gewesen wäre.

Funktioniert die Alarmanlage mit Batterien oder Akkus ist deren Funktion und Betriebsbereitschaft von überragender Bedeutung für den Fischbestand und das finanzielle Überleben des Betreibers. Eine ausgeschaltete oder nicht funktionierende Alarmanlage mag der Nachtruhe zuträglich sein, im Schadensfall sind aber erbitterte und meist fruchtlose Gespräche mit Versicherungen und deren Vertretern zu erwarten.

Ohne Sauerstoff sterben die Fische, je nach Spezies, Besatzdichte, Fütterungsniveau und Wassertemperatur in 5 Minuten bis mehreren Stunden. Daher schnellstmöglich umschalten auf die Notstromversorgung sofern, diese nicht automatsch angelaufen ist. Danach prüfen, ob alle zum Notbetrieb erforderlichen Geräte richtig anlaufen (Drehrichtung – was sich eigentlich bereits bei einer der turnusmäßig durchgeführten Übung feststellen lässt) und Pumpen und Gebläse Druck aufbauen. Dies ist ebenfalls wichtig bei erneutem Umschalten auf die „normale" Stromversorgung.

Ist der Generator nicht sofort in Betrieb zu setzen, muss die Sauerstoffnotversorgung gestartet werden, damit die Fische wenigstens mit gasförmigem Sauerstoff versorgt werden können. Jede weitere Fütterung über Futterautomaten (Pendel, Uhrwerk- oder Batteriegetrieben) ist sofort zu unterbinden.

Je nach Belastung der Anlage mit Fischen und Futter kann diese Maßnahme, sofern genügend Sauerstoff zur Verfügung steht, den Bestand mehrere Stunden bis Tage ohne Ausfälle von Fischen am Leben erhalten. Ist es nach 1-3 Stunden nicht möglich, den Generator in Betrieb zu setzen und arbeitet die „normale" Stromversorgung noch nicht wieder, muss auch die Biologie zumindest zeitweise mit Sauerstoff begast werden, um ein Absterben der Bakterien zu verhindern.

13.1.5. Ausfall des Notstromgenerators

Ist der Generator defekt, kann die Anlage bei Stromausfall nicht betrieben werden. Einblasen von gasförmigem Sauerstoff in die Fischbecken kann die Fische in einem derartigen Notfall am Leben erhalten. Nach mehreren Stunden sterben aber, außer in Tropfkörperanlagen, die Reinigungsbakterien, sofern sie nicht mit Sauerstoff begast werden, und die Klärstufe muss neu angefahren werden.

13.1.6. Ausfall der Belüftung im Biofilter

Die Reinigungsleistung der Bakterien ist vom Sauerstoffgehalt des zu reinigenden Wassers abhängig. Außerdem wird Kohlendioxid im Belüftungsbecken nicht mehr ausgetrieben (entgast). Je nach Belastung der Klärstufe kommt es zu Bildung und/oder Anreicherung von Ammonium und Nitrit. Sinkt der

Sauerstoffwert tief genug, kommt es zur Denitrifikation, in deren Folge der pH-Wert ansteigt. In Verbindung mit dem zu erwartenden Ammonium- und Nitritanstieg besteht höchste Gefahr für den Fischbestand. Schlägt die Anlage in den anaeroben Bereich um (es ist kein gelöster Sauerstoff im Wasser, auch nicht in Form von Nitrat vorhanden), kann es zu saurer Gärung und damit verbunden zum pH-Abfall kommen. In solchen Fällen helfen nur ein vollständiger Wasseraustausch der Klärstufe, und vorsichtiges Wiederanfahren der Anlage, was unter Umständen Wochen dauert und viele wenn nicht alle Fische das Leben kostet. Die Zeit, die verfügbar ist, um auf den Ausfall der Belüftung zu reagieren, ist von der Belastung der biologischen Anlage mit Fischfutter abhängig. Sie beträgt einige Stunden. Um Schäden zu verhindern, daher schnellstmöglich Belüftung reparieren oder hoffentlich vorhandenes und funktionierendes Ersatzgerät in Betrieb nehmen.

13.1.7. Ausfall der Belüftung im Fischbecken

Je nach Besatzdichten und Fütterungsintensität bleiben 10 Minuten bis mehrere Stunden um auf den Ausfall zu reagieren. Auf Ersatzgebläse, dessen Vorhandensein eigentlich in jeder Anlage Pflicht ist oder sein sollte, umstellen, falls nötig die Fütterung einstellen oder reduzieren, falls erforderlich die Sauerstoffnotversorgung in Betrieb setzen; Störung sofort beheben; defektes Gerät sofort oder baldmöglichst reparieren (lassen). Solange kein Ersatzgerät zur Verfügung steht, besteht ein erhöhtes Risiko von Verlusten oder zumindest vermindertem Zuwachs bei den Fischen. In jedem Fall den Füllstand des Sauerstofftanks (Notversorgung) im Auge behalten, da durch die laufende Notversorgung dessen Inhalt sehr schnell abnimmt.

13.1.8. Leistungsverminderung der Lufteintragssysteme

Durch Staub in der angesaugten Luft und/oder Kalkablagerungen aus dem Umgebungswasser können sich die Poren der Luftausströmer (Schläuche, Membranen) oder Rohrleitungen schleichend zusetzen, so dass entweder die eingetragene Luftmenge abnimmt, oder der zur Deckung des Bedarfs nötige Gebläse Druck erhöht werden muss.

Prophylaktisches einspritzen von 30 %iger Essigsäure in den Luftstrom hilft meistens, den Kalk zu lösen und den Lufteintrag bezogen auf Menge und aufzuwendendem Druck im optimalen Bereich zu halten. Derartige Geräte die im laufenden Betrieb eingesetzt werden, können von Firmen erworben werden, welche kommunale Kläranlagen beliefern. In der Regel genügt wöchentliche oder sogar monatliche prophylaktische Säuredosierung um jedwede Störungen erst gar nicht auftreten zu lassen. Derartige Systeme zu Säuredosierung bestehen aus einem Behälter mit Säure und einer Dosierlanze (ähnlich einer Garten-Spritze zur Schädlingsbekämpfung) welche in die für diesen Einsatz vorbereitete

Luftleitung eingeführt wird. Ist die Dosierstation transportabel benötigt man nur eine derartige Station plus entsprechende Zugänge an jeder Kreislauf-Luftleitung. Der Erwerb einer derartigen Dosierstation ist sehr zu empfehlen, wenn man nicht immer wieder mit nachlassendem Lufteintrag kämpfen will.

Transportable Säuredosierstation zum Einsatz in Luftleitungen. Foto: E. Fritschi

Luftmangel, oder nachlassende Leistung der Gebläse kann seine Ursache aber auch in der Ablagerung von Schnee, Blättern, Samen oder Dreck (Papier, Plastik) auf und an den Einlassgittern der Luft Ansaugleitung haben. Derartige Gitter sind immeer groß genug (mind. 4-facher Leitungsquerschnitt) zu wählen und täglich auf Funktionsfähigkeit zu prüfen und im Bedarfsfall sofort zu reinigen.

13.1.9. Ausfall der Sauerstoffversorgung

In Abhängigkeit von Besatzdichte und Fütterung beträgt die Zeit um den Fehler zu beheben und auf die Störung zu reagieren 5-60 Minuten. Gasförmigen Sauerstoff über die Notversorgung in die Fischbecken blasen, nach mehreren Stunden Ausfall auch in die biologische Aufbereitung.

Prüfen ob Störung verursacht ist durch:

- Fehler an einer Pumpe,
- Ausfall des Antriebsmotors,
- Undichtigkeit oder falsche Einstellung des Sauerstoffeintragssystems,
- Fehler am Sauerstofftank oder am Sauerstoffgenerator,
- Falsche Einstellung von Ventilen (z. B. Abstellen der Zufuhrleitung),
- Undichtigkeit von Rohren oder Leitungen.

Achtung:
Bei undichten Gasleitungen besteht Explosionsgefahr, mindestens aber plötzliches Selbstentflammen brennbarer Materialien. Vor allem Raucher sollten sich vorsehen.

Ist der Sauerstofftank leer, baldmöglichst Tierkörperbeseitigungsanstalt benachrichtigen, Hilfskräfte für die Beseitigung der toten Fische besorgen, falls vorhanden, Versicherung benachrichtigen zwecks Schadensfeststellung, gute Erklärung bereitlegen warum der Tank leer ist.

13.1.10. Ausfall der Reinigungseinheiten

Außer bei Belebtschlammanlagen die in der Regel derartige mechanische Reinigungseinheiten nicht benötigen, ist immer ein Anstieg der Schwebstofffracht zu beobachten. Diese Verschlechterung/Anreicherung ist abhängig von der täglich verabreichten Futtermenge. Unter Umständen verschlechtern sich in der Folge die Wasserparameter wegen der höheren organischen Belastung der Biostufe. Zusätzlich treten durch Sauerstoffzehrung von auf den Schwebstoffen siedelnden Bakterien geringere Sauerstoffwerte in den Fischbecken des Kreislaufs auf. Die Kiemen der Fische können geschädigt werden, so dass Kiemenschwellung auftritt, die unter Umständen später – nach Behebung der Störung – medikamentös bzw. durch Additive behandelt werden muss. Der Fischbestand kann, da weniger bis gar nicht mehr sichtbar, schlechter bis gar nicht mehr kontrolliert und beobachtet werden.

Die Fische weniger oder gar nicht füttern und den Fehler schnellstens suchen und beheben. Die Wasserqualität und die Fische (Kiemen) genau beobachten, auch noch mehrere Tage nachdem der Schaden behoben wurde. Leichte

Schäden an den Fischen lassen sich sehr viel besser und vor allem deutlich kostengünstiger behandeln als Schäden die bereits Todesfälle bei den Fischen verursachen (siehe auch Punkt 11.2.2. Mechanische Reinigung).

13.1.10.1. Verstopfung der Reinigungsdüsen

Grundsätzlich sind die Reinigungsdüsen von Trommel- und Bandfiltern in geeigneten von Anlage zu Anlage und von der Fütterungsintensität abhängigen Intervallen zu überprüfen und gegebenenfalls zu reinigen. Es empfiehlt sich eine ausreichende Zahl gereinigte Ersatzdüsen bereitzuhalten, um bei Störungen ohne Verzug reagieren zu können. Zur Reinigung verschmutzter oder verstopfter Düsen sind hölzerne oder aus Kunststoff gefertigte Zahnstocher, im Drogeriehandel verfügbare Bürstchen für Zahnzwischenräume, Zahnbürsten und Druckluftdüsen sehr gut brauchbar. Metallische Geräte (Bürsten, Drähte) zur Reinigung zerstören sehr leicht die Düsenöffnungen und sind daher abzulehnen.

13.1.10.2. Verstopfung des Filtergewebes

Wird zur Spülung der Filtergewebe Frischwasser (Brunnen- oder Leitungswasser) verwendet, kann es geschehen, dass durch den Druckabfall an der Düse und Sauerstoffanreicherung beim Kontakt mit der Umgebungsluft Kalk, Eisen und Mangan ausfallen und sich auf der Filteroberfläche festsetzen. Auch können sich, vor allem bei Spülung mit gefiltertem Anlagenwasser, Bakterien ansiedeln, die auf dem Gewebe anwachsen. Die Maschen- oder Lochgröße des Gewebes wird dadurch verkleinert und die Durchsatzleistung des Filters sinkt. Der Filter kann die zugeführte Wassermenge nicht bewältigen und läuft über. Das Wasser geht dem Kreislauf verloren, gleichzeitig sinkt der Wasseraustausch in den Fischbecken. Pumpen können trocken fallen und die Kreislaufführung des Wassers bricht ab.

Ist eine Not-Umgehung des Filters vorhanden, geht kein Wasser verloren. Allerdings steigt dann zumindest die Schwebstofffracht in den Fischbecken mit den bereits erwähnten Problemen an den Fischkiemen. Die Folgen entsprechen einem Ausfall der Pumpen. Den Fischen steht nicht mehr genügend Sauerstoff zur Verfügung und die Wasserqualität im Fischbecken verschlechtert sich rapide. Um dieses zu verhindern sind die Filtermatten bzw. Filterplatten der Trommelfilter in geeigneten Abständen zu reinigen. Je nach Art der Verschmutzung oder Verstopfung erfolgt die Reinigung der Matten mit Hochdruckreinigern innerhalb des Kreislaufs oder nach Ausbau außerhalb mit Desinfektionsmitteln, Tensiden, verdünnter Säure, Lauge, nur mit dem Hochdruckreiniger oder es erfolgt ein kompletter Austausch mit neuem Filtermaterial. Ist man den Vorschlägen zur Einrichtung eines Waschplatzes gefolgt, empfiehlt es sich, alle Reinigungsarbeiten an verschmutzten Filtermatten oder -platten ausschließlich dort zu verrichten (siehe auch Unterkapitel 7.1. Hygiene).

Nicht nur, das die Partikel durch das Sprühwasser des Hochdruckreiniger in der gesamten Halle verteilt werden und sich später nur unter Mühe oder gar nicht wieder entfernen lassen, sondern auch weil diese Schmutzpartikel, egal wie groß oder klein auch immer, von Mikroorganismen besiedelt sind. Dieser Schmutz kann durchaus Parasiten und pathogene (krank machende) oder fakultativ pathogene Keimen (unter Umständen krank machende) beherbergen, welche über die gesamte Halle verteilt werden und eben auch in Becken gelangen können, deren „Bewohner“ nicht an sie gewöhnt sind.
Vor dem erneuten Einsatz gereinigter Filtermatten oder -platten im Kreislauf sind alle etwaigen Reste von Säuren/Laugen sowie Reinigungs- und Desinfektionsmittel gründlich abzuspülen.

Vor allem der Einsatz von Hochdruckreinigen erfordert Sorgfalt, um die Filtergaze nicht durch den Hochdruckstrahl zu beschädigen oder gar zu zerstören. Beim Umgang mit Säuren und/oder Laugen ist in jedem Fall Schutzkleidung zu tragen. Der Einsatz derselben sollte möglichst ebenfalls nur an einem sogenannten Waschplatz erfolgen, der von den Anlagen soweit getrennt ist, dass kein Spritzwasser in die Anlage gelangen kann. Der Einsatz von Säuren oder Laugen im Kreislauf bei dem mit Hilfe einer Gießkanne das Reinigungsmittel auf die Gaze verteilt wird, ist wenig effektiv da die Einwirkzeit gering ist und außerdem bedenklich in Hinblick auf Korrosion. Wegen der naturgemäß recht hohen Menge an Säuren oder Laugen die benötigt werden, muss in derartigen Fällen der pH im Anlagenwasser sehr genau im Auge behalten werden.

13.1.10.3. Ausfall des Niveausensors

Trommel- als auch Bandfilter laufen häufig diskontinuierlich, das bedeutet wenn in der Trommel oder vor dem Band der Wasserstand steigt, spricht ein Sensor an, der eine Drehung der Trommel oder des Bandes und den Einsatz der Sprühleiste bewirkt. Es gibt aber auch Anlagen in denen der Trommelfilter ständig dreht und der Sensor „nur“ die Sprühleiste in Gang setzt, sobald der Wasserstand im Filter eine bestimmte vorher festgelegte Höhe erreicht hat. Funktioniert der Sensor nicht, verstopft das Filtergewebe und der Filter läuft über. Folgen siehe oben.

Je nach Position des Filters kann es auch durch zu hohen Wasserstand zu Überlastung der Trommellagerungen und Reißen der Filtergaze kommen. Es sollte immer mindestens ein Ersatzrelais für den Schaltkasten und ein Ersatzsensor vorrätig sein, um bei Bedarf sofort einen Austausch vornehmen zu können. Ist der Ersatz eingesetzt, nicht vergessen schnellsten ein neues Ersatzteil zu besorgen.

13.1.10.4. Ausfall der Reinigungspumpe

Der betreffende Filter fällt aus, da dieser nicht mehr gespült werden kann. Sonstige Folgen entsprechen dem Ausfall des mechanischen Filters. Diese Reinigungs- bzw. Druckerhöhungspumpen – die Filter werden in der Regel mit 2-4 bar Druck gespült – können auch, vor allem bei Verwendung von Kreislaufwasser zur Spülung der Filter, durch Schwebstoffe und/oder Bakterienansiedelungen verstopfen. Derartige Geräte sind dann, da sie durch das verstopfte Gewebe nicht genügend Wasser liefern können, nicht mehr in der Lage den nötigen Druck aufzubauen. Ein Manometer auf der Druckseite der Pumpe gibt Auskunft über deren Zustand. Bereits bei geringem Druckabfall ist die Pumpe mit geeigneten und für den Werkstoff aus dem die Pumpe gefertigt ist, zugelassenen Mitteln zu spülen. Das geschieht am besten außerhalb des Kreislaufs.

In jedem Fall sollte vor der Reinigungspumpe ein Vorfilter angebracht sein, der in geeigneten Abständen zu kontrollieren und vor allem zu reinigen ist. Ohne diesen Filter verstopft die Pumpe häufig. Ist der Vorfilter verstopft, kann die Pumpe keinen Druck aufbauen. In der Folge verstopft das Filtergewebe.

Um die biologische Aufbereitung und die Fische weiterhin mit Wasser versorgen zu können ist ein ausreichend dimensionierter Notüberlauf, der den mechanischen Filter umgeht, Pflicht. Der Ausfall wird von den Fischen in Abhängigkeit vom Fütterungsniveau normalerweise 1-2 Tage ohne erkennbare Probleme vertragen. Durch Überlaufen des Filters dem Kreislauf verloren gegangenes Wasser falls nötig ersetzen.

13.1.10.5. Verstopfen der Ablaufrinne

Durch Unachtsamkeit können Werkzeuge, Gegenstände (Kunststofftüten, Rohrabschnitte, Fittings, Muttern, Schrauben, Biologieträgermaterialen etc.), tote Fische oder auch Holzstücke in die Trommelfilter gelangen. Legen sich derartige Gegenstände in die Ablaufleitung des Filters oder verstopfen sie sogar, kann das Schmutzwasser nicht mehr abgeleitet werden. Der Filter setzt sich zu, sobald die Maschen wegen fehlender Ableitung von Schmutzwasser verstopft sind. Eine offene Ableitung oder eine Ableitung über ein täglich zu kontrollierendes, offenes Grobsieb können Abhilfe schaffen.

13.1.11. Störung des Lamellenseparators

Lamellenseparatoren sind bei gleichmäßiger Beschickung mit einem Abwasser welches sich in seinem physikalischen Verhalten nicht ändert, recht betriebssicher. Bei schwankender Beschickung (z. B. Ablassen von Fischbecken) stoßen sie aber schnell an ihre Grenzen und der Schlamm läuft über in den Kreislauf. Weitere Störungen können durch biologische Aktivitäten des Wassers auftreten.

Auf den Lamellen bildet sich dann ein biologischer Rasen, der das Absetzen (Bildung von Turbulenzen durch die nicht mehr glatte Oberfläche der Lamellen) und vor allem das nötige Abrutschen des sedimentierten Schlamms in den Sedimentationsraum behindert.

Abhilfe würde die redundante Aufstellung eines zweiten Separators schaffen, so dass die beiden alternierend betrieben werden können. Dabei ist einer in Betrieb und der andere wird gereinigt. Diese Lösung wird aus Kostengründen aber seltenst (eher nie) gewählt, so dass in derartigen Anlagen die Tiere zeitweise mit erhöhter Schwebstofffracht leben müssen. Die Folgen sind mehrfach erwähnt.

13.1.12. Ausfall der Brunnenpumpe

Es treten auf: Abfall des Wasserstandes durch die Anlage verlassendes Filterspülwasser, Minderung der Frischwasserzufuhr und als Folge langsame Aufkonzentrierung des Anlagenwassers mit Salzen. Ein Wasserwechsel in einer hoffentlich vorhandenen Hälteranlage ist nicht mehr möglich, wodurch sich die Hälterungsdauer verlängert. Durch auch von nicht gefütterten Fischen ständig ausgeschiedenes und angereichertes Ammonium kann in Abhängigkeit vom pH-Wert und Wassertemperatur nach wenigen Tagen eine Schädigung der Tiere auftreten.

Maßnahmen: Wenn Umschalten auf eine zweite Brunnenpumpe nicht möglich ist, schnellstmögliche Instandsetzung der vorhandenen Pumpe; den Wasserverbrauch der Anlage soweit als möglich reduzieren, Futtermenge auf null reduzieren. Trommelfilter sollte man, falls möglich, abschalten evtl. nur tagsüber unter Beobachtung des Wasserstandes betreiben. Frischwasser aus Hälteranlage soweit wie möglich reduzieren; wenn möglich Wasser von außerhalb besorgen (Trinkwasser, Quellwasser o.ä.), dabei aber unbedingt auf Qualität achten. Innerhalb von 4-5 Tagen sollten die Brunnenpumpe oder deren Ersatz wieder funktionsfähig sein.

13.1.13. Ausfall der UV-Anlage

Es erfolgt ein langsamer Anstieg der Keimzahlen; dadurch bedingt kann es zu einer leichten Trübung des Wassers durch Auftreten von Bakterienflocken/-blüten und Protozoen (Flagellaten und Ciliaten) kommen. Vor allem Protozoen können die Fische erheblich schädigen. Bekämpfbar sind diese mit Formalinbädern und Peressigsäure (siehe auch Unterkapitel 7.5. Anwendung von Therapeutika).

In jedem Fall erhöht sich die Menge an von Bakterien besiedelten feinen Schwebstoffen, durch welche Fischkiemen geschädigt werden können. Die Sichttiefe in den Fischbecken nimmt ab, der Sauerstoffverbrauch steigt durch den Bedarf der sich nun ungehindert entwickelnden frei schwimmenden Bakterien.

Die Folgen der Störung werden oft erst im Laufe von mehreren Tagen oder Wochen sichtbar. Die Anlage sollte baldmöglichst repariert werden, um erst gar nicht zu behandelnde Schäden an den Fischen entstehen zu lassen. 2-3 Tage ohne UV-Licht haben keinen erkennbaren negativen Effekt auf die Fische.

13.1.14. Ausfall der Ozonanlage

Es erfolgt eine langsame Zunahme langkettiger Verbindungen, das Wasser wird „gelber/brauner", das Redoxpotential sinkt. In der Hälteranlage werden Geosmin und Isoborneol nicht mehr beseitigt. Die zur „Reinigung" der Tiere nötige Zeit verlängert sich mindestens um die Anzahl der Tage ohne Ozon. Unter Umständen kann auch bereits wieder eine Anreicherung von Geosmin und/oder Isoborneol in den Fische erfolgen. Die weiteren Auswirkungen der Störung werden wie bei UV nach einigen Tagen sichtbar.

13.2. Biologische Störfälle

Außer durch Fehler an der Technik und sonstigen Maschinen können auch durch menschliche „Fehlfunktionen" Schäden an den Fischen und der biologischen Wasseraufbereitung auftreten. Diese werden an einer Veränderung der Wasserparameter, schlechter Futterverwertung und zunehmenden Verlusten bei den Tieren sichtbar. Aus diesem Grund müssen alle relevanten Parameter regelmäßig gemessen und dokumentiert werden. Die Reaktion auf mögliche Veränderungen muss geübt werden. Die kurzfristig erzielbare Ersparnis an Zeit, Geräten und Chemikalien, wenn man auf die Messungen verzichtet, kann ausgesprochen teuer werden. Sich ändernde oder bereits geändert habende Parameter lassen sich von den meisten Personen (eigentlich fast allen) sehr schlecht allein durch einen Blick auf das Wasser feststellen. Zeigen die Fische Schlagseite, was dann wohl eigentlich jeder sieht – oder zumindest sehen sollte – ist es meistens zu spät. Zumindest für die betroffenen Fische.

Eine nicht unerhebliche Fehlerquelle ist „menschliches Versagen". Dieses wird hervorgerufen durch schlechte oder fehlende Ausbildung, Unaufmerksamkeit, Schusseligkeit, Desinteresse, Lustlosigkeit, Faulheit, Feierabendnähe, gerade überstandenes Wochenende, Nichteignung für den Job, oder schlicht und einfach zeitweise aussetzender Gehirntätigkeit. Für jeden Betriebsleiter gilt grundsätzlich: Vertrauen ist gut, Kontrolle ist besser.

Eine ausreichend verständlich gestaltete und dem Personal leicht zugängliche Dokumentation, sowie eine in bestimmten Zeitabschnitten wiederholte gezielte Schulung, auch der eigenen Person, können helfen, unnötige Schäden an den Fischen zu vermeiden. Die zeitweise Konsultation von Personen von außen trägt dazu bei eine schwer verhinderbare „Betriebsblindheit" zu vermeiden. Derartige „Bestandsaufnahmen" sind manchmal nötig um zu erkennen, ob man selbst oder die Mitarbeiter sich Arbeitsabläufe und Verhaltensmuster angewöhnt haben, die einer optimalen Betreuung der Anlage zuwiderlaufen.

Dauermesssonden, die nur in einer unter Umständen weit entfernten Schaltwarte abgelesen werden können, kosten Zeit, die besser verwendet werden könnte, ebenso Handgeräte, die schwierig und umständlich zu eichen sind. Das billigste Gerät ist auf Dauer häufig nicht das preiswerteste. Eine genaue Prüfung der Funktionalität vor dem Einkauf kann hilfreich sein.

Erfahrungsaustausch hat dabei durchaus eine gewisse Bedeutung. Heutzutage können einen bei der Entscheidungsfindung auch Internet-Plattformen und Foren unterstützen. Auch Fachmessen machen Sinn. Eine gewisse Vernetzung und das miteinander reden ist häufig die beste Lösung Problemen soweit als möglich auszuweichen oder sie zu beheben. Das Fachwissen eines Elektrikers aus dem Bekanntenkreis, der Rat eines befreundeten Klärwerkers oder das Gespräch mit einem Kollegen können gute Beispiele für vorausschauende Konfliktvermeidung oder -bewältigung sein.

Gemessene und dokumentierte Parameter sind nicht einfach ohne nachzudenken in die zugehörigen Felder der Dokumentation einzutragen oder abzuhaken und anschließend möglichst schnell zu vergessen, sondern müssen täglich in Hinblick auf ihre Auswirkung auf Fische und Wasseraufbereitung bewertet werden.

Ersatzteile und Werkzeuge sollten immer griffbereit und übersichtlich gelagert werden, damit sie im Bedarfsfall nicht mühselig und hektisch gesucht werden müssen. Eine gewisse Ordnung hat schon häufig dazu beigetragen, dass die benötigten Gerätschaften sofort zur Hand waren und Schaden an Maschinen und Fischbestand verhindert wurde.

Ausreichend Stromanschlüsse passender Stärke und Drehrichtung, eine genügende Anzahl Verlängerungskabel, Kabeltrommel ohne Kurzschluss, Desinfektionswannen, Waschbecken und Wasseranschlüsse sollten vorhanden und jederzeit gut zugänglich sein.

Die schönste Ersatzpumpe nutzt nichts, wenn sie falsch herum dreht oder nicht angeschlossen werden kann, weil Kabel oder Stecker fehlen, oder keiner eine Ahnung hat, was er wie damit machen und wo er sie einsetzen soll.

Desinfektionswannen und -matten, die nicht bestimmungsgemäß genutzt werden helfen nicht Krankheitsübertragungen zu verhindern. Durch den „großen“ Schritt über sie hinweg wird aber eventuell die Beweglichkeit des Personals gefördert. Eine gegebenenfalls erhöhte Unfallgefahr ist allerdings nicht auszuschließen.

Wasserschläuche, die von dem einzigen vorhandenen Anschluss bei Bedarf durch die gesamte Halle gelegt werden müssen, werden ungern eingesetzt, da sie unhandlich und schwer sind. Sie sind, so sie durch die gesamte Anlage gelegt wurden, bei allen anderen Arbeiten, vor allem solchen mit in der Hallen umherfahrenden Transportfahrzeugen, sehr im Weg, hinderlich und beim Personal äußerst unbeliebt.

Eine eindeutige und deutlich erkennbare Kennzeichnung aller Anlagenteile, zugehörigen Gerätschaften und Elemente kann, vor allem in Anlagen mit vielen Einheiten ähnlicher oder gleicher Bauart, helfen, Fehler zu vermeiden. Derartige immer wieder „gern" gemachte Fehler sind z. B. Fütterung unbesetzter Becken oder Beckenabschnitte, Abschalten von Belüftungen oder Gebläsen dort wo der betreffende Abschnitt vermeintlich unbesetzt ist, Fische in ein Becken setzen in dem bereits andere sind, pH-Anhebung (Kalken) obwohl der pH-Wert bereits hoch genug ist, ungenüchterte Fische ins Verkaufsbecken setzen oder sogar ohne Nüchtern direkt verkaufen usw. Diese Liste ist unglaublich weit erweiterbar. Vor Überraschungen ist man niemals sicher. Auch wenn man glaubt, eine neue Variante sei nicht mehr zu erwarten, wird man sicherlich in nicht allzu ferner Zukunft eines Besseren belehrt.

13.2.1. Auftreten von Ammonium

Steigt der Ammoniumgehalt (NH_4) in einer seit längerer Zeit in Betrieb befindlichen Anlage plötzlich oder über längere Zeit kontinuierlich, ist die Ursache möglichst schnell zu suchen und zu beseitigen. Sofern die Auslegung der Anlage stimmt, kann es folgende Ursachen haben:

- Tote Fische in Fischbecken und/oder auf Bodensieben.
- Schmutzablagerungen in den Fischbecken, sehr gerne unter den Ablaufsieben, in der Ablauf- und/oder Zulaufverrohrung, in den Biologiebecken oder in Pumpensümpfen.
- Niedrige pH-Werte, die die Nitrifikation behindern.
- Plötzliche Erhöhung der Futtermenge.
- Falsche Fütterungstechnik; nicht gefressenes Futter belastet die Reinigungsstufe erheblich.
- Wechsel der Futterqualität in Hinblick auf höheren Proteingehalt des Futters, bei gleichbleibender täglichen Futtermenge.
- Unbemerkter, manchmal kontinuierlicher Austrag von Biomaterial aus Fließbettfiltern.
- Verstopfung eines Teils der Wasserverteilung eines Tricklingfilters, so dass nur noch Teile desselben durchströmt werden können.
- Starke Temperaturschwankungen, vor allem nach unten.

- Vergiftung der Reinigungsbakterien durch Bademittel (Additive), Medikamentierung der Fische oder Salzgehaltschwankungen.
- Noch nicht genügend eingearbeitete Biologie, die durch den vorhandenen Bestand und vor allem dessen Fütterung überlastet ist.
- Sauerstoffmangel in der Biologie.
- Massenauftreten von Schnecken, Protozoen oder Milben in Fischbecken, Pumpensümpfen oder vor allem in Biologiebecken.
- Falsche Dosierung (zu hoch) von Methanol oder anderen Elektronendonatoren in der Denitrifizierung und in der Folge Beschädigung der Biozönose der Nitrifikanten durch BSB Anstieg.

13.2.2. Auftreten von Nitrit

Ein kontinuierlich oder plötzlich ansteigender Nitritgehalt (NO_2) ist wegen der möglichen Auswirkungen auf den Fischbestand schnell zu beseitigen. Seine Ursachen sind oder können sein:

- Eigentlich geringfügige Störung im Nahrungs- und Sauerstoffangebot oder pH-Schwankungen, die den relativ robusten *Nitrosomonas* (oxidiert NH_4 zu NO_2) nicht stören, den empfindlicheren *Nitrobakter* (oxidiert NO_2 zu NO_3) aber bereits beeinträchtigen.
- Starke Belastungsschwankungen durch Besatzmaßnahmen oder Umstellungen der Futtermenge oder Zusammensetzung.
- Störungen bei der Denitrifizierung.
- Reaktion auf vorausgegangenen Ammoniumstieg.
- Sonst wie NH_4-Anstieg.

Eine schnelle Sofortmaßnahme zur Hemmung der Intoxikation ist die Zugabe von Kochsalz (NaCl), auch in Form von Viehsalz, wenn vorhanden. Zur Wirkungsweise und Dosierung siehe Punkt 3.6.2. Nitrit.

13.2.3. Veränderung des pH-Werts

Der pH-Wert ist bei Bedarf auf Grund der hoffentlich funktionierenden Nitrifikation laufend durch Branntkalk, Soda oder Natronlauge im für die gehaltene Fischart und die Reinigungsbakterien günstigsten Bereich zu halten. In einer gut nitrifizierenden Anlage ohne Denitrifikation fällt der pH-Wert durch die Tätigkeit der Bakterien ständig. Werden keine Gegenmaßnahmen ergriffen, kann er Werte von unter pH 6 erreichen, so dass eine Schädigung der Fische und der Bakterien des Klärtraktes eintritt (siehe auch Punkt 3.4.1. pH-Werte).

In Anlagen mit funktionierender Denitrifizierung ist mit relativ stabilen pH-Werten zu rechnen. Wird er über den Optimalbereich hinaus angehoben, eventuell durch Zugabe von Säure stoppen. Nur im Notfall, tritt allerdings sehr selten auf.

Wird in der Denitrifikation Essigsäure als Elektronendonator eingesetzt ist/bleibt der pH-Wert nicht stabil, es muss zur Anhebung des pH Wertes gekalkt werden. Beim Hantieren mit mehr oder weniger konzentrieren Säuren oder Basen/Laugen immer die Sicherheitsvorschriften beachten.

13.2.4. Auftreten von Schwebstoffen

Um eine mechanische Verletzung oder Reizung der Fischkiemen zu vermeiden, Ablagerungen in Rohren, Leitungen, Rinnen, oder sonstigen Bereichen ohne ausreichende Strömung zu verhindern, den Sauerstoffgehalt im optimalen Bereich zu halten und die Bakterien- und Protozoenfracht im Kreislauf zu begrenzen, ist der Anteil an Schwebstoffen möglichst gering zu halten.

Futtermittel mit wenig Abrieb/Staub (<1 %), Futtermittel die nach der Passage durch den Fisch einen festen und gut zusammenhaltenden Kot produzieren, Futtermittel mit hoher Wasserstabilität in Verbindung mit guter Verdaulichkeit sowie optimierte Fütterungstechnik, die den Fischen die schnelle, restlose Aufnahme des Futters ermöglicht, sind die wichtigsten Hilfsmittel, um die Wassertrübung so gering wie möglich zu halten.

Die wichtigsten Ursachen für erhörte Schwebstofffracht sind:

- Längerer Ausfall des UV-Systems.
- Fehlfunktion der Sedimentation/Nachklärung in Belebtschlammanlagen vor allem durch zu geringe oder zu hohe Schlammrückführung, Blähschlamm oder Schwimmschlamm.
- Fehlfunktion eines Lamellenseparators durch falsche Beschickung, fehlendes Abziehen des Schlamms, Überlastung oder Aufbau eines biologischen Rasens auf den Lamellen.
- Falsche Auswahl der Trommelfilter-Maschenweite.
- Löcher in der Gazebespannung.
- Durchfall der Fische.
- Viel Abrieb durch schlechte mechanische Belastbarkeit der Pellets.
- Im Wasser sofort zerfallende Futterpartikel.
- Zu große Pellets, die von den Fischen (z. B. Karpfen) zerkaut und größtenteils ausgespuckt werden.
- Falsche Futterauswahl (sinkend, schwebend), Forellen fressen vor allem im Wasserkörper herabsinkende Futterpartikel, Störe (außer Hausen) fressen fast ausschließlich vom Boden.

- Zu kleines Futter, bei dem die Fische die Partikel nicht als Futter erkennen, oder einfach keine Lust haben hinter dem winzigen Futter herzujagen, da sie nach Verschlucken desselben keine Sättigung verspüren.
- Fütterung, obwohl die Tiere nicht fressen oder die verabreichte Menge nicht fressen können, da das Futter zu schnell aus dem Beckenausgespült wird.
- Falsche Platzierung der Automaten z. B. zu dicht am Fischbecken/Ablauf.

13.2.5. Falscher Sauerstoffgehalt

Erhalten die Fische nicht genügend Sauerstoff (O_2), kommt es zunächst zu einer Verschlechterung der Futterverwertung. Bei weiter sinkenden Werten steigt die Krankheitsanfälligkeit der Tiere. Sinkt die Sättigung unter 30 %, können je nach Fischart die ersten Verluste auftreten.

Ursachen für niedrige Sauerstoffwerte können sein:

- Die Sauerstoffversorgung oder Belüftung liefert nicht genügend Sauerstoff. Falls möglich, die Eintragsleistung erhöhen, falls nicht, Besatzdichte verringern.
- Zu hoher Besatz: In diesem Fall müssen die Fische schnellstens sortiert und dem zu erwartendem Zuwachs entsprechend umgesetzt werden.

Auch zu hohe Sauerstoffwerte (>150 % im Fischbecken) können im Extremfall zu direkten Schäden an den Fischen führen (siehe auch Unterkapitel 3.5. Sauerstoff). Bei dauerhaft hohen Sauerstoffwerten reduzieren Fische das der Sauerstoffaufnahme dienende Kiemenepithel. Bei niedrigen Werten sind diese an sehr hohe Werte gewöhnte Fische nicht mehr in der Lage ausreichend Sauerstoff für den Stoffwechsel aus dem Wasser zu lösen. Diese Tiere sterben bei sinkender Sauerstoffkonzentration zuerst und zwar deutlich vor solchen Tieren die vorher bei Sättigung oder knapp darunter gehalten wurden. Im Fall von zu viel Sauerstoff überlegt und kontrolliert den O_2-Eintrag langsam reduzieren, um Schäden an den Fischen und dem eigenen Geldbeutel zu minimieren(siehe auch Unterkapitel 3.19. Gasübersättigung).

Treten durch Sauerstoffübersättigung feinste Mikroblasen im Becken auf, bildet sich aus Kot, Futterresten und Schwebstoffen ein an der Oberfläche schwimmender Flotationsschlamm. Ein Austrag über den Bodenablauf ist nicht möglich. Der Schlamm reichert sich im Becken an, die Fische können nicht mehr beobachtet werden, eine mechanische Reinigung mit Entfernung des Flotationsschlamms ist nicht mehr möglich, es sei denn diese Becken besitzen einen Überlauf, welcher auch von der Oberfläche Wasser entnimmt.

13.2.6. Hoher Nitratgehalt

Ursachen für einen zu hohen Nitratgehalt (NO_3) können sein:

- Zu hoher Fischbesatz und damit erhöhter Futtereinsatz.
- Zu geringer Wasseraustausch.
- Schlecht dimensionierte oder funktionierende Denitrifikation.
- Falsche Dosierung des Elektronendonators.
- Rückspülung nicht richtig oder rechtzeitig durchgeführt.
- Plötzlich vermehrt entstehendes NO_3 nach vorausgegangenem NH_4 und NO_2 Peak.

Bis auf Störe und Zander reagieren die meisten Fische nach heutigem Kenntnisstand erst bei Werten von über 600 mg/l NO_3 – zum Teil sogar noch später – mit vermindertem Appetit und damit verringertem Zuwachs, offenen Geschwüren, oder selbst bei gesund aussehenden Fischen mit erhöhter Krankheitsanfälligkeit. Da der Anstieg langsam über viele Tage erfolgt, hat man einiges an Zeit, auf Störungen der Denitrifikationsanlage zu reagieren, eine Rückspülung vorzunehmen und die Dosierung von Methanol (oder anderen Elektronendonatoren) sowie Durchflusszeiten und -mengen zu regulieren.

Dauert die Justierung der Anlage zu lange, muss in der Zwischenzeit der Frisch- oder Austauschwasseranteil erhöht werden, um überschüssiges Nitrat auszuschwemmen. Das Problem der erhöhten Nitratwerte wird dann allerdings an die der Fischzucht nachgeschaltete Abwasseranlage weitergereicht, die damit fertig werden muss.

13.3. Formblätter

Im Folgend einige Muster für Formblätter zur Erfassung der Wasserqualität, der Fütterung und des Wachstums etc. Alle Formblätter sind selbstverständlich nur Vorschläge um eine Idee zu vermitteln wie ein Formblatt ungefähr aussehen könnte. Ob derartige oder ähnliche Formblätter in Papierform oder auf einem PC erstellt und archiviert werden ist jedem überlassen. Ein jeder sollte die Form wählen, die ihm am besten gefällt und welche die örtlichen Gegebenheiten am genauesten wiedergibt.

Formblatt zur Erfassung der Wasserqualität (Einlauf/Ablauf/Kreislauf):

	Datum	**Temp.**	**pH**	**O_2**	**NH_4**	**NO_2**	**NO_3**	**CO_2**
Nr.		**°C**	Wert	mg/l	mg/l	mg/l	mg/l	mg/l
1.								
2.								
3.								
4.								
5..								
6.								
7.								
8.								
9.								
10.								
11.								
12.								
13.								
14.								
15.								
16.								
17.								
18.								
19.								
20.								
21.								
22.								
23.								
24.								
25.								
26.								
27.								
28.								
29.								
30.								
31.								

Formblatt zur Erfassung der Fischfütterung (morgens/abends):

	Datum	Futterart	Futtermenge	Fütterungen	Sonst.
Nr.		Gehalt/Größe	Gewicht	Anzahl	
1.					
2.					
3.					
4.					
5..					
6.					
7.					
8.					
9.					
10.					
11.					
12.					
13.					
14.					
15.					
16.					
17.					
18.					
19.					
20.					
21.					
22.					
23.					
24.					
25.					
26.					
27.					
28.					
29.					
30.					
31.					

Formblatt zur Erfassung des Fischwachstums (Besatz/Abfischung):

Becken Nr.:	**Datum:**	**Fischart:**
Besatz kg	Abfischung kg	Zuwachs %/d
Besatz St.	Abfischung St.	Differenz St.
Stückgewicht g	Stückgewicht g	Zuwachs %/d
Futter kg	Zuwachs kg	Futterquotient
Fütterung %/d	Füterungsperiode d	Sonstiges
Sortierung 1:	**Sortierung 2:**	**Sortierung 3:**
Stückgewicht g	Stückgewicht g	Stückgewicht g
Anzahl St.	Anzahl St.	Anzahl St.
Gesamtgewicht kg	Gesamtgewicht kg	Gesamtgewicht kg
Umgesetzt in Nr.	Umgesetzt in Nr.	Umgesetzt in Nr.
Bemerkungen	Bemerkungen	Bemerkungen

14. LITERATURANGABEN

ATV, 1987: Arbeitsblatt 126. Grundsätze für die Abwasserbehandlung in Kläranlagen nach dem Belebungsverfahren mit gemeinsamer Schlammstabilisierung bei Anschlusswerten zwischen 500 und 10.000 Einwohnerwerten. Abwasser Technische Vereinigung.

ATV, 1991a: Arbeitsblatt 122. Grundsätze für Bemessung, Bau,und Betrieb von kleinen Kläranlagen mit aerober biologischer Reinigungsstufe für Anschlusswerten zwischen 50 und 500 Einwohnerwerten. Abwasser Technische Vereinigung.

ATV, 1991b: Arbeitsblatt 131. Bemessung von einstufigen Belebungsanlagen ab 5.000 Einwohnerwerten. Abwasser Technische Vereinigung.

Amlacher, E., 1992: Taschenbuch der Fischkrankheiten. G. Fischer Verlag, Jena. 6. Auflage. 474 Seiten.

Baur, W., 1980: Gewässergüte bestimmen und beurteilen. P. Parey Verlag, Hamburg. 144 Seiten.

Baur, W., Rapp, J., 2003: Gesunde Fische. Medizinverlage, Stuttgart. 2. Auflage. 317 Seiten.

Berber, J., Kacher, H., Meyer, H., 1967: Formeln und Tabellen zur Physik. Verlag Handwerk und Technik, Hamburg. 2. Auflage. 80 Seiten.

Bohl, M., 1999: Zucht und Produktion von Süßwasserfischen. Verlags Union Agrar, Frankfurt. 336 Seiten.

Bovendeur, J., 1989: Fixed Biofilm Reactors applied to Waste Water Treatment and Aquacultural Water Recirculation Systems. Diss. Universität Wageningen.

Bräuer, G., 2001: Einsatz von Huminstoffen in der Fischzucht. Fischer & Teichwirt, 3: 93-94.

Bretschneider, H., Lechner, K., Schmidt, M., 1982: Taschenbuch der Wasserwirtschaft. P. Parey Verlag, Hamburg. 6. Auflage. 1005 Seiten.

Brinker, A., 2007: Guar gum in rainbow trout (*Oncorhynchus mykiss*) feed: The influence of quality and dose on stabilisation of faecal solids. Aquaculture, 267: 315-327.

Cocker, R.E., 1966: Das Meer – der größte Lebensraum. P. Parey Verlag, Hamburg. 211 Seiten.

Conte, S.F., Doroshov, I.S., Lutes, P.B., Strange, E.M., 1988: Hatchery Manual for the White Sturgeon. University of California, Publication 332. US FWS. 104 pp.

Cuny, K.H., 1963: Chemie. H. Schroedel Verlag, Berlin.338 Seiten.

Drews, I.,1988: Chemie des Wassers. Deutscher Verlag für Grundstoffindustrie, Leipzig. 44 Seiten.

Fischer, G., 1994: Rohrleitungssysteme. G. Fischer, Schaffhausen. 2. Auflage.

Gruhler, J., 1977: Kleine Kläranlagen. Verlag für Bauwesen, Berlin. 3. Auflage.

Helmer, R., Sekoulov, I., 1977: Weitergehende Abwasserreinigung. Deutscher Fachschriften Verlag, Mainz-Wiesbaden. 230 Seiten.

Hartfiel, W., Herms, J., 2014: Wirksamkeit der Tokopherole – Vitamin E. Zeitschrift OM und Ernährung, Nr. 147: 37-43 und Nr. 148: 24-33.

Hertrampf, J.W., Piedad-Pascual, F., 2000: Handbook on Ingredients for Aquacultur Feeds. Kluwer Academic Publishers, Dordrecht. 628 pp.

Hochleithner, M., 2006: Welse (Siluridae) – Biologie und Aquakultur. AquaTech Publications, Kitzbühel. 1. Auflage. 160 Seiten.

Hochleithner, M., 2010: Aale (Anguillidae) – Biologie und Aquakultur. AquaTech Publications, Kitzbühel. 1. Auflage. 156 Seiten.

Hochleithner, M., 2012: Störe (Acipenseriformes) – Biologie und Aquakultur. Aqua Tech Publications, Kitzbühel. 3. Auflage. 248 Seiten.

Hochleithner, M., 2015: Barsche (Percidae) – Biologie und Aquakultur. AquaTech Publications, Kitzbühel. 2. Auflage. 188 Seiten.

Hoffmann, R.W., Fuchs, I., Kölble, P., Bretzinger, A., 1999: Therapienotstand bei Fischen. Tierärztliche Praxis, 27: 140-143.

Hörstgen-Schwark, G., Puckhaber, B., 1996: Neue Technologien in der Fischzucht und -haltung. Cuvillier Verlag, Göttingen. 102 Seiten.

Hückstedt, G., 1982: Aquarienchemie. Kosmos Verlag, Stuttgart. 91 Seiten.

Huet, M., 1972: Textbook of Fish Culture – Breeding and Cultivation of Fish. Fishing News Books, Farnham. 400 pp.

Hütter, L.A., 1994: Wasser und Wasseruntersuchung. O. Salle Verlag, Berlin. 528 Seiten.

Huguenin, J.E., Colt, J., 1989: Design and Operation Guide for Aquaculture Seawater Systems. Elsevier Science, Amsterdam. 272 pp.

IFB, 1987: Technologien, Normen und Richtwerte der Fischproduktion. Schreckenbach, K., Steffens, W., Zobel, H. (Red.). Institut für Binnenfischerei, Berlin- Friedrichshagen.

IFW, 1984: Wasserschadstoff-Katalog. Institut für Wasserwirtschaft, Berlin. 4. Lieferung.

Ihle, C., Bader, R., Golla, M., 1996: Tabellenbuch: Sanitär, Heizung, Lüftung. Verlag M. Gehlen, Bad Homburg. 248 Seiten.

Imhoff, K., Imhoff K.R., 1976: Taschenbuch der Stadtentwässerung. R. Oldenbourg Verlag, München. 24. Auflage. 405 Seiten.

Jost, B., 1988: Betriebliche Erfahrungen mit der Flockungsfiltration. Vortrag, Technische Akademie Esslingen.

Kirchgeßner, M., 1970: Tierernährung. DLG Verlag, Frankfurt. 406 Seiten.

Klee, O., 1990: Wasser untersuchen. Quelle und Meyer Verlag, Heidelberg-Wiesbaden. 1. Auflage. 230 Seiten.

Knösche, R., Rümmler, F., 1988: Offene und geschlossene Kreisläufe. Lehrbrief 1. Humboldt Universität, Berlin.

Koops, H., 1991: Zur Problematik von Kreislaufanlagen in der Fischzucht. Schriftreihe des Bundesministers für Ernährung, Landwirtschaft und Forsten, Reihe A, Heft 402, 91 Seiten.

Kunz, P., 1990: Behandlung von Abwasser. Vogel Buchverlag, Würzburg, 2. Auflage. 254 Seiten.

Lechleitner, S., 2002: Aktuelle Veränderungen im Arzneimittelrecht: Verbot von Hofmischungen und Konsequenzen für die Fischzucht. Fischer & Teichwirt, 4: 122.

Lehmann, J., 1980: Die wichtigsten Krankheiten unserer einheimischen Fischarten. Landesanstalt für Fischerei Nordrhein-Westfalen.

Lehmann, J., 1984: Der Körperbau der wichtigsten mitteleuropäischen Süßwasserfische. Landesanstalt für Fischerei Nordrhein-Westfalen.

Liebscher, W., 1958: Die Wirkstoffe in der Ernährung der landwirtschaftlichen Nutztiere. Verlag von Carl Gerold's Sohn, Wien. 82 Seiten.

Liewes, E. W., 1990: Aalmastanlagen und Management. Arbeiten des Deutschen Fischereiverbandes, 51: 60-73.

Meinelt, T., Schreiner, G., Feneis, B., Matzke, S., Rau, A., Wedekind, H., 2011: Hygienisierung von Fischhaltungseinrichtungen mittels Peressigsäure (PES). Fischer & Teichwirt, 1: 14-17.

Mellergaard, S., Dalsgaard, I., 1989: Handbuch in Aalkrankheiten. DF & H - Rapport Nr. 293.

Mudrack, K., Kunst, S., 1991: Biologie der Abwasserreinigung. G. Fischer Verlag, Stuttgart. 2. Auflage. 194 Seiten.

Mutschmann, J., Stimmelmayr, F., 1995: Taschenbuch der Wasserversorgung. Franckh – Kosmos Verlag, Stuttgart. 11. Auflage. 823 Seiten.

Müller-Belecke, A., 2013: Biotechnologische Ansätze in der Aquakultur: 1) Der selbstreinigende Innertgas Denitrifikations-Reaktor. Schriften des Instituts für Binnenfischerei Potsdam Sakrow. Bd. 23.

Nehring, K., 1955: Lehrbuch der Tierernährung und Futtermittelkunde. Neumann Verlag, Radebeul. 5. Auflage. 514 Seiten.

Pillay, T.V.R., 1990: Aquaculture – Principles and Practices. Fishing News Books, Farnham. 575 pp.

Randolf, R., 1982: Wohin mit dem Abwasser. Verlag für Bauwesen, Berlin. 5. Auflage. 204 Seiten.

Reichenbach-Klinke, H.H., 1970: Grundzüge der Fischkunde. G. Fischer Verlag, Jena. 120 Seiten.

Reichenbach-Klinke, H.H., 1976: Fisch und Umwelt – Die Einwirkung von Umweltfaktoren auf die Gesundheit des Fisches. G. Fischer Verlag, Stuttgart.

Reichle, G., 1997: Der Stör – Ein gefährdeter Urweltfisch, im Meer, im Strom und als Nutzfisch in der Teichwirtschaft. Verlag Lassleben, Kallmünz. 80 Seiten.

Rensch, B., 1962: Fischer-Lexikon. Biologie II. Fischer Bücherei. 697 Seiten.

Rheinheimer, G., 1975: Mikrobiologie der Gewässer. G. Fischer Verlag, Jena. 204 Seiten.

Riedel, D., 1974: Fisch und Fischerei. E. Ulmer Verlag, Stuttgart. 440 Seiten.

Rümmler, F. Rauk, H., Schiewe, S., Weichler, F., 2011: Untersuchungen zur Funktionsweise einer teilgeschlossenen Kreislaufanlage der Forellenzucht. Schriften des Instituts für Binnenfischerei Potsdam-Sakrow. Band 29. 65 Seiten.

Roberts, R.J., Schlotfeld, H.J., 1985: Grundlagen der Fischpathologie. P. Parey Verlag, Hamburg. 425 Seiten.

Rosenthal, H., Hoffmann, R., Jörgensen, L., Krüner, G., Peters, G., Schlotfeldt, H.J., Schomann, H., 1982: Water Management in Circular Tanks of a Comercial Intensive Culture Unit and its Effects on Water Quality and Fish Condition. International Council for the Exploration of the Sea. F: 22.

Sander, M., 1998: Aquarientechnik in Süß- und Seewasser. Verlag Ulmer, Stuttgart. 256 Seiten.

Schäperclaus, W., 1990: Fischkrankheiten. Akademie-Verlag, Berlin. 5. Auflage. Teil 1 + 2. 1123 Seiten.

Schäperclaus, W., 1967: Lehrbuch der Teichwirtschaft. P. Parey Verlag, Hamburg. 3. Auflage. 582 Seiten.

Schlegel, H.G., 1976: Allgemeine Mikrobiologie. G. Thieme Verlag, Stuttgart. 4. Auflage. 480 Seiten.

Schreckenbach, K., 2002: Einfluss von Umwelt und Ernährung bei der Aufzucht und beim Besatz von Fischen. Bericht, Institut für Binnenfischerei Potsdam-Sacrow.

Schreckenbach, K., Knösche, R., Seubert, B.J., Höke, H., 1994: Klinische Prüfung des Synthesehuminstoffs HS 1500 bei Eiern und Larven von Regenbogenforellen (*Oncorhynchus mykiss*). Bericht, Institut für Binnenfischerei Potsdam-Sacrow.

Schreckenbach, K., Künert, M., Haase, A., Höke, H., 1996: Gutachten über die Wirkung des Arzneimittelgrundstoffs HS 1500 bei Nutz- und Zierfischen in der Aquakultur und Aquaristik. Institut für Binnenfischerei Potsdam-Sacrow.

Schreckenbach, K., 2012: Aufbau und Funktion des Fischkörpers. Angler\FS-Prüfung.

Schroeder, E.D., 1977: Water and Wastewater Treatment. McGraw-Hill, New York. 370 pp.

Schwoerbel, J., 1980: Einführung in die Limnologie. G. Fischer Verlag, Jena, 4. Auflage.196 Seiten.

Sckell, O., 1965: Physik-Repetitorium für Medíziener, Pharmazeuten und Biologen. Verlag Dr. O. Sckell, Marburg. 19. Auflage.

Sckell, O., 1968: Repetitorium der Chemie 1. Teil - Allgemeine Chemie für Mediziner, Pharmazeuten und Biologen. Verlag Dr. O. Sckell, Marburg. 23. Auflage.

Sibeni, F., Calderini, F., 2014: FishStatJ, a tool for fishery statistics analysis. (Software) Release: 2.1.0. FAO, Roma.

Spieck, E., Keuter, S., Wenzel, T, Bock, E., Ludwig, W., 2014: Characterization of a new marine nitrit oxidizing bacterium, *Nitrospina watsonii* sp. nov., a member of the newly proposed phylum "Nitrospinae": Syst. Appl. Microbiol., 37 (3): 170-176.

Steffens, W., 1985: Grundlagen der Fischernährung. G. Fischer Verlag, Jena. 1. Auflage. 225 Seiten.

Steffens, W., 1981: Industriemäßige Fischproduktion. Deutscher Landwirtschaftsverlag, Berlin. 376 Seiten.

Steinbach, P., 1984: Beiträge zur Wirkungsweise von Abwasserreinigungsanlagen in der Intensivfischzucht. Diss. Rheinische-Friedrich-Wilhelms-Universität, Bonn. 83 Seiten.

Spannhof, L., 1995: Einführung in die Fischphysiologie. Verlag Dr. Kovač, Hamburg. 398 Seiten.

Stenkhoff, G., 1967: Leitfaden der Chemie für Landwirte. Verlag M. u. H. Schaper, Hannover, 18. Auflage. 231 Seiten.

Tucker, C.S., 1985: Channel Catfish Culture. Developments in Aquaculture and Fisheries Science, 15. 657 pp.

Tucker, C.S., 2000: Off-flavor – Problems in Aquaculture. Reviews in Fisheries Science, 8 (1): 45-88.

Ungemach, F.R., 1999: Therapienotstand bei der arzneilichen Versorgung lebensmittelliefernder Tiere? Tierärztliche Praxis, 27: 131-143.

Vogel, G., Angermann, H., 1968: DTV-Atlas zur Biologie. Deutscher Taschenbuch Verlag, München. Band 1 + 2.

Vollmann-Schipper, F., 1975: Transport lebender Fische. P. Parey Verlag, Hamburg. 102 Seiten.

Westers, H., Pratt, M., 1977: Rational Design of Hatcheries for Intensive Salmonid Culture Based on Metabolic Characteristics. Progressive Fish Culturist, Vol. 39, No. 4.

Westerhoff, P., Nalinakumari, B., Pei, P., 2006: Kinetics of MIB and Geosmin Oxidation. Ozone: Science and Engineering, 28: 277-286.

Wnorowski, A.U., 1992: Tastes and odeurs in the aquatic environment: A review. Water SA, Vol. 18, No. 3.

Wondrak, P., 1980: Fischkrankheiten und ihre Behandlung. F. Ifland Verlag, Stuttgart. 88 Seiten.

Zeiske, W., Plomann, J., 1978: Fisch und Gewässerkunde. Sportverlag, Berlin. 221 Seiten.

15. SCHLAGWORTVERZEICHNIS